应用心理教学案例精选

The Case of Applied Psychology

辛志勇 主编　赵　然 副主编

图书在版编目(CIP)数据

应用心理教学案例精选/辛志勇主编. —北京:北京大学出版社,2018.10
(财经类专业硕士教学案例丛书)
ISBN 978-7-301-29962-3

Ⅰ.①应… Ⅱ.①辛… Ⅲ.①应用心理学—研究生—教案(教育)—汇编 Ⅳ.①B849

中国版本图书馆 CIP 数据核字(2018)第 231117 号

书　　　名	应用心理教学案例精选 YINGYONG XINLI JIAOXUE ANLI JINGXUAN
著作责任者	辛志勇　主编　赵然　副主编
策划编辑	贾米娜
责任编辑	王晶
标准书号	ISBN 978-7-301-29962-3
出版发行	北京大学出版社
地　　　址	北京市海淀区成府路 205 号　100871
网　　　址	http://www.pup.cn
微信公众号	北京大学经管书苑(pupembook)
电子信箱	em@pup.cn　　QQ:552063295
电　　　话	邮购部 010-62752015　发行部 010-62750672　编辑部 010-62752926
印刷者	三河市北燕印装有限公司
经销者	新华书店
	730 毫米×1020 毫米　16 开本　27 印张　426 千字 2018 年 10 月第 1 版　2018 年 10 月第 1 次印刷
定　　　价	59.00 元

未经许可,不得以任何方式复制或抄袭本书之部分或全部内容。
版权所有,侵权必究
举报电话:010-62752024　电子信箱:fd@pup.pku.edu.cn
图书如有印装质量问题,请与出版部联系,电话:010-62756370

编委会
(按姓氏笔画排序)

马海涛　　王瑞华　　尹　飞　　白彦锋

朱建明　　李建军　　李晓林　　辛自强

张学勇　　赵景华　　袁　淳　　唐宜红

殷先军　　戴宏伟

总　序

中国改革开放四十年来尤其是党的十八大以来，经济社会发展取得了举世瞩目的成就，党和国家事业发生历史性变革，中国人民向着决胜全面建成小康社会，实现中华民族伟大复兴的宏伟目标奋勇前进。党的十九大报告指出"建设教育强国是中华民族伟大复兴的基础工程，必须把教育事业放在优先位置"，要"加快一流大学和一流学科建设，实现高等教育内涵式发展"。

实现高等教育内涵式发展，研究生教育是不可或缺的重要部分。2013年，教育部、国家发展改革委、财政部联合发布《关于深化研究生教育改革的意见》，明确提出研究生教育的根本任务是"立德树人"，要以"提高质量、满足需求"为主线，以"分类推进培养模式改革、统筹构建质量保障体系"为着力点，更加突出"服务经济社会发展""创新精神和实践能力培养""科教结合、产学结合"和"对外开放"。这为研究生教育改革指明了方向，也势必对专业学位研究生教育产生深远影响。

深化研究生教育改革，要重视发挥课程教学在研究生培养中的作用，而高水平教材建设是开展高水平课程教学的基础。2014年教育部发布《关于改进和加强研究生课程建设的意见》，2016年中共中央办公厅、国务院办公厅发布《关于加强和改进新形势下大中小学教材建设的意见》，2017年国务院成立国家教材委员会，进一步明确了教材建设事关未来的战略工程、基础工程的重要地位。

中央财经大学历来重视教材建设，推进专业学位研究生教学案例集的建设是中央财经大学深化专业学位研究生教育改革、加强研究生教材建设的重要内容之一。从2009年起，中央财经大学实施《研究生培养机制综合改革方案》，提出了加强研究生教材体系建设的改革目标,并先后组织了多批次研究生精品教材和案例集建设工作,逐步形成了以"研究生精品教材系列""专业学位研究生教学案例集系列""博士生专业前沿文献导读系列"为代表的具有中央财经大学特色的研究生教材体系。其中,首批九部专业学位研究生教学案例集已于2014年前后相继出版。

呈现在读者面前的财经类专业硕士教学案例丛书由多部精品案例集组成,涉及经济学、管理学、法学三个学科门类,所对应课程均为中央财经大学各专业学位研究生培养方案中的核心课程,由教学经验丰富的一线教师组织编写。编者中既有国家级教学名师等称号的获得者,也不乏在全国百篇优秀案例评选中屡获佳绩的中青年学者。本系列丛书以"立足中国,放眼世界"的眼光和格局,本着扎根中国大地办大学的教育理念,突破案例来源的限制,突出"全球视角、本土方案",在借鉴国外优秀案例的同时,加大对本土案例的开发力度,力求通过相关案例的讨论引导研究生思考全球化带来的影响,培养和拓宽其国际视野。

财经类专业硕士教学案例丛书的出版得到了"中央高校建设世界一流大学(学科)和特色发展引导专项资金"的支持。我们希望本套丛书的出版能够为相关课程开展案例教学提供基础素材,并启发研究生围绕案例展开讨论,提高其运用理论知识解决实际问题的能力,进而帮助其完成知识构建与知识创造。

编写面向专业学位研究生的教学案例集,我们还处在尝试阶段,虽力求完善,但难免存在这样那样的不足,恳请广大同行和读者批评指正。

财经类专业硕士教学案例丛书编委会
2018年8月于北京

前　言

　　2014年，国务院学位办和教育部批准在中央财经大学设立应用心理专业硕士学位，自此，中央财经大学成为全国首家设立应用心理专业硕士的财经类院校，学校于2015年开始正式招生。应用心理专业学位研究生项目旨在培养具备扎实的心理学理论和技能，拥有深刻心理洞察力，能够运用心理学的相关理论和方法解决经济、管理、健康、社会等领域实际问题的应用型高层次专门人才。

　　由于体现应用心理专业硕士的实践导向，案例教学方法被认为是我校应用心理专业硕士培养的重要教学方法之一，事实上案例教学也是全国应用心理专业学位研究生教育指导委员会倡导的重要教学方法。2015年首次招生之前，社会与心理学院就积极邀请案例教学专家多次召开研讨会，就案例教学的目标、内容结构、实施步骤、注意事项等多方面问题展开深入讨论，当时心理学系全体教师共同学习共同研讨，为案例教学的顺利实施打下了较为扎实的基础。至今，中央财经大学应用心理专业硕士项目已招收四届学生，承担不同课程教学的教师也逐步积累了不少案例教学的实践经验，对案例教学也有了更多的思考。案例教学首先要有可供选择的优秀教学案例，这些案例一般来自一些共享平台，这些案例相对成熟，但往往不够系统也不具有针对性，因此，开发原创性案例就成为案例教学的重中之重。本案例集是社会与心理学院心理学系多位教师及研究生近年来在专业硕士教学中积累的案例成果，共收录案例25个，涉及了经济心理、社会心理、咨询与健康心理、管理与员工心理等心理学的主要研究和实践领域,适用于应用心理专业学位研究生多门专业课程的案例教学。

  2016年,中央财经大学研究生院启动"财经类专业硕士教学案例丛书"编写项目计划,我系应用心理专业硕士案例撰写项目申请有幸获得批准和资助,在此要非常感谢中央财经大学研究生院对本案例编写项目的指导和大力支持!本书作为中央财经大学应用心理专硕建设成果之一,也得到了中央财经大学经济心理学教学团队项目的支持,在此一并感谢!但由于我们是首次开发专业学位研究生教学案例,经验欠缺,不少案例尚需要时间进一步打磨和完善,敬请读者批评指正!

编 者

2018 年 9 月

目 录
Contents

经济心理

2016年股市熔断机制为何短命 …………………………… 窦东徽 003
商业车险费率浮动制度对保险索赔决策的影响 ……… 窦东徽 窦荣奎 016
市场细分理论的应用——以麦当劳为例 ………………… 汪 波 042
需求层次理论的运用——以海底捞火锅为例 …………… 汪 波 052
在线购物中顾客临场感的测量——以天猫和聚美优品
    购物网站为例 ………………………………… 于泳红 刘莎莎 062

社会心理

教练技术在创业团队互动问题解决中的应用 ………… 韩丽丽 辛志勇 091
从心理学的角度看三星手机爆炸事件 ………………… 李升阳 辛志勇 110
需求理论视角下的网络直播用户心理机制分析 ……… 刘 静 辛志勇 125
大学生创业团队智力的作用及其影响因素 …………… 于泳红 梁培培 142
社会心理学实验设计教学案例 ………… 傅鑫媛 陆智远 寇 彧 164
"微博自杀直播"案例研究 …………………………… 杨之旭 辛志勇 182
整容者的自我认同 …………………………………… 龚 雨 辛志勇 194
旁观者和求助者数量对助人行为可能性的影响 ……… 牟依晗 辛志勇 211
共享单车违规现象案例分析 …………………………… 李冰月 辛志勇 222
"公园相亲角"的心理学解释 ………………………… 王丹妮 辛志勇 234

咨询与健康心理

如此焦虑为哪般	苑 媛	253
一个哭了很久的孩子——一例妥瑞症案例	苑 媛	269
双相障碍教学案例——基于心理病理学整合研究范式的解读	马 敏	286
完美主义者人生故事教学案例	马 敏	301
创伤后成长——概念、理论及临床应用价值	罗明明 辛志勇	328
思维模式干预对高中生应考压力的干预效果	张红川 孙 铃 刘思悦	341

管理与员工心理

绩效提升之路——从员工关爱到高效组织建设	刘 哲 赵 然 张晓宇	359
因为爱，所以爱！——员工帮助计划助力餐饮企业健康发展	黎柯鼎 赵 然 汤 蔚	375
聚焦用户体验，探索身心整合的健康服务之道	杨枫瑞 赵 然 陈天润	395
"张大哥"还是"张老板"——海底捞的管理启示	张红川	408

经济心理

2016年股市熔断机制为何短命

窦东徽

【摘　要】熔断机制是指当股指波幅达到规定的熔断点时,交易所为控制风险而采取的暂停交易措施。2015年年底,中国证监会正式引入指数熔断机制,并于2016年1月1日起正式实施。结果四天之内,股市触发四次熔断,该机制的引入反而加剧了市场动荡,给投资者带来巨大损失。为维护市场稳定运行,经证监会同意,上交所、深交所、中金所自1月8日起暂停实施指数熔断机制,使得其成为中国证券史上最短命的股市政策。这一制度的设计初衷是当遇到股市短期内的异常波动时,人为中断交易,让市场参与者从恐慌情绪中冷静下来,有时间充分获取各方面资讯,从而重新做出理性的交易判断。但显然我国的熔断机制并未实现预期的正面效果,其经验和教训以及背后的主客观原因都值得人们深思。

【关键词】熔断机制　过度反应　羊群效应

一、引　言

2013年8月16日,上证指数以2 075点低开,到上午11点时,一直在低位徘徊;11点05分,多只权重股瞬间出现巨额买单,在这几只权重股瞬间被一两个大单拉升之后,又跟着涌现出大批巨额买单,带动了整个股指和其他股票的上涨,大盘一分钟内涨超5%,单只股票最高涨幅5.62%,以致多达59只权重股瞬间封涨停;11点15分起,上证指数开始第二波拉升,这一次最高摸到2 198点,在11点30分收盘时收于2 149点。有传闻称光大证券方面下单230亿元,成交72亿元,涉及150多只股票。当天下午2点,光大证券公告称,策略投资部门自营业务在使用其独立的套利系统时出现问题。有媒体将此次事件称为"光大证券乌龙指事件"。

  该事件最后引发了市场深层次讨论,即在极端行情下熔断机制的必要性。对极端行情来说,启用熔断机制可以暂时减轻市场恐慌情绪引发的大量抛售,对价格剧烈波动有一定缓解作用,同时为市场恢复理性创造了时间,也有助于市场信息的充分流通,还有助于防范"高频交易"之类高速计算机模型出现错误时可能给市场带来的灾难。当时国内证券交易尚未建立熔断机制,而是实行价格涨跌幅限制,即涨跌停板制度,例如沪深交易所股票交易实行10%涨跌幅限制。但是在光大乌龙指事件中,涨跌停板限制并没有起作用。市场人士表示,如果当时市场可以触发熔断机制,暂停交易,监管部门则有充足的时间来调查原因,采取相关对策,市场不会任由错误放大。

  2015年12月4日,经有关部门同意,证监会正式发布指数熔断相关规定,并将于2016年1月1日起正式实施。当日,上海证券交易所、深圳证券交易所、中国金融期货交易所正式发布指数熔断相关规定,熔断基准指数为沪深300指数,采用5%和7%两档阈值。

  2016年1月4日,A股遇到史上首次"熔断"。沪深300指数在午后下跌超过5%,引发熔断,恢复交易之后,指数继续下跌并触及7%的关口,三个交易所暂停交易至收市。在两天之后的1月7日,沪深300指数早早地便在9点42分触及5%的跌幅造成熔断,9点57分重新开盘后,仅用了上一次一半的时间便将跌幅扩大至7%,A股提前收市。至此,四天之内四度触发熔断机制,创造了历史。2016年1月7日晚间,上交所、深交所、中金所发布通知,为维护市场稳定运行,经证监会同意,自1月8日起暂停实施指数熔断机制。

  熔断机制的本意是提供时间让市场冷静,期间金融机构、上市公司和监管部门能够发布信息,引导股价走向平和。从熔断机制实施后发生的两次熔断所造成的市场动荡来看,其实施并未实现预期的积极目标。熔断机制在我国证券市场上失败的教训之一是,管理层在推出所谓的创新政策时,一定要考虑这些新政策在我国证券市场的匹配度和适用性。此外,这一案例背后也有诸多投资者心理方面的深层原因值得探讨。

二、案例背景介绍

(一)熔断机制的概念及起源

熔断机制,也叫自动停盘机制,是指当股指波幅达到规定的熔断点时,交易所为控制风险而采取的暂停交易措施。具体来说,是指对某一合约在达到涨跌停板之前,设置一个熔断价格,从而使合约买卖报价在一段时间内只能在这一价格范围内交易。之所以叫"熔断",是因为这一机制的原理和电路保险丝类似,一旦电压异常,保险丝会自动熔断以免电器受损。而金融交易中的"熔断机制",其作用同样是避免因金融产品价格波动过度而造成损失。熔断机制可以给市场一定时间的冷静期,向投资者警示风险,并为有关方面采取相应的风险控制手段和措施赢得时间和机会。

熔断机制有广义和狭义两种概念。广义是指为控制股票、期货或其他金融衍生产品的交易风险,为其单日价格波动幅度规定区间限制,一旦成交价触及区间上下限,交易则自动中断一段时间("熔即断"),或就此"躺平"而不得超过上限或下限("熔而不断");狭义则专指指数期货的"熔断"。

在国外交易所中,熔断机制有两种表现形式,第一种是"熔而断",即指当价格触及熔断点后,在随后的一段时间内停止交易;第二种是"熔而不断",即当价格触及熔断点后,在随后的一段时间内仍可继续交易,但报价限制在熔断点之内。

熔断机制最早起源于美国,美国的芝加哥商品交易所曾在1982年对标普500指数期货合约实行过日交易价格为3%的价格限制,但这一规定在1983年被废除,直到1987年出现了股灾,人们才重新考虑实施价格限制制度。1987年10月19日,纽约股票市场爆发了史上最大的一次崩盘事件,道琼斯工业指数一天之内重挫508.32点,跌幅达22.6%,由于没有熔断机制和涨跌幅限制,许多百万富翁一夜之间沦为贫民,这一天也被美国金融界称为"黑色星期一"。1988年10月19日,美国商品期货交易委员会与证券交易委员会批准了纽约股票交易所和芝加哥商品交易所的熔断机制。根据美国的相关规定,当标普指数在短时间内下跌幅度达到7%时,美国所有证券市场交易均将暂停15分钟。除上述针对大盘的熔断机制,美国证交会对个股还设有"限制价格波动上下限"的机制,即如果个股在15秒内价格涨跌幅度超过5%,将暂停这只股票交易5分钟,但开盘价与收盘价不超过3美元的个股价格波动空间可放宽至10%。

(二)世界各国的熔断机制

法国巴黎证券交易所根据股票交易形态的不同,规定全日每只股票最大涨幅为前日收盘价的21.25%,最大跌幅为18.75%,若价格波动超过前日的10%,则暂停交易15分钟。

新加坡交易所实行的熔断机制属于"熔而不断"。新交所的公告显示,熔断机制将适用于约占新加坡股市交易量80%的证券,当符合条件的证券的潜在交易价格较参考价格(指至少5分钟前的最后成交价)相差10%时,便会触发熔断机制,继而实施5分钟的"冷静期"。"冷静期"内股票仍可继续交易,但价格波动范围限制在10%的波动区间内;"冷静期"过后,交易恢复正常,新的参考价格也将根据"冷静期"的交易情况而定。

日本东京证券交易所日经股指、TOPIX 股指期货等均设有熔断机制,规则为以股票期货价格为基础,当价格超过规定上下限时,期货交易将暂停15分钟。东京股市还同时设有涨跌停价格限制,与熔断机制配合监管市场风险。

韩国股票和期货市场均设有熔断机制,分为强制性熔断和选择性熔断。熔断机制的启动条件如下:如果韩国股票综合指数(KOSPI)较前一天收盘价下跌10%或以上,并且这种下跌持续1分钟,股票交易暂停10分钟;如果交易量最大的期货合约价格偏离前一天收盘价5%或以上,并且这种价格变动持续1分钟,期货合约停止交易5分钟。韩国股市的熔断机制分为三级,熔断门槛分别为8%、15%和20%,当触发8%和15%红线时,暂停交易20分钟;触发20%红线时,则直接休市。熔断机制每天只实施一次,在下午2点20分以后不再实施。

三、我国熔断机制的推出过程及实施结果

(一)推出过程

熔断机制是我国借鉴国外经验并根据我国资本市场的实际情况进行的制

度创新成果之一。国内股票交易及商品期货交易之前都没有引入熔断机制。在金融期货创新发展之初,中国金融期货交易所借鉴国际先进经验,率先推出熔断机制作为其一项重要的风险管理制度,目的是更好地控制风险。熔断机制在市场交易中起到了"减震器"的作用,其实质就是在涨跌停板制度启用前设置的一道过渡性闸门,给市场以一定时间的冷静期,提前向投资者警示风险,并为有关方面采取相关的风险控制手段和措施赢得时间和机会。

2015年6月,中国股市出现了一次"股灾",股市仅用两个月就从5 178点一路下跌至2 850点,下跌幅度达45%。为了抑制投资者可能产生的羊群效应,抑制追涨杀跌,同时为了使市场各方有充分的时间传播信息和反馈信息,使得信息的不对称性与价格的不确定性有所降低,从而防止价格的剧烈波动,中国证监会开始酝酿出台熔断机制。在央行行长于20国集团(G20)财长和央行行长会议上表示"股市调整已大致到位"之后,2015年9月6日晚间,证监会负责人以答新华社记者问的形式表示,目前股市泡沫和风险已得到相当程度的释放,同时表示,证监会将研究制定实施指数熔断机制。2015年12月4日,经有关部门同意,证监会正式发布指数熔断相关规定,并于2016年1月1日起正式实施。

(二)实施规则

我国指数熔断的基准指数为沪深300指数,熔断品种包括除国债期货之外的沪深交易所上市的所有股票、可转让债券、可分离债券、股票期权等,以及中金所所有股指期货合约。具体规定如下:当沪深300指数上涨或下跌触发5%阈值时,交易暂停15分钟,熔断结束时进行集合竞价,之后继续当日交易;如果14点45分及以后触发5%熔断阈值,暂停交易至收市。全天任何时段沪深300指数上涨或下跌触发7%熔断阈值,暂停交易至收市。特殊时段安排:①开盘集合竞价不实施熔断;②上午熔断时长不足的,下午开市后补足;③熔断机制全天有效;④股指期货交割日仅上午实施熔断,无论触及5%还是7%熔断阈值引发的暂停交易,下午均恢复交易;⑤若上市公司计划复牌的时间恰遇指数熔断,则需延续至指数熔断结束后方可复牌。

(三)实施结果

北京时间2016年1月4日这一天必将永载史册。这是开年的第一个交易日,同时从这一天开始,A股交易实施股指熔断机制——根据规定,当沪深300指数触发5%熔断阈值时,三家交易所将暂停交易15分钟,而如果尾盘阶段触发5%熔断阈值或全天任何时候触发7%熔断阈值则暂停交易,直至收市。

当天股市低开,股指在巨大的抛盘打压下不断走低,接连击破3 500点和3 400点整数关,终于在午后开盘的13点13分跌破5%,触发了熔断,15分钟后,重新开盘的股市继续下跌,只用了6分钟便在13点34分将跌幅扩大至7%,触发了7%的熔断阈值,三大交易所暂停交易至收盘。

在经历了两天的弱势反弹之后,1月7日,A股再次惨烈暴跌。早盘两市大幅低开,沪指跌1.55%,深成指跌1.88%,创业板指跌2.15%。开盘后,两市继续下挫,沪深300指数暴跌5.38%,触发熔断机制,两市暂停交易15分钟。9点57分恢复交易后,A股继续下跌,沪深300指数下跌达到7%的阈值,A股提前收市,四日四度触发熔断机制,创造历史。

这四天里,上证指数下跌488.87点,相比2015年12月31日收盘点位下跌了13.8%;深证成指下跌2 018.26点,相比年前收盘点位下跌了15.9%;创业板指数下跌436.66点,相比年前收盘点位下跌了16.1%。A股蒸发市值逾6万亿元,按持仓投资者5 026.28万人计算,每人亏损额达10.53万元。

更多损失惨重的投资者和伤心欲绝的券商则把矛头指向了熔断机制本身和证监会。愤怒的股民刷爆了证监会的官方微博留言,而券商则纷纷上书,请求立即修正熔断机制。

1月7日晚间,上海证券交易所、深圳证券交易所、中国金融期货交易所等三大交易所紧急发布通知:为维护市场稳定运行,经证监会同意,自1月8日起暂停实施指数熔断机制。从1月4日开始,至1月7日被叫停,熔断机制成为中国证券史上最短命的股市政策。

(四)各界声音

也有专家指出,熔断机制并非造成这一轮下跌的主要原因。此次下跌主要受经济形势严峻、人民币贬值过快、前期获利盘较多、外围市场波动加大等大环境因素的影响,而熔断机制只是放大了市场的短期波动幅度而已。

首先是经济形势的严峻,市场预期2015年12月的经济数据很大概率上仍在荣枯线以下,既要去库存、去产能、去杠杆,又要保增长、保就业、保民生,供给侧结构性改革面临重大挑战。2016年1月1日,国家统计局公布的制造业PMI指数是49.7,仍然处于萎缩区间,这透露出实体经济依然在"萎缩"状态。

其次是人民币的贬值,美元兑人民币汇率从2015年8月初的6.20附近一路涨到6.60附近,短短5个月涨幅达到6.45%,超过了绝大部分银行理财产品的收益,而2016年的第一个星期更似乎有加速迹象。因为人民币贬值,所以以人民币计价的资产自然就贬值,A股的下跌也就具有了逻辑上的合理性。

再次,大股东减持的不确定性令市场心生去意。2015年股灾期间,证监会明令上市公司大股东和高管半年内不得减持公司股份,该规定恰好在1月8日到期,有人计算过这部分市值在1万亿元左右。

最后,外围市场波动的加大影响了A股投资者的信心。美联储加息是2016年宏观分析绕不开的问题,应当承认,如果美联储多次快速加息,会给新兴市场造成相当大的压力,最新的美国新增就业数据大幅好转,更加重了市场对美联储快速加息的担忧,而且海外权益市场和港股元旦前后也遭遇了大幅下跌,其传染效应也会给境内A股投资者带来压力。

同时,也有专家分析了熔断机制在我国遭遇"水土不服"的原因。陆湉敏在《新民周刊》上撰文指出,原因可能在于市场参与者和交易制度两个方面。

第一方面是市场参与者的不同。美国股市曾经一度是散户的天下,也曾出现散户交易量占总成交量90%的情况,但随着市场的成熟,目前机构投资者在美国股市的占比已上升到70%,并且还在继续上升中,而中国目前还是散户占比很高的市场,超过80%。相对来说,机构投资者更成熟、更理性,对冲风险的手段也更多样,由机构投资者主导的市场就很少出现暴涨暴跌的现象,美国1988年正式推出熔断机制后,18年里仅仅触发过一次,涨跌幅超过7%的情况更是罕见;而散户投资者则更多表现为冲动和非理性,由散户主导的市场就表现为频繁的暴涨暴跌,仅仅去年一年,中国股市就经历了7次7%左右的大跌。

第二方面是交易制度的不同。美国股市没有涨跌停制度,标普500指数跌幅达到7%和13%时触发交易暂停,跌幅达到20%,当天提前收市,从交易心理分析,这些节点是在理论上可以跌到零的下跌深渊中的一块踏板,是汪洋中的一根浮木,市场空头在攻击到这些位置的时候,很容易因为没有下一步目标而鸣金收兵,而多头则利用这段时间搜集各种资讯,明确问题出在哪里,股市因而能够逐渐稳定下来。而中国股市本来就设置了10%的涨跌停板制度,如今再加上5%、7%的熔断阈值,不但属于多此一举,而且因为这两个熔断阈值和涨跌停板距离太近,等于给了空头明显的进攻目标,从跌幅5%到跌幅7%只有2个百分点,1月4日花了6分钟就达到了,1月7日更是只用了3分钟就达到了。

无论如何,熔断机制都成了股民在2016年最难忘的事件。《大众证券报》曾进行过一次年终盘点,记录了投资者对熔断事件的回忆和感触:

> 今年市场中让我最难忘的事件是熔断机制的突然实行,还有其对整个股票市场产生的巨大震动。因为这个事件让我感受到了中国的股票金融市场不等同于欧美的股票金融市场,不能完全照搬国外的金融体制,中国的股票金融市场必须按照自己的市场特点和运行规律,按照中国人自己的市场特点来运行。

> 年初遭遇熔断让我见证了A股2016年的疯狂历史,有生之年再无遗憾。见证了千股跌停、千股涨停、千股涨停到跌停、千股熔断、半小时结束交易……后,我的股市人生不知道是完整了,还是整完了!

> 今年难忘的一件事就是触目惊心的熔断机制。它给广大股民造成的损失是巨大的,其后果就是股市的元气到现在还没有恢复过来。熔断机制完全是拍脑袋想出来的,关键是我国的金融市场没有一套完整的规章制度,想怎么搞就怎么搞。

> 最难忘的事件就是熔断,搞得股市跟玩似的,希望明年市场能正常一点。

> 当然是熔断了,熔断机制暴跌好几天,我亏了二十多万。本来A股就涨跌停,证监会手别伸太长,别什么都管,举牌还要证监会同意。

> 熔断机制最难忘。好机制在A股无用武之地,最短命的政策。

> 最难忘的就是熔断。理由:一辈子可能就只能碰到这一次。

四、案例使用说明

(一) 教学目的与用途

1. 本案例适用于应用心理专业硕士"经济心理学""行为经济学"及"金融心理学"等课程,对应于"羊群效应"等章节的应用主题,教师可以通过本案例介绍羊群效应的成因及表现。

2. 本案例的教学目的是引导学生掌握羊群效应的相关理论和知识，并根据这些理论来分析熔断机制在我国证券市场上失败的原因，从而能够在未来相关行业的工作中把握投资者心理，更好地解释、预测和干预投资者行为。

（二）启发思考问题

1. 证监会引入熔断机制的背景和初衷是什么？
2. 为什么说熔断机制不是股市本轮下跌的主因，而是起到了放大作用？
3. 为什么熔断机制反而加剧了市场的恐慌？
4. 熔断机制在美国曾经起到过稳定市场的作用，为什么在我国的实施中却遭遇了失败？

（三）基本概念和理论依据

1. 从众：羊群效应的社会心理学基础

从众是指人们在群体压力的影响下，放弃自己的意见而采取与大多数人一致的行为的心理状态。我国学者周晓虹认为"在强大的群体压力前，很多人都采取了与群体内大多数成员相一致的意见。这种个人受群体压力影响，在知觉判断、信仰及行为上表现出与群体大多数成员相一致的现象，就是从众。"

对从众现象的关注最早来自对动物行为的观察，如法布尔对松毛虫"排队转圈行走"行为的记录。有关人类从众行为的早期研究包括 Sherif(1935) 的光点游动错觉实验、Crutchfield(1955) 的圆形和星形的比较实验以及 Asch(1956) 的从众实验。其中 Asch 的从众实验最为经典，奠定了这一领域的研究基础。

Asch 通过研究总结出了从众现象存在的三种情况：第一种是知觉歪曲，个体确实发生了观察上的错误，把他人的反应作为自己判断的参考点；第二种是判断歪曲，个体对自己所做的判断缺乏自信，尽管意识到自己看到的的确与他人不同，但却认为多数人看到的总是比自己看到的正确些，以从众求己心安；第三种是行为歪曲，个体明知他人的反应是错误的，但也采取错误的反应。

从众的成因有两种，第一种是规范压力，人们对社会规范是敏感的，懂得哪些是被社会接受的规则和符合社会期望的行为；第二种是信息压力，人们在缺乏有效的行动信息时，会以他人的行为作为参照，并遵循他人的行为模式。

从众是一种普遍的社会心理现象，它本身无所谓是积极的还是消极的，主要取决于从众行为本身的社会意义。消极的从众行为包括非理性消费、青少年从同伴团体习得不良行为以及羊群效应等,积极的从众行为包括集体捐款等从善如流的行为。一般来说,从众的程度受到任务难度、团体性质、性别、个体卷入水平和文化等因素的影响。

2. 羊群效应:从众在金融市场中的表现

羊群效应是从众在金融投资领域中的表现。金融市场中的"羊群行为"是一种特殊的非理性行为,它是指投资者在信息环境不确定的情况下,行为受到其他投资者的影响并模仿他人决策,或者过度依赖于舆论而不考虑自己的信息的行为。在资本市场上,羊群效应表现为在一个投资群体中,单个投资者总是根据其他同类投资者的行动而行动,即在他人买入时买入,在他人卖出时卖出,典型的例子是欧洲历史上的"郁金香狂热"和我国曾经出现过的"君子兰热",最终的结果都是投资者遭受巨大损失。

羊群效应的提出要追溯到凯恩斯的"选美论",他认为买股票就像选美比赛。当竞争者被要求从100张照片中选出最漂亮的6张时,获奖者往往不是那些选出自己认为最漂亮的6张照片的人,而是那些选出最能吸引其他竞争者的那6张照片的人,这使得竞争者尽可能猜测别的竞争者的可能选择,并模仿这种选择,不论自己是否真的认为当选者漂亮,从而产生羊群效应。

有关证券市场的研究发现,共同基金的证券投资决策存在明显的羊群效应倾向,证券分析师的盈利预测和个股推荐也存在明显的跟风特征。如果羊群行为超过了某一限度,将导致过度反应的出现。比如在上升的市场中,盲目的追涨只能是制造泡沫;在下降的市场中,盲目的杀跌只能是加深危机。羊群行为在我国经济中并不鲜见,从20世纪末跟风投资互联网,到后来扎堆房地产,以及最近集中投资新能源、LED、虚拟现实、共享单车项目等,有学者将此归结为转型经济体投资的"潮涌现象",即企业对同一产业的前景和需求等产生一致看法后决策的结果。对企业而言,潮涌现象引致的投资趋同无助于其竞争优势的形成,反而可能导致投资效率低下和竞争力的受损。

中国股票市场的个体投资者呈现出非常显著的羊群行为。首先,卖方羊群行为强于买方羊群行为;其次,不同市场态势下,投资者都表现出显著的羊群效应,也就是无论投资者是风险偏好还是风险厌恶,都表现出显著的羊群效应;再次,股票收益率是影响投资者羊群行为的重要因素,交易当天股票上涨时,投资者表现出更强的羊群行为,下跌时的买方羊群效应大于上涨时的买方羊群效应,上涨时的卖方羊群效应大于下跌时的卖方羊群效应;最后,股票规模也会影响羊群效应的大小,当股票流通股本规模减小时,投资者羊群行为逐步增强。

总而言之,羊群效应是导致金融市场不稳定的重要因素。①由于羊群行为者往往抛弃自己的私人信息追随别人,这会导致市场信息传递链的中断。②如果羊群行为超过某一限度,将诱发另一个重要的市场现象——过度反应的出现。③羊群行为具有不稳定性和脆弱性,这一点也直接导致了金融市场价格的不稳定性和脆弱性。

(四)分析思路

教师可以根据自己的教学目标来灵活使用本案例,这里列举针对本案例的几种分析方式,仅供参考。

1. 四次触发熔断的过程中,投资者和市场环境是否具备羊群效应发生的条件?

2. 为何从5%到7%的阈值触发如此之快?

3. 与T+1及涨停限幅(涨停板)相比,熔断机制对投资者的心理和决策有什么不同的影响?

4. 此次熔断机制实施失败中是否有文化因素的作用?

(五)建议的课堂安排

1. 时间安排

本案例可配合"经济心理学""行为经济学"和"金融心理学"等相关课程中的羊群效应部分使用。课堂讨论时间以1—2小时为宜。为保障课堂讨论的顺畅和高效,要求学生提前两周阅读案例及相关周边材料。

2. 讨论形式

分组讨论+集中汇报。

3. 案例拓展

如果我国证券市场欲继续实施熔断机制并使其发挥积极效力,应做出哪些改进和变革?

(六)案例分析及启示

第一,熔断机制的"助涨助跌效应"与羊群效应紧密联系。已有研究发现,当股价下跌时,卖方羊群效应大于买方羊群效应,这也从另一个角度证明,相对于收益,投资者对损失更敏感(即损失厌恶),因此下跌造成的恐慌情绪很容易被放大。5%和7%的阈值设定之间仅相差2%,作者认为不足以消化恐慌带来的情绪波动,空方很容易用大单砸下2%。

第二,熔断机制造成了流动性短缺和不确定性。熔断机制中止了交易,表面是制造一个冷静期,让投资者止损,但事实上这会产生两个后果:第一是现实后果,即流动性枯竭,有人认为证券市场最大的恐惧不是来自亏损,而是来自不可交易;第二是心理后果(也是常常被忽视的),即对不确定性的恐惧:相对于既定的损失,股民更担心无法预期的损失。对不可交易的担心和对不确定损失的担心共同加剧了羊群效应。

第三,熔断机制造成了注意力焦点的改变和归因的变化。A股和基金市场采用的是T+1加涨停板,T+1旨在从制度上抑制短期投机交易,涨停板旨在减少个股剧烈波动对市场稳定性的影响。一般来说,投资者个体对损益的注意点集中在自选的个股上;实行熔断机制之后,投资者的注意力转移到大盘走势上。归因理论已经指出,注意力焦点在哪里,人们就会从哪里找原因。关注个股时,投资者更多将损失归因为自我选择错误及企业经营状况这些微观因素,而关注大盘整体走向则让投资者将损失归因为经济环境、监管制度等宏观方面,这种外部环境性的归因会滋生更多的负面情绪。

第四,熔断这种一刀切中止交易的方式降低了投资者的控制感。无论是价值投资还是价格投资,投资者都是以获得财富回报为目的,此外,投资者在对股票进行甄别、选择和交易的过程中体验着自主感,并由此获得自我提升。在我国股市动荡幅度和频率都较大的情况下,熔断机制造成的交易中止等于给投资行为强加了一种不可抗的外力,这会削弱投资者的控制感和自主性,损害其投资热情。

【参考文献】

Asch, S. E. (1956). Studies of independence and conformity: I. A minority of one against a unanimous majority. *Psychological Monographs*, 70(9), 1—70.

Crutchfield, R. S. (1955). Conformity and character. *American Psychologist*, 10 (5), 191—198.

Sherif, M. (1935). A study of some social factors in perception. *Archives of Psychology*, 187, 5—61.

代路.光大证券乌龙指:戳入跨市场监管真空[EB/OL].原载21世纪经济报道—21世纪网,2013-08-18,新浪财经转,http://business.sohu.com/20130818/n384435534.shtml

姜奇琳.2016年年终盘点:熔断成股民今年最难忘的事[N].大众证券报,2016-12-25.

陆澍敏.熔断史上最短命的股市机制[J].新民周刊,2016(3).

吕斌.熔断机制的前世今生[J].法人,2015(10),32—34.

史博.2016年A股市场展望:熔断机制不是股市大跌主因,开局不利未改A股慢牛格局[EB/OL].中证网,2016-01-11,http://www.cs.com.cn/tzjj/jjks/201601/t20160111_4881309.html

熔断机制探秘[J].中国总会计师,2015(9),151—153.

综述:国外如何设定"熔断机制"[EB/OL].新华网,2015-09-08,http://www.xinhuanet.com/fortune/2015-09/08/c_1116496613.htm

图解财经:熔断机制是个啥[EB/OL].原载新华网,2016-01-04,中新网转,http://www.chinanews.com/m/stock/2016/01-04/7700073.shtml

韩国"创业板"盘中暴跌超8%触发熔断暂停交易20分钟[EB/OL].凤凰财经,2016-02-12,http://finance.ifeng.com/a/20160212/14214124_0.shtml

周晓虹.现代社会心理学:多维视野中的社会行为研究[M].上海:上海人民出版社,1997.

商业车险费率浮动制度对保险索赔决策的影响

窦东徽　窦荣奎

【摘　要】2015年以来,新一轮商业车险费率改革正式启动,其主要变化包括:对于上年不出险及连续2年、3年及以上不出险客户,费率下浮系数增大,对于上年出险多次客户,费率上浮系数增大,并取消了其他13个费率浮动系数和费率七折限制,同时引入自主核保系数、自主渠道系数,使无赔款优待系数(NCD)成为费率上下浮动的基准。商车费改后的费率浮动制度会对被保险人的保险索赔决策产生一系列显著影响。具体表现为:①商车费改后保险索赔频率下降幅度大于费改前;②车价、被保险人年龄和性别会对费改前后索赔决策的变化产生影响。

【关键词】商车费改　费率浮动制度　保险索赔决策　影响因素

一、引言

随着我国经济社会的快速发展,汽车已进入千家万户,车险成为广大车主的"必需品"。随之而来的是汽车保险投保率不断提升,风险保障范围不断扩展。2015年,我国成为全球瞩目的第二大车险市场,全年车险保费收入6 199

亿元，同比增长 12.38%，在财产保险业务中的占比超过 70%，构成了我国财产保险业的绝对主力。随着业务规模稳步扩大，风险保障能力逐步增强，理赔服务水平持续提升，汽车保险在缓解道路交通纠纷、提升道路交通安全、服务经济社会发展、提升经济运行效率方面发挥着不可替代的作用。所以，车险既是一个保险问题，更是一个民生和社会问题。当发生保险事故，特别是小额损失的保险事故后，是否进行索赔，不同情形下的不同车主有着不同的选择，这就构成了保险索赔决策。研究消费者索赔行为的影响因素，对于掌握消费者索赔频率变迁、完善保险制度、提升公共安全、降低社会成本、提高经济效益，均具有重要的意义。

2015 年 6 月开始，新一轮商业车险条款费率改革正式启动，并在山东、陕西、青岛、重庆、黑龙江、广西等地试点。费改方案引入了车系系数，优化调整了以无赔款优待系数（NCD）为核心的费率浮动制度，对于上年不出险及连续 2 年、3 年及以上不出险客户，费率下浮系数增大，对于上年出险多次客户，费率上浮系数增大，费率上浮或下浮水平与实际风险成本更加匹配，同时取消了其他 13 个费率浮动系数，取消了费率七折限制，同时引入自主核保系数、自主渠道系数，在无赔款优待系数基础上，费率可进一步下浮 28%（1-0.85×0.85）或者上浮 32%（1.15×1.15-1）。商车费改后新的费率浮动制度对于被保险人保险索赔决策的影响，以及影响这种变化的因素都是值得探讨的问题。

二、案例背景介绍

（一）商车费改前费率浮动制度简介

商业车险费率改革前，保费公式是：保费 = 基准保费 × 费率调整系数。费率调整系数包括无赔款优待及上年赔款记录费率调整系数等 14 项系数，可详见表 1。现将主要费率调整系数说明如下。

1."无赔款优待及上年赔款记录"费率调整系数即前文所述的无赔款优待系数，由中国保信平台根据被保险车辆以往年度的出险情况（赔付记录）进行统计确定。保险公司以此为基础加以使用，但系数实际使用值不得低于表 1 中所列示的系数值。

2. "多险种同时投保"是指同时投保三者险、车损险,系数最低可以使用到 0.95。对于同时投保了三者险和车损险的保单来说,此系数都可使用。

3. 对于续保保单来说,可以使用"客户忠诚度"系数。

4. 根据"平均年行驶里程"确定系数:若年行驶里程少于 30 000 千米,系数为 0.90;若年行驶里程多于 50 000 千米,系数为 1.10—1.30。

5. 对于上一年无交通违法记录的车辆,可以使用"安全驾驶"系数,系数为 0.90。

6. 对于家用车,"约定行驶区域"仅能适用"省内",系数为 0.95。

7. "承保数量"适用于车队业务,不适用于家用车。

8. 对于"指定驾驶人"的车辆,可以使用"年龄""性别""驾龄"等系数,如果同时指定了多个驾驶人,以系数乘积最高者为准。四个系数最低值为 $0.90 \times 0.95 \times 1.0 \times 0.95 = 0.81225$。

9. "管理水平"和"经验及预期赔付率"系数等仅适用于车队业务,两个系数不能同时使用。

10. "车辆损失险车型",针对特异、稀有、老旧高风险车型使用。仅作用于车损险。

对于这些系数,采用连乘方式使用,即:

总系数 = 系数 1×系数 2×系数 3×⋯

表 1　费率调整系数表

序号	项目	内容	系数	适用范围
1	无赔款优待及上年赔款记录	连续 3 年没有发生赔款	0.70	所有车辆
		连续 2 年没有发生赔款	0.80	
		上年没有发生赔款	0.90	
		新保或上年赔款次数在 3 次以下	1.00	
		上年发生 3 次赔款	1.10	
		上年发生 4 次赔款	1.20	
		上年发生 5 次及以上赔款	1.30	

(续表)

序号	项目	内容	系数	适用范围
2	多险种同时投保	同时投保车损险、三者险	0.95—1.00	所有车辆
3	客户忠诚度	首年投保	1.00	所有车辆
3	客户忠诚度	续保	0.90	所有车辆
4	平均年行驶里程	平均年行驶里程<30 000 千米	0.90	所有车辆
4	平均年行驶里程	平均年行驶里程≥50 000 千米	1.10—1.30	所有车辆
5	安全驾驶	上一保险年度无交通违法记录	0.90	所有车辆
6	约定行驶区域	省内	0.95	所有车辆 不适用于家庭自用车
6	约定行驶区域	固定路线	0.92	所有车辆 不适用于家庭自用车
6	约定行驶区域	场内	0.80	所有车辆 不适用于家庭自用车
7	承保数量	承保数量<5 台	1.00	不适用于家庭自用车
7	承保数量	5 台≤承保数量<20 台	0.95	不适用于家庭自用车
7	承保数量	20 台≤承保数量<50 台	0.90	不适用于家庭自用车
7	承保数量	承保数量≥50 台	0.80	不适用于家庭自用车
8	指定驾驶人	指定驾驶人员	0.90	
9	性别	男	1.00	
9	性别	女	0.95	
10	驾龄	驾龄<1 年	1.05	仅适用于家庭自用车
10	驾龄	1 年≤驾龄<3 年	1.02	仅适用于家庭自用车
10	驾龄	驾龄≥3 年	1.00	仅适用于家庭自用车
11	年龄	年龄<25 岁	1.05	仅适用于家庭自用车
11	年龄	25 岁≤年龄<30 岁	1.00	仅适用于家庭自用车
11	年龄	30 岁≤年龄<40 岁	0.95	仅适用于家庭自用车
11	年龄	40 岁≤年龄<60 岁	1.00	仅适用于家庭自用车
11	年龄	年龄≥60 岁	1.05	仅适用于家庭自用车
12	经验及预期赔付率	40%及以下	0.70—0.80	仅适用于车队
12	经验及预期赔付率	40%—60%	0.80—0.90	仅适用于车队
12	经验及预期赔付率	60%—70%	1.00	仅适用于车队
12	经验及预期赔付率	70%—90%	1.10—1.30	仅适用于车队
12	经验及预期赔付率	90%以上	1.30 以上	仅适用于车队

（续表）

序号	项目	内容	系数	适用范围
13	管理水平	根据风险管理水平和业务类型	0.70 以上	
14	车辆损失险车型	特异车型、稀有车型、老旧车型	1.30—2.00	所有车辆

注：费率调整系数表不适用于摩托车和拖拉机。

上述系数，适用于提车险，但不适用于摩托车、拖拉机等车种。而且在商业车险费率改革之前，根据监管要求，费率优惠最大幅度为30%，即折扣不得突破七折下限，也就是通常所说的"七折令"。

自2007年引入上述费率调整系数到本次商业车险改革前，除北京、厦门、深圳、西藏外，全国均使用了上述无赔款优待系数，区间为0.7—1.3，共七个等级，反映以前年度出险记录与保费奖惩的关系。事实证明，无赔款优待系数制度的引入，有效地激励被保险人安全驾驶、降低出险频率，自2008年至2014年，行业出险率从43%下降到29%，下降达到14个百分点。出险频率降低主要有两方面的原因，一是被保险人驾驶谨慎度提升，实际出险频率下降；二是被保险人放弃小额案件的索赔，统计出险频率下降。出险频率下降有助于节约行业理赔资源，降低理赔成本。

分析来看，商车费改前的无赔款优待系数制度存在以下问题：一是分类不够精细，实际上上年出险一次客户和上年出险两次客户风险成本差异较大，但商车费改前这两类业务采用的是相同的系数；二是系数不准，由于无赔款优待系数制度已经推出了好多年，系数与风险成本差异不匹配，奖优、罚劣幅度均不足；三是仅要求非车队业务采用，但实际上无赔款优待系数对车队业务也有显著的效果，而且由于仅针对一部分业务，导致"团车个做""个车团做"时有发生；四是系统机制不够健全，跨省业务无法有效纳入无赔款优待系数制度，形成了大量"无上年保单"业务，而这部分业务成本较高，也导致了无赔款优待系数功能无法有效发挥。

从其他费率调整系数的使用情况来看，费率调整系数应该说发挥了一定的积极作用，但也存在以下问题：一是部分系数与风险成本相关性较弱，相关情况实际应是保险公司自主管控的部分，例如多险种同时投保、客户忠诚度系数等；二是部分系数难以有效使用，比如年平均行驶里程难以准确量化；三是无赔款优待系数只是众多系数中的一种,且只是控制下限,并未严格使用,并不是费率浮动的基准;四是由于七折底线的限制,部分业务质量较好的业务无法继续下浮,例如实际业务中,连续3年不出险、连续2年不出险、上年不出险均是按照七折出单,无法进一步进行保费的差异化;五是系数未严格据实使用,相关系数成为"显性合规"条件性打折的工具。总体来看,本次商车费改前,除无赔款优待系数以外的其他13项系数,要么对风险的解释作用较低,要么使用率较低,基本沦为打折的工具。

在本次商车费改前,北京、厦门、深圳作为车险改革试点地区,对费率浮动系数的优化进行了探索。一是细化了无赔款优待系数等级(见表2),北京、深圳、厦门均扩展上年出险6次以上的情形,北京、厦门还扩展了连续4年不出险、连续5年不出险的情形,厦门、深圳拆分了上年1次出险、上年2次出险客户。二是优化了系数水平,北京系数区间为0.40—3.00,厦门为0.30—3.00,深圳为0.50—2.00,扩大了奖惩幅度。三是考虑了赔款金额的影响(北京地区),并将车队业务也纳入无赔款优待系数的使用范围。

北、深、厦的改革探索取得了良好的效果,但也存在一些问题,一是未考虑无赔款优待系数与其他费率因子的相关性,比如地区、使用性质、车龄、车型等因子;二是缺乏动态调整机制,随着时间的推移,系数水平与真实风险水平可能出现偏离。

表2 试点地区无赔款优待系数方案一览

无赔款优待系数等级	无赔款优待系数			
地区	北京	厦门	深圳	全国
连续5年没有出险	0.40	0.30	—	—
连续4年没有出险	0.50	0.40	—	—
连续3年没有出险	0.60	0.50	0.50	0.70
连续2年没有出险	0.70	0.60	0.55	0.80
上年没有出险	0.85	0.70	0.60	0.90
上年出险1次	1.00	1.00	0.70	1.00
上年出险2次	1.00	1.05	1.00	1.00
上年出险3次	1.10	1.10	1.10	1.10
上年出险4次	1.20	1.20	1.30	1.20

(续表)

无赔款优待系数等级	无赔款优待系数			
地区	北京	厦门	深圳	全国
上年出险5次	1.50	1.50	1.50	1.30
上年出险6次	2.00	2.00	1.80	
上年出险7次	2.50	2.50		
上年出险8次	3.00	3.00		
上年出险9次				
上年出险10次				
上年出险10次以上			2.00	
本年承保新购置车辆	1.00	1.00	1.00	1.00
平台无上年承保记录	1.00	1.00	1.00	1.00

（二）商车费改后费率浮动制度简介

商车费改包括条款、费率、监管三个方面。在条款方面，费改进一步完善现行的商业车险行业示范条款，支持保险公司开发创新型产品，形成以行业示范条款为主体、以创新型条款为补充的商业车险条款体系；在费率方面，费改将行业测算纯保费作为商业车险定价的基础，并根据市场运行情况赋予保险公司一定的定价自主权，逐步形成市场决定费率的机制；在监管方面，费改将建立科学有效的商业车险条款费率形成、论证、审批、执行、回溯、调整等全过程的监管制度。

条款主要变化点如下：一是加大保险责任，扩大保障范围，删除了15项免责争议事项；二是解决社会关注的热点问题，解决高保低赔、无责不赔、家属不赔等争议条款；三是对"第三者""车上人员"等概念进行明确，避免理赔纠纷；四是对险种进行了整合，行业原有38个附加险及特约条款，仅保留10个附加险，减少了28个，其中5个并进主险保险责任，23个删除，新增1个附加险；五是对条款体系进行了调整，更便于消费者阅读和行业使用。

费率主要变化点如下：一是将基准保费拆分为基准纯风险保费和附加费用率两部分，基准纯风险保费按现行基准保费65%平移，附加费用率为行业普遍报批的35%，这一变化在保证平稳过渡的前提下细化了保费成本构成；二是家用车及非营业客车的车损险基准纯风险保费中引入车型系数,分为五档,区间为 0.8—1.2,迈出了车型定价的第一步;三是优化了无赔款优待系数,系数区间扩大为 0.6—2.0,保费与风险更加匹配;四是引入渠道系数,区间为 0.85—1.15,打破了电网销价格壁垒;五是删除了原费率体系中除无赔款优待系数以外的 13 项系数,引入核保系数,区间为 0.85—1.15,扩大了保险公司自主定价权;六是引入交通违法系数,并在江苏、北京等省市试点。

自 2015 年 5 月底,商车费改在山东等六省市正式启动,建立了新的无赔款优待系数制度:一是细化了无赔款优待系数等级,将"平台无上年承保记录或上年发生 3 次以下赔款"细化为"新车""无上年保单""上年出险 1 次""上年出险 2 次"四类。二是车队业务和非车队业务使用统一的无赔款优待系数方案,避免了套利行为的存在。三是优化了无赔款优待系数,系数区间从 0.7—1.3 扩大为 0.6—2.0,与实际风险成本更加匹配;对于上年不出险、连续 2 年不出险、连续 3 年不出险客户,降低了无赔款优待系数,对于上年出险多次客户,提高了无赔款优待系数,这不但真实反映了风险成本,而且实现了奖优罚劣,改变了费改前无赔款优待系数奖励不足和惩罚不足的问题。四是作为费率浮动的基准,在无赔款优待系数基础上,乘以自主核保系数、自主渠道系数,计算最终折扣水平,无赔款优待系数的作用完全突显而不会被覆盖。

改革后无赔款优待系数方案如表 3 所示。

表 3　改革后无赔款优待系数方案

状态	设定值
连续 3 年没有出险	0.60
连续 2 年没有出险	0.70
上年没有出险	0.85
新车	1.00
无上年保单	1.00
上年出险 1 次	1.00
上年出险 2 次	1.25
上年出险 3 次	1.50
上年出险 4 次	1.75
上年出险 5 次及以上	2.00

在本轮商业车险中,原改革试点地区北京和厦门,也对无赔款优待系数方案进行了调整,在改革后全国方案的基础上,对分类等级进行了适度扩展。一是保留了连续4年不出险、连续5年不出险的分类,系数分别为0.40、0.50。二是对上年出险6次、7次、8次、9次、10次、10次以上的车辆,分别设置了2.15、2.30、2.45、2.60、2.75、3.00的系数。

商车费改后,无赔款优待系数的取值完全由中国保信平台控制,适用于除摩托车、拖拉机、提车险外的所有业务,实现了跨省查询,避免了以往通过"个车团做""团车个做""跨省投保"等规避无赔款优待系数的问题。

(三) 商车费改后费率浮动制度分析

商车费改之前,除无赔款优待系数外,还有13项系数,系数间是连乘关系,最终使用的系数不得低于监管要求的"七折"限制;另外考虑到系数存在不据实使用的情况,导致不同出险类型的业务都可以达到七折,在这种情形下,无赔款优待系数对最终保费的影响较弱,可参见表4。

表4 商车费改前后费率浮动系数对比

状态	费改前		费改后	
	无赔款优待系数	系数底线	无赔款优待系数	系数底线
连续3年没有出险	0.70	0.70	0.60	0.4335
连续2年没有出险	0.80	0.70	0.70	0.5058
上年没有出险	0.90	0.70	0.85	0.6141
新车	1.00	0.70	1.00	0.7225
无上年保单	1.00	0.70	1.00	0.7225
上年出险1次	1.00	0.70	1.00	0.7225
上年出险2次	1.00	0.70	1.25	0.9031
上年出险3次	1.10	0.70	1.50	1.0838
上年出险4次	1.20	0.70	1.75	1.2644
上年出险5次及以上	1.30	0.70	2.00	1.4450

商车费改之后,14项系数仅保留了无赔款优待系数,并完善了无赔款优待系数制度:细化了无赔款优待系数分类,优化了无赔款优待系数,系统限制对于

所有业务严格使用无赔款优待系数,不得上浮或者下浮。除此之外,引入了自主核保系数、自主渠道系数,系数区间均为 0.85—1.15,由保险公司自主使用,同时取消费率七折限制。在此情形下,最终折扣是以无赔款优待系数为基础,最多下浮 28%(0.85×0.85-1),最多上浮 32%(1.15×1.15-1),系数底线变为无赔款优待系数×0.85×0.85。由此可以看出,在新的费率浮动制度下,无赔款优待系数对下年保费有着直接而显著的影响。

通过图 1 可以看出,费改前,系数底线是一条直线,出险情况对系数的影响较小。费改后,系数底线是与出险情况紧密相关的斜线。这也说明,本次费改最重要的一个变化是形成了一套有效地与出险情况紧密相关的费率浮动制度。

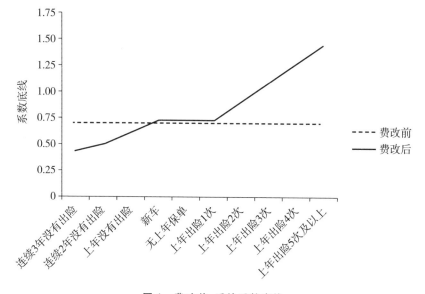

图 1　费改前、后的系数底线

(四) 商车费改后保险索赔决策变化的预判

2015 年 5 月开始,新一轮商业车险条款费率改革正式启动,在山东等 6 地试点,并于 2015 年 12 月扩展到第二批 12 个地区,于 2016 年 7 月完成全面推广。本次商车费改的一个重要方面是优化了无赔款优待系数制度,对于上年不出险、连续 2 年不出险、连续 3 年及以上年度不出险客户,费率下浮系数增大,对于上年出险多次客户,费率上浮系数增大,费率上浮或下浮水平与实际风险成本更加匹配,同时取消了其他 13 个费率浮动系数,取消了费率七折限制,并引入自主核保系数、自主渠道系数,使无赔款优待系数成为费率上下浮动的基准,从而上年出险或不出险情况直接影响下一年的保费水平。

费改前,由于受费率七折限制影响,不出险客户及部分出险客户均可按照七折出单,因此无赔款优待系数对索赔决策的影响作用很弱,可以认为实际上并没有有效的无赔款优待系数。费改后,无赔款优待系数成为基准,且费率下浮、上浮扩大,可以认为费改实际上是引入了有效的无赔款优待系数制度。通过前述分析,无赔款优待系数制度的引入会减少小额索赔,因此可以预期费改后保险索赔会减少。

三、商业车险费率浮动制度对保险索赔决策的影响

(一)数据基本情况

为了分析保险索赔决策的影响因素,并就商车费改对保险索赔决策的影响进行实证检验,我们获取了某保险公司商车费改前后的出险频率(即索赔频率,以下称索赔频率)数据。现将数据情况说明如下。

数据为某保险公司第一、第二批费改地区家用车辆损失险情况,包括2015年1月—2016年5月的逐月索赔频率,以及上年同期索赔频率数据和索赔频率同比变化数据。数据维度包括地区、年月、费改纪月、费改标示、费改阶段等地域时间信息,性别、年龄等从人信息,新车标示、车价等从车信息,以及上年索赔情况等从用信息,共计3 264条记录。具体字段说明如下。

area(地区):本次商车费改分为三批进行,其中第一批为2015年5月开始试点的山东等6省市,第二批为2015年12月试点的吉林等省市,第三批为2016年6月进行全面推广的河北等18省市。本数据集仅包括第一批、第二批地区。"第1批费改地区"代码为1,"第2批费改地区"代码为"2"。

month(年月):数据集统计的基础维度,为数据统计区间。以2015年5月索赔频率为例,即2015年5月相应维度下对应的索赔次数与已购车年数之比。

d_month(费改纪月):根据日历月份与费改月份的关系进行确定,例如第一批地区2015年5月开始试点,则2015年5月为0,2015年4月为-1,2015年6月为1,依次类推。对于第二批地区,2015年12月为0,2015年11月为-1,2016

年 1 月为 1。

derglt(费改标示):根据处于费改前还是费改后,对月份进行了划分。其中 d_month(费改纪月)为正数的,认为是"费改后",代码为"1";d_month(费改纪月)小于或等于 0 的为"费改前",代码为"0"。

period(费改阶段):根据两批试点地区处于费改阶段的情形,划分为三个阶段,其中两批试点地区都处于费改前为第一阶段,即 2015 年 5 月之前,代码为"1";第一批费改地区已进行试点,第二批地区尚未试点,为第二阶段,即 2015 年 6 月到 2015 年 12 月,代码为"2";第三阶段即 2016 年 1 月至 2016 年 5 月,代码为"3"。

new(新车标示):区分新车、旧车。其中新车代码为"1",旧车代码为"0"。

price(车价):根据车辆新车购置价,将车辆分为三组,分别为"10 万元以下""10 万—30 万元""30 万元以上",代码分别为"1""2""3",分别代表低、中、高档车。

sex(性别):根据车主性别划分,其中男性代码为"1",女性代码为"2"。

age(年龄):根据车主年龄划分为四档,分别为"25 岁以下""25—35 岁""35—50 岁""50 岁以上",代码分别为"1""2""3""4"。

claim(上年索赔情况):根据保单是否首次投保以及非首次投保的上年出险情况划分为四类,即"新车""上年无索赔""上年有索赔""无上年保单",代码分别为"1""2""3""4",其中无上年保单是指非新车首次投保、过户车、短期单、非新车查询不到上年投保记录等情况。

freq(索赔频率):索赔频率高低的统计指标,为索赔次数与已购车年数指标。

freq_last(上年同期索赔频率):统计维度下上年同期的索赔频率。

pofchange(索赔频率同比变化):索赔频率同比变动幅度,公式为"索赔频率/上年同期索赔频率-1"。

除索赔频率数据外,我们还获取了以下维度的车年占比数据,以便于更好地理解上述分类维度,并基于这些维度进行后续分析。其中"地域、时间信息表"共 34 条记录,"年龄、性别信息表"共 8 条记录,"上年索赔情况信息表"共 4 条记录,"车价信息表"共 3 条记录。

我们通过对基础数据分月份、地区、费改阶段、上年索赔情况、车价、性别、年龄等维度进行分析,了解数据的构成,检验数据的合理性,为进一步分析奠定基础。

1. 费改月份、地区分析

从图2可以看出,从2015年1月到2016年5月,车年数基本上呈逐月上升趋势。第二批地区业务量约为第一批地区业务量的2.5倍,这主要是由于第一批地区包括6省市,第二批地区包括12省市,即第二批地区规模大于第一批地区造成的。

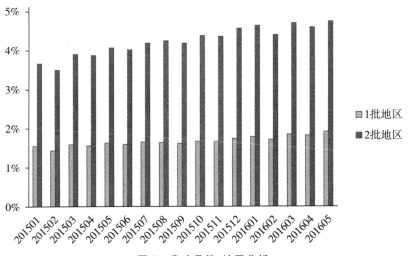

图 2 费改月份、地区分析

2. 费改阶段分析

由于第一批地区从2015年5月底开始改革,第二批地区从2015年12月底开始改革,因此我们将日历月份划分为三阶段,分别是2015年1月—2015年5月、2015年6月—2015年12月、2016年1月—2016年5月,各时间段的数据占比情况如图3所示。

费改三阶段,分别代表两批地区都未改革、第一批地区改革第二批地区未改革、两批地区均已改革,数据占比情况如图4所示。

3. 上年索赔情况分析

如图5所示,从上年索赔情况来看,业务占比由高到低依次是上年无索赔(35%)、新车(31%)、上年有索赔(28%)、无上年保单(6%)。

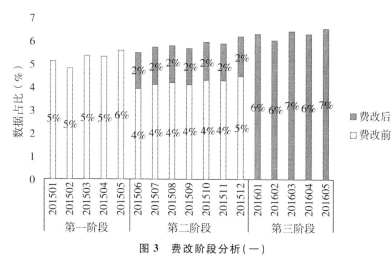

图 3 费改阶段分析（一）

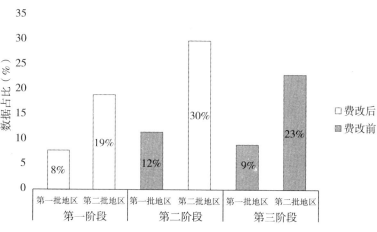

图 4 费改阶段分析（二）

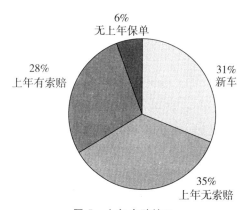

图 5 上年索赔情况

4. 车价分析

从车价分组来看,如图6所示,小于10万元的车和10万—30万元的车占比最大,均为46%,30万元以上的车占比相对较小,约为8%。通过车价可以近似反映车主的富裕程度,车价从低到高三档,可以近似认为车主的经济水平分别为"一般""中等"和"富裕"。

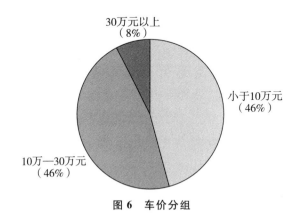

图 6　车价分组

5. 性别、年龄分析

如图7所示,从性别来看,投保人男性占比较大,约占75%,符合我国车主的实际情况;从年龄来看,35—50岁、25—35岁占比较大,分别为48%、33%。

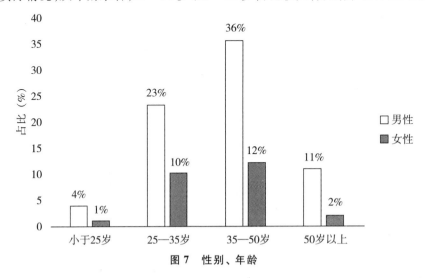

图 7　性别、年龄

(二）商车费改前后索赔决策的变化

1. 总体索赔率的变化

我们用某保险公司车损险的数据分析验证商车费改前后索赔频率的变化。第一批改革地区（2015年5月费改）、第二批费改地区（2015年12月费改）改革前后日历月份出险频率（索赔频率）同比下降幅度详见表5和图8。

表5 费改纪月索赔频率同比变化

费改纪月	第一批地区		第二批地区	
	年月	同比变化	年月	同比变化
-4	201501	-3%	201508	-4%
-3	201502	2%	201509	-8%
-2	201503	-1%	201510	-6%
-1	201504	-3%	201511	-6%
0	201505	-16%	201512	-17%
1	201506	-38%	201601	-32%
2	201507	-45%	201602	-36%
3	201508	-42%	201603	-39%
4	201509	-47%	201604	-43%
5	201510	-49%	201605	-36%

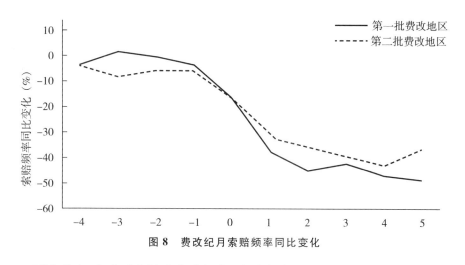

图8 费改纪月索赔频率同比变化

可以看出，费改后车损险出险频率（索赔频率）同比下降幅度显著大于费改前。在第一批费改地区,费改前4个月下降幅度为3%以下,而费改后5个月下降幅度为38%以上;在第二批费改地区,费改前4个月下降幅度为8%以下,而费改后5个月下降幅度为32%以上。由此可以看出,费改的确导致了保险索赔频率的大幅下降。

从行业数据来看,商车费改试点初期,车辆索赔频率从55%降至35%。

上述分析结论证明,由于新的费率浮动制度的推出,被保险人对于小额索赔倾向于放弃,因此,商车费改后保险索赔频率下降幅度大于费改前。

2. 不同费改阶段索赔频率变化率比较

由于第一、第二批费改地区费改启动时间不一致,因此对于第一、第二批费改地区,我们可以分为三个时间段,即全部费改前、第一批费改后第二批费改前、全部费改后三个阶段。如果费改对索赔频率有影响,那在第二阶段,第一、第二批费改地区索赔频率变化率的差异应该比在第一阶段和第三阶段要大。下面通过方差分析来验证费改的影响。

将费改阶段、地区作为固定因子,索赔频率同比变化作为自变量,进行方差分析,结果发现,对于索赔频率同比变化,费改阶段和费改地区存在显著交互作用,$F = 79.008$,$p = 0.000 < 0.01$,偏$\eta 2 = .046$,如图9所示。

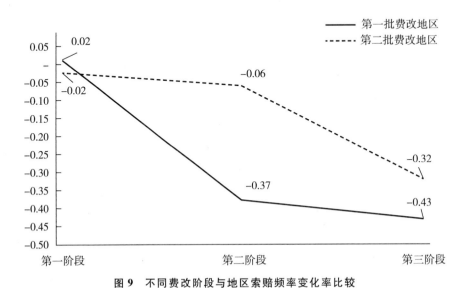

图9 不同费改阶段与地区索赔频率变化率比较

(1)从批次的角度来看:对第一批费改地区来说,第二阶段(费改后)、第三阶段(费改后)索赔频率同比下降幅度显著大于第一阶段(费改前);对第二批费改地区来说,第三阶段(费改后)索赔频率同比下降幅度显著大于未进行费改的第一、第二阶段。

(2)从时间段角度来看:在第一阶段,第一批费改地区索赔频率同比变化幅度均值($M=0.02$)和第二批费改地区索赔频率同比变化幅度均值($M=-0.02$)差异较小;在第二阶段,第一批费改地区索赔频率同比变化幅度均值($M=-0.37$)显著低于还未进行费改的第二批费改地区索赔频率同比变化幅度均值($M=-0.06$);在第三阶段,第一批和第二批费改地区都已经历费改,二者的索赔频率同比变化幅度均值趋于一致($M1=-0.43,M2=-0.32$)。

上述分析可以说明,费改后索赔频率的大幅下降的确是费改制度引入导致的。

(三)影响因素分析

研究还发现,有一些因素会对费改前后索赔频率的变化产生影响,主要是车价、年龄和性别。

1. 车价

将费改标示、车价分组作为固定因子,索赔频率同比变化作为自变量,进行方差分析,可以发现,对于索赔频率同比变化,车价分组和费改标示存在显著交互作用,$F=6.700$,$p=0.001<0.01$,偏$\eta2=0.004$。具体表现为:费改后,车价在30万元以上的车辆索赔频率下降幅度的变化显著小于其他车辆。原因可能是,费改前,30万元以下车辆的小额案件占比更大,所以受费改的影响更大,如图10所示。

2. 年龄

将费改标示和年龄作为固定因子,索赔频率同比变化作为自变量,进行方差分析,结果发现,年龄存在主效应,$F=11.549$,$p=0.000<0.001$,偏$\eta2=0.011$。具体表现为:无论是费改前还是费改后,25岁以下的索赔频率降幅均最小,35—50岁索赔频率降幅均最大。这说明费改对于各年龄档的影响基本一致。25岁以下者索赔率下降幅度小可能与此年龄段驾驶者偏好风险的年龄特征有关,如图11所示。

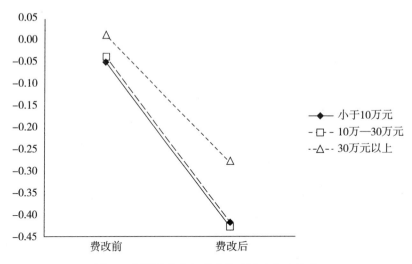

图 10　不同车价分组的索赔频率变化率比较

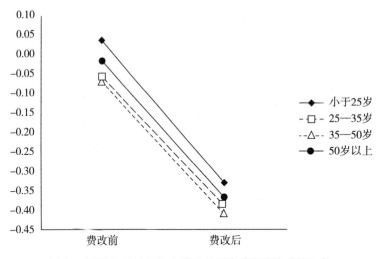

图 11　不同年龄被保险人费改前后索赔频率变化率比较

3. 性别

将费改标示和性别作为固定因子,索赔频率同比变化作为自变量,进行方差分析,可以发现,性别和费改标示存在一定的交互作用($F = 4.535, p = 0.033$,偏 $\eta^2 = 0.001$),费改后女性索赔频率同比降幅变化更大一些,可能与女性车主小额案件更多有关,如图 12 所示。

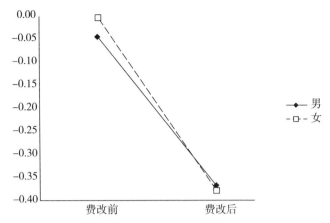

图 12　不同性别被保险人费改前后索赔频率变化率比较

四、案例使用说明

（一）教学目的与用途

1. 本案例适用于应用心理专业硕士"经济心理学""行为经济学"及"金融心理理论与实务"等课程，对应于"前景理论""风险决策""心理账户""控制感"等应用主题。通过本案例，教师可以介绍不确定情境下个体经济决策的相关规律及在干预措施制定方面的应用。

2. 本案例的教学目的是引导学生掌握损失厌恶、心理账户和风险决策的相关理论和知识，并能够根据这些理论来分析制度设计的优劣，举一反三，灵活运用这些知识，优化制度设计，改善决策效果。

（二）启发思考问题

1. 商业车险费率改革前后最根本的变化是什么？
2. 费率制度改革可能导致人们索赔决策方面的哪些变化？
3. 人们索赔决策变化的心理机制有哪些？
4. 车价、被保险人的年龄和性别对于索赔决策变化的影响机制是什么？

（三）基本概念和理论依据

1. 前景理论

心理学家丹尼尔·卡尼曼（Daniel Kahneman）和阿莫斯·特维斯基（Amos

Tversky)在20世纪进行了大量的实验和研究,探索人们在各种领域内的判断和决策行为,发现人们在这个过程中存在很多非理性的行为,并开创了前景理论。前景理论将来自心理研究领域的观点应用在了经济学当中,为行为经济学的发展奠定了基础,为研究不确定情况下人的判断和决策做出了突出贡献。前景理论是一个描述性范式的决策模型,它假设风险决策过程分为"编辑"和"评价"两个过程。在编辑阶段,个体凭借"框架"(frame)、参照点(reference point)等采集和处理信息,在评价阶段依赖价值函数(value function)和主观概率的权重函数(weighting function)对信息予以判断。前景理论涉及人们在面对不确定情境下的决策问题,其核心思想可以用价值函数表示,这个函数直观反映了三个重要内容:

(1)人们对于损失和收益的心理敏感性都是递减的,因此,在面对收益时,人们是风险规避的,偏好确定的收益(确定效应),而在损失情境下,人们往往是风险偏好的,宁愿承担更大的风险去放手一搏(反射效应)。

(2)人们对损失和收益的感受并不是对称的,也就是说,相同金额的收益和损失相比,人们对损失更敏感,表现在价值函数上就是损失的心理曲线比收益的心理曲线更陡峭(风险厌恶)。

(3)人们对损失和收益的感受取决于参照点的选择,承载效用或价值的不是财富的绝对水平,而是相对的变动。

2. 心理账户

芝加哥大学的理查德·塞勒(Richard Thaler)提出了"心理账户"(mental accounting)的概念,用于解释个体在消费决策时为什么会受到"沉没成本效应"的影响。心理账户理论认为,决策者在做决策时,会无意识地把财富划归不同的账户进行管理,这些不同的账户采用各不相同的记账方式和运算规则,从而违背了简单的经济法则,做出非理性的决策。具体来说,每个人都有两个账户,一个是经济学账户,一个是心理账户,心理账户的存在影响着每个人的消费决策。在经济学账户里,每一块钱都是无差异的,只要金额相同,就具有可替代性;而在心理账户里,对每一块钱并不是一视同仁,而是视来源不同、去向不同采取不同的态度,从而使人做出许多非理性的消费行为。心理账户有三种情形,一是将各期的收入或各种不同方式的收入分在不同的账户中,不能相互填补;二是不同来源的收入有不同的消费倾向;三是用不同的态度来对待不同数量的收入。

3. 控制感

控制感是人对于周围环境的信念控制能力。如果个体在使用产品或完成任务过程中拥有较高的控制感,那么个体的态度会更积极,更愿意接受挑战和试错,也更拥有安全感;而如果个体缺乏控制感,就会缺乏对于追求好结果的动力,严重者会陷入"习得性无助"。在涉及奖惩、激励、劝诫和引导的制度设计中,应当保障个体的控制感,以提升个体的参与度和探索意愿。在制度设计中,以下方法有助于提高个体的控制感:

(1) 让个体明确知道自己的行为与结果存在关联;

(2) 对正确行为给予正向激励的反馈;

(3) 给予必要的选择权;

(4) 允许犯错。

(四) 分析思路

教师可以根据自己的教学目标来灵活使用本案例。这里列举针对本案例的几种分析方式,仅供参考。

(1) 不同费率制度如何让被保险人界定损益?

(2) 在不同费率制度形成的不同损益框架下,被保险人的决策过程是怎样的?

(3) 不同费率制度会引发何种不同的心理账户,以及这些心理账户会有哪些不同的运算法则并导致被保险人哪些不同的索赔决策?

(4) 新的费率制度在哪些方面让被保险人体验到了控制感的增加,以及这种变化会导致被保险人的行为方式发生何种变化?这种变化的方向是积极的还是消极的?

(5) 影响索赔变化率的其他三种因素(车价、年龄、性别)对于政策制定有何启示?

(五) 建议的课堂安排

1. 时间安排

本案例可以配合"经济心理学""行为经济学"等相关课程中的前景理论和

心理账户部分使用。课堂讨论时间以 1—2 小时为宜。为保障课堂讨论的顺畅和高效,要求学生提前两周准备有关这一主题的理论知识,并针对相关应用和实践积累素材。

2. 讨论形式

分组讨论+集中汇报。

3. 案例拓展

结合本案例分析,可以讨论优良制度设计的特点是什么;利用所学知识,就当前的某一现实问题设计一个制度优化方案。

（六）案例分析及启示

本案例通过对相关数据的分析发现:①由于新的费率浮动制度的推出,被保险人对于小额索赔更倾向于放弃,因此,商车费改后保险索赔频率下降幅度大于费改前。②从费改阶段和批次的分析发现,对于第一批费改地区来说,第二阶段(费改后)、第三阶段(费改后)索赔频率同比下降幅度显著大于第一阶段(费改前);对第二批费改地区来说,第三阶段(费改后)索赔频率同比下降幅度显著大于未进行费改的第一、第二阶段。在第一阶段,第一批费改地区索赔频率同比变化幅度均值和第二批费改地区索赔频率同比变化幅度均值差异较小;在第二阶段,第一批费改地区索赔频率同比变化幅度均值显著小于还未进行费改的第二批费改地区索赔频率同比变化幅度均值;在第三阶段,第一批和第二批费改地区都已经历费改,二者的索赔频率同比变化幅度均值趋于一致。③车价、被保险人年龄和性别都会对费改之后索赔决策的变化产生影响,具体表现为费改后,车价在 30 万元以上的车辆索赔频率下降幅度的变化显著小于其他车辆;无论是费改前还是费改后,25 岁以下车主的索赔频率降幅均最小,35—50 岁车主的索赔频率降幅均最大;女性车主索赔频率同比降幅的变化比男性车主更大。

第一,根据前景理论,可定义保险索赔决策的前景为 $P(W)$,其中 W 为财富水平,为不确定性变量。我们定义保险事故损失为 LOSS(负数),保险公司赔付金额为 PAID(正数)。对于车险费率浮动制度,我们定义无赔款第二年保费下浮额度(即奖励)为 BONUS(正数),出险第二年保费上浮额度(即惩罚)为 MALUS(负数),需要注意的是,BONUS 和 MALUS 为不确定性变量。虽然 LOSS

和 PAID 开始时可能并不是确定的金额,但是被保险人可以在该金额明确之后再进行保险索赔决策,因此 LOSS 和 PAID 仍然可以被认为是确定的。由于 BONUS 和 MALUS 为不确定性变量,因此保险索赔决策仍然是风险条件下的决策问题。据此,我们构建保险索赔决策的行为经济学分析框架,分析不同费率制度下的保险索赔决策。

(1) 被保险人可能会将 LOSS、PAID、BONUS 和 MALUS 放入一个心理账户进行索赔决策,即以没有出险没有发生损失作为决策基准,则决策描述如下:

索赔:P1(LOSS+PAID+MALUS);

弃赔:P2(LOSS+0+BONUS)。

(2) 如果被保险人不将损失纳入心理账户进行索赔决策,即以已出险已发生损失作为决策基准,则决策描述如下:

索赔:P3(PAID+MALUS);

弃赔:P4(0+BONUS)。

上述两个情形虽然客观实质相同,但描述框架不同,被保险人的决策会有所差异。此处,我们以第二种框架进行后续分析。

① 决策1:假定不存在无赔款优待系数制度,则决策描述如下:

索赔:P5(PAID);

弃赔:P6(0)。

可以看出,索赔决策变为确定性条件下的决策,索赔的前景是获得 PAID>0,放弃索赔的前景为 0。在此情形下,不考虑其他成本(如时间成本),只要赔付金额大于 0,被保险人便愿意索赔。

② 决策2:假定存在无赔款优待系数制度,且以索赔为基准,则决策描述如下:

索赔:P7(PAID);

弃赔:P8(BONUS-MALUS)。

③ 决策3:假定存在无赔款优待系数制度,且以放弃索赔为基准,则决策描述如下:

索赔:P9(PAID+MALUS-BONUS);

弃赔:P10(0)。

根据行为经济学理论,决策1和决策2均是不确定性决策,当 PAID 小于

BONUS-MALUS时,决策者更倾向于放弃索赔,但两种情形下的倾向程度不同。可见,引入无赔款优待系数制度会减少小额索赔。

如果费率浮动制度不同,则描述框架不同。当存在无赔款优待系数制度,但只有不出险奖励,无出险保费上浮时,框架描述如下:

① 决策2A:假定存在无赔款优待系数制度,但只有不出险奖励,无出险保费上浮,且以索赔为基准,则决策描述如下:

索赔:P7A(PAID);

弃赔:P8A(BONUS)。

② 决策3A:假定存在无赔款优待系数制度,但只有不出险奖励,无出险保费上浮,且以放弃索赔为基准,则决策描述如下:

索赔:P9A(PAID-BONUS);

弃赔:P10A(0)。

当存在无赔款优待系数制度,但出险保费上浮,不出险保费不下浮时,则决策描述如下:

① 决策2B:假定存在无赔款优待系数制度,但出险保费上浮,不出险保费不下浮,且以索赔为基准,则决策描述如下:

索赔:P7B(PAID);

弃赔:P8B(-MALUS)。

② 决策3B:假定存在无赔款优待系数制度,但出险保费上浮,不出险保费不下浮,且以放弃索赔为基准,则决策描述如下:

索赔:P9B(PAID+MALUS);

弃赔:P10B(0)。

第二,商车费改后,费率浮动制度改变了心理账户的属性。费改以前,保险是定额损失账户,类似于银行的坏账准备;费改以后,保险似乎变成了盈利账户,可以从里边省钱。费改前,保险是损失账户,是应对事故的,如果没有出事故,没有进行索赔,有种白交保费的感觉;费改后,保险是盈利账户,不只是应对保险事故,而是通过努力可以减少账户的损失。原来的账户是完全应对损失,现在的账户变成了对个体驾驶谨慎性、驾驶技能、安全行车能力的综合评估账户,改变了账户的性质。

第三,新的费率制度赋予了被保险人更高的控制感。这种控制感继而通过改变个体调节定向的方式影响了个体索赔决策。调节定向理论(regulatory focus theory)认为,个体为实现特定的目标,会努力控制或改变自己的思想或行为,在自我调节中,个体会表现出特定的倾向,称为调节定向。由于倾向分为两种,因此调节定向也区分为预防定向(prevention focus)和促进定向(promotion focus)两类。不同调节定向在引发因素及产生的心理结果方面存在显著差异。

商车费改后,无赔款优待费率浮动制度对于不同的客户群存在不同的调节定向机制。对于驾驶行为较好、出险次数较少的客户,费率浮动制度使被保险人更加聚焦积极结果、趋近积极结果,也就是下一年可以交更少的保费,因此他们会通过自我规范和自我管理努力降低下一年的保费,从而获得积极的影响。对于驾驶行为较差、出险次数较多的客户,费率浮动制度使其更加聚焦消极结果、预防消极结果,即下一年可能多交保费,因此他们会通过自我规范和自我管理尽量避免下一年多交保费的情况出现。

【参考文献】

Kahneman, D., Tversky, A. (1979). A prospect theory: An analysis of decision under risk. *Econometrica*, 47, 263—291.

Thaler, R. (2008). Mental accounting and consumer choice. *Marketing Science*, 27(1), 15—25.

市场细分理论的应用——以麦当劳为例

汪 波

【摘　要】 市场细分是1956年由美国市场营销学家温德尔·斯密首先提出来的一个新概念。它是指根据消费者的不同需求,把整体市场划分为不同的消费者群的市场分割过程。本文引言部分介绍了市场细分的作用、市场细分需要满足的条件以及进行市场细分所依据的因素。在案例背景部分,介绍了麦当劳的历史与现状以及麦当劳的经营理念。在案例正文部分,主要阐述了麦当劳如何根据地理要素、人口要素进行市场细分。最后对案例使用进行了说明。本案例通过展现麦当劳的市场细分策略,使学生深入理解市场细分在营销中的重要作用。

【关键词】 市场细分　麦当劳

一、引　言

市场细分是1956年由美国市场营销学家温德尔·斯密首先提出来的一个新概念(Smith, 1956)。它是指根据消费者的不同需求,把整体市场划分为不同的消费者群的市场分割过程,每个细分市场都是由欲望与需求相同的消费者群组成的。市场细分主要是根据地理细分、人口细分和心理细分来划分目标市场,以达到企业的营销目标。

市场细分理论的应用

市场细分主要有如下作用:①有利于企业选择目标市场和制定市场营销策略。市场细分后的子市场比较具体,企业比较容易了解消费者的需求,因而可以根据自己的经营思想、方针及生产技术和营销力量,确定自己的服务对象,即目标市场。而且针对较小的目标市场,企业便于制定特殊的营销策略。同时,在细分的市场中,信息容易获取和反馈,一旦消费者的需求发生变化,企业可以迅速改变营销策略,制定相应的对策,以适应市场需求的变化,提高企业的应变能力和竞争力。②有利于企业发掘市场机会,开拓新市场。通过市场细分,企业可以对每一个细分市场的购买潜力、满足程度、竞争情况等进行分析对比,探索出有利于本企业的市场机会,使企业及时做出投产、移地销售决策或根据本企业的生产技术条件制订新产品开拓计划,进行必要的产品技术储备,掌握产品更新换代的主动权,开拓新市场,以更好地适应市场的需要。③有利于企业集中人力、物力于目标市场。任何一个企业的资源、人力、物力、资金都是有限的,通过细分市场,企业选择了适合自己的目标市场后,就可以集中人、财、物及资源,去争取局部市场上的优势,然后再占领自己的目标市场。④有利于企业提高经济效益。前面三个方面的作用都能使企业提高经济效益。除此之外,市场细分后,企业可以针对自己的目标市场,生产出适销对路的产品,既能满足市场需要,又可增加企业收入,同时产品适销对路可以加速商品流转,从而加大生产批量,降低企业的生产销售成本,提高生产工人的劳动熟练程度,提高产品质量,全面提高企业的经济效益。

市场细分需要相应的市场满足以下几个条件:①相对稳定性。相对稳定性指细分后的市场具有一定的时间稳定性。②可衡量性。可衡量性是指用来细分市场的标准和变量及细分后的市场是可以识别和衡量的,即有明显的区别、有合理的范围。如果某些细分变量或购买者的需求和特点很难衡量,细分后的市场无法界定,难以描述,那么市场细分就失去了意义。一般来说,一些客观性的变量,如年龄、性别、收入、地理位置、民族等,都易于确定,并且有关的信息和统计数据也比较容易获得;而一些主观性的变量,如心理和性格方面的变量,就比较难以确定。③可进入性。可进入性是指企业能够进入所选定的细分市场,能进行有效的促销和分销。可进入性实际上就是考虑营销活动的可行性。一是企业能够通过一定的广告媒体把产品的信息传递到该市场众多的消费者中去,二是产品能够通过一定的销售渠道抵达该市场。④规模性。规模性指细分市场的规模要大到能够使企业获利的程度,使企业值得为它设计一套营销方案,以便顺利地实现其营销目标,并且该市场应该有可拓展的潜力,以保证企业能获得理想的经济效益和社会效益。例如,对于一个普通大学的餐馆来说,如果它专门开设一个西餐馆以满足少数师生酷爱西餐的需求,则可能由于这个细分市场太小而得不偿失;但如果开设一个回族饭菜供应部,虽然其市场规模仍然很小,但从细微处体现了民族政策,有较大的社会效益,值得去做。⑤差异性。差异性指每个细分市场在文化观念上存在差异,对不同的营销组合方案会有不同的反应(Gavett, 2014)。

通常可以根据以下因素进行市场细分。①地理因素,即营销者按照消费者所处的不同地理位置进行市场细分。②人口学因素,包括消费者的年龄、性别、婚姻状况、职业以及教育程度等。③心理因素,包括消费者的需求、动机、人格等。④社会文化因素,例如,消费者的核心文化价值观以及亚文化成员身份等。⑤与产品使用相关的特征,例如,消费者对产品的使用率以及对品牌的忠诚度。⑥情景因素,例如,工作日/周末。⑦寻求的利益,即营销者分离出一个需要向消费者传递的商品或服务的好处。

二、案例背景介绍

(一)麦当劳的历史与现状

1955年,全球第一家麦当劳餐厅由创始人雷·克洛克(Ray Kroc)在美国伊利诺伊州芝加哥Des Plaines创立。现在麦当劳已经成为全球零售食品服务业的龙头,是全球快餐连锁领域的冠军。截止到2015年年底,全球有超过36 000家麦当劳餐厅,每天为120个国家和地区的6 900万名顾客提供食品与服务。2012年,麦当劳在中国共拥有1 000余家餐厅。2012年麦当劳在《财富》世界500强排行榜上排名第410位。麦当劳公司每年都会将营业额的一部分用于慈善事业。创始人雷·克洛克在去世时,还用他的全部财产成立了麦当劳叔叔慈善基金。

(二)麦当劳的理念

麦当劳的黄金理念是"顾客至上,顾客永远第一",其提供服务的最高标准是质量(quality)、服务(service)、清洁(cleanliness)和价值(value),即 QSC&V 原则,这是最能体现麦当劳特色的重要原则。"质量"是指麦当劳为保障食品品质制定了极其严格的标准。例如,牛肉食品要经过 40 多项品质检查;肉饼必须由 83%的肩肉与 17%的上好五花肉混制;食品制作后超过一定期限(汉堡包的时限是 20—30 分钟、炸薯条是 7 分钟)便丢弃不卖,等等。严格的标准使顾客在任何时间、任何地点所品尝的麦当劳食品都是同一品质的。"服务"是指按照细心、关心和爱心的原则,向顾客提供热情、周到、快捷的服务。"清洁"是指麦当劳制定了必须严格遵守的清洁工作标准。"价值"是后来添加上的准则,加上它是为了进一步传达麦当劳"向顾客提供更有价值的高品质产品和服务"的理念。

三、案例正文

作为一家国际餐饮巨头,麦当劳创始于 20 世纪 50 年代中期的美国。由于当时创始人及时抓住高速发展的美国经济中工薪阶层需要方便快捷的饮食的良机,麦当劳瞄准细分市场需求特征,对产品进行准确定位并一举成功,如今麦当劳已经成长为世界上最大的餐饮集团。

回顾麦当劳公司的发展历程可以发现,麦当劳一直非常重视市场细分的重要性,而正是这一点使它取得了令世人惊羡的巨大成功。市场细分主要是按照地理细分、人口细分和心理细分来划分目标市场,而麦当劳正是在这三项划分要素上做足了功夫。它根据地理、人口和心理要素准确地进行了市场细分,并分别实施了相应的战略,从而达到了企业的营销目标。

(一)麦当劳根据地理要素细分市场

麦当劳有美国国内市场和国际市场,但不管是在国内还是在国外,不同地区的人们都有着各自不同的饮食习惯和文化背景,麦当劳进行地理细分主要就是分析各区域的差异,如美国东西部的人喝的咖啡口味是不一样的,所以麦当劳通过把市场细分为不同的地理单位来开展经营活动,从而做到因地制宜。每年麦当劳都要花费大量的资金进行认真严格的市场调研,研究各地的人群组合、文化习俗等,还会提出详细的细分报告,以使每个国家甚至每个地区都有一种适合当地人生活方式的市场策略。例如,麦当劳刚进入中国市场时大量传播美国文化和生活理念,并以美式产品牛肉汉堡来吸引中国人。但中国人爱吃鸡肉,与其他洋快餐相比,鸡肉产品也更符合中国人的口味,更加容易被中国人所接受。针对这一情况,麦当劳改变了原来的策略,推出了鸡肉产品,在全世界从来只卖牛肉产品的麦当劳也开始卖鸡肉产品了。这一改变正是针对地理要素所做的,也加快了麦当劳在中国市场的发展步伐。

值得一提的是,从2015年7月1日开始,麦当劳将以新的组织架构进行运营。未来的麦当劳将划分为四大板块,分别为美国市场,占比40%;全球领先市场,其中包括澳大利亚、加拿大、法国等市场,占比40%;高增长市场,包括中国、意大利、俄罗斯、韩国等市场,占比10%;以及基础市场,占比10%。

此外,有研究(Yeu等,2012)表明,尽管麦当劳极为重视建立标准的产品和服务,但对印度和中国这两个相邻的国家,麦当劳也采取了不同的营销策略组合(见表1)。

表1 麦当劳在中国和印度的不同营策略销组合

营销策略组合	中国	印度
产品与服务	• 偏好与文化:牛肉、猪肉、鱼肉以及鸡肉 • 风味:清淡、少油炸、不辣 • 产品划分:取决于不同省份	• 偏好与文化:鸡肉而不是牛肉或猪肉 • 风味:辣 • 产品划分:素食主义者/非素食主义者
价格	• 与一般的快餐店相比,价格偏高 • 在经济不景气时期,微调价格,不进行价格方面的市场细分	• 根据不同的市场细分采取不同的价格策略 • 为中产阶级和收入较低的消费者提供不同价格的产品
位置	之前的规则是店面必须在拥有5万居民的地区的5千米范围内,现在的规则是在繁华商业区	店面在城市以及交通便利的地区成均匀分布
促销	• 渠道:更多采用网络 • 目标群体:年轻一代 • 吸引年轻消费者,从而带动全家消费	• 渠道:传统以及印刷媒体 • 目标群体:儿童 • 营造积极氛围,在消费者心中保持积极形象

资料来源:(Yeu等,2012)。

（二）麦当劳根据人口要素细分市场

人口细分市场通常是指主要根据年龄、性别、家庭人口、生命周期、收入、职业、教育、宗教、种族、国籍等相关变量，把市场分割成若干部分，而麦当劳主要是从年龄及生命周期阶段对人口市场进行细分，其中将不到开车年龄的顾客划定为少年市场，将20—40岁的年轻人界定为青年市场，还划定了老年市场。人口细分市场划定以后，要分析不同市场的特征与定位。

作为餐饮业的巨头，麦当劳对人口因素进行了非常仔细的分析。正如公司营销部副总裁戴维·格雷所说："你必须针对不同的人口统计群体分别表示，我们理解你，理解你的生活方式、你的文化背景。"为此，麦当劳公司将不同顾客的年龄及族别作为细分市场的依据而选择了几个目标市场。麦当劳从年龄及生命周期阶段对人口市场进行如下的细分：少年市场包括不到开车年龄的少年。针对青年市场，麦当劳给他们传递的信息是它随时欢迎他们，理解他们的生活方式，知道他们时间有限，要求吃得又快又好。麦当劳在对年老者的宣传中突出其产品经济实惠，另外还鼓励他们到本公司工作。针对这些细分市场，麦当劳做了不同的广告，如它对青少年做的广告以摇摆舞曲音乐做背景，快速穿插画面，并具有冒险性的特点；而它对老年人的广告则柔和并富有情调。儿童在餐饮方面极有可能成为家庭非常重要的考虑因素，因为对父母而言，有好吃的食物、让孩子快乐、负担得起、方便选买等因素将使成年父母顺从孩子的意愿，可见儿童这个市场是非常重要的，占领这个市场就占领了整个快餐业消费市场的大部分。因此，麦当劳前期在这方面下了非常大的功夫，对儿童的爱好进行分析，并针对儿童做广告等。在20世纪六七十年代时，伊登为麦当劳策划了一整套的儿童故事："汉堡神偷""芝士汉堡市长""巨无霸警长"和"奶昔小精灵"，它们都成为麦当劳餐厅中非常受欢迎的人物，也是许多麦当劳广告中的主角。建造儿童乐园当时在快餐业同行中也非常少见，自60年代麦当劳在美国国内推出"麦当劳儿童乐园"后，儿童乐园已成为麦当劳餐厅最主要的特色之一，现在全球30%的麦当劳餐厅中都设有儿童乐园。除了针对儿童做广告，麦当劳更针对儿童进行特别的宣传，并采取随赠小礼品等方式促进销售，例如在儿童节时免费提供冰激凌和装在小包裹里的奖金。儿童喜欢玩耍，麦当劳还不忘营造舒适的氛围，对小朋友充满爱心和关心，如给小朋友提供专用椅让小朋友觉得自己是特别的麦当劳小客人。在一些城市里甚至还有"快乐巴士"送孩子们到野外游玩。在中国,麦当劳针对儿童这一细分市场,搞起了所谓的"麦当劳儿童生日晚会"等促销活动,并取得了成功。

(三)麦当劳根据心理要素细分市场

根据人们的生活方式,快餐业通常有两个潜在的细分市场:方便型和休闲型。在这两个方面,麦当劳都做得很好。例如,针对方便型市场,麦当劳提出"59秒快速服务",即从顾客开始点餐到拿着食品离开柜台标准时间最多为59秒,不得超过一分钟。在为顾客下单之前,服务员会啪地按下咖啡色的计时器,"先生您好,从现在开始,我们将在59秒内提供您所要的全部食品。如果没有完成,您将可以免费得到一个麦当劳甜筒。"麦当劳就是用这样的方式骄傲宣布,在餐饮尤其是快餐行业它是最快的。麦当劳的59秒服务让人们在消费的过程中真正体验到麦当劳更快捷友善的点餐服务和更上一层楼的服务水准,同时也体验到其活力四射的企业文化和富有创意的自我挑战精神。针对休闲型市场,麦当劳对餐厅店堂布置非常讲究,尽量做到让顾客觉得舒适自在,并努力使顾客把它作为一个具有独特文化的休闲好去处,以吸引休闲型市场的消费者群。

四、案例使用说明

(一)教学目的与用途

1. 本案例适用于应用心理专业硕士"营销心理学"课程,对应于"市场细分"主题。教师可以通过本案例介绍市场细分理论及其具体运用。

2. 本案例的教学目的是引导学生熟悉市场细分理论,掌握市场细分的几种要素。

(二)启发思考问题

1. 麦当劳的市场细分有哪些不足之处?
2. 麦当劳在中国市场应该考虑哪些市场细分因素?
3. 与肯德基相比,麦当劳的市场细分有何不同?

(三) 基本概念与理论依据

1. 市场细分理论

市场细分是 1956 年由美国市场营销学家温德尔·斯密首先提出来的一个新概念。它是指根据消费者的不同需求,把整体市场划分为不同的消费者群的市场分割过程,每个细分市场都是由欲望与需求相同的消费者群组成的。

2. 市场细分的几个标准

市场细分需要满足如下几个条件:①相对稳定性;②可衡量性;③可进入性;④规模性;⑤差异性。

3. 市场细分的重要因素

通常可以根据以下因素进行市场细分:①地理因素;②人口学因素;③心理因素;④社会文化因素;⑤与产品使用相关的特征;⑥情景因素;⑦寻求的利益。

4. 市场细分的步骤

市场细分包括以下步骤。①选定产品市场范围。企业应明确自己在某行业中的产品市场范围,并以此作为制定市场开拓战略的依据。②列举潜在顾客的需求。企业可以从地理、人口、心理等方面列出影响产品市场需求和顾客购买行为的各项变量。③分析潜在顾客的不同需求。企业应对不同的潜在顾客进行抽样调查,并对所列出的需求变量进行评价,了解顾客的共同需求。④制定相应的营销策略。调查、分析、评估各细分市场,最终确定可进入的细分市场,并制定相应的营销策略。例如,一家航空公司对从未乘坐过飞机的人很感兴趣(细分标准是顾客的体验),而从未乘坐过飞机的人又可以细分为害怕飞机的人、对乘坐飞机无所谓的人以及对乘坐飞机持肯定态度的人(细分标准是态度)。在持肯定态度的人中,又包括高收入有能力乘坐飞机的人和低收入无能力乘坐飞机的人(细分标准是收入)。于是这家航空公司就把力量集中在开拓那些对乘坐飞机持肯定态度只是还没有乘坐过飞机的高收入群体。

(四) 背景材料

理查德·S. 泰德罗认为,市场细分经历了四个阶段(Tedlow, 1990; Tedlow 和 Jones, 1993)。①分散阶段(1880 年以前):经济活动的特征表现为经销商在某个特定的地区销售商品。②联合阶段(1880—1920 年):随着交通系统的改善,经济活动趋于联合,标准化的品牌商品在全国范围内销售,生产者强调严格的标准化以实现规模经济。③细分阶段(1920—1980年):随着市场规模的逐步扩大,生产者能够根据不同消费者群体的人口学、社会-经济地位、生活方式以及心理特征等,制造出不同种类的产品。④超细分阶段(1980年后):生产者开始进行更为精细的市场细分,这主要得益于通信时代的技术进步,营销者可以与消费者个体或小规模的消费者群体进行沟通,发现其需求,这也被称作一对一营销。

(五)分析思路

教师可以根据自己的教学目标灵活使用本案例。这里提出本案例的分析思考,仅供参考。

1. 麦当劳在中国市场是否可以按照不同于欧美市场的因素进行市场细分?
2. 麦当劳的市场细分与其竞争者的市场细分有哪些共同点和不同点?
3. 麦当劳是否可以挖掘消费者的其他心理因素进行市场细分?

(六)建议的课堂计划

1. 时间安排

本案例可以配合"营销心理学"等相关课程中的"市场细分"部分使用。课堂讨论时间1—2小时,但为保障课堂讨论的顺畅和高效,要求学生提前两周准备有关这一主题的理论知识,并对有关这一主题的实践状况有较好的了解。

2. 讨论形式

小组报告 + 课堂讨论。

3. 案例拓展

引导学生思考如何将不同因素结合起来进行市场细分;思考市场细分理论在其他产品领域的应用。

(七)案例分析及启示

通过案例分析我们可以认为麦当劳对地理、人口、心理要素的市场细分是相当成功的,公司不仅在这方面积累了丰富的经验,而且不断创新,从而继续保持着餐饮霸主的地位。当然,如果麦当劳在该三要素上继续深耕细作,更可能在未来市场上保持住自己的核心竞争力。在地理要素的市场细分上,要提高相应的市场策略应用到实际中的效率。麦当劳其实每年都有针对具体地理单位所做的市场研究,但使用效率却由于各种各样的原因不尽如人意,如麦当劳在中国市场竟然输给在全球市场上远不如它的肯德基,这本身就是一个大问题,麦当劳其实是输给了本土化的肯德基。这应该在开拓市场之初便研究过的,但是麦当劳一上来还是主推牛肉汉堡,根本就没有重视市场研究出来的细分报告,等到后来才被动改变策略,推出鸡肉产品,这是一种消极的对策,严重影响了自身的发展步伐。所以,针对地理细分市场,麦当劳一定要首先做好市场研究,并根据细分报告开拓市场,在实际中注意扬长避短是极为重要的。

在人口要素细分市场上,麦当劳应该扩大划分标准,不应仅仅局限于普遍的年龄及生命周期阶段,而是可以加大对其他相关变量的研究,拓宽消费者群并配合地理细分市场,进行更有效的经营。例如,麦当劳可以针对家庭人口考虑举行家庭聚会,营造全家一起用餐的欢乐气氛,公司聚会等也是可以考虑的市场。

对于心理细分市场,有一个突出的问题,便是健康型细分市场逐渐扩大,这对麦当劳来说是一个巨大的考验。如果麦当劳固守已有的原料和配方,继续制作高热量和高脂肪类食物,对于关注健康的消费者来说是不会接受的。麦当劳首先应该仍是以方便型和休闲型市场为主,积极服务好这两种类型的消费者群,同时,针对健康型消费者开发新的绿色健康食品,这个一定要快速准确。总之,不应放过任何一种类型的消费者群。其次,在方便型、休闲型以及健康型消费者群外,还存在体验型消费者群,麦当劳可以以服务为舞台,以商品为道具,创造出值得消费者回忆的用餐感受,如在餐厅室内设计上注重感官体验、情感体验或模拟体验等。深入挖掘体验型消费者群应该是未来的一个方向。

【参考文献】

Gavett, G. (2014). What you need to know about segmentation. *Harvard Business Review*, Online, July 09, https://hbr.org/2014/07/what-you-need-to-know-about-segmentation

Smith, W. R. (1956). Product differentiation and market segmentation as alternative marketing strategies. *Journal of Marketing*, 21, 3—8.

Tedlow, R. A. (1990). *New and improved: The story of mass marketing in America*. Basic Books, N. Y., 4—12.

Tedlow, R. A., Jones, G. (1993). *The rise and fall of mass marketing*. Routledge, N. Y.

Yeu, C. S., et al. (2012). A comparative study on international marketing mix in China and India: The case of McDonald's. *Procedia-Social and Behavioral Sciences*, 65, 1054—1059.

需求层次理论的运用
——以海底捞火锅为例

汪 波

【摘　要】马斯洛的需求层次理论认为,人类的需求像阶梯一样从低到高按层次分为五种,分别是生理需求、安全需求、社交需求、尊重需求和自我实现需求。消费者具有各种各样的需求,对市场营销者而言,如何满足消费者需求是一个极为重要的问题。一件产品或一种服务只有满足消费者的需求,才可能让消费者满意,企业才能因此赢得并占据市场。本案例以海底捞火锅为例,阐述其在服务中如何运用需求层次理论,并获得消费者的广泛青睐。

【关键词】需求层次理论　海底捞火锅

一、引　言

马斯洛需求层次理论是人本主义科学的理论之一,由美国心理学家亚伯拉罕·马斯洛1943年在名为"人类激励理论"的论文中提出(Maslow, 1943)。文中将人类需求像阶梯一样从低到高按层次分为五种,分别是生理需求、安全需求、社交需求、尊重需求和自我实现需求。马斯洛认为,只有最基本的需求满足到维持生存所必需的程度后,其他的需求才能成为新的激励因素,而到了此时,这些已相对满足的需求也就不再成为激励因素了。马斯洛和其他行为心理学家都认为,一个国家多数人的需求层次结构是同这个国家的经济发展水平、科技发展水平、文化及人民受教育的程度直接相关的。在发展中国家,生理需求和安全需求占主导的人数比例较大,而高级需求占主导的人数比例较小;在发达国家,则刚好相反。

从企业满足消费者的战略角度来看,每一个需求层次上的消费者对产品的要求都不一样,即需要不同的产品来满足不同的需求层次,如果将营销方法建立在消费者需求的基础上考虑,不同的需求也需要不同的营销手段。营销者只有确定并满足消费者的各种需求,才可能提供合适的产品和服务,并采取恰当的营销手段,从而占领市场,提升消费者的满意度和忠诚度。

二、案例背景介绍

海底捞的全称是"四川海底捞餐饮股份有限公司",成立于1994年3月20日,是一家以经营川味火锅为主、融各地火锅特色于一体的大型直营连锁企业。公司始终秉承"服务至上、顾客至上"的理念,以创新为核心,改变传统的标准化、单一化的服务,提倡个性化的特色服务,致力于为顾客提供愉悦的用餐体验。在管理上,海底捞倡导双手改变命运的价值观,为员工创建公平公正的工作环境,实施人性化和亲情化的管理模式,提升员工价值。

二十余年来,公司在北京、上海、西安、郑州、天津、南京、杭州、深圳、厦门、广州、武汉、成都、昆明等大陆的57个城市设立了190家直营餐厅,在台湾地区有2家直营餐厅。在国外的直营餐厅包括新加坡4家、美国洛杉矶1家、韩国首尔3家和日本东京1家。

海底捞现有7个大型现代化物流配送基地,分别设立在北京、上海、西安、郑州、成都、武汉和东莞,以"采购规模化、生产机械化、仓储标准化、配送现代化"为宗旨,形成了集采购、加工、仓储、配送于一体的大型物流供应体系。位于郑州的底料、调料生产基地具有出口企业备案资质,通过了ISO9001:2008质量管理体系认证,产品也通过了HACCP认证。

海底捞发展至今,已成为海内外瞩目的品牌企业。海底捞创新的特色服务为其赢得了"五星级"火锅店的美名,曾先后在四川、陕西、河南等省荣获"先进企业""消费者满意单位""名优火锅"等十几项称号和荣誉,2008—2012年连续

5年荣获大众点评网"最受欢迎十佳火锅店",2008—2015年连续8年获"中国餐饮百强企业"荣誉称号。中央电视台《财富故事会》和《商道》栏目曾两次对海底捞进行专题报道;湖南卫视、北京卫视、上海东方卫视、深圳卫视等电视媒体也多次对其进行报道;美国、英国、日本、韩国、德国、西班牙等多国主流媒体亦有相关报道。海底捞二十年余来历经市场和顾客的检验,成功打造出信誉度高、特色鲜明、融会巴蜀餐饮文化的优质火锅品牌。

三、案例正文

作为国内享有盛誉并且已进行海外拓展的餐饮企业,海底捞一直注重服务细节以满足消费者各种层次的需求。正如海底捞掌门人张勇所说:"我发现优质的服务能够弥补味道上的不足,从此更加卖力,帮客人带孩子、拎包、擦鞋……无论客人有什么需要,我都二话不说,一一满足。管理也需要服务思维,把对员工的服务做好了,员工就会透过他们的愉悦和服务把企业的价值理念传递给顾客。"

(一)满足顾客生理需求

作为一家知名的火锅餐饮企业,海底捞首先为顾客提供了丰富的菜品和调料选择,充分满足了顾客对食物的生理需求,例如,海底捞有十多种火锅锅底,如牛油火锅、鸳鸯火锅、番茄火锅、菌汤火锅等;大部分店有自助调料台,有二十余种调料,顾客可以根据自己的口味喜好任意调配。更让顾客满意的是,海底捞还根据不同季节提供免费水果,季节不同,水果也有所不同,如圣女果、哈密瓜、西瓜等。

大多数餐饮企业并不愿意为顾客提供半份菜,因为在客流量和客单价无法达到某一标准的情况下,半份半价会导致厨师、服务员、洗碗工的工作量增加,人工成本上升。但是,为了让顾客多尝几种食物,海底捞启用了半份的点菜法。而且为了避免浪费,如果顾客的菜点多了,还可以用退单迅速减菜。对此,海底捞中国副总经理宋青的解释是,主要还是看到客人有这方面的需求并且越来越大。此外,海底捞对不同口味的顾客提供不同的饮品,用餐时全程有专人服务,提供围裙、手机袋,为长发女士准备扎头发的皮筋,用特制的加长筷子下菜、捞食物,每15分钟上一次热毛巾、清理桌子,给经期的女士递上热的红糖水,给带小宝宝的家庭提供喂餐、婴儿床服务,为学龄儿童准备专用餐具、安慰玩具、创意文具,等等。

(二) 满足顾客安全需求

海底捞不仅注重满足顾客的生理需求,也非常注重采用多种方式满足顾客的安全需求。2003年"非典"疫情爆发期间,出于对顾客安全的考虑,海底捞尝试推出火锅外卖,并严格训练员工,提供规范的火锅家庭化服务,打造"HI捞送"外卖品牌。海底捞的员工送火锅上门服务时,穿整齐工装,自带鞋套,帮助顾客打火、分菜,在外静候顾客吃完,再把厨具、厨余垃圾全部打包走。

海底捞对顾客安全的关注还体现在其面对危机时敢于承认错误的诚恳态度上。例如,2011年8月22日媒体报道,有记者卧底海底捞,发现存在骨汤勾兑、产品不承重、偷吃等问题,当天海底捞就在官网及官方微博迅速发出《关于媒体报道事件的说明》以及《海底捞关于食品添加剂公示备案情况的通报》,承认勾兑事实及存在的其他问题,感谢媒体监督,并对勾兑问题进行客观澄清。第二天,海底捞在官网及官方微博进一步发出《海底捞就顾客和媒体等各界关心问题的说明》,就勾兑问题及员工采访问题进行重点解释。更为重要的是,海底捞掌门人张勇也在自己的微博直面媒体指出的问题,态度极为诚恳:"菜品不称重、偷吃等根源在流程落实不到位,我还要难过地告诉大家我从未真正杜绝这些现象。责任在管理不在青岛店,我不会因此次危机发生就追查(青岛店的)责任,我已派心理辅导师到青岛以防止该店员工压力太大。对饮料和白味汤底的合法性我给予充分保证,虽不敢承诺每一个单元的农产品都先检验再上桌但我一定承担责任"。

2017年8月25日一早,有媒体曝光海底捞北京劲松店、太阳宫店存在老鼠在后厨地上乱窜、打扫卫生的簸箕和餐具同池混洗、用顾客使用的火锅漏勺掏下水道等问题。海底捞下午就在官方微博做出回应称媒体报道中披露的问题属实,公司对此十分愧疚,向顾客表示诚挚的歉意,海底捞已布置所有门店进行整改,后续会公开发出整改方案。同时,海底捞在致歉信中指出:"卫生问题,是我们最关注的事情,每个月我公司也都会处理类似的食品卫生安全事件,该类事件的处理结果也会公告于众。无论如何,对于此类事件的发生,我们十分愧疚,再次向各位顾客朋友表示诚挚的歉意。各位顾客及媒体朋友可以通过海底捞官方网站上的'关于我们—食品安全—公告信息'或海底捞微信公众号'更多—关于我们—食品安全—管理公告'查询我们已往对于该类事件的处理结果。"海底捞的回应得到了顾客的认可。

(三) 满足顾客社交需求

海底捞认真研究顾客需求,认为天下火锅大同小异,顾客来海底捞吃饭,要留住顾客的身,更要留住顾客的心。设立等候区是海底捞服务创意的重要组成部分,成为顾客群体对海底捞满意程度高的主要原因,为海底捞带来了客流和利润。海底捞除了为等候的顾客安排软面凳子让其坐得舒服,还免费提供小吃、饮料,并进行分区管理,满足顾客不同的社交需求,让顾客的等餐服务不再是一种煎熬,而是一种享受。在等候区,海底捞针对女性顾客的特点推出了一系列贴心的服务,如为女士提供手部按摩、美甲服务,让女员工与她们畅谈如何呵护关爱自己等。海底捞还把家庭聚餐者作为重点客户,对顾客子女、老人的投入巨大,例如对于孩子们,专门建了亲子乐园,提供室内儿童游乐设施,让孩子们一起玩耍。

为了满足商务顾客的社交需求,海底捞还特别推出了远程视频聚餐系统,使顾客能够采用远程视频聚餐方式拉近彼此的感情,提高工作效率。海底捞公共关系管理负责人陶依婷表示:"该系统采用专线传输,运用的是远程视频会议原理,采用定制的视频语音设备和最新的解码传输仿真还原技术,让处在不同地区的顾客能够像坐在一个房间的同一张餐桌就餐一样,无论是声音还是影像,都非常清晰逼真。目前此系统运行良好,体验过此服务的顾客反响不错。"

(四) 满足顾客尊重需求

为了更好地满足顾客希望得到尊重的需求,海底捞鼓励员工提供服务创意,仅洗手间一项,员工就提出了几十条有价值并最终得以实施的创意。海底捞的洗手间不仅干净、整洁、芳香,还为顾客提供梳子、吹风筒、牙刷、牙膏、牙签、杯子、美容美发护肤品、创可贴、备用鞋袜、充电器等,海底捞希望通过这个小小的角落,让顾客迅速整理妆容,容光焕发地走出去。对于开怀聚餐忘了准时出发的顾客,海底捞还不惜动用店长的 SUV 专车,把顾客送到火车站。下面是当事人的讲述。

2009年时和朋友一起吃海底捞,因为朋友要赶5点半的火车,所以4点左右吃完出来。西安的朋友懂的,下午4点,海底捞大雁塔北广场店门口,拦到一辆空出租车基本上是不可能的事。朋友拖了一个大箱子(刚出国回来),拦了几分钟的车觉得算了还是坐公交吧,麻烦就麻烦点,大不了给箱子补张票。海底捞门口的小哥注意到我们(应该也知道我们是从店里出来的),跑来问是不是去火车站、几点的火车,然后让我们稍等一下。我们以为小哥回店里打电话叫出租车呢(那会儿还没有滴滴打车之类的),还在店门口感叹海底捞服务就是好啊,还主动帮忙叫车!结果店长把他的SUV开出来了,我朋友就被海底捞的店长开车送去火车站了。不知道你们怎么想,反正我朋友说以后吃火锅就吃海底捞!

海底捞对于老人顾客也特别尊重,不仅在餐桌上推荐适合老人的饭菜,还搀扶老人陪同前往洗手间,与老人手拉手唠家常,为老人捶背按摩,让老人们备受感动,要求子女吃火锅只来海底捞。海底捞对顾客的尊重,得到了顾客的认可。例如,有位顾客在自己的博客中写道:

> 吃完饭,想去洗手间,刚到门口就有服务员问好,出来洗手时有人给我挤洗手液,洗完后又有人用镊子给我送纸巾擦手,一张不行就递过来第二张,把我感动得一个劲儿道谢!除了可口的火锅,这里最让人感动的就是服务尽善尽美,让每个人都找到了上帝的感觉!吃饭等座本来是最令人心焦的事情,但在这里变成了享受,排队时有椅子可坐,并且桌上的冰水、果盘、瓜子供你免费食用,有棋牌供你娱乐,还可以免费美甲、擦鞋。整个用餐过程让人觉得很舒服。海底捞让每一次都满意而归的顾客成为回头客,而且口口相传,享誉京城!

(五)满足顾客自我实现需求

海底捞注重与顾客与时俱进,共同成长。为了让顾客能够体验先进的高科技,海底捞一律使用平板电脑点菜,手指一点,后台直接接收,员工快速为顾客呈送色香味形器俱佳的菜品。如果顾客希望更好地了解海底捞,就可以通过预约的方式,由客户经理带领,系统地参观海底捞的用餐区和生产区。在生产区的参观是需要带专业的帽子进场的,参观区分为肉类处理区、果蔬处理区、汤料处理区、餐具清洗区、制冰区等。顾客可以亲眼看到员工着装统一、穿白卦、戴口罩、配头套,规范操作,地上无水、台面干净。墙面贴了关于工作标准与流程的海报,还有员工晋升的路径说明,制度清晰。在用餐区,顾客可以观看抻面表演、川剧变脸,足不出户就能体验中华文化的博大精深。每位员工都对顾客笑容可掬,一律使用礼貌用语。而每位在海底捞接受员工生日祝福的幸运顾客,都能感受到自己在人生的一个重要时刻在海底捞成为中心人物。

四、案例使用说明

(一) 教学目的与用途

1. 本案例适用于应用心理专业硕士的"营销心理学"课程,对应于"消费者需求"主题。教师可以通过本案例介绍需求层次理论及其具体运用。

2. 本案例的教学目的是引导学生熟悉需求层次理论,并领会其在营销活动中的运用。

(二) 启发思考问题

1. 海底捞是如何运用需求层次理论来满足消费者需求的?
2. 海底捞的成功经验对其他餐饮企业有何启发?
3. 海底捞的服务是否存在某些不足之处?
4. 面对媒体披露,海底捞的危机公关是否得当?满足了消费者哪个层次的需求?
5. 海底捞在进军海外市场时,应该对其服务进行哪些调整以满足不同文化消费者的需求?

(三) 基本概念与理论依据

马斯洛需求层次理论由美国心理学家亚伯拉罕·马斯洛1943年在名为"人类激励理论"的论文中提出。论文中将人类需求像阶梯一样从低到高按层次分为五种,分别是生理需求、安全需求、社交需求、尊重需求和自我实现需求。尽管马斯洛需求层次理论产生了广泛而深刻的影响,并在诸多领域得到了运用,但Hall和Nougaim(1968)的研究表明,没有足够的实验证据证明马斯洛的需求层次关系的确存在;即使需求层次存在,它们之间的联系也并不明显。随着主管人员的升迁,他们的生理需求和安全需求在重要程度上有逐渐减少的倾向,而社交需求、尊重需求和自我实现需求有增强的倾向。

(四) 背景材料

尽管有学者对需求层次理论提出质疑,但该理论在诸多领域得到了广泛运用,特别是在市场营销领域,营销者可以参照需求层次理论来设计产品或服务,从而满足消费者不同层次的需求。相应的设计思路如下所示:

1. 生理需求→满足最低需求层次的市场,消费者只要求产品具有一般功能即可。

2. 安全需求→满足对"安全"有要求的市场,消费者关注产品对身体的影响。

3. 社交需求→满足对"交际"有要求的市场,消费者关注产品是否有助于提高自己的交际形象。

4. 尊重需求→满足对产品有与众不同要求的市场,消费者关注产品的象征意义。

5. 自我实现需求→满足对产品有自己判断标准的市场,消费者拥有自己固定的品牌需求。

(五) 分析思路

教师可以根据自己的教学目标来灵活使用本案例。这里提出本案例的分析思考,仅供参考。

1. 国内服务行业存在的服务态度问题。

2. 如何在不同的行业灵活运用需求层次理论?

3. 如何根据对消费者不同层次需求的满足程序来设定商品或服务的价格?

(六) 建议的课堂计划

1. 时间安排

本案例可配合"营销心理学"等相关课程中的"消费者需求"部分使用。课堂讨论时间1—2小时,但为保障课堂讨论的顺畅和高效,要求学生要提前两周准备有关这一主题的理论知识,并对有关这一主题的实践状况有较好的了解。

2. 讨论形式

小组报告 + 课堂讨论。

3. 案例拓展

思考在其他行业(比如电信行业)如何运用需求层次理论来满足消费者需求,从而提升其满意度和忠诚度。

(七) 案例分析及启示

随着市场经济在中国的不断深化,各行各业正面临着愈来愈激烈的竞争。企业要在激烈的市场竞争中站稳脚跟,优质的产品和优质的服务二者均不可或缺,在某种意义上说,如果企业仅有优质的产品而无优质的服务,那么最终也必将被市场淘汰。在中国的餐饮行业同样存在激烈的市场竞争,而作为一家火锅企业,海底捞从1994年创立至今,已成为海内外令人瞩目的品牌企业。海底捞的成功固然有多方面的因素,但毋庸置疑的是,其极为卓越的服务品质是一个决定性的因素。正是依靠其超越其他火锅店的服务,海底捞才能在激烈的市场竞争中得以立足壮大,赢得了广大消费者的青睐和忠诚,赢得了市场的认可。对海底捞的服务进行仔细分析不难发现,其服务不仅满足了消费者较低层次的需求,而且满足了消费者较高层次的需求,正因如此,海底捞才持续得到了消费者的好评。

然而,尽管海底捞的服务满足了众多消费者的需求,仍然有一些消费者并不满意。物极必反,过犹不及。海底捞极为热情的服务虽然赢得了大多数消费者的青睐,但需要认识到,消费者也存在个体差异,并非每个人都喜欢享受过于热情的服务。针对海底捞的服务,有顾客评论道:"火锅的一大乐趣应该就是自己煮东西了吧,而在这里却损失了这个乐趣……而且服务小哥们太热情了,随便一个动作都要来问一问,让人有点不知所措啊。"另一位顾客则评论道:"但是海底捞的服务太热情了,热情到让我觉得浑身不自在。我觉得用餐时每个服务员都随时盯着你,期待你提出需求,如果你不提出一些需求,他们就会很失望……这实在超出我的能力范畴了。更烦人的是,一些服务员和顾客好像达成了一种默契,在店里大玩'你提出什么要求我们都能满足,就算不满足也能用无懈可击的漂亮话回应'的游戏,这就让坐在旁边的我更觉得不太舒服了,其实我只是想静静地吃个饭,也真的不需要眼镜布。"虽然目前并未有相应的关于这种顾客所占比例的调查数据,但毫无疑问的是,海底捞需要认识到不同的顾客有不同的需求,不能千篇一律地用过度热情的态度去试图打动每一位顾客,否则对有些顾客可能会适得其反。另外,有报道指出,海底捞在美国洛杉矶富人区阿凯迪亚市的分店开张时,由于未能考虑到不同文化中顾客的不同需求,没有对价格进行适当调整,并未获得顾客的好评。例如,有位顾客就发出抱怨:"两个人消费了68美元,还只点了一盘肉,真是贵啊!我更愿意自己到菜市场买菜,回家吃火锅去。"综上,尽管海底捞作为火锅品牌已经赫赫有名,但是仍然需要洞察不同消费者的不同需求,根据具体情形和背景提供个性化的服务,只有这样,才可能真正满足更多消费者的需求。

【参考文献】

Hall, D. T., Nougaim, K. E. (1968). An examination of Maslow's need hierarchy in an organizational setting. *Organizational Behavior and Human Performance*, 3, 12—35.

Maslow, A. H. (1943). A theory of human motivation. *Psychological Review*, 50, 370—396.

在线购物中顾客临场感的测量
——以天猫和聚美优品购物网站为例

于泳红　刘莎莎

【摘　要】随着互联网的快速发展和网络环境的日益改善,购物网站的数量不断增多,网络购物的规模也不断扩大。一方面,网络销售现在已经成为商品销售的重要渠道,越来越受到卖家的重视,竞争也日益激烈;另一方面,网络购物成为消费者重要的购买方式,给消费者带来了不同的消费体验。与线下购买过程相比,网络购物情境中时空分离与沟通方式的变化给顾客带来了新的体验特征,使临场感成为消费者在线购买过程中的重要影响因素。对网购情境下临场感的测量,目前国内外还没有较为统一且广泛使用的问卷。为了便于网站评定其带给消费者的临场感,有必要重新编制网购顾客临场感问卷。通过分析以往关于临场感的研究,我们重新定义了在网络购物情境下的临场感,梳理构建了网购顾客临场感的维度,并在此基础上编制出了适用于网购情境的临场感量表。为了体现量表的应用价值,我们还在案例中用新编量表测量了天猫和聚美优品的同类商品给顾客带来的临场感,通过比较得出天猫网站中的顾客临场感高于聚美优品,而顾客体验到的临场感与顾客的重购意愿显著相关。

【关键词】网购　临场感　心理测量　重购意愿

一、引　言

英国社会学家吉登斯（2000）指出现代社会最基本的特征是时空分离。在传统社会中，时间和地点总是相一致的，但在当前网络高度发达的时代，地点日益变得捉摸不定，人们的交往活动也变得往往不在同一地点完成。在线交易打破了时空限制，正如淘宝商城的广告所说的，"没人上街，但不一定没人逛街"。

随着互联网的快速发展和网络环境的日益改善，购物网站的数量不断增多，网络购物规模不断扩大。2014 年，中国网络购物市场交易规模达到 2.8 万亿元，增长 47.4%，大致相当于社会消费品零售总额的 10.6%，年度线上渗透率首次突破 10%。未来几年，中国网络购物市场仍将保持 30% 左右的复合增长。

网络购物环境中时空分离与沟通方式的变化给顾客带来了新的体验特征，使得临场感成为消费者在线购买过程中的重要影响因素。购物网站的卖家一般采用文字、图片或视频的方式向顾客展示商品，顾客根据卖家所提供的信息做出判断，比较被动。这是因为，一方面，卖家展示的文字、图片或视频和商品实物是有一定差距的，会影响顾客对商品认识的客观性和准确度；另一方面，顾客知道网上提供的信息和真实商品之间是有差距的，因此会有顾虑，导致最终还是去了实体店购买商品。网购临场感会影响网购用户对网店的信任，这一发现在武瑞娟（2014）的研究中得到了证实。Mooy（2002）的研究表明，网上顾客是否购买商品的一个重要因素就是顾客的感官体验。目前很多商家都积极改善网店页面的设计，旨在通过生动、逼真的页面来营造空间临场感。例如在零售网站上使用可以传递产品信息的虚拟人物能够提升在线销售渠道的说服力。较高的临场感，对购后行为也会有积极的影响。Li（2003）和姜参（2014）的研究表明，网店给顾客的临场感越高，顾客对产品的评价越好，所以提高顾客的临场感对于网店卖家的经营有着非常积极的影响。

二、天猫和聚美优品购物网站的背景资料

（一）天猫购物平台

"天猫"（英文为 Tmall，亦称天猫商城、淘宝商城）是一个综合性 B2C 购物

网站。天猫商城由阿里巴巴集团的淘宝商城发展而来，2012年1月更名为"天猫"。同年11月11日，天猫借"光棍节"大赚一笔，宣称13小时卖出100亿元，创世界纪录。2016年天猫"双11"再次刷新全球最大购物日纪录，单日交易1 207亿元。

天猫商城在经营服装、鞋帽、化妆品、家电、汽车配件、家具建材、图书音像等商品的同时还拥有天猫超市、天猫生鲜、天猫国际等版块。截至目前，天猫商城已拥有超过1.2万个国际品牌、18万个知名大牌以及8.9万个品牌旗舰店。基于原有淘宝网的用户，天猫商城的基础用户非常庞大，已拥有超过4亿的买家，在2017年8月的ALEXA网站浏览量排名中，天猫略次于淘宝，在电商中排名第5，淘宝则排名第3。

（二）聚美优品购物平台

聚美优品是目前国内最大的化妆品团购网站，由始创于2010年3月的团美网发展而来，同年9月更名为聚美优品。聚美优品自成立以来其销售额就不断增长，2011年3月，网站成立一周年之际，销售额突破5亿元，2013年全年销售额突破60亿元，到2014年5月纳斯达克上市时，聚美优品已成为国内化妆品线上电子商务企业的第一名。

与此同时，聚美优品的经营内容也在化妆品的基础上不断向综合化方向发展，除了最初的美妆产品，聚美优品网站上还销售母婴童玩、鞋装配饰、食品、家居家纺、运动户外等商品。在2017年8月的ALEXA网站浏览量排名中，聚美优品在电商网站中排名第24。

（三）天猫商城与聚美优品网购临场感的比较

从上述背景资料可以看出，天猫与聚美优品两家线上购物平台差不多出现在同一时期，但由于天猫有淘宝网的基础，在成立之初就具有用户和商家的优势，而且天猫还为其店铺提供了新功能，具体包括店铺页面自定义装修，部分页面装修功能领先于淘宝网上的普通店铺和旺铺；产品展示功能采用flash技术，全方位展示产品，等等，这些无疑都有助于增强网络购物者的临场感。聚美优品除了常规的网上店铺内容，还特别强调产品评价即口碑介绍，这种突出消费者评价信息的做法，可以让网购者体验到人际互动，但其能否增强网购者的临场感仍有待进一步的检验。

天猫是一个大型的具有雄厚实力基础的综合性购物网站,聚美优品则是美妆界居主导地位的在线商城,二者都有着庞大的客户群。随着电商之间的竞争越发激烈,天猫要不断地维护其优势,而聚美优品也不断扩展其经营内容,向综合性网站发展,对两者而言,通过经营产品的差异来占领市场都将越来越困难。因此,增强消费者在线购物时的体验将成为除价格以外影响消费决策的另一重要因素,而临场感正是消费者在线购物体验的重要方面,因此如何评定在线购物时的临场感就成了必须解决的问题。

三、网购顾客临场感的测量

(一)量表题目的收集

对于临场感的测量,国外的文献几乎都是对沉浸式媒介环境中临场感的测量,对购物网站这种环境中临场感的研究比较少。在国内,赵宏霞借鉴Barfield等(1995)和Hassanein等(2007)的量表,进行适度的修改后,把网购临场感分为两个维度,即空间临场感和社会临场感,共计10个题目。该量表为本次编制网购顾客临场感量表提供了借鉴。

我们随机选取20名网购顾客进行深度访谈,包括5名学生和15名在职人员。其中男性7人,女性13人,90%的被测年龄为17—35岁。访谈的主要内容包括四个部分:网购的相关行为习惯,网购时的临场感情况,临场感高或低的原因,购后行为。此次访谈绝大多数采取面对面的方式进行,只有个别的被试因为不在同一城市而通过电话交流。

我们通过访谈得到了52个题目,对这52个题目按照频次从大到小排序,同时在此基础上参考国内外有关临场感的理论,并结合我国在线购物的特点,进行统计归类和分析,去掉那些明显不属于网购临场感的题目后,最终形成了网购顾客临场感调查的初步问卷,共32个题目,见表1。

表1 网购顾客临场感初始题目

1.1 当浏览该购物网站时,我有一种"身临其境"的感觉。
1.2 当浏览该购物网站时,我感觉自己沉浸在卖家的网站中。
1.3 当浏览该购物网站时,我感觉自己在真实的商城购物。

(续表)

1.4 当浏览该购物网站时,我感觉自己和在现实世界中购物一样。

1.5 打开或关闭该店铺网页,有地点转换的感觉。

1.6 进入该店铺网站,我能快速找到想买的东西。

2.1 网页上显示的商品非常逼真。

2.2 当浏览该网页时,我能想象产品实际的大小、形状、质地。

2.3 当浏览该网页时,我能想象到使用商品时的场景。

2.4 当浏览该网页时,我能想象到使用商品的感受。

2.5 当浏览该网页时,我可以通过不同的感官了解商品。

3.1 当我在浏览该卖家的网站时,我感觉跟该卖家比较有亲近感。

3.2 当我在浏览该卖家的网站时,我感受到了该卖家对我的关心。

3.3 当我在浏览该卖家的网站时,我经常感觉跟卖家没有距离。

3.4 我感觉卖家知晓我的喜好和需求。

3.5 卖家能及时准确地回答我的问题。

3.6 我感到卖家在密切关注我。

3.7 在逛店铺时,我能感到其他顾客的存在。

3.8 我能感觉到其他顾客对这家店铺的喜爱程度。

3.9 我的购买行为会受其他顾客的影响。

3.10 我的购买行为会影响其他顾客的购买行为。

3.11 我和卖家、其他顾客的情绪相互影响。

3.12 发现喜欢的网店时,我会邀请好友一起逛。

3.13 在网购时我有私人空间感。

3.14 付款时,有种在柜台付款的感觉。

3.15 卖家不只在购物时才和我保持联系。

3.16 售后问题找客服解决是非常方便的事情。

3.17 在网购时有种温馨的感觉。

3.18 在网购时有种与人打交道的感觉。

3.19 我认为要和他人一起合作才能完成网购。

3.20 我能感觉到店铺生意经营的情况。

3.21 在逛网店时就能感受到某种节日气氛。

（二）量表初测及修改

1. 第一次施测及结果分析

（1）施测对象及内容

我们通过课堂、QQ群及微信群共发放问卷200份，回收问卷184份，剔除无效问卷后，最终得到有效问卷169份。其中男生71人，女生98人。年龄分布在17到41岁之间，其中18岁以下的被试占总人数的2%，18—30岁的被试占总人数的84%，30岁以上的被试占总人数的14%。本科以下学历人数占19%，本科学历人数占70%，硕士学历人数占11%。

问卷内容为自编网购顾客临场感量表，共有32个题目（如表1所示），采用7点Likert评分，要求被试根据自己最近一次网购经历，就问卷题目所描述的情况与自己的真实情况的符合程度来打分，1分代表非常不同意，2分代表不同意，3分代表有点不同意，4分代表不能确定，5分代表有点同意，6分代表同意，7分代表非常同意。

（2）施测结果分析

首先进行项目分析。考察删除题目后的α值时发现，如果删除1.2题、1.6题、2.5题和3.12题，相应的α值高于总问卷的α值（0.794），因此删除这4个题目，剩下28个题目。

其次通过探索性因子分析确定量表的题目和结构。旋转后的因子载荷矩阵显示可抽取6个因子，这6个共同因子的累计解释变异量为66.398%，并且这6个共同因子的特征值均大于1。其中，前4个共同因子的累计解释量为58.828%。但是第5个和第6个因子下面分别只有2个题目。第5个因子下面的题目是"3.7 在逛店铺时，我能感到其他顾客的存在"和"3.19 我认为要和他人一起合作才能完成网购"。第6个因子下面的题目是"3.14 付款时，有种在柜台付款的感觉"和"3.17 在网购时有种温馨的感觉"。第5个和第6个因子下面的两个题目明显测量的不是同一个维度的内容，而且每个因子下面只有2个题目，因此删除这4道题。此外，删除同时在2个及以上因子上因子载荷在0.45以上的题目，剩下16个题目。最后我们重新进行因子分析，共抽取了4个因子，详细结果见表2。

表 2　修改后各项目的因子载荷

题目	因子 1	因子 2	因子 3	因子 4
2.3	0.849			
2.4	0.834			
3.13	0.728			
2.2	0.712			
1.1	0.600			
1.4		0.861		
1.2		0.850		
1.5		0.651		
3.6			0.816	
3.1			0.690	
3.4			0.630	
3.16			0.626	
3.2			0.589	
3.9				0.820
3.8				0.708
3.10				0.684

根据上面因子分析的结果可以发现,1.2、1.4 和 1.5 这三个题目主要和顾客网购时"身临其境"的感觉有关,与在现实的商场中购物相联系,因此命名为"空间感知维度"。3.1、3.2、3.4、3.6 和 3.16 主要和顾客对卖家的感知有关,因此命名为"对卖家感知维度"。3.8、3.9 和 3.10 这三个题目主要是和焦点顾客对其他顾客的感知有关,因此命名为"对其他顾客感知维度"。1.1、2.2、2.3 和 2.4 这四个题目主要和对商品的感知有关,因此命名为"商品感知维度"。需要注意的是,"3.13 在网购时我有私人空间感"考察的是对空间的感知,但是却被归到了商品感知维度;"1.1 当浏览该购物网站时,我有一种'身临其境'的感觉"考察的也是对空间的感知,但却被归到了商品感知维度。由此可以看出,本次因子分析不是很理想,有必要进行第二次测试。

2. 第二次施测及结果分析

（1）施测对象及内容

我们通过课堂、QQ群及微信群共发放问卷160份，回收问卷157份，剔除无效问卷后，最终剩余有效问卷120份。其中男生24人，女生96人。年龄分布在17到22岁之间，本科生比例为91.7%，研究生比例为8.3%。本次量表共有16个题目，采用7点Likert评分，要求被试根据自己最近一次网购经历，就问卷题目所描述的情况与自己的真实情况的符合程度来打分，1分代表非常不同意，2分代表不同意，3分代表有点不同意，4分代表不能确定，5分代表有点同意，6分代表同意，7分代表非常同意。

（2）施测结果及分析

首先进行项目分析。通过观察删除题目后的α值，发现1.5题和3.13题的值高于所在维度的α值，这意味着这两个题目不稳定，考虑删除。然后再看问卷中每个题目和所在的维度总分的相关系数，结果显示每个题目和该维度总分的相关性均达到了显著水平。表3是该问卷各个题目的测量指标。

表3 网购顾客临场感各题目的测量指标

题目	平均数	标准差	与全量表总分相关性	与该维度总分相关性
1.2	4.93	1.315	0.632**	0.844**
1.4	4.63	1.395	0.670**	0.854**
1.1	4.60	1.398	0.699**	0.856**
2.2	4.73	1.465	0.693**	0.840**
2.3	4.90	1.382	0.712**	0.836**
2.4	4.87	1.324	0.672**	0.812**
3.1	4.67	1.381	0.740**	0.800**
3.4	4.38	1.523	0.745**	0.832**
3.6	4.24	1.615	0.703**	0.805**
3.16	4.78	1.455	0.699**	0.739**
3.2	4.78	1.312	0.729**	0.758**
3.8	5.05	1.163	0.582**	0.758**
3.9	5.10	1.250	0.524**	0.752**
3.10	4.72	1.513	0.519**	0.808**

注：*$p<0.05$，即在0.05的水平上显著，**$p<0.01$，即在0.01的水平上显著。

其次进行探索性因子分析。结果显示共抽取了4个因子,这4个因子共解释变异量65.55%,而且特征值均大于1,所以考虑提取4个因子,这和第一次预测试因子分析时的因子数一致。在第一次预测试的因子分析中,"题目3.2 当我在浏览该卖家的网站时,我感受到了该卖家对我的关心"考察的是对卖家的感知,但被归到对其他顾客感知维度,在本次因子分析中该题被正确归到对卖家感知维度。在第一次预测试时,题目"1.1 当浏览该购物网站时,我有一种'身临其境'的感觉"被归为商品感知维度,但在本次因素分析中归到了空间感知维度,比较理想。

从表4可以看出,通过因子分析共把14个题目分为4个因子。因子1包括3.4、3.16、3.2、3.1、3.6共5题,全部属于对卖家感知维度;因子2包括2.4、2.3、2.2共3题,全部属于商品感知维度;因子3包括1.1、1.2和1.4共3题,全部属于空间感知维度;因子4包括3.10、3.9和3.8共3题,全部属于对其他顾客感知维度。

表4 第二次预测旋转后的成分矩阵

题目	因子1	因子2	因子3	因子4
3.4	0.800			
3.16	0.799			
3.2	0.671			
3.1	0.637			
3.6	0.525			
2.4		0.871		
2.3		0.868		
2.2		0.696		
1.2			0.897	
1.4			0.886	
1.1			0.630	
3.10				0.821
3.9				0.805
3.8				0.589

最后进行信度和效度分析。

内部一致性信度:对全量表及四个维度进行内部一致性系数检验,结果如表5所示。从表5可知,四个维度以及总量表的内部一致性系数分别为0.727、0.748、0.612、0.589和0.836,量表的内部一致性信度较为理想。

表 5　网购顾客临场感问卷各维度及总量表的内部一致性系数

量表	内部一致性系数
空间感知维度	0.727
商品感知维度	0.748
对卖家感知维度	0.612
对其他顾客感知维度	0.589
总量表	0.836

分半信度：分别把奇数题和偶数题得分加总，求得两个总分的相关系数为 0.801，显著性水平为 0.01，分半信度也比较理想。

结构效度：通过上面的因子分析可以得出，因子 1 包括 3.4、3.16、3.2、3.1 和 3.6 共 5 题，即商家感知维度；因子 2 包括 2.4、2.3 和 2.2 共 3 题，即空间感知维度；因子 3 包括 1.1、1.2 和 1.4 共 3 题，即对其他顾客感知维度；因子 4 包括 3.10、3.9 和 3.8 共 3 题，即商品感知维度。

效标效度：用李玉萍（2006）的重购意愿量表作为效标，在本次调查中，该量表的信度为 0.771。表 6 是网购顾客临场感量表及各个维度和重购意愿的相关情况，从中可以看出，重购意愿和临场感各个维度的相关性都达到了显著水平，说明本研究编制的网购顾客临场感量表具有较好的效标效度。

表 6　网购顾客临场感各维度与重购意愿的相关矩阵

空间感知维度	商品感知维度	商品感知维度	对卖家感知维度	对其他顾客感知维度	临场感总分	重购意愿
空间感知维度	1					
商品感知维度	0.480**	1				
对卖家感知维度	0.364**	0.320**	1			
对其他顾客感知维度	0.134	0.222*	0.244**	1		
临场感总分	0.701**	0.727**	0.760**	0.544**	1	
重购意愿	0.196*	0.244**	0.321**	0.573**	0.474**	1

注：* $p<0.05$，即在 0.05 的水平上显著，** $p<0.01$，即在 0.01 的水平上显著。

（三）量表正式施测及结果分析

（1）施测对象及内容

我们通过课堂、QQ 群及微信群发放问卷 300 份，回收问卷 279 份，剔除无效问卷后,最终剩余有效问卷260份。其中男生84人,女生176人。学历在本科以下的人数比例为25.8%,本科学历人数比例为67.3%,研究生比例为5.4%,博士比例为1.5%。在年龄分布上,30岁及以下人数占总人数的75.8%,31—40岁人数占总人数的22.2%,40岁以上人数占总人数的2%。

施测材料为自编网购顾客临场感量表,共14个题目,采用7点Likert评分,要求被试根据自己最近一次网购经历,就问卷题目所描述的情况与自己的真实情况的符合程度来打分,1分代表非常不同意,2分代表不同意,3分代表有点不同意,4分代表不能确定,5分代表有点同意,6分代表同意,7分代表非常同意。

(2) 施测结果及分析

首先进行项目分析。先生成新的变量临场感总分,然后按照从低到高的顺序排列,以27%为标准得到高分组和低分组,接下来对高分组和低分组进行独立样本t检验。结果表明,$t=32$,$p<0.01$,高分组和低分组的差异显著。

其次再看问卷中每个题目和所在维度总分的相关系数。表7是本次调查各个题目的测量指标,从中可以看到,每个题目和该维度总分的相关性均达到了显著水平。

表7 网购顾客临场感各题目的测量指标

题目	平均数	标准差	与该维度总分相关性	与全量表总分相关性
1.2	4.93	1.315	0.844**	0.632**
1.4	4.63	1.395	0.854**	0.670**
1.1	4.60	1.398	0.856**	0.699**
2.2	4.73	1.465	0.840**	0.693**
2.3	4.90	1.382	0.836**	0.712**
2.4	4.87	1.324	0.812**	0.672**
3.1	4.67	1.381	0.800**	0.740**
3.4	4.38	1.523	0.832**	0.745**
3.6	4.24	1.615	0.805**	0.703**
3.16	4.78	1.455	0.739**	0.699**
3.2	4.78	1.312	0.758**	0.729**
3.8	5.05	1.163	0.758**	0.582**
3.9	5.10	1.250	0.752**	0.524**

(续表)

题目	平均数	标准差	与该维度总分相关性	与全量表总分相关性
3.10	4.72	1.513	0.808**	0.519**

注：*$p<0.05$，即在0.05的水平上显著，**$p<0.0$，即在0.01的水平上显著。

接下来进行探索性因子分析。KMO值为0.922，巴特利球形检验的卡方值为1 576.779，自由度为91，$p<0.01$，达到了显著水平。通过最大方差旋转法，提取了4个因子。因子1包括5个题目，分别是3.4、3.6、3.1、3.2和3.16，都属于对商家感知维度；因子2包括3个题目，分别是1.2、1.4和1.1，都属于空间感知维度；因子3包括3.8、3.9和3.10共3个题目，都属于对其他顾客感知维度；因子4包括2.2、2.3和2.4共3个题目，都属于商品感知维度。

再次进行验证性因子分析（见图1）。

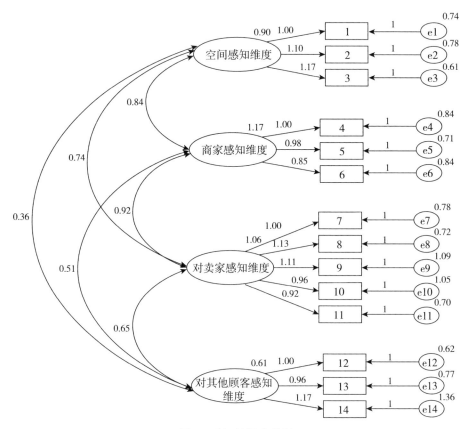

图1 验证性因素分析

χ^2/df：该指数是直接检验样本协方差矩阵和估计方差矩阵之间相似程度的统计量，其理论期望值为 1。在本研究中，$\chi^2 = 97.048$，$\chi^2/df = 1.367$，$p = 0.022$，接近 1，比较理想。

拟合优度指数（GFI）和调整拟合优度指数（AGFI）：这两个指数值愈接近 1 表示拟合愈好，结果显示 GFI = 0.946，AGFI = 0.919，比较理想。

比较拟合指数（CFI）：愈接近 1 表示拟合愈好，结果显示 CFI = 0.866，比较理想。

Tucker-Lewis 指数（TLI）：该指数是比较拟合指数的一种，愈接近 1 表示拟合愈好，结果显示 TLI = 0.828，比较理想。

近似误差均方根（RMSEA）：该指数是评价模型不拟合的指数，愈接近 0 表示拟合愈好，结果显示 RMSEA = 0.038，比较理想。

均方根残差（RMR）：如果 RMR<0.1，则认为模型拟合较好，结果显示 RMR = 0.090，比较理想。

最后进行信度及效度分析。

内部一致性信度：对全量表及四个维度进行内部一致性系数检验，四个维度的内部一致性系数分别为 0.810、0.773、0.845 和 0.658，总量表信度为 0.903，因此除了对其他顾客感知维度，其他维度和总量表的内部一致性系数均高于 0.7，量表的内部一致性信度较为理想。

分半信度：将奇数题和偶数题加总，求两个总分的相关性，得到总量表的分半信度为 0.822，较为理想。

重测信度：用重测信度对量表进行稳定性考察。半个月后进行重测，重测共收到有效问卷 169 份，其中男生 47 人，女生 122 人，18—30 岁的被试占总人数的 86.4%。四个维度的内部一致性系数为 0.838、0.768、0.872 和 0.621，总量表的内部一致性系数为0.906。重测的网购临场感总分及各维度得分与正式施测的得分相关性显著，表明重测信度比较理想，具体见表8。

表8 网购顾客临场感问卷各维度与重测得分的相关矩阵

	重测空间感知维度	重测商品感知维度	重测对卖家感知维度	重测对其他顾客感知维度	重测临场感总分	空间感知维度	商品感知维度	对卖家感知维度	对其他顾客感知维度	总分
重测空间感知维度	1									
重测商品感知维度	0.558**	1								
重测对卖家感知维度	0.616**	0.585**	1							
重测对其他顾客感知维度	0.371**	0.520**	0.598**	1						
重测临场感总分	0.784**	0.786**	0.912**	0.739**	1					
空间感知维度	0.227**	0.362**	0.279**	0.170*	0.318**	1				
商品感知维度	0.376**	0.348**	0.407**	0.262**	0.437**	0.419**	1			
对卖家感知维度	0.769**	0.768**	0.899**	0.727**	0.983**	0.331**	0.451**	1		
对其他顾客感知维度	0.253**	0.255**	0.184*	0.218**	0.268**	0.052	0.136	0.264*	1	
总分	0.643**	0.683**	0.712**	0.554**	0.800**	0.636**	0.740**	0.817**	0.462**	1

注：* $p<0.05$，即在0.05的水平上显著，** $p<0.01$，即在0.01的水平上显著。

效标效度：效标选用李玉萍（2006）的重购意愿量表，在本次测量中该量表的信度为0.771。先求出网购顾客临场感四个维度的总分以及重购意愿总分，然后算出临场感总分和重购意愿的相关系数。表9是网购顾客临场感量表以及各个维度和重购意愿的相关矩阵,从中可以看出,重购意愿和临场感各个维度的相关性都达到了显著水平,说明本研究编制的网购顾客临场感量表具有较好的效标效度。

表9 网购顾客临场感各维度的相关矩阵

	空间感知维度	商品感知维度	对卖家感知维度	对其他顾客感知维度	临场感总分	重购意愿
空间感知维度	1					
商品感知维度	0.640**	1				
对卖家感知维度	0.605**	0.668**	1			
对其他顾客感知维度	0.332**	0.437**	0.581**	1		
临场感总分	0.784**	0.835**	0.917**	0.696**	1	
重购意愿	0.435*	0.508**	0.613**	0.507**	0.640*	1

注:*$p<0.05$,即在0.05的水平上显著,**$p<0.01$,即在0.01的水平上显著。

区分效度:选用赵云云(2016)中所用的网购互动性量表,该量表的总信度为0.951,在本次调查中的信度为0.866。该量表分为三个维度,分别是互动特性,包括匿名性和虚拟性;互动方式,包括同步性和异步性;互动内容,包括工具性互动和人际性互动。除去网购互动性量表与本研究所编制的量表重复的题目,剩下八个题目,作为该研究的区分效度量表。结果显示,网购顾客临场感四个维度及总分与该网购互动性量表的相关性均不显著,相关系数分别是空间感知维度$r=0.014$,商品感知维度$r=0.034$,对卖家感知维度$r=0.013$,对其他顾客的感知维度$r=0.034$,与临场感总分的相关系数$r=0.026$。

汇聚效度:选用郭伏等(2015)关于网络广告临场感的研究中所用的临场感量表,该量表分为物理临场感、社会临场感和自我临场感三个维度,总共六个题目,采用的是7点Likert量表。该量表的总信度为0.959,在本次研究中的信度为0.847。空间感知维度、商品感知维度、对卖家感知维度和对其他顾客感知维度和该量表总分的相关系数分别为0.581、0.551、0.688和0.568,均在0.01水平上显著,说明汇聚效度比较理想。

(四) 网购顾客临场感的影响因素

我们将临场感总分、性别、年龄、学历、收入、网购次数、网购历史、每年网购花费、最近一次网购花费进行相关性分析,相关矩阵见表10。通过表10可以看出,临场感总分和性别、年龄、学历、收入、每年网购花费以及最近一次网购花费显著相关,而网购次数和网购历史与临场感总分的相关性不显著。

表 10 网购临场感总分与各因素的相关矩阵

	性别	年龄	学历	收入	网购次数	网购历史	每年网购花费	最近一次网购花费	临场感总分
性别	1								
年龄	0.201**	1							
学历	0.078	0.052	1						
收入	0.254**	0.457**	0.250**	1					
网购次数	-0.041	0.063	0.137*	0.232**	1				
网购历史	0.063	0.297**	0.077	0.277**	0.218**	1			
每年网购花费	0.127*	0.182**	0.061	0.336**	0.378**	0.447**	1		
最近一次网购花费	0.186**	0.112	0.085	0.345**	0.235**	0.316**	0.280**	1	
临场感总分	0.160**	0.161**	0.158*	0.185**	0.091	0.085	0.132*	0.192**	1

注: * $p<0.05$,即在 0.05 的水平上显著,** $p<0.01$,即在 0.01 的水平上显著。

为了进一步确定网购临场感的影响因素,根据上面的分析结果,我们把网购临场感作为因变量,把性别、年龄、收入、网购次数、每年网购花费、最近一次网购花费作为自变量,采用逐步进入法进行回归分析,回归系数显著的变量是最近一次网购花费、学历和年龄。

四、对天猫和聚美优品网购顾客临场感的比较

为了体现量表的应用价值,我们利用新编制的量表来对比天猫和聚美优品

两个网购商城中的同类产品的购物临场感,并检验临场感高低对顾客在网页上的停留时间和重购意愿的影响。

(一)研究方法

1. 被试

我们采用自愿报名的方式,共抽取 120 名被试。将被试随机分为 A、B 两组。A 组男生 22 人,女生 38 人;B 组男生 24 人,女生 36 人。

2. 比较对象

考虑到购物的季节性特点,同时考虑到男女的性别差异,我们所研究的商品最终确定为男女同款太阳镜,并分别在天猫和聚美优品两个网站上选取款式相近、价格相近的太阳镜,获取两个网址。两个网页的网址分别是 https://detail.tmall.com/item.htm? spm = a220m.1000858.1000725.52.X5CjcS&id = 536949921897&skuId = 3205924260299&areaId = 110100&user_id = 2465205423&cat_id = 2&is_b = 1&rn = 99ba0fee4da717a536616be4f0c25b81,产品如图 2 所示;以及 http://item.jumei.com/df1703272045p3177661.html? from = sr_% E7%94%B7%E5%A5%B3%E5%A4%AA%E9%98%B3%E9%95%9C_1_15&site = bj,产品如图 3 所示。

图 2 天猫网站太阳镜产品示例

图3 聚美优品网站太阳镜产品示例

3. 实施程序

我们把120名被试随机分为A、B两组。告诉被试购买太阳镜的任务,并让其浏览相关商品网页,其中A组被试浏览的网页来自天猫,B组被试浏览的网页来自聚美优品,两组被试浏览后都需要做网购临场感问卷以及李玉萍(2016)的网络重购意愿问卷,问卷的第一题是让被试报告浏览网页的时长。

(二)结果分析

1. 天猫和聚美优品临场感得分比较

对A组和B组结果进行独立样本t检验,见表11。结果显示,A、B两组在空间感知维度、商品感知维度以及临场感总分上p值小于0.05,差异达到了显著水平。而在对卖家感知维度和在对其他顾客感知维度上的差异不显著。总体上来说,A组被试的临场感得分显著高于B组被试,也就是天猫的顾客临场感高于聚美优品的顾客临场感。

表11 A、B两组顾客临场感各维度及总分的差异检验

	A组($n=60$)	B组($n=60$)	t	p
空间感知维度	16.17±3.65	13.37±3.48	3.175**	0.002
商品感知维度	16.80±3.20	15.00±3.07	2.181*	0.031
对卖家感知维度	25.93±6.06	23.97±4.48	1.455	0.148

（续表）

	A 组（$n=60$）	B 组（$n=60$）	t	p
对其他顾客感知维度	15.93±3.25	14.90±2.52	1.206	0.073
临场感总分	74.83±12.43	66.930±10.83	2.437*	0.016

注：*$p<0.05$，即在0.05的水平上显著，**$p<0.01$，即在0.01的水平上显著。

2. 影响顾客重购意愿的因素分析

对调查中收集的各变量进行相关分析，结果发现重购意愿与网页停留时间和临场感总分显著相关，与人口学变量、网购历史及个人月收入均没有显著的相关性，如表12所示。

表12 重购意愿、网页停留时间、临场感的相关矩阵

	网购历史	临场感总分	重购意愿	网页停留时间
网购历史	1			
临场感总分	0.147	1		
重购意愿	−0.029	0.745**	1	
网页停留时间	0.177	0.319**	0.311**	1

注：*$p<0.05$，即在0.05的水平上显著，**$p<0.01$，即在0.01的水平上显著。

比较浏览天猫和浏览聚美优品网站的被试的重购意愿平均分也发现，浏览天猫网站的被试的重购意愿平均分为32.40，浏览聚美优品网站的被试的重购意愿平均分为30.8，前者高于后者。

综上，通过对比分析天猫和聚美优品两家购物商城中同类产品的购买情景，我们可以得出购物临场感是影响顾客重购的重要因素的结论。

五、案例使用说明

（一）教学目的与用途

1. 本案例适用于应用心理专业硕士"心理测量""经济心理学"和"营销心理学"等课程，相对应的主题可以是"心理测验量表的编制""经济/消费决策中人的心理因素"等。

2. 本案例的教学目的是引导学生了解网购临场感的相关概念、理论及其对顾客重购意愿的影响,同时掌握量表编制的方法及其应用,让学生理解心理因素的评估是标准化、程序化的过程。

(二) 启发思考问题

1. 在线购物与实体店购物有何异同?
2. 影响网购顾客购物决策的主要因素有哪些?
3. 网购顾客的临场感包括哪些方面?
4. 如何才能做到对网购顾客临场感的准确评估?

(三) 基本概念与理论依据

1. 网购临场感的概念

周菲和李小鹿(2015)结合网络团购的特点将网络团购的社会临场感界定为消费者对团购网站社会性因素的感知,即对人情味、社交性和顺从的感知。武瑞娟(2014)强调临场感对空间的作用,认为网购临场感是指通过电脑向消费者提供一种"身临其境"的感觉。较高的临场感会让消费者感觉到对产品更了解,并且对这个产品的感觉更好。章佳(2011)把网络环境下的社会临场感命名为网站临场感。章佳认为,人们在网络上的沟通程度能反映出临场感,可以把临场感看成是网络的一个与友好性有关的特点。

在传统的网站环境中,提供社会性线索与在线互动是最重要的临场感来源。网站借助文本、图片等社会性线索营造出"你所在的就是商场""商品就在那里"的感知;而在线互动则使消费者产生"相关人员就在那里"的感知,相关人员不仅包括卖家,还有其他顾客。结合前人的观点和网络购物的特点,我们将网购中的临场感定义为在网购过程中的一种接近现实生活购物的感知,具体体现在对空间的感知、对商品的感知以及对卖家和其他顾客的感知上。

2. 临场感相关理论

(1) 媒介富度理论

媒介富度理论最早是在组织沟通的有关研究领域中提出的。Carlson 和 Davis(1998)认为,某种特定媒介所传输信息的丰富程度就是媒介富度,包括及时反馈、多种可得沟通线索、不同语言种类以及媒介的个性化。此外,信息在一个既定组织中传递时,如果信息本身是模糊不清的或者是不确定的,那么就会影响到其在组织中传播的效果。

沟通渠道和线索的多少会影响媒介富度,这些线索在传统的组织沟通中包括肢体语言、语调和眼神等,而在网络环境中则包括视觉展示、即时反馈、语言风格和个性化服务等。研究发现,与只有听觉刺激的收音机相比,同时有视觉和听觉刺激的电视广告媒介富度更高,而且给人的印象更为深刻。同样,在网络购物、网络教育或者网络广告等在线应用中,不仅多种感官的刺激会提高媒介富度,反馈速度也会影响媒介富度,比如,快速反应的即时通信手段如QQ、微信等比邮件具有更高的媒介富度。

（2）社会助长理论

社会助长也称为社会促进,是指个体在完成某种活动时,由于他人临场、与他人一起活动或者存在电子监控设备等而造成的个体行为效率提高的现象。罗伯特·扎伊翁提出了社会助长理论,该理论基于以下两个假设:第一,他人临场会导致唤醒,进而表现为一种内驱力;第二,做出某一反应的倾向程度（反应潜能）是该反应的习惯强度与内驱力水平乘积的函数。在消费领域里,也有社会助长的相关研究。在传统零售的情境中,Argo等（2006）的研究显示,顾客的情感反应模式呈倒"V"字形。对于某个焦点顾客,他周围的顾客越多,他的情感越积极;但如果达到了拥挤状态,这个焦点顾客的情绪则转向消极。Bateson和Hui（1992）认为,当顾客排队时,顾客的情绪以及是否放弃排队和前面的人数有关。Zhou和Soman（2003）的研究显示,在顾客后面排队的人数也会影响该顾客是否放弃排队的决策,随着后面排队人数的增加,该顾客放弃排队的可能性变小。顾客在选择食物时,其分量的大小也会受到身边顾客的影响:如果观察到其他顾客更肥胖,人们为自己拿的食物分量会减少;如果身边顾客拿的食物分量普遍较多,那人们也会选择更多的食物。

（四）背景材料

1. 已有网购顾客临场感的量表及结构

（1）单维度测量

关于临场感的研究,最早期的测量是使用单维度来进行的。比如冷漠—热情维度、敏感—不敏感维度、人际—非人际维度,而亲密性、卷入度等是在之后的研究中才逐渐涉及的。具体用到几个指标,不同的研究会有些差别。

（2）多维度测量

赵宏霞（2014）把 B2C 网购中的临场感分为空间临场感和社会临场感。空间临场感强调了个体在网购中感受到置身于真实购物环境中的程度；社会临场感强调了通过网络感受到的与他人联系的程度。

季丹和李武（2016）关于临场感的研究关注在适用媒介中焦点个体对其他参与者的意识以及情感和认知方面。在季丹的研究中，网络临场感被分为三个维度。第一个维度是意识临场感，强调的是个体在适用网络中对他人存在的知觉以及能够知觉到的程度；情感社会临场感强调的是个体与他人的紧密情感关系；认知社会临场感是指通过媒介的使用使得个体能感知到对方的想法、目的等。

Lombard 和 Ditton（1997）将临场感定义为无中介式感知幻觉。他们认为临场感是一种幻觉，而无中介式感知幻觉是指，当人们处在某种特定的环境中时，使用者在与环境沟通或互动期间，因幻觉而导致人们认知上无法客观接收或觉察周围环境存在的客观事实。

郭伏（2015）关于临场感的研究适用于网络广告的场景。其研究一部分沿用了 Lee（2013）的分类方式，将临场感分为三个维度：第一个维度是物理临场感，该维度从生动性的广度和深度进行测量；第二个维度是社会临场感，该维度从亲切感、温馨、顾及个人感受来考量；第三个维度是自我临场感，类似于前面提到的空间临场感，即身临其境的感觉。

2. 现有临场感测量存在着诸多不足

临场感既有社会性的一面，又有技术性的一面，目前对临场感的测量更多关注社会性方面，即多集中于顾客对社会关系的主观感受，而技术性方面往往被忽视。已有研究表明，不同媒介的临场感是不同的，比如视频带来的临场感高于电话。即便对同一媒介而言，具体设计的不同也会带来不同的临场感。比如 Hassanein（2007）的研究中对同一商品设置了三个版本：第一个版本只是用商品图片和文字介绍商品功能；第二个版本在第一个版本的基础上增加了更丰富的商品描述；第三个版本在前一个版本的基础上又增加了人们使用商品情景的图片，研究结果表明第三个版本的临场感更高。也就是说，在其他条件相似的情况下，媒体的丰富性越高，临场感也越高。因此，在对网购临场感进行测量时,除了对社会关系的感知,还有必要加入对网店设置的感知,其结果将对网店改进页面设计具有一定的指导意义。

同样是网络环境下的临场感,研究对象不同,测量的重点也有很大的差异。网络社交平台如微博,是基于用户关系分享、传播以及获取信息的平台,在测量上强调用户与他人在认知、情感上的联系。而在对虚拟现实技术的临场感测量中,具有特色的一点是"行为契合度",即在动作上或完成任务时个体和计算机的共同参与、相互影响。在网购环境下,人们最直接的目的就是购买商品,和卖家的互动也是为购买商品而服务的,但在对网购临场感的测量中,对商品真实性的感知却被忽略了,因此,在网购临场感测量中,应加入对商品的感知维度。

(五) 分析思路

教师可以根据自己的教学目标来灵活使用本案例。这里提出本案例的分析思考,仅供参考。

1. 电子商务发展迅速,在线购物蓬勃发展已成为社会现实。

2. 在线购物与实体店购物消费者的体验不同。

3. 网店面对日益激烈的竞争,商家应考虑除价格之外的影响消费者决策的因素。

4. 如何测量网络购物时顾客的临场感已变得十分重要。

5. 影响临场感高低的因素有待进一步分析。

(六) 建议的课堂安排

1. 时间安排

本案例可配合"心理测量"等相关课程中的"量表编制"部分使用。课堂讨论时间1—2小时,但为保障课堂讨论的顺畅和高效,要求学生要提前两周准备有关这一主题的理论知识,并对有关这一主题的实践状况有较好的了解。

2. 讨论形式

小组报告 + 课堂讨论。

3. 案例拓展

思考量表编制技术在具体领域的应用,比如人事测评、经济活动中的心理因素等。

(七）案例分析及启示

1. 关于网购临场感的结构

通过对以往网购顾客临场感测评的分析，本案例中将临场感分为四个维度，分别是空间感知维度、商品感知维度、对卖家感知维度和对其他顾客感知维度。网购临场感概念的核心是在网络上购物与在现实中购物的接近程度，或者说是顾客感知到的真实性程度。空间感知和商品感知的理论依据是媒介富度理论，不同的媒介传播信息的能力是不同的，使用的沟通渠道和线索数量越多的媒介传递的信息越详细，并且给人们的印象越深刻。在网页设置上，有的店家会增加其实体店的照片或装饰图片，这会让顾客体会到较高的空间感知。对商品的感知是网络购物临场感最重要的一方面，因为无论是商家的各种管理还是顾客的各种行为，其目的都是商品：商家为了卖出更多的商品，顾客则是为了买到自己满意的商品，因此商品是卖家、焦点顾客和其他顾客之间的纽带。目前顾客对商品的感知大部分还是基于被动地接受卖家提供的信息，比如商品的文字描述、图片或视频展示是常见的途径，随着技术的发展，360度视频、虚拟试衣间、VR技术等会逐渐被应用到网络购物情境中，拓宽顾客对商品的感知途径。

对卖家的感知和对其他顾客的感知的理论依据都是社会助长理论。有研究表明，在消费领域，他人在场会对个人的消费行为及态度产生影响。互动是让顾客感知到其他人存在的最直接和最有效的办法。卖家对顾客提出问题的回答是否及时、是否准确、语气是否热情亲切等，都会影响对卖家的感知。目前增加对其他顾客感知的途径还是比较少的，主要是通过买家秀或者提问的方式。

2. 天猫和聚美优品两个网页的临场感分析

本案例用自编的"网购顾客临场感问卷"评估了天猫和聚美优品上同一类商品的两个网页，结果显示天猫的临场感得分显著高于聚美优品。再分别看临场感的各维度，天猫在每个维度上的平均分均高于聚美优品，尤其在空间感知和商品感知两个维度上的差异达到显著水平，但在对卖家感知维度和对其他顾客感知维度上的差异并不显著。出现这种结果是有原因的。对空间、商品的感知，以及对卖家和其他顾客的感知，虽然都属于网购临场感，但其内在机制是不一样的。在购物网站上，只要提供丰富的文字、图片、音像等信息，就能让顾客更多地了解商品，从而更好地沉浸在购物的虚拟环境中。而对他人的感知，涉及了人际关系,因此必要的社会互动是不可少的,比如联系客服、向其他顾客提出疑问或者分享信息等。我们在案例中设置了购买太阳镜的任务,并且提供了真实的网络购物场景,让被试自由地浏览网页,对被试如何浏览网页没有做太多的干预。被试清楚这只是一个实验,并不是真正给自己或朋友购买太阳镜,对信息的需求就不会特别大,因此会比较少地联系客服或者和其他顾客接触,这使得 A、B 两组被试在对卖家感知和对其他顾客感知的维度上的得分差异不显著。

天猫在空间感知和商品感知两个维度上的得分显著高于聚美优品。虽然两个网站上都有商品的详情文字介绍,也都有商品的图片以及使用商品的图片,但是两个网站在使用商品的图片以及买家评论上是有很大差别的。在天猫的网页上,图片数量为 29 张,共有 9 位模特,图片的场景有街拍、机场、室内、车内、自拍等;而在聚美优品的网页上,图片仅有 9 张,模特 2 人,照片无明显的场景,只是白色背景。由此看见,天猫的网页设计更丰富,传递的信息更多,被试获取的信息也更多,因而降低了不确定性,对商品的认识更具有真实性。

综上所述,本案例对网购顾客临场感的操作定义及其结构等问题提出了自己独特的理论见解,最主要的成果是编制适用于网购情境下的临场感问卷,该问卷一方面为有关网购临场感的相关研究提供了测量工具,另一方面也为网店设计和管理提供了依据。

【参考文献】

Argo, J. J., Dahl, D. W., and Morales, A. C. (2006). Consumer contamination: How consumers react to products touched by others. *Journal of Marketing*, 70(2), 81—94.

Barfield, W., D. Zeltzer, T. Sheridan, et al. (1995). *Presence and performance within virtual environments*. Oxford, UK: Oxford University Press.

Bateson, John E. G., Michael K. Hui. (1992). The ecological validity of photographic slides and videotape. *Journal of Consumer Research*, 19(5), 271—281.

Carlson, P. J., Davis, G. B. (1998). An investigation of media selection among directors and managers: From self to other orientation. *MIS Quarterly*, 22(3), 335—362.

Fortin, D. R., Dholia, R. R. (2005). Interactivity and vividness effects on social presence and involvement with a web based advertisement. *Journal of Business Research*, 58(3), 387—396.

Hassanein, K., Head, M. (2007). Manipulating perceived social presence through the web interface and its impact on attitude towards online shopping. *International Journal of Human Computer Studies*, 65 (8), 689—708.

Lee, Kwan Min, Clifford Nass. (2003). Designing social presence of social actors in human computer interaction. *Computer Human Interaction*, 5(1), 289—294.

Li, H., T. Daugherty, F. Biocca. (2003). The role of virtual experience in consumer learning. *Journal of Consumer Psychology*, 13(4), 395—407.

Mooy, S. C., H. S. J. Robbeen. (2002). Managing consumers' product experience. *Journal of Product & Brand Management*, 11(7), 432—446.

ZhouRongrong, Dilip Soman. (2003). Looking back: Exploring the psychology of the effect of the number of people behind. *Journal of Consumer Research*, 29(4), 517—530.

窦光华.社会临场感在网络购买行为研究中的应用[J].网络传播研究,2015(5),136.

郭伏,孙宇,林博昭,等.网络广告设计要素、临场感及顾客行为意向关系研究[J].人类工效学,2015(3),14—20.

季丹,李武.网络社区临场感对阅读行为的影响机制研究——基于满意度的中介效应分析[J].图书情报工作,2016(1),42—43.

姜参,赵宏霞,孟雷.网络在线互动与消费者冲动性购买行为研究[J].经济问题探索,2014,5(21),64—73.

李玉萍.网络购物顾客重购意愿的影响因素研究[M].北京:经济科学出版社,2016.

罗洁,张彩霞.中国B2C电子商务快速发展原因浅探——以天猫商城为例[J].市场论坛,2016(4),47—51.

田禾译.现代性的后果[M].南京:译林出版社,2000.

武博扬,孙永波.垂直型B2C电商战略转型研究——以聚美优品为例[J].企业经济,2017(1),49—57.

武瑞娟.网店临场感对消费者网店使用态度影响效应研究[J].天津工业大学学报,2014(1),65—69.

章佳.品牌熟悉度与网站临场感对网店购物意向的影响研究[D].浙江大学,2011.

赵宏霞,才智慧,何珊.基于虚拟触觉视角的在线商品展示、在线互动与冲动性购买研究[J].管理学报,2014,1(11),1—9.

赵云云.B2C网络互动对顾客忠诚度的影响研究[D].大连海事大学,2013.

周菲,李小鹿.社会临场感对网络团购消费者再购意向影响研究[J].辽宁大学学报(哲学社会科学版),2015(4),113—121.

社会心理

教练技术在创业团队互动问题解决中的应用

韩丽丽　辛志勇

【摘　要】 在团队管理中,互动沟通是一个非常关键的环节。在既定的外部环境条件下,团队成员之间的互动在很大程度上决定了团队完成任务的能力与效率,尤其是当团队的外部条件能够为其发展提供必要支持时,团队互动情况就会成为团队绩效的决定性影响因素。教练技术引入国内企业管理领域二十多年以来,其影响力不断提升,成为继传统管理培训以外的另一重要管理方式,能够有效改善传统培训的短期性问题,从而为企业的长远发展提供更加充足的动力。本案例研究将教练技术引入R创业团队互动干预研究中,采用观察、访谈两种定性分析的方法,通过采用具体的实用性团队教练系统工具,有效地解决了R公司创业团队存在的缺乏凝聚力、成员之间难以沟通、冲突不断等团队互动问题。总的说来,经过为期三个月的团队教练辅导,R创业团队互动问题得以明显改善,本次干预效果突出。

【关键词】 教练技术　创业团队　团队互动

一、引言

在当今中国全民创业、万众创新的大背景下,新创企业已经成为经济发展的引擎。新创企业对国民经济发展所做出的贡献日益突出,但其自身发展却面临诸多风险与困难。许多企业家认为,好的创业团队是创业成功的关键要素,其重要性甚至超过了企业的行业选择和商业模式选择。而随着科技创新与产业国际化发展,团队成员间良好信息沟通与协调的重要性日益突显,团队互动问题也因此成为创业团队普遍面临的一个重要问题(刘牧,2014)。很多新创企业由于初创团队合作出现问题,使得项目不得不终止,创业最后以失败告终。如何充分发挥团队成员的个人潜力并在高效协作机制下完成各项任务,如何确保创业团队成员加强互动沟通,进而推动团队整体业务流程的改进与战略规划的优化调整,不断提升团队的整体效能水平,更好地适应经营环境的各种变化,是每个新创企业经营管理的核心内容之一。

针对性强且具有高实用性的企业管理知识对新创企业的成长和发展具有重要意义,目前我国新创企业主要是通过传统的培训和管理咨询来获得这方面的知识和经验。但毋庸讳言,我国传统的培训和管理咨询行业良莠不齐,其中有一批不规范的培训和管理咨询机构,其培训和咨询目标不是以科学的手段为客户提供有效的问题解决方案,而是将自己如何快速盈利作为首要目标,甚至是唯一目标,这样的培训和咨询并不能有效促进客户的成长和发展。另外,传统的培训和管理咨询行业也存在理念和方法上的一些缺陷和不足。

教练技术是与传统培训和管理咨询行业有着本质区别的一种教育模式。作为目前全球范围内一种先进的管理培训技术,其宗旨是通过优化调整受训者的心智状态来挖掘其潜能,并最终帮助受训者提升效率水平。教练技术的核心内容是训练者(教练)以科学策略和先进教法为工具,在分析把握受训对象心智状况的基础上制定有针对性的训练内容,在充分挖掘受训者潜能的同时发现其发展可能,从而帮助受训者准确把握自身状况并能根据明确的目标调整自己的身心状态,最终促进受训者以最佳工作效能实现其发展目标。教练技术在提高团队有效合作方面也显示出了重要价值。

二、案例背景介绍

(一) R 创业公司基本情况

1. R 创业公司简介

R 创业团队于 2016 年 6 月完成公司注册,基于教育心理学早期教育理念和协同共享的新经济模式提出了"家庭共享俱乐部"的服务模式。俱乐部的设立以社区为单位,针对0—12岁的孩子,提供融家庭教育与俱乐部体验模式于一体的体验空间。

公司旨在通过丰富的教学方式和趣味活动为儿童提供心理疏导、学习辅导服务。一方面帮助家长与孩子找到最直接、最快乐的沟通方式,提高孩子与家长的沟通能力,缩小亲子之间的代沟;另一方面通过心理学知识提高孩子的想象力和创造力,帮助学生有效改善记忆和学习方法,改善学习效果,提高学生的心理素质。

2. R创业团队成员介绍

R创业团队共5位成员,每位成员均在自己的领域中有多年工作经验,也都具有经营方面的经验积累。5位团队成员的基本信息简要介绍如下(为避免泄露研究对象的隐私,成员姓名均用字母代替)。

A.硕士,公司总裁,从事过商业经营和项目开发等多方面的工作。负责公司的全面管理,还承担训练和指导公司销售人员的责任。

B.本科,具有丰富的财务和宣传经验,曾在银行工作多年。负责财务和文件管理工作。

C.本科,对销售工作有丰富的经验。负责一线销售工作。

D.硕士,对心理教育行业十分热爱。负责公司的广告、宣传和活动策划业务。

E.本科,具有丰富的教学经验,曾在教育行业工作多年。

(二)R创业团队互动行为分析

团队互动行为主要包括沟通、凝聚力和冲突三大层面,随着R公司业务工作的不断推进,R创业团队出现了团队效能低下、战斗力疲软、缺乏凝聚力、成员之间难以沟通、冲突不断等团队互动问题。以下是对上述问题的一些具体分析。

1. 缺乏明确和一贯的团队目标

对许多创业团队来讲,创业之初其目标清晰度常常是不足的,经常是在市场变化中发现和思考新的方向。换言之,目标蓝图和实际环境之间往往存在重大差别,在运营过程中常常需要重新建立新的发展目标,不断寻找团队能够升级的空间。

R 创业团队的发展目标一直以来都存在定位不清晰的问题,在市场开发阶段就受到了严重打击。而且很多时候团队成员的关系并不稳定,几位成员甚至是以兼职身份存在于团队中,这种情况导致团队运行效率常常远低于设定目标。而当实际运行效果和原先设定的目标之间出现明显差异的时候,团队往往又不得不重新设定目标,这样势必导致已付出的努力前功尽弃,严重影响到团队成员的工作积极性和工作效率。

2. 亟待培养良好的沟通机制

在创业初期,R 创业团队的工作动力总体上来源于对团队经济效益的追求。但是对于多数创业人士来说,金钱并非其创业的唯一目标,在追求团队经济效益的同时他们也会关注自己人生价值的实现以及对社会的贡献。差异化、多元化的追求有时会导致团队成员之间产生误解甚至冲突,严重影响到团队的凝聚力和工作效率。事实上,问题的根源主要在于 R 创业团队没有形成良好的团队沟通机制,缺乏通过有效沟通凝聚共识、解决问题的企业文化。

3. 团队成员之间缺乏凝聚力

新创企业的一项重要工作就是要做好团队建设,一个凝聚力强的团队是新创企业成长和发展并逐步走向强大的基础。但 R 创业团队自成立以来一直存在着人员流失、不断更换新成员的情况,团队领导对这种局面也缺乏管理能力,难以提出有针对性的解决策略。出现这种局面表面上看主要有两方面的原因,一是公司管理制度不完善,团队成员岗位职责不够明确,一些成员不知道自己该干什么,自己要对什么事情负责,存在明显的人力重复、岗位重叠现象;二是岗位设置没有做到人尽其才,没有将合适的人放在合适的工作岗位上,一些成员认为自己在公司目前的岗位上无法充分发挥自己的才能。但深层次分析就会发现,团队缺乏凝聚力才是导致上述局面的根本原因。

(三) R 创业团队内在冲突问题分析

在 R 创业团队组建之初,是有意将思维方式不同、知识和能力结构不同的各种人才纳入自己的创业团队,其目的是保证团队成员的多元化,适当增加创业团队成员间的认知冲突,起到成员间优势互补、取长补短的作用。但这一理念在团队具体运行过程中却出现了诸多的问题,有些冲突并不具有建设性。一些冲突表现为团队成员彼此之间的冲突,包括团队成员对彼此应该承担的责任有不同的看法,而且由于成员互相之间的预期比较高,当实际创业过程达不到工作目标要求时,就常常会发生争执,总觉得别人没有达到他们的期望。这种争执和冲突还会发生在最需要团队成员紧密合作的公司战略制定与执行层面,致使大家对创业目标、市场情况、自身情况的认知出现严重对立,成员之间的情感也受到影响,严重的时候,团队的某些成员之间甚至会出现冷战。另一些冲突表现为个人目标与团队目标之间的差异和对立,比如 R 创业管理核心团队的战略目标是追求企业长远利益,但有些团队成员却更加关注近期利益和短期利益,这也引发创业团队成员之间经常出现严重对立。

上述分析表明,R 创业团队迫切需要找出一个解决方案来解决自身遇到的多种问题,而导致这些问题出现的根源都牵涉团队互动。已有诸多研究表明,教练技术在改进或解决团队互动问题方面可以发挥重要作用。从个人角度而言,教练技术有助于个人进行心态调整、情绪控制以及提升指导力和执行力,最终达成个人的目标,有助于个人的成长和发展。从组织角度而言,教练技术可以创建良好的团队合作文化,增强团队成员之间的互动沟通,在综合考虑团队成员自身的性格特点、专业技能、个人能力等多方面因素的基础上,将合适的人放在合适的工作岗位上,使每位团队成员能够在工作中充分发挥积极性和主动性,展现影响力和创造力,进而提高工作效率、增加经济效益,既体现出自我价值,也促进团队持续发展。

因此,本研究拟将教练技术引入 R 创业团队互动问题的解决过程中,通过具体的、实用性的教练工具的运用,来有效解决 R 公司创业团队存在的缺乏凝聚力、成员之间难以沟通、冲突不断等团队互动问题。

三、教练技术的应用

本研究分为干预前研究、实施干预、干预后评估三个阶段,时间跨度从 2016 年 8 月 1 日至 2016 年 12 月 1 日。

(一) 干预前研究阶段

干预前研究主要是对 R 公司进行干预前的现场观察。为了更好地评估研究对象在团队互动过程中的表现,研究者采用 Bales 团队互动行为记录表,选择 2016 年 8 月 R 公司的四次例会(例会时间为周一,时间跨度为 2016 年 8 月 1 日至 2016 年 8 月 31 日)进行现场观察记录,记录了团队互动中相应行为出现的频次。表 1 为干预前 R 公司创业团队成员四次会议中相应团队互动行为出现的平均频次结果。

表 1　Bales 团队互动行为记录表(干预前)

评估人:韩丽丽/孙涛

行为模式	项目	A	B	C	D	E	合计	小计
社会情绪类行为（积极）	显示团结、赞美,提高他人地位	0	0	1	0	1	2	5
社会情绪类行为（积极）	显示解除紧张,表示满足	0	0	0	0	1	1	5
社会情绪类行为（积极）	赞同、接纳、谅解、顺从	0	0	1	0	1	2	5
工作任务类行为（中性）	暗示性提供建议	2	3	3	3	2	13	54
工作任务类行为（中性）	陈述意见,分析评价	1	2	2	2	2	9	54
工作任务类行为（中性）	提供消息,澄清事实	1	1	2	2	2	8	54
工作任务类行为（中性）	要求并确认消息	2	2	1	1	1	7	54
工作任务类行为（中性）	探寻意见	2	2	1	1	3	9	54
工作任务类行为（中性）	要求指示,询问行动方案	1	2	2	2	1	8	54
社会情绪类行为（消极）	反对、拒绝	3	2	1	2	1	9	33
社会情绪类行为（消极）	表示紧张、退缩,要求援助	2	3	2	3	3	13	33
社会情绪类行为（消极）	显示对立、不友善	3	2	1	4	1	11	33

本月的四次会议主要讨论的是开第三家店的选址问题,观察发现会议气氛比较紧张。表 1 的数据记录结果也可以表明,团队互动中积极社会情绪较少,消极社会情绪较多。R 创业团队成员虽然在工作任务方面也有沟通互动,但整体上看团队缺乏凝聚力、成员之间沟通困难、团队成员在互动过程中时有冲突。

对团队成员的访谈结果也表明,由于团队成员的业务背景不同,他们在看问题的角度方面也存在差异。5名团队成员就新门店选址的主要观点如下:A坚持一切从市场出发;B强调运营的重要性;C强调市场调研和客户关系维护的重要性;D强调产品开发的重要性,认为迅速开发出新产品对公司最为重要;E则强调决策及选址过程程序上要合理且高效。总之,会议中团队成员在很多问题上都存在冲突,如何减少不必要的冲突和提高决策效率是R创业团队面临的一个非常棘手的问题。

(二)教练技术干预阶段

首先,根据干预前研究结果设计教练技术干预方案。通过前期的研究结果分析,我们在找出R公司所面临的严重团队互动问题的基础上制订了干预方案。干预流程主要包括工具知识学习、任务体验交流、制订行动计划三个环节,见图1。工具知识学习是使参加者知晓教练技术的基本知识和相关技术,主要是在教练亲自带领下进行,目的是为学员相关能力的提升奠定基础。任务体验交流是通过任务体验,让受训者获得更多感性的认识,主要是选取相关企业案例进行演练,这样更加贴近日常生活和工作环境,有助于将理论与实际相结合。制订行动计划环节主要厘清三个问题:一是我的发展目标是什么;二是我的成长步调如何安排(划分成长阶段,列出阶段性目标,搭建成长阶梯);三是实现成长的具体行动任务是什么,由富有经验的教练在现场引导,促进受训者在学习过程中深入思考,熟练掌握,从而进一步迁移至解决本企业的实际管理问题。

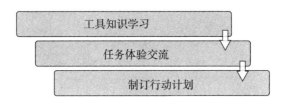

图1　教练技术干预流程图

其次,实施教练技术干预方案。教练技术干预在2016年9月至2016年11月的三个月时间里进行。每月对研究对象进行两个全天一共六天的集中训练。确定好教练技术训练时间安排后,实施前首先在R创业团队中召开了教练项目启动会。启动会一方面可以向团队成员进行项目动员讲话,阐释项目意义,鼓舞受训者;另一方面可以使团队成员了解教练项目,统一思想认识,让受训者及相关人员做好准备。六天的教练技术训练主要内容包括:2016年9月的两天时间为工具知识学习环节,团队成员参加外聘教练讲授的教练技术课程;2016年10月的两天时间为任务体验交流环节,外聘教练对R创业团队进行了有针对性的团队干预辅导;2016年11月的两天时间为制订行动计划环节,外聘教练对R创业团队进行制订行动计划的团队干预辅导。具体的干预内容如下。

1. 工具知识学习(2016年9月11日、2016年9月25日)

团队教练系统工具的研发者是查尔斯·佩勒林。查尔斯·佩勒林曾经是美国宇航局(NASA)天体物理部的主任,并在那里工作了很多年。查尔斯·佩勒林后来到了科罗拉多大学,在研究领导力和团队互动的过程中提出了4D系统。该系统认为改善团队互动的关键是改变领导者的理念、思维和行为,改变团队的人际关系和文化氛围,营造卓越团队所需的良好"软环境",在此基础上充分调动团队每个成员的积极性和创造性。

团队教练系统的工具知识学习是一种在教练指导下进行的体验式学习过程,通过学员体验将所学习的知识逐步转化为团队合作的能力和技巧,激发团队成员的个人潜能、提升团队的合作潜力、提高企业人力资源管理的质量,最终达到提高企业生产力的目的。教练技术4D系统工具的学习主要包括一个坐标、四个维度、八项行为等内容。

一个坐标是指设置一个由X轴和Y轴组成的$X-Y$坐标系统,用坐标系统来系统分析团队行为。

四个维度是指根据团队行为的本质特征将其归入坐标系统中绿、黄、蓝、橙四种颜色所代表的四个维度,这是4D系统的核心内容。四个维度的观点最早来源于精神分析学派重要代表人物之一荣格的理论,荣格根据人们的天生个性差异把人分为四类(维度),分别以绿、黄、蓝、橙四种颜色来代表。查尔斯·佩勒林则将这种观点推广至团队或组织文化范畴,认为四个维度既可以表示多组织团队中不同组织的特征,也可以进行不同团队之间的比较。四种颜色分别代表四种不同的团队(或组织)文化:①绿色文化——一种培养型的文化,表现为对个体价值观的尊重和对他人的关爱。在非营利组织、教会和企业的人力资源部中,这种绿色文化特征比较明显。绿色文化组织遭遇的最大挑战是来自其坐标对角线的橙色组织文化,即绿色文化组织的缺陷是管理和控制不足。②黄色文化——一种包融型的文化,兼顾各种关系的需要和融合。这种文化在为客户提供所需的特制产品以及特殊服务方面表现突出。黄色文化最大的挑战是来自其对角线的蓝色文化,它们需要的是和强势的蓝色文化能够对话,当有冲突的时候,不要逃避和丧失原则。③蓝色文化——一种展望型的文化,在这种文化里,研究者具有独立研发能力,强权和职位高的人并不一定拥有威信和权力,奇才和专业权威才拥有权力和威信。④橙色文化——一种管控型的文化,这种文化注重流程与效率,注重对人的管控和指导,目标导向,数字与流程主导一切。橙色文化的挑战是缺少对人的需要的关注,缺少信任和感激。

通过对 4D 系统中四个维度内容的体验式学习,R 团队成员充分认识到个性不同的团队成员各自具有不同的优秀品质(即不同的"颜色"优势),也认识到在某一维度上有优势的成员有必要提升其在其他维度上的能力,最终成为可以与任何类型的人都能进行良好沟通的四维领导者。团队建设也是同样的道理。一般来讲,团队的颜色与团队、部门的任务有关,团队也会相应地"显现"出某种"颜色"优势,即在某个维度上相对做得更好。如 HR 团队,其职责更多在于建立联系、凝聚人才,所以会是黄色;市场部门重点在于打造品牌和影响力,它需要拓展、沟通,是绿色;研发等部门则更侧重于冒险和创新,属于蓝色;而生产部门需要注重计划、制度流程和结果,所以是橙色。当团队里的人的性格与团队的"颜色"优势匹配的时候,不仅个人工作效率高,而且大家会工作得很快乐,反之就需要相应改善。卓越的领导者和团队,应该是具备这四种颜色的集合体。没有绿色就缺少活力和生气;没有黄色就缺少包容;没有蓝色则缺少速度和冒险;没有橙色就缺少控制和节奏。

八项行为分别是:①"表达真诚感激"——被他人包容和感激是人类最基本的需求之一。在一个团队中,专业技术人员往往会错误地认为自己非常独立,有时不愿意与他人进行互动交流,但实际上,我们每个人都需要与他人建立良好的关系,都需要从良好关系中获得归属感并体会到自身存在的价值。②"关注共同利益"——强调团队共同利益有助于减少团队不同组织间的冲突,而组织间的冲突往往是导致团队分裂的一个主要原因。众多实践案例证明,关注共同利益在多组织团队中成效尤为明显,比如政府组织、承包商或转包商团队等。③"适度包容他人"——在一个团队中,如果领导者无法给团队成员提供他们认为应该获得的信息、权力或奖励,团队成员可能就会感到被排斥,然后他们可能会生气,即使领导者不是故意针对他们,他们可能还是会向领导者或同事表现出他们的气愤,致使工作不愉快并降低生产力。因此,一个优秀的团队不仅要使成员人尽其才,还要有包容的氛围。④"信守已有约定"——维持团队的信任。这是最简单其实也是最具挑战性的一种行为,一旦团队遵守了这个习惯,凡事都会变得更简单。⑤"基于现实的乐观"——为团队创造力提供基础。逃避不愉快的现实是人的天性,如果能够积极乐观地面对不愉快的现实并想方设法改变不愉快的现实,创造力就会自然涌现。⑥"100%投入"——全身心投入有助于改变看问题的视角并发现解决方案,有助于我们改变理解现实的方式和态度。⑦"避免指责与抱怨"——把团队成员的能量导向有效的行动。"受害者""拯救者""理智者"和"指责者"这些戏剧角色的行为会让团队成员的能量远离解决方案,并会摧毁其生产能力。因此,团队成员之间要避免互相指责与抱怨。⑧"厘清角色、责任与授权"——这可以确定团队成员间的期待。如果团队成员的角色、责任与授权不够清晰,将会引发混乱,降低团队绩效。

通过对4D系统中八项行为内容的体验式学习,R团队成员对卓越团队应具备的行为模式有了更加充分的了解和认识,通过比较,他们也发现了自己在日常沟通交往中存在的行为问题,进一步明确了改进的方向。

2. 任务体验交流(2016年10月15日、2016年10月29日)

(1) 2016年10月15日,教练带领R团队成员们进行第一次任务体验交流——何谓卓越团队。

教练:各位R团队成员,今天主要想和大家分享一个案例,在分享案例之前,我非常想明确一个问题:在你心目中优秀或卓越团队到底是什么样子的?具有哪些特质我们就会认为这个团队是一个优秀的、卓越的团队,就是我们所向往的团队?请大家用几个词来表述一下,什么样的团队是你向往的团队。

R团队成员A:团队成员价值观是一样的。

R团队成员B:充满激情的、有目标的,还有快乐的。

R团队成员D:齐心协力。

教练:还有没有其他回答?大家会看到,我们用激情的、齐心协力的、团结的、自信的等这样一些词汇来形容我们所向往的一个团队,为什么这样的团队会是最好的团队,是我们所向往的团队呢?在这里我想向大家介绍一个案例。大家都知道美国宇航局曾经发射过著名的哈勃望远镜,哈勃望远镜是一个历时

15年、耗资17亿美元的项目。但是将其发射到太空之后,人们发现它传回来的一些照片精度非常差,大家都知道天文望远镜的精度要求是非常高的,所以美国宇航局开始调查其中的原因。经过一系列的严密调查,美国宇航局最终确认是因为望远镜安装了一个有瑕疵的镜片从而影响了照片的精度。那么问题就来了,为什么由一批专业素养极高的工程师团队完成的这样一套要求极为严格的高精度设备的安装时居然会把一个镜片放错呢?在座的各位,你们有什么想法?你们觉得是在哪个地方出现了问题呢?

R团队成员D:细节上出现了问题。

教练:细节上出现了问题,还有其他想法吗?

R团队成员E:协作上出现了问题。

教练:协作上出现了问题,也就是说是人的方面出现了问题,是不是?有没有觉得是技术方面出现了问题,或者是流程方面出现了问题呢?还有,有没有可能是操作方面出现了问题呢?我相信在座的各位都有这样的体验:有的公司会把很多工作外包出去,比如说有些人力资源部门的招聘工作,或者是一些培训方面的工作,都会外包出去。我们是甲方,外面还有一个乙方。大家知道甲方和乙方通常都是怎样的一种关系吗?这个关系刚开始非常好,因为甲方要从乙方采购东西,乙方需要获得甲方的大力支持,双方合作才能达成商业目标。但是双方在合作过程中慢慢会出现这样一种情况:甲方和乙方的关系逐渐变糟,甲方经常会对乙方进行指责、抱怨,会过多地提出一些要求,甚至会因工期或预算等方面的压力把一些怨气发泄到乙方身上。在座的各位,如果你是乙方你会有什么样的反应呢?高兴还是不高兴?肯定是不高兴的,如果你不高兴的话,刚开始可能还会和甲方进行一番争执,但是再过一段时间,你就会选择沉默,最后可能就只剩一个想法:大不了我不干了。是不是这样的情况?其实哈勃望远镜项目就出现了这样的情况,当甲方因工期压力等原因不断地对乙方进行指责、抱怨,把很多闷气发泄到乙方身上的时候,很可能导致乙方虽在工作过程中发现了镜片的瑕疵,但是他们就是没有一个人来告诉甲方。我们从这样一个案例中会发现甲方和乙方构建良好关系是多么重要,会意识到人际沟通障碍、消极的人际关系氛围所带来的严重后果。

通过教练组织的任务体验交流活动,R团队成员从任务案例中认识到,在团队项目风险控制过程中,往往包括两个方面,一方面可称之为硬件面,包含工作流程、制度体系等;另一方面则为软件面,如案例任务中所阐明的团队氛围、不同组织之间以及组织中不同成员之间的互动沟通质量、凝聚力等,实质上也就是指团队文化。在多数情况下,软件面可能比硬件面更为重要。

（2）2016年10月29日,教练带领R团队成员进行第二次任务体验交流——卓越团队应该有什么样的行为表现。

针对R创业团队存在的互动问题,教练在本次任务体验交流环节采用了如下形式进行练习:把团队成员集中起来,发给每人一张卡片,请每个人在卡片一面写出自己观察到的或体验到的被排斥的情形,不需要指出是谁造成的;在卡片另一面写出所有自己观察到的或体验到的被过度包容的情形,不需要指出是谁造成的。随后教练整理卡片内容,此时团队成员可以休息一会儿。教练会将大家所写的内容分类合并后写在一张贴纸上,并按发生频次高低从上向下列出。接下来,团队成员对这些被排斥的和被过度包容的行为进行讨论,并制订解决这些问题的行动计划。

在R团队成员完成行动计划制订后,教练提议大家按照在工具知识学习中学过的4D系统的八项行为来检验自己在任务体验交流中的表现,并要求团队成员谈谈各自的理解。

R团队成员A:在刚才的任务体验交流过程中,我作为领导表现出了一些乐观的、积极的、坚韧的品质。我相信这些才是一个好的领导者的品质。基于现实的乐观是卓越团队应具备的一种优良品质。

R团队成员C:在整个任务体验交流过程中,我切身领悟到100%投入的含义,其实所谓100%投入的实质就是企业的执行力问题,而执行力就是说到做到,对于一件事情是80%的付出、100%的付出,还是120%的付出,会得到完全不一样的结果。我认为100%的投入,就是我们每个人都要信守协议,说到做到。

通过本次的任务体验交流,R团队成员体会到,八项行为就是一个卓越团队的领导者和成员应该具备的良好行为表现,同时也是检验一个团队是否具备良好互动的重要标准。如果能够将八项行为落实为团队互动的一种常态,那么团队氛围就一定能够获得有效改善,团队也有希望最终建设成一支卓越团队。

3. 制订行动计划(2016年11月12日、2016年11月26日)

2016年11月,教练利用两天时间对R创业团队进行了制订行动计划的团队干预辅导。

首先,改善R创业团队互动中的沟通行动计划。在两天的团队辅导结束之后,要求R创业团队一直延续以下行动:团队成员之间至少每7天进行1次不少于30分钟的沟通,把"表达真诚的感激"主题放入团队会议议程之中,请团队成员彼此分享关于这一行为的观察和体验,对彼此的行为进行有效反馈,并对彼此做得好的地方互相表达真诚的感激和欣赏。在工作场所要做到如下几点:适当分享信息;建立良好关系;适当授权;深度倾听他人意见;开会准时;开拓工作思路,寻找合适的合作伙伴;在提供服务决策时,考虑客户的利益;重视他人建议;共同探讨;了解和澄清信息;开诚布公沟通;收集分析信息;获得大家支持;全方位思考,吸纳合适的人;驾驭复杂局面;等等。每个团队成员在每天睡觉之前,要反思和回顾今天值得自己欣赏、感恩和表扬的人与事,在第二天以当面、电话、邮件或卡片的形式,把这份欣赏和感激表达出来。

其次,改善R创业团队互动中的冲突行动计划。在公司提倡"首问责任制",对团队成员反映的问题全力负责到底,并给予100%的投入和及时的反馈。当发生冲突时,首先确定双方存在的问题是什么,再找到共同目标,明晰存在的困难和挑战,找出解决方案。适当安排让两个不容易合作或者有冲突的成员联合搞活动,避免指责和抱怨。

最后,增强R创业团队互动中的凝聚力行动计划。团队成员可以通过以下几方面来提高凝聚力:只达成可以履行的协议;严格地信守达成的协议;对有问题的协议在打破约定前重新协商;团队成员遇到不愉快的现实后要接纳它,然后改变它;为自己也为别人描述激励人心的、有可信度的未来成果;勇于创新,敢于担责,扎实行动;团队成员在逆境和困难中要不轻言放弃,要做到即使没有实现目标,也可以拍着自己的胸脯说"我尽力了";经常总结反思,进行复盘。

对于全部的干预过程,研究者都在实施现场进行了观察记录,拍摄了现场图片,还采用问卷调查、访谈等方法进行了信息采集,并通过电脑软件对相关信息进行了分析。现场记录表明,团队整体气氛活跃,R创业团队成员在学习教练技术的过程中感受到了学习给自己带来的变化。课间休息时,研究者还让R创业团队成员谈了对干预过程的感受,一些成员的感受摘录如下:"我学会了自我调节,以前很固执,现在能接受更多不同的思想""我以前对团队成员技术能力要求多,不关注他们的内心,现在学会看人的内心,认识到让团队快乐工作是管理者的成功""看到了自己的无限潜力""放下自己,活在当下""承诺必须做到""团队凝聚力很重要""我的团队是最幸福的""我们的执行力和责任心很强""心态大于能力",等等。

(三)干预后评估阶段

经过三个月的干预训练,为了进一步检验干预方案对 R 创业团队互动行为的干预效果,我们进行了干预后评估研究。干预后评估研究主要包括现场观察记录(仍然采用同样的 Bales 团队互动行为记录表)、对研究对象的一对一访谈等。

现场观察记录在 2016 年 12 月 R 公司的四次例会中进行(每周一次),表 2 为干预后 R 创业团队成员在四次会议中表现出来的相应团队互动行为的平均频次结果。

表 2　Bales 团队互动行为记录表(干预后)

评估人:韩丽丽/孙涛

行为模式	项目	A	B	C	D	E	合计	小计
社会情绪类行为 (积极性)	显示团结、赞美,提高他人地位	1	2	2	2	2	9	27
	显示解除紧张,表示满足	1	3	2	2	2	10	
	赞同、接纳、谅解、顺从	1	2	1	2	2	8	
工作任务类行为 (中性)	暗示性提供建议	3	1	2	3	2	11	69
	陈述意见,分析评价	3	4	2	3	2	14	
	提供消息,澄清事实	3	2	2	3	2	12	
	要求并确认消息	3	2	3	1	1	10	
	探寻意见	2	2	1	2	3	10	
	要求指示,询问行动方案	4	2	2	2	2	12	
社会情绪类行为 (消极性)	反对、拒绝	1	2	0	2	1	6	14
	表示紧张、退缩,要求援助	1	2	1	1	0	5	
	显示对立、不友善	0	0	1	1	1	3	

表 3 为对 R 创业团队成员进行一对一访谈的简要结果。

表3 干预后一对一访谈结果简表

	A	B	C	D	E
团队沟通	团队沟通气氛坦诚且互信;团队成员都能清楚而准确地表达自己的意见。	团队会运用各种可能的方法,迅速而准确地传递信息;意见不同时,团队成员都能及时互相反馈。	团队成员会汇集彼此的信息、想法和资源,以完成共同的任务;团队成员在沟通时能保持互相尊重且友好的氛围。	团队成员能提供我所需要的信息;有不同意见时,团队成员不再会避而不谈。	我和团队成员能够共同讨论并解决问题;其他成员会给予我所需的回馈,让我及时解决我所负责工作存在的问题。
团队凝聚力	团队成员能够随时随地给我提建议,或是协助我负责的工作。	当遇到困难时,我会依赖其他团队成员来协助和支持我的工作。	除了开会、讨论,团队成员还会经常联络。	当我有困难时,其他成员会帮助我。	我在很大程度上需要依赖其他成员的支持来完成自己负责的工作。
团队冲突	团队成员处于紧张氛围的时候变少了。	团队成员不再相互猜忌和竞争了。	团队成员出现意见、想法分歧的频率减少了。	团队成员间偶尔还存在不一致的意见与观点。	其他成员会对我所负责的工作提出有建设性的帮助意见。
突出收获	用发展的方式解决发展中遇到的问题;找到了问题背后真正的原因。	看清问题的本质,找到问题背后真正的原因;以终为始的思考方式。	角色和思维方式的转变——从考虑个人到考虑技术、项目。	团队仍需要文化建设。	以后要努力做到主动应变,思维开阔。

(四)干预前后结果比较

1. 互动行为记录结果比较

表4的比较结果表明:

(1)积极社会情绪类行为增加。干预前R创业团队积极社会情绪类行为是5次,干预后R创业团队积极社会情绪类行为是27次,R创业团队积极社会情绪类行为增加了22次。

（2）消极社会情绪类行为减少。干预前 R 创业团队消极社会情绪类行为是 33 次，干预后 R 创业团队消极社会情绪类行为是 14 次，R 创业团队消极社会情绪类行为减少了 19 次。

（3）中性工作任务类行为增加。干预前 R 创业团队中性工作任务类行为是 54 次，干预后 R 创业团队中性工作任务类行为是 69 次，R 创业团队中性工作任务类行为增加了 15 次。

表 4　干预前后互动行为记录结果比较

行为模式	干预前（次）	干预后（次）
社会情绪类行为（积极）	5	27
工作任务类行为（中性）	54	69
社会情绪类行为（消极）	33	14

2. 一以一访谈结果分析

对教练技术干预后的一对一访谈结果进行分析表明：经过教练技术干预，R 创业团队成员开始重视团队合作，能够主动关心团队成员之间的需求，团队成员积极参与团队发展的意识增强，团队凝聚力显著提升，团队冲突及互动问题显著减少。

四、案例使用说明

（一）教学目的与用途

1. 本案例适用于应用心理专业硕士"人力资源管理""员工帮助计划"等课程，对应于"团队建设和团队绩效""组织健康""领导力"等应用主题。教师可以通过本案例介绍创业团队面临的团队互动问题以及相关理论及教练技术在其中的应用。

2. 本案例的教学目的是引导学生掌握团队互动的相关概念、理论以及提高团队效能的实践方法和技术，为团队效能诊断评价、团队互动问题解决提供启示和参考，为未来从事人力资源管理等相关工作积累理论和方法基础。

(二)启发思考问题

1. 新创企业的特点是什么?
2. 新创企业遇到的主要问题有哪些?
3. 团队良性互动有什么意义?
4. 教练技术与传统培训和管理咨询有什么本质的区别?
5. 教练技术如何解决团队效能问题?

(三)基本概念与理论依据

1. 团队的内涵及其特性

团队是由两个及以上成员构成、成员之间的技能存在互补性、以共同的目标为努力方向、所有成员共担责任及共享成果的组织形式。

团队主要表现出以下特性:团队运作以成员的科学协调为基础,成员彼此依存,团队任务成为各个成员的共同目标,团队发展结果由所有成员共同承担。

2. 团队互动行为的构成因素

关于团队互动行为的构成因素,学者们提出了一些较为相似的看法,具体见表5。

表5 团队互动行为构成因素归纳表

学者	团队互动行为构成因素
Bales(1950)	社会情感行为、任务行为
Jewell 和 Reitz(1981)	沟通、决策制定、合作、竞争
Salas 等(1992)	沟通、协调、团队合作
Schwarz(1994)	问题解决、决策制定、冲突管理、沟通过程、界限功能管理
Stewart 和 Barrick(2000)	社会历程:开放性的沟通、冲突;任务历程:逃避、弹性
王溥(2000)	团队气氛、团队领导能力、高阶主管微控
玉井智子(2001)	社会支持、工作负荷的分摊、团队内的沟通与合作
王建忠(2007)	团队成员合作、上行沟通品质
王美玲(2009)	合作程度、沟通品质
张玲(2009)	团队价值观(尊重、成果导向、创新、服从)

3. 教练技术的四种技巧

对于教练来说,其技巧可以分为四种:聆听、询问、分类、反馈。聆听,将教练的专业技术完全抛开,根据受训者的需求对具体问题进行聆听和感知,这时要保持忘我的态度,不要用自身看法来对受训者进行评判。询问,询问的态度是中立的,以有针对性、建设性、方向性的问题进一步了解受训者的心态。分类,根据事实来厘清具体的行为和态度,避免受训者固有观念、行为模式出现混乱状态。反馈,教练技术中最具价值的环节,当教练清楚地了解受训者的发展潜力后,根据其特点进行执行方案的设定与指导,教练对受训者疑问的回应态度应是积极、明确的。

4. 教练技术的四个实施环节

教练技术的实施是在教练指导和团队成员共同参与下进行的,从团队成员角度讲包括体验、分享、整合、应用四个环节。体验,当参与者进入活动中时,就是整个受训过程体验的开端,这也是对团队活动进行有效观察和分析的重要方式,属于整个过程的开端。分享,指的是参与者在进行活动观察时,感受个人体验,并将这些体验进行分享。整合,根据相关理论对体验进行定义并进行成果汇总。应用,将体验应用于具体的工作和生活计划制订中,也是根据体验本身来进行循环经验总结的重要步骤,是促进受训者进步的重要环节(黄海嫒,2004)。

(四)背景材料

从起源上来看,现代教练技术的兴起是从体育行业开始,早期运动员的运动并不强调技术性,随着竞赛制度的逐步确立,很多参与比赛的运动员希望得到专业人士的指导,教练职业群体也就应运而生。在 20 世纪 80 年代,美国首次将"教练"概念引入企业管理中,这就是"企业教练技术"的诞生。

(五)分析思路

教师可以根据自己的教学目标来灵活使用本案例,这里提出本案例的几点分析思路,仅供参考。

1. 国家鼓励"大众创业、万众创新"的现实背景。
2. 创业团队所面临的共识性、普遍性问题。
3. 提高创业团队效能的理论观点和方法技术。
4. 教练技术对创业团队互动问题解决的适切性。
5. 教练技术应用于团队互动问题解决的经验和问题。

（六）建议的课堂计划

1. 时间安排

本案例可以配合"人力资源管理"等相关课程中的"团队效能""团队建设"部分使用。课堂讨论时间为1—2小时，但为保障课堂讨论的顺畅和高效，可以要求学生提前两周准备有关这一主题的理论知识，并对有关这一主题的实践状况有较好的了解。

2. 讨论形式

小组报告 + 课堂讨论。

3. 案例拓展

思考团队互动问题解决的其他方法和技术，思考教练技术在其他实践领域中的应用。

（七）案例分析及启示

教练技术是一种简洁有效的实用工具，容易学习复制，通用性强，能够有效地帮助学员解决许多认识问题，进而改善学习、工作和生活模式，激发团队行动潜能。本案例研究获得了以下几点启示：①当我们将教练技术应用于团队互动问题的解决时，要重视团队信息的系统收集，全面深入分析问题；②立足于创业团队所处的具体环境及发展阶段进行具体问题具体分析，以提高教练技术的干预效果；③通过工具知识学习、任务体验交流、行动方案制订等环节，使学员逐步掌握团队互动的相关知识和技术，进而促进团队效能的提高。

【参考文献】

黄海媛.绩效教练[M].北京:中国人民大学出版社,2015.

黄蓉华.企业教练模式(第二版)[M].北京:中国人民大学出版社,2014.

刘牧.创业者领导风格、创业团队互动行为对团队效能的影响研究[D].吉林大学,2014.

萨拉·索普,杰基·克利福德.教练的力量[M].陈新中译.北京:北京大学出版社,2015.

万娉燕.绩效教练[M].北京:机械工业出版社,2014.

从心理学的角度看三星手机爆炸事件

李升阳　辛志勇

【摘　要】 2016年下半年"三星爆炸门"事件引起了社会各界的广泛关注。随后,三星公司与消费者以及社会各界展开了一系列的互动和沟通。但三星的处理方法引发了三星手机消费者以及其他普通消费者(非三星手机用户)的强烈不满,导致了中国消费者的消极态度甚至攻击性行为。本案例从不公平厌恶、社会认同理论以及面子心理等社会和文化心理观点出发,对这一案例进行了梳理和分析。

【关键词】 三星　态度　不公平感　面子心理

一、引　言

苹果:"我出7",华为:"我出9",三星:"我出炸",苹果:"要不起",华为:"要不起"。这是在三星手机接连被曝出爆炸事件后,网络上广为流传的一个段子,三星Note7被网民"恶搞"成"手雷"。"三星爆炸门"事件无疑是近来在国内引起重大反响的一起著名商业品牌公共危机事件,事件从三星Note7发布开始,一直到最终宣布停产、召回全球所有Note7手机结束。期间经历了从最初的爆炸事件曝光,到三星公司意图掩盖真相,到被迫召回中国市场之外的全球所有Note7手机,再到差别化对待引发中国消费者巨大争议迫使国家相关部门介入,最终到三星宣布停产Note7并召回中国市场的同款手机一系列过程,期间,爆炸事件以及后续的应对方式使三星公司遭受了重大损失。"三星爆炸门"事件中三星的处理方式引发了民众什么样的反应？民众对待三星的态度和行为是如何发生转变的？"三星爆炸门"事件为什么会在中国社会引起巨大反响？这一事件发生的过程不仅涉及社会心理学中有关群体态度及态度转变的相关理论,同时也涉及文化心理学所强调的文化传统对民众心理和行为的影响问题,本案例研究将侧重从以上角度对这一事件进行深入分析。

本案例研究有两方面的意义。在理论层面,"态度"一直是社会心理学的重要研究领域,以至于美国早期著名学者托马斯甚至认为"社会心理学就是态度的科学"(转引自金盛华,2005)。态度研究的重要性在于态度与个体行为、群体行为紧密相关,态度是行为的准备状态、主要解释变量和预测变量。长期以来,态度研究领域的学者在态度自身结构、态度形成与态度改变、态度与行为关系等方面已进行了大量研究并构建起了许多理论和模型,提出了一些有效的态度测量技术和方法。但是相较于传统的标准化态度测量方法,将一件影响巨大的社会事件作为案例,分析探讨案例事件中民众的态度形成和转变过程及其规律,这样的研究并不多。因此,本案例研究无论是在态度研究方法层面还是在态度相关理论模型验证方面都有其积极意义。

在实践层面,小到对待一个人、一件事的态度,大到对待一个组织、一个公司、一项政府政策的态度,其中无不涉及态度的形成和转变问题。通过对这一案例的研究分析,有助于政府及有关组织机构了解重要社会性事件中,具有中国文化或本土化特点的态度形成及转变过程,对政府政策宣传实施、危机管理,以及企业的宣传和营销都有参照价值。另外,对政府、企业自身形象的维护也有一定的启示意义。

二、案例背景介绍

2016年8月26日,北京饭店金色大厅,三星Note7发布会隆重召开。据媒体报道,整体的舞台效果惊艳了整个发布会,"有所感,有所为"的主题名称也以悬浮字幕的形式装点了现场。然而就在此次发布会的两天前,8月24日,Note7在韩国发生了首起爆炸事件。三星的解释是用户操作不当导致了爆炸事件。

三星随后表示:用户应该使用官方充电器,并且在充电时将手机远离人体。而在一周后的 8 月 31 日,再次爆出三星 Note7 爆炸的消息,而这则发布在韩国社交媒体上的消息很快就被删除。9 月初,因多起爆炸事件曝光,三星被迫宣布召回中国市场以外的全球 250 万台已售出的 Note7,并延缓未上市市场的销售。三星将事故原因归结于其子公司 SDI 生产的电池存在缺陷,从而有可能因导致短路而起火燃烧。此外,三星手机部门负责人高东真及三星北美首席运营总监蒂姆·巴克斯特对发生多起电池爆炸事件致歉。但美国消费产品安全协会表示三星并未与其合作,而是自顾自地进行了召回。

9 月 2 日,中国的 Note7 不受海外爆炸事件影响正式上市。三星表示中国使用的是 ATL 公司生产的电池,绝对安全,可放心使用。相关信息见图 1。

图 1 三星公司表示中国销售的手机不存在安全问题

9 月 14 日,在为何国外市场已在召回而中国市场 Note7 却仍正常销售的质疑声中,三星与国家质检总局执法司质检总局缺陷产品管理中心进行了会谈,并在随后宣布仅召回 1 858 部体验机,原因是这些机型使用了有安全隐患的 SDI 公司生产的电池而非安全的 ATL 公司生产的电池。三星发表声明称此次是自主召回体验机,并重申国行三星 Note7 手机是安全的。而三星在搞双重标准的质疑声不绝于耳。

尽管三星声称国行三星 Note7 手机是绝对安全的,但却向用户推送系统升级信息,限制部分国行三星 Note7 手机电池最多充电至 60%,并标示安全版的系统栏电池图标为绿色,甚至还有人通过跑分软件得知 CPU 被大幅降频。

9 月 18 日,百度贴吧用户"吉娃娃你"的三星手机 Note7 爆炸(国行蓝色爆炸啦_Note7 吧),成为第一起号称安全的国行三星手机 Note7 爆炸事件。该用户的朋友"mclay"替其发帖说明了详细情况。"mclay"表示,"吉娃娃你"的

Note7已被三星公司趁机主不在时强行收走,并强迫其家人签字。但也有人指责这一爆炸事件是作假,并围攻这两个人。

第二天,百度贴吧用户"喵星小丸子"发帖曝光国行三星手机 Note7 第二炸。同日,三星及 ATL 公司发表声明称对回收的第一炸 Note7 进行分析后表明,产品损坏系外部加热所致,与电池无关。

9月20日,朝鲜日报网报道说三星在中国回收了两款 Note7,通过分析在电池外部发现了故意加热的痕迹,用电磁炉加热手机后损坏的样子和照片中爆炸手机的样子最为相似。因此,三星电子宣布,正在讨论是否对伪造爆炸的两名中国消费者采取刑事起诉等法律应对措施。相关信息见图2。

图2 朝鲜日报网新闻报道三星手机爆炸事件

由此在百度贴吧针对一炸二炸的攻击愈发激烈,甚至包括措辞严厉的人身攻击。

对此,一炸机主"吉娃娃你"的友人转述机主的话"如有造谣,就请三星告我"。但在该友人随后发出的大量与一炸机主的交流微信截图中,却显示机主想过安静的生活,不再维权。

二炸机主"喵星小丸子"的妻子在接受采访时表示,他们的 Note7 仍在自己手上,与三星所说的回收了两款 Note7 不符,并声称将通过法律途径维护自己的权益。她还表示三星公司派人上门来要求回收爆炸的 Note7,虽然遭到拒绝,但却对其家中的微波炉拍了照。不过,她后来拒绝了进一步的采访。与此同时,有人表示这是华为在背后操纵,但华为对此发表声明予以坚决否认。

不久之后又发生了一起有视频为证的户外 Note7 爆炸事件,被称为"国行三星手机 Note7 第三炸"。9月26日,微博用户"不老的老回"购买才13个小时的带黑方块"绝对安全版"标志的 Note7 手机爆炸。三星上门回收遭拒。"不老的老回"表示三星必须公布爆炸事件的真实原因并召回国行三星Note7。三星除在两天后询问他的诉求有无变化外,便不再与其联系。日后"不老的老回"多次联系三星要求共同进行手机检测均被三星拒绝。随后"不老的老回"多次曝光对三星极为不利的证据,包括将号称安全的国行手机也会炸的信息曝光给海外媒体、声称国内相关检测机构收受三星大量贿赂等。三星依然对此进行了冷处理。期间有其他体验机用户尝试退货,但发现三星一直在拖延时间阻止他们及时退货。

9月27日,有报道称海外召回后新更换的Note7仍有过热和过度耗电的情况,三星迅即驳斥了有关改良版手机电池仍存在缺陷的指责,称这些问题"完全跟电池无关",并强调这只是大基数中的个案。在三星的这次回应之后,和内地采用同样电池的香港版Note7也报道出两起爆炸事件,其中包括一起有监控证明手机只是放在桌上就突然开始冒烟的。此外,还有一些三星平板和旧机型的爆炸报道。但三星表示这些事件中的产品爆炸均为外力所致。与此同时,美国又曝光了多起三星洗衣机爆炸的事件及由此引发的集体诉讼,并有数位用户表示三星曾尝试抢夺、销毁证据。

9月28日,辽宁机主张思童实名接受电视采访,披露他的Note7也发生了爆炸,这被称为"Note7第五炸"。随即有媒体人士匿名在NGA(国内知名网络社区)发帖揭露,他本来对张姓机主进行了采访,但三星向其所在报社提出每年会多投入数百万元的广告费,作为交换,这篇报道不得见报。

后来央视曝光的视频也证实,三星打算付给张姓机主6 000元的封口费,要他不得外传,停止维权,但被拒绝。张姓机主后来辞职到北京进行Note7检测维权,但被相关实验室以"北京没有检测设备"为由拒之门外,要他去上海检测。即使在三星宣布停售并召回国行Note7后,他仍受到匿名电话的骚扰和辱骂。

9月29日,中国三星发表一则"致歉"声明,但仍宣称中国市场的Note7是绝对安全的,从未且永远不会对中国采用双重标准,相关实验室的检测结果也均显示Note7的电池没有问题,爆炸产品全因外部冲击导致燃损。

这时,人们已经开始怀疑Note7爆炸的原因并不仅在于电池缺陷,周边充电电路、散热设计等可能都有问题。但三星却从一开始,即在全球召回中就表示爆炸原因是其子公司所生产的电池的缺陷,并未承认其他设计问题。有人分析称三星只是拿其子公司做替罪羊,他们早知道是手机设计问题,但修改设计需要漫长的时间,于是就声称爆炸产品只是存在电池问题,只要更换了电池,就可以马上重新开始销售。这一以利益为先不考虑用户人身安全的态度,以及在中国与海外市场采取双重标准的做法,都与其声明所号称的观点和立场截然相反,引起了网民的强烈不满。期间在"百度Note7吧"这一国内最大的Note7讨论区还存在着一些怪现象:每发生一起国行三星Note7手机爆炸事件就会有用户迅速表示质疑;三星公司一发表声明会有人就迅速表示拥护(其中有一个用户直接用"我们"来指代三星,在微博上也有多家媒体不约而同地在9月29日的三星声明后迅速表示支持);一有苹果iPhone7疑似"爆炸"事件(事后表明,照片上所显示的苹果手机的外壳凹陷及包装盒受损都是在运输途中受到了巨大外力冲击导致的,与多次曝光的Note7摆在那不动也会爆炸截然不同)就大肆宣扬,说"苹果也这样"。

但很快,美国又发生了两起新版Note7爆炸事件,韩国发生了三起,中国台湾地区发生了一起。之前三星所宣称的更换新版电池就安全的声明显然已无法让人信服。几天之后,美国四大运营商均宣布停止销售Note7。2016年10月10日,韩媒报道Note7停产,但中国三星当天还表示这只是媒体报道,并未收到正式通知。10月11日,三星宣布全球停售Note7,并呼吁用户停止使用Note7。中国三星随后也宣布国行三星手机Note7停售并召回,撤下了之前两封饱受质疑的声明,也删除了官方Note7讨论区和官网上所有与Note7有关的产品信息。虽然三星宣布永久终止Note 7产品线的生产和销售,也放弃了第一次召回中所宣称的由子公司所生产电池导致爆炸的说法,但仍表示并未找出爆炸的真正原因。

在宣布无条件召回产品之后,一方面是在中国以外的运营商、电商全面支持退货,国外官网上也明确告知不得继续使用Note7,还提供退货用防火包裹。但在国内退货时却仍遭遇到霸王条款,如只能到销售Note7的店家退货。对于这一现象多家媒体及相关机构都提出了质疑:如中消协"三星不得以没有发票拒退货",央视"三星为何有恃无恐",以及其他有关报道如"三星销售渠道太复杂,Note7召回难度大","三星Note 7爆炸原因恐永远成谜,全球停售,中国还有卖!"2016年10月18日,四炸机主"不老的老回"和五炸机主张思童送检的国行爆炸三星Note7手机检测报告出炉:张思童的手机"因烧损严重,无法推定起火原因",而"不老的老回"的手机"样品未发现外部加热痕迹,样品的热损毁由电池自燃所致,电池由右下角的位置开始燃烧"。

三、案例事件结果及相关分析

(一)具体结果

三星公司在其第一起Note7手机爆炸事件发生后本可以认真调查爆炸发生的原因,诚恳地向消费者解释并致歉,如果这样的话也不会产生如此大的负面影响。但是由于其选择了掩盖事实真相,致使爆炸事件不仅断送了自己的新产品Note7,使其全面停产退出历史舞台,同时还对三星的品牌造成了巨大的负面影响。据彭博社报道,2016年10月9日和12日两日三星电子股价持续下跌11%,创下了自2008年以来的最大跌幅,13日股价有小幅回升。据著名金融咨询服务商Factset Research System Inc统计,三星市值两天内减少了200多亿美元。

由于新浪微博在国内网友中的使用率很高,微博中关于此次事件的信息具有一定的代表性。图3为根据新浪舆情数据得到的三星手机在爆炸事件后的"词云图",集中体现了网友在此期间在网上所发布的有关三星手机的关键词。如图所示,出现频率较高的词其字号也会较大。从图中可以看出,出现频率较高的词有"三星爆炸""爆炸事件""中国""问题"等,表明了爆炸事件发生期间与三星有关的评价或信息基本上是负面的。

图3 三星手机在爆炸事件后的"词云图"

据新浪舆情统计,爆炸事件发生期间,新浪微博上网友的基本观点可概括如下(参见图4):

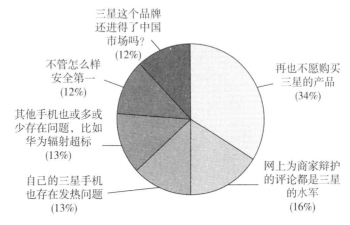

图4 新浪微博网友对三星爆炸事件的主要看法

① 所占比例最高的观点是"再也不愿购买三星的产品"(34%),甚至还有反应更加激烈的网友表示"打死也不再买三星的产品",足见网友在这一事件后对三星的态度比较负面。

② 所占比例处于第二位的观点认为"网络上很多对于三星的积极评论都是三星公司雇用的水军"(16%),意指三星公司通过雇用公关公司在网络上为自己洗白,企图掩盖事实真相。

③ 所占比例处于第三位的观点表示,在爆炸事件后,引发不少三星用户也检查了自己的手机,发现"也存在手机容易发热的问题"(13%)。

④ 所占比例处于第四位的观点表达了三星危机事件发生后部分网友对市场上其他品牌手机的看法,认为"其他品牌的手机也或多或少存在问题"(13%)。

⑤ 所占比例排在最后两位的观点分别表达了网友对手机安全重要性的关注("不管怎样安全第一"占12%),以及对三星品牌未来在国内发展前景的担忧("三星品牌还进得了中国市场吗?"占12%),这些网友认为三星忽视安全性是比较严重的问题,并认为这次事件会极大地影响三星公司在中国消费者心目中的形象,使得其产品从此很难再进入中国,或者说其在中国的市场份额将很有可能出现极大缩水。

总之，上述微博数据显示，三星爆炸事件及其处理过程和方式影响到了三星品牌在中国消费者心目中的形象，而且这种影响涉及了认知、情感、意向等消费者态度的各个方面。

其他调研机构，如 iiMedia Research（艾媒咨询）也对本次事件对三星手机消费者的购买意愿进行了调查，结果显示，在 12 000 名受访者当中，有 51.9% 的受访者表示因为 Note 7 爆炸事故所以不会再购买三星智能手机，有 37% 的受访者表示会考虑购买 iPhone7 来取代三星，有 26.3% 的受访者表示会购买华为手机来取代三星。

综合上述各项调查结果，我们不难发现，三星公司在本次手机爆炸事件中蒙受了巨大的损失，首先，最直接的损失是其股票价格的下跌，公司市值大幅缩水；其次，三星的品牌形象也遭受到巨大的打击，事件使人们对三星手机形成了不安全、欺骗、差别对待等消极的品牌印象；最后，从对其消费者的调查中可以发现这一事件直接影响了三星手机消费者的购买意愿，超过 34% 的人明确表示不会再购买三星手机。

（二）案例事件总结

三星 Note7 手机爆炸事件的发展脉络如下：2016 年 8 月 2 日，三星 Note7 爆炸事件在美国等地首发，到 9 月初，全球已爆出至少 35 起该机型爆炸事件。9 月 2 日，三星宣布在全球召回已销售的 250 万台 Note7，但不包括中国市场，其宣称的理由是，中国使用的是 ATL 生产的电池，绝对安全，可放心使用。此举引发了中国消费者的强烈不满，直到 9 月 14 日，三星在被中国质监总局约谈后才宣布召回在中国销售的 1 858 台 Note7。9 月 15 日，三星公布首批受电池缺陷影响的 Note7 名单，但名单中仅包含少量机型。从 9 月 18 日起，三星 Note7 国行版陆续发生七起爆炸事件。三星公司对此采取了掩盖事实、阻止取证以及联合检测机构欺骗消费者等不当做法。直到 9 月 29 日，在发现问题已经无法掩盖的情况下三星公司才在其官网发表声明，就其没有充分考虑消费者感受和利益向中国消费者道歉。但是直到 10 月 10 日，韩国三星才决定暂停 Note7 手机的生产，而且其此时依旧没有采取实质性的行动来保护消费者的利益。10 月 11 日，三星（中国）投资有限公司正式宣布召回 Note7 数字移动电话机，但是据中国消费者在各个网络平台的抱怨，消费者在退回三星 Note7 手机时依然遭遇重重阻碍。

（三）案例分析

三星Note7手机爆炸事件为什么会造成如此大的影响？为什么许多中国消费者对三星的态度发生了如此重大的转变，甚至许多与爆炸事件并无直接关联的人也充满了对三星整个品牌的消极印象？本研究尝试从以下几个方面进行分析。

1. 不公平厌恶

在人类漫长的进化过程中，并不单单进化出有利于个体生存发展的自利性机制，为了整体族群更好地延续和发展，具有公平感的个体也会被选择保留下来，追求公平或对不公平的厌恶也逐渐成为人类的一种普遍倾向。不公平厌恶（inequity aversion）意指人们对不公平结果的抵制倾向，例如人们愿意放弃自身的利益去追求更加公平的结果。不公平厌恶主要是以自我为中心，关注自己获得的利益是否公平，对于他人之间是否存在不公平则并不太关注（Fehr和Schmidt, 1999）。

事实上，人们对公平的追求以及对不公平的厌恶都涉及两者或多者间的比较，社会比较是产生不公平厌恶的基本机制。2003年，Brosnan和De Waal首先发现在动物群体中也存在不公平厌恶的现象（Brosnan和De Waal, 2003）。他们发现，在相同条件下，当卷尾猴面对同伴获得较有吸引力的食物（葡萄）时，它对没有吸引力食物（黄瓜）的拒绝率提高了。实验中，不同的卷尾猴同样拥有一枚代币（石子），如果同伴换来的是有吸引力的食物（葡萄），而其自身换来的却是缺乏吸引力的食物（黄瓜），那么面对这一不公平的结果，得到黄瓜的卷尾猴会体验到强烈的不公平，为此它们选择了拒绝或是扔掉代币，并且还会愤怒地拍打笼子。Brosan和De Waal就引用了Fehr和Schmidt（1999）的不公平厌恶理论来解释卷尾猴的这种行为机制。因此，从进化角度看，不公平厌恶是一种人类乃至于灵长类动物的天性。另外，从中国的文化传统来看，"不患寡而患不均"一直作为一种传统思想文化潜移默化地影响着中国人的心理和行为。

在三星爆炸事件中，不公平感厌恶就起到了很重要的作用。中国消费者和外国消费者支付了同样的价格，甚至是以比外国消费者更高的价格来购买这款手机，但当手机出现问题之后，却获得了来自三星公司完全不同的对待：全部及时召回国外消费者的手机,并主动延缓了国外未上市市场的销售;对中国消费者则宣称手机绝对安全,并且手机正常上市。三星的这种差别化对待行为在社会比较机制作用下无疑让中国消费者深深感受到了强烈的不公平。根据亚当斯的公平理论(罗宾斯,2005),个体在产生不公平感后可能会出现以下六种反应:改变自己的投入;改变自己的所得;扭曲对自己的认知;扭曲对他人的认知;改变比较或参照对象;改变目前的工作。虽然这一理论主要是基于组织中出现的不公平情况提出的,并不完全适用于本案例,但六种反应中"改变自己的投入"和"改变自己的所得"对三星手机爆炸事件后消费者的行为表现具有一定的解释力,即当消费者感受到三星对于自己的不公平后就会减少或者取消在三星产品上的支出,转换到其他品牌商以得到更高的回报支出比。除了相应的行为反应,不公平感还会带来情绪上的消极反应,例如愤怒、焦虑等。因此,不公平厌恶及公平理论的观点可以在一定程度上解释三星手机爆炸事件后中国消费者对该品牌的愤怒情绪和消极行为,甚至是攻击行为。

2. 社会认同和互惠

三星爆炸事件中还有一个值得大家特别注意的现象,即很多国内消费者并不使用三星手机,与这次爆炸事件也无直接关联,但在这一事件后仍对三星品牌产生了消极评价,形成了不良印象,甚至表现出一些极端的负面情绪和行为。负面事件影响品牌形象、影响消费者对品牌的认知已为诸多实践个案和相关研究所证明。但对于并未在爆炸事件中受到直接损失的非三星手机用户,之所以也会表现出较严重的负面情绪和行为,除了前述不公平厌恶的原因,还可能与群体认同、社会认同等心理机制有关。Tajfel(1978)的社会认同理论(social identity theory)将社会认同定义为个体认识到其属于特定的社会群体,同时也认识到作为群体成员带给他的情感和价值意义。该理论认为,所有的行为,不论是人际的还是群际的,都是由自我激励和自尊这一基本需要决定的。个体通过社会分类、社会比较和积极区分三个过程对所在群体产生认同,并且个体总是争取积极的社会认同,通过维持积极的社会认同来提高自尊,并产生内群体偏好和外群体偏见。对于那些在此次爆炸事件中并没有受到直接影响的消费者,由于他们同属于中国消费者或中国人这一群体,基于群体认同机制,他们总体上都会表现出一种支持本群体成员的倾向,表现出对三星品牌一致的负面态度,何况本次三星爆炸事件中中国消费者的诉求合情合理合法。

强互惠理论(韦倩,2010)对这一现象也有一定的解释力。强互惠理论认为,由于群体选择的作用,人类在自然的进化中产生了一种倾向,即人们会不计代价地去惩罚一个违背群体规则的人,因为这样可以减少群体中的违规行为,并且保护群体中的合作行为,而合作行为又是人类从恶劣的自然环境中生存下来的必要保证,从长远和群体的角度来看这是有利于人类的生存繁衍和发展的。三星公司在爆炸事件后的处理方式某种程度上涉嫌违反了诚信、公平等商业规范,而这些基本商业伦理规范就不只是和某些特定消费者有关,因为伦理规范的丧失可能会使任何人都成为受害者,因此,与本事件非直接相关的消费者也会表现出与当事人一致的态度和行为。

3. 中国人的"面子"心理

我国现代著名作家林语堂先生曾将面子、命运、恩典看成是统治中国的三大女神,而在这三者之中,面子的势力又最大。其他许多有关中国民族性的研究也将"面子"看作中国人民族性格中的一种主要特征。中国人的面子心理是经过数千年的华夏文化塑造逐步形成的,是一种根植于文化的社会心理建构(燕良轼等,2007),每一个个体从出生伊始便置身于这样的文化氛围之中。

三星公司对中国消费者的差别化对待以及后续的一系列拖延推诿,除了让中国消费者感受到不公平,一定程度上也伤及了中国消费者的面子和尊严。而当感知到面子受到威胁后,中国消费者可能会表现出羞耻、尴尬、窘迫、紧张,乃至生气、愤怒、沮丧、焦虑等强烈的负面情绪,以及一系列的面子整饰行为。在三星爆炸事件中,由于使消费者丢面子的是三星公司,所以三星公司和三星品牌就成为消费者发泄负向情绪,甚至产生敌意行为的对象。这一视角的分析可以表明,跨国企业对当地文化的了解和尊重是十分重要的。

四、案例使用说明

(一)教学目的与用途

1. 本案例适用于应用心理专业硕士"社会心理学"课程,对应"态度形成与转变""公平理论""文化与人格学派""社会认同"等理论主题。本案例可以使学生了解重要社会性事件中群体心理的发生发展机制,也有助于理解跨国公司建立公平机制以及了解和熟悉当地文化的重要性。

2. 本案例的教学目的是引导学生掌握群体态度、群体认同、不公平厌恶以及面子心理等社会心理学相关概念及理论,并使学生能够采用这些概念和理论对现实社会生活中的相关事件或现象进行深度分析和科学理解。

(二) 启发思考问题

1. 群体态度是怎样形成和转变的?
2. 跨国公司在不同的地区经营时应怎样正确看待文化因素?
3. 如何提高消费者在消费过程中的公平感知?
4. 群体认同的机制和特点是什么?

(三) 基本概念与理论依据

1. 跨国公司

跨国公司主要是指以本国为基地,通过对外直接投资,在世界各地设立分支机构或子公司,从事国际化生产和经营活动的企业。

2. 公关危机

公关危机即公共关系危机,是公共关系学领域一个较新的术语。它是指影响组织生产经营活动的正常进行,对组织的生存、发展构成威胁,从而使组织形象遭受破坏的某些突发事件。

公共关系危机现象很多,如管理不善、防范不力、交通失事等引发的重大伤亡事故,厂区火灾、食品中毒、机器伤人等引发的重大伤亡事故,地震、水灾、风灾、雷电及其他自然灾害造成的重大损失,由于产品质量或社会组织的政策和行为引起的信誉危机,等等。对这些危机事件的不当处理将会对社会组织造成灾害性的后果。

3. 不公平厌恶

不公平厌恶主要指人们对不公平结果的抵制现象。在人类漫长的进化过程中,为了族群更好地延续和发展,具有公平感的个体逐渐被选择保留下来,对不公平的厌恶逐步演化为人类的一种普遍倾向。

4. 群体认同

群体认同是特定社会群体成员共同拥有的信仰、价值和行动取向的集中体现,本质上是一种集体观念。当个体认识到他属于特定的社会群体,同时认识到作为群体成员带给他的情感和价值意义时,就会产生群体认同。与利益联系相比,注重归属感的群体认同或社会认同在群体中更具稳定性。

5. 面子心理

面子心理目前并无一致认可的共识性定义,但可以从以下几个方面加以理解:面子是根植于文化的社会心理建构;面子在人际交往中形成并在人际交往中得以表现;面子具有情境性和可变性;面子是一个人自尊与尊严的体现,是一个人的自我形象。

(四)分析思路

1. 分析三星公司公关危机事件发生的背景和原因。
2. 分析跨国公司差别化对待不同市场的背景和原因。
3. 分析爆炸事件发生后,中国消费者对三星品牌的态度和行为发生了怎样的变化,有哪些内在机制。
4. 分析三星手机爆炸事件的教训有哪些,面对类似事件应采取的正确应对方式有哪些。

(五)建议的课堂计划

1. 时间安排

本案例配合"社会心理学"课程中的相关主题使用,课堂讨论1—2小时,可要求学生在课前提前阅读相关材料,了解有关知识,安排以小组展示的形式准备报告材料。

2. 形式

小组展示 + 课堂讨论。

(六)案例分析及启示

三星在手机爆炸事件中的许多应对策略是不恰当的,甚至是错误的,是一次较为典型的危机公关失败案例。经此事件,三星公司遭受到了多方面的打击,公司信誉、品牌形象、股价都面临严峻的考验,而且其原本最大的销售市场——中国也出现大幅缩水。从对本案例的分析中我们可以得到以下启示。

第一,跨国公司在进行跨国商业活动时,一定要了解当地的文化和习俗,并在尊重当地文化习俗的基础上进行自己的商业活动,否则有可能适得其反。

第二,不公平厌恶是一种人类与生俱来的倾向,跨国公司的经营要尽可能考虑不同市场间的公平,要遵守法律法规及商业伦理规范,对消费者区别对待会极大地损害消费者的忠诚度。

第三,人类是一种群居动物,跨国公司要重视对群体认同、群体情绪、群体心态等群体心理的了解和研究,防止个案事件转化为群体性或社会性事件。在面对重大的社会性事件时,跨国公司要秉持客观真诚的态度,恰当运用科学的知识和方法来处理和解决问题。

【参考文献】

Brosnan, S. F., De Waal, F. B. (2003). Monkeys reject unequal pay. *Nature*, 425(6955), 297—299.

Fehr, E., Schmidt, K. M. (1999). A theory of fairness, competition, and cooperation.*Quarterly Journal of Economics*, 3(114), 817—868.

Tajfel, H., Turner, J. C. (1986). The social identity theory of intergroup behavior. *Psychology of Intergroup Relations*, 5, 7—24.

伯特兰·罗素.中国人的性格[M].王正平译.北京:中国工人出版社,1993.

金盛华.社会心理学[M].北京:北京师范大学出版社,2010.

斯蒂芬·P.罗宾斯.组织行为学[M].北京:中国人民大学出版社,2005.

唐晓嗣.从三星手机爆炸发现的经济现象[J].合作经济与科技,2016(22),84—85.

汪强,宣宾,牛静静.社会等级比较对于不公平厌恶的影响[C].第十五届全国心理学学术会议论文摘要集,2012.

韦倩.强互惠理论研究评述[J].经济学动态,2010(5),106—111.

燕良轼,姚树桥,谢家树.论中国人的面子心理[J].湖南师范大学教育科学学报,2007(6),119—123.

需求理论视角下的网络直播用户心理机制分析

刘　静　辛志勇

【摘　要】 2016年网络直播平台的飞速发展不仅体现在直播节目类型的多样化上,还体现在去中心化的全民对直播的参与上,也正因为如此,直播受到了社会的广泛关注并引起人们对网络直播平台为何如此盛行的探讨。马斯洛认为,没有满足的需求是人的一切行为的动机,本研究将以马斯洛的需求层次理论为主,从需求理论的视角剖析当前社会背景下网民观看网络直播的深层原因和潜在的心理机制,通过对网民需求的分析进一步推断当前我国社会发展中存在的问题,从而进一步为网络直播与司法机关、医疗服务等领域的合作发展提供可行性建议。

【关键词】 网络直播　娱乐直播　需求理论　网民

一、引　言

大多数人的生活都离不开网络,并且随着网络技术与智能手机的高速发展,基于手机APP(应用程序)的直播形态得以爆发,网络直播以最快捷、最方便的方式进入我们的生活,呈现出游戏化、实时化、大众化的特点。2015年,一篇名为"某主播直播吃饭睡觉月入百万"的文章被媒体刊出,仅一年时间,网络直播平台就呈现出井喷式发展,无论是参与或观看直播的人数,还是直播内容的类别都有前所未有的扩张。目前的公开数据显示,截止到2016年6月,已有接近50%的网民表示曾看过网络直播。大量网络直播节目的出现以及不断上升的网民关注度让我们不得不对网络直播背后的动力机制感到好奇:大家为什么去看网络直播? 在匿名的网络平台中花几百元甚至几十万元给网络主播"打赏"的行为是出于怎样的心理?

马斯洛认为,没有满足的需求是人的一切行为的动机。我们的需求在现实生活中并不能完全得到满足,所以在这个全民皆网民的时代,个体逐渐将视角从现实世界转向虚拟的网络世界来弥补自己没有得到满足的需求。网络直播唤起并利用大众"某种广为弥漫的热情或激情",激发了人的心理欲望。基于此,本研究拟选用与网络直播有关并引发了大量社会关注的一系列热点新闻,以马斯洛的需求层次理论为主,分析网络直播背后网民与主播的不同需求,试图探讨网络直播节目高关注度的缘由,剖析当前社会背景下网民观看网络直播的深层原因和潜在的心理机制。

基于网络群体行为的典型代表性,我们可以通过对网民需求的深入分析推断当前我国社会发展的问题所在,从而进一步为网络直播在政府公开会议、法庭庭审或医疗服务建设等领域的推广与发展提供可行性建议,使网络直播成为一种推动社会建设的助力工具。

二、案例背景介绍

(一) 网络直播的定义与特点

网络直播是将视频直播服务提供给普通用户的一种形式,视频源从一个用户传输到多个用户。网络直播作为一种新的信息传播媒介,可以为用户提供更加真实立体的信息以及更优质、更强的用户参与体验感,并且可以进行实时互动,已成为一种新的社交与娱乐方式。我们在本研究中将网络直播具体定义为依托网页或客户端技术搭建虚拟网络直播间,为主播(以草根达人为主)提供实时表演创作以及支持主播与用户之间互动打赏的平台,是一种基于视频直播的互动娱乐形式,这种移动互联时代的娱乐直播打破了传统秀场(以女性表演、展示才艺为主,强调专业性,需要有经纪人以及专门的平台和设备)的形态桎梏,走向了直播场景和直播内容的多元发展空间,手机就是直播设备,对主播也不再有专业性的要求。

根据直播内容,目前可以将直播分为传统秀场直播、游戏直播、泛娱乐化直播三大类。本研究主要是针对直播门槛较低、收看比例最高,且引起争议最多的泛娱乐化直播。

目前直播平台网页端娱乐直播的秀场模式逐渐趋于成熟、竞争格局稳定,而移动端娱乐直播则是全民风潮爆发、内容形态各异。手机对娱乐直播形态的拓展体现为"直播+",即直播已经渗透到社交、影视、电商、美妆、旅游、教育、医疗等各大领域,大大拓展了娱乐直播的形态外延,其中去中心化全民直播在内容形态上已延展至美食、旅行、运动等琐碎生活场景,而中心化垂直直播在游戏直播平台兴起之后,教育直播、财经直播等平台也逐渐崛起。

直播主播无须太多的准备时间,只需要一台手机便可以生产内容。直播主播可以根据自身特点去寻找受众,可以根据受众需要去定制内容,同时,每一期直播都是实时的,直播过程中的交流也可以产生新的内容,人人都既是内容的消费者同时又是生产者,所以视频直播的内容生产方式更加接地气。这样极低的内容生产门槛和实时的交互,能够最便捷地满足自我需求内容的获取,因此对于直播的特点,可以将其概括为以下几点。

① 互动化:作为一种新的信息传播媒介,直播的实时互动功能可以为用户提供更加真实立体的信息以及更优质、更强的用户参与体验感。事实上,分享与陪伴目前已成为视频直播的新动力,越来越多的人开始将自己的生活"搬到"摄像头前。

② 非专业化与即时性:传统意义上的视频直播要求直播团队具备良好的专业素养,工作人员须进行相关培训才能上岗。而现在很多网络主播并不具有相应资质,有的平台甚至没有落实实名制,直播场景不受约束,直播的内容从过去秀场、游戏类的直播转向了移动化的全民秀,并且不再依赖电脑,用手机APP就可以随时随地进行直播、观看直播,但这也使失范行为发生后难以在第一时间被发现和处理。

③ 大众化:现在流行的直播具有场景生活化、创作主体大众化的特点,更贴近生活、更接近网民,去政治化凸显,围观的粉丝不需要背景知识和理解能力就

能积极地参与其中并获得快乐。

(二) 网络直播市场发展概况

2008年前后,互联网行业处于上升期,视频网站却被看作一条"死胡同"。这时直播平台9158出现了,它在网页上建立视频聊天室,招募漂亮的女主播唱歌、跳舞、卖萌、调情,粉丝为了得到女主播的芳心,"壕"气冲天赠送虚拟礼物。凭借将"视频与交友"相结合的商业模式,9158在2012年营收约10亿元。

截至2015年,中国网络直播的市场规模约为90亿元,网络直播平台数量接近200家,平台用户数量已经达到2亿,有些大型直播平台每日高峰时段同时在线人数接近400万,同时进行直播的房间数量超过3 000个。网络直播已经从一个普通的手机应用,变为年轻人休闲时光里的一个热门话题,而资本市场对网络直播的态度更是从最初的怀疑观望,发展到后来的执着狂热。截至2016年10月,网络直播行业已孕育出欢聚时代、9158两家上市公司,此外,数百家大大小小的平台正火热角力市场空间。在方正证券的预测中,2020年网络直播市场规模将达到600亿元,中金在线的研究报告甚至认为,到2020年网络直播及周边行业将撬动千亿级资金。

无论是从"直播的百度搜索指数"还是从"直播微博提及量"来看,直播的火热程度还一直在飙升。相关问卷调查显示,已经有超过97%的人听过或者知道直播这个新媒体,并且同时有超过一半的人已经看过直播。同时,对独立APP用户进行的监测统计指出,中国娱乐直播市场的用户规模呈现出不断增长的趋势,从2015年第一季度的1 759万人快速增长到2016年第一季度的4 738万人,环比增长率在2015年第三季度达到46.7%后有所下降,但用户规模总体仍呈现上升态势。① 2015年中国移动直播市场向垂直内容方向迈进,优质内容成为以"一直播"为代表的直播平台竞相追逐的资源。截至目前,娱乐直播用户增长进入平缓期,行业竞争从用户覆盖向平台黏性、用户活跃度转移。并且随着网络直播平台的井喷式发展,直播内容已不限于娱乐、体育等领域,而是逐步拓展到生活中的更多场景,直播与更多行业结合以及融入其他互联网平台的机会依然存在。

---

① 数据来源于易观千帆,其对独立APP中的用户数据进行监测和统计,本研究所使用数据来源于其2016年6月前对10亿累计装机覆盖、1.94亿移动端月活跃用户的行为监测结果。

(三)网络直播市场的宏观环境

社会文化环境方面,基于网络的娱乐消费已成为社会文化常态。中国网民基数大,网民娱乐需求种类多,出现了"宅男""宅女"以及"草根"等互联网消费用户群体,二次元、喊麦文化、电子竞技等亚文化盛行,为娱乐直播提供了更多元素。

政治环境方面,政策监管旨在厘清行业良性发展环境,直播平台的内容监管逐步细化。2015年,北京网络文化协会发布《网络文化行业发展与自律北京共识》;2016年,文化部公布查处直播平台名单;北京市文化执法总队公布违规主播名单;网信办发布《移动互联网应用程序信息服务管理规定》。

经济环境方面,中国宏观经济增长势头良好,国内生产总值及人均国民收入增加;人民生活水平改善,娱乐消费需求上升;农村宽带基础设施的配套释放了大量网络娱乐消费需求;"互联网+"上升为国家战略,互联网行业资本活跃,资本市场普遍看好以网络为基础的应用及业务。

技术环境方面,娱乐直播在移动端呈爆发态势。2014年,中国移动率先推出4G网络;2015年,李克强总理在全国"两会"期间提议网络提速降费,这些都有利于智能手机的视频传输技术走向成熟。

三、网络直播的热点案例

从2015年上半年开始,一些直播平台不约而同地做起了平民真人秀"吃播",火热程度非同凡响。"吃播"模式即我吃着,你看着,你愿意付钱(点击量和打赏模式),我还能赚钱。中国第一个专业"吃播"平台发起人表示,目前全平台所有视频的周播放量约为200万到250万次。"吃播经济"和"美食文化"的发展恰恰是国民经济相比以前整体提升发展的表现。

为寻求慰藉,用户不惜花费时间和金钱在直播平台消费,给自己心仪的主播送鲜花、送礼物。据统计,在线直播中付费买鲜花、买礼物的人数占66%,这意味着在直播平台消费的用户占大多数。2016年4月18日,福建省闽侯县一个12岁的小学五年级男生小林,为讨自己喜欢的网络主播开心,偷拿母亲的手机充钱来购买昂贵的虚拟物品,一个月下来花了近3万元。小林从小由爷爷奶奶抚养,父母经商,这样的家庭环境使小林成为典型的留守儿童。由于长时间缺少父母关爱,情感互动较少,网络主播的出现正好为小林提供了心灵慰藉。主播能够驱动观看者主动自掏腰包为其充值,也反映出主播能满足用户的某些心理需求,比如对于留守儿童来说需要关爱,对于背井离乡的打工者来说需要排解异乡的孤独等。大多数情况下,只要打开电脑或手机,主播就会出现,并且时刻陪伴聊天,这令用户置身关爱中,有时甚至导致在虚拟直播空间中自我麻醉。自我麻醉是在媒介技术的副作用中产生的,媒介技术一方面能帮助人们寻找情感慰藉,另一方面却也使人们容易分不清现实与网络世界。

2016年5月17日,二次元弹幕视频网站bilibili宣布,其与小米手机合作的直播实验"小米MAX超耐久无聊待机直播"直播时间已超过七天,共计吸引了超过1 000万的用户观看。在七天的直播中,主播们除了直播常规的唱歌跳舞,还直播吃饭、画画、打游戏、扎帐篷睡觉等。5月16日下午,有网络主播干脆将无聊发挥到了极致,索性办起了"天下第一发呆大会",直播发呆。在直播主页右侧,有一个"七日投喂榜",能够上榜的用户,皆是过去七天内在这一直播中打赏金额最高的前几位用户。令所有人都没想到的是,这个"最无聊的直播",居然也在七天内收到了不少打赏,而出手最大方的一位用户,则在这次直播中花了2 492.1元。

2016年7月5日晚上,韩国女主播李秀彬在中国一家直播平台直播。三个小时,她几乎都坐在椅子上,做得最多的事情就是吃饼干,看她直播吃饼干的观众累计有10万。而韩国少年金城镇每天都在网络上直播自己吃晚饭的过程,平均一晚上的时间就能挣1 100英镑。

2016年,"微博红人节"第一名的主播冯朗朗曾表示"我的一个头号粉丝橘子,生活并不富裕,但是她为了给我打赏,到处借信用卡,透支了好几张。通过打赏送礼物,橘子在两周时间里砸进了20万元"。冯朗朗说:"我曾试图阻止过她不理智的行为,但是她说这样可以刷存在感,得到我的关注。"冯朗朗告诉记者,他之所以能得到广大粉丝的青睐,也是因为他在直播时的状态很自然。"有些主播在屏幕前会显得不自然,但是我会觉得自己在直播间是种很放松的状态,有亲和力,同时会照顾到每个粉丝,每个粉丝进直播间时都会念一下他们的名字,粉丝送一个很小的礼物也会念出他们的名字表示感谢,这让他们有存在感。"

熊猫TV主播"阿呆与魑魅",只是直播自己睡觉的过程就获得了上万名粉丝的关注,并且得到了王思聪7万元的打赏。

2016年10月18日,最高人民法院与腾讯公司合作开展了"向执行难全面宣战"的大型网络互动直播活动,用一种全新的执法方式让公众最便捷、最直观地见证了法律的执行。

2016年12月,一位数学硕士毕业的杨老师在网络直播平台"斗鱼直播"中"开班"讲数学,每晚的21时至24时准时"开课",课程内容涉及大学的高数、考研数学等。最高的播放数为1.9万次,直播主页的网友关注度已经接近9万人,而且主播的微博粉丝数量也多达11万人,所发的微博内容多为教学公告和录播的教学视频。在杨老师的直播回放和微博下,不少网友在留言区里留言称赞杨老师的授课方式,称这种授课方式是直播界的正能量。有网友还因看到杨老师的教学视频后发誓要好好学数学,一些网友还表示"相见恨晚""如果能在之前准备考研的时候就有这样方式的培训该多好",还有网友留言说,"每天去看老师开直播,我再也不玩儿《英雄联盟》了"。

四、网络直播用户的需求分析

(一)直播的互动性与网民爱的需求、归属需求的满足

"人本身是空虚的,下班回家把门一关,跟社会的联系就只有通过网络、游戏、看视频等途径来实现。直播平台上,用户和用户之间的沟通和互动,实际上也是在进行情感的陪伴。"秀吧直播CEO王豫华认为,直播平台之所以受欢迎,就是因为抓住了目标受众需要得到情感陪伴的心理需求。

一个国家大多数人的需求层次与结构,同该国的经济、科技、文化水平以及人民的教育程度是直接相关的。从马斯洛的需求层次理论来看,在不发达国家,大多数人的生理需求和安全需求占主导地位;而在发达国家则刚好相反,在基本的生理需求和安全需求被满足之后,人们就产生了对社交、归属以及对友谊和情感的需要。当今中国正处于高速发展的时代,对大多数人来说高级需求开始占据主导地位,尤其是对于和互联网一起成长起来的"独一代",关注和爱已经成为其最重要的生活部分。互联网时代看似可以与任何一个人聊天,但是

每个人生活得都很孤独,因此他们可能会多角度全方位地调动身体去尝试新鲜的事物,而直播无疑是目前最快速且最高效的沟通解决方案。

韩国"吃播"少年金城镇说他直播吃饭画面的初衷很简单,只是希望有人能和他共进晚餐,但一个晚上的直播就给他带来 1 100 英镑的收入也是事实。在传统观念里,吃饭是一个集体行为,当我们说起吃饭时脑海中便浮现出一群人在一起的场景,但全球化的发展使分离成了生活的常态。随着人们自由度的增强,跨越时间和空间去建立联系已经成为现实,相应的代价则是对他人依赖感的减弱以及孤独感的增强,我们往往要学会去习惯自己一个人吃饭或行动,但这并不是那么容易,所以大部分人关注"吃播"是源于一种情感需求,他们通过观看产生移情作用,构建出一种一起进餐的臆想,从中获得陪伴的满足感,因此直播迎合了一部分人摆脱孤独感的心理诉求。

此外,对某一直播内容的关注使爱好相似的观众聚集到一起,网络直播的"房间"大多会标示观众人数,所以直播过程中观众能够察觉到其他人的存在。由于年轻一代,特别是一些在生活中因为沟通障碍或自身缺陷等原因而缺少朋友的人,其经济基础、社会地位和社交能力在现实生活和大众社交中都不具备优势,所以他们转而到二次元的小众圈子里寻求认同,在关心他人的同时,自己本身也体验到一种被重视、被需要的感觉,通过在网络社会中产生一种群体归属感来有效地排解孤独。

(二)直播的虚拟性和实时分享性与网民安全需求、社会整合需求的满足

在弹幕中观众以匿名的身份畅所欲言地发表自己的意见(特别过火的会被"举报"从而被禁言),这使其不用像在现实生活中那样考虑别人会怎么看自己,摆脱了现实生活中各方面严格的监督,满足了安全需求,但这也暴露了人们在现实生活中被压抑的另一面。对个体而言,在直播平台释放感情本能,可以使其获得心理上的平衡;对社会而言,直播平台可以成为一个虚拟的感情本能(这些感情本能可能包含着破坏性能量)的回收站,就这样,虚拟的网络世界顺理成章地承载起重大的现实功能。因此,就这样的意义而言,作为一种独特的心理代偿机制,网络文化活动的社会意义是不可忽视的。

bilibili 副总裁陈汉泽表示,上文中提到的与小米合作的那次实验证明,年

轻用户借助直播平台创造了大量互动,玩得不亦乐乎,甚至在晚上没有任何主播只是直播空镜头时,都有一两万人同时在线发弹幕。即使有些直播非常无趣,也能聚集起大批的观众,就是因为弹幕这种集体评论模式既满足了观众的表达欲望,也满足了他们渴望与其他人分享相同兴趣及态度的需求,即社会整合需求。在现实生活中,我们不能保证一定可以在身边找到与自己趣味相投的人,但是面对自己感兴趣的内容,我们又迫切地想跟别人交流和分享。在这个带有平民文化色彩的网络文化狂欢中,人们可以分享资讯甚至能够分享秘密。

(三)直播的现场感与网民真实体验需求的满足

英国社会心理学家玛罗理·沃伯认为"越不用动脑筋、越刺激的内容,越容易为观众所接受和欣赏。这几乎是收视行为的一条铁律"。直播的内容在某些情况下并不是内容越精致、越专业就越能得到用户的青睐,观众更想看到的是主播背后最真实的一面,临场表现往往更重要。微博名人"和菜头"说过:性、无聊和免费是当前的三大生产力。具备互动性的视频直播平台无疑是最能够打发用户无聊时间的一个免费的解决方案。

多级传播必然造成信息损耗,人们在接受信息时,其对信息的信任程度与传播层次成反比,即信息转述层次越多,信息损耗或变形越严重,可信度越低;反之,信息传播层次越少,可信度也就越高。直播的传播优势在于信息在传播过程中无须转述,减少了信息损耗,从而提高了信息的可信度。对网络直播平台而言,当直播行为开始时,云端会同步抓取、同步存储、同步传递,延迟不会超过2秒,平台也无法把握下一秒会发生什么。用户可以在直播中与平日接触不到的名人互动,看到名人生活中相对真实的一面。文字、图片、视频都需要经过加工、剪辑、审核之后再公之于众,唯独直播可以让用户与现场进行实时连接,提供了最真实、最直接的用户体验。

不过,直播平台实时性的特征也增加了监管的难度。为了得到高关注度,网络直播领域乱象较多,有的主播为了吸引观众,举止失范,被贴上"色情""暴力"的标签,使网络直播这种传播方式受到质疑。

(四)直播的虚拟性与网民尊重需求、权力需求的满足

人们的心理失衡多数是由外在环境造成的。如果个体所遭遇的紧张、冲突、压抑、焦虑等感情本能长期积聚在精神系统中得不到合理的发泄,就可能形

成有强大破坏性的危险力量。卡尔·荣格的人格结构理论中有一个非常重要的概念"阴影",在"阴影"中容纳着人最基本的动物性,这与我们前述的"感情本能"直接相关。我们可以通过强大的人格面具来驯服来自"阴影"的动物性冲动,但是"阴影"具有惊人的韧性和坚持力,它并不会因为强力压制而消失,当它得不到适当的宣泄时,就可能酿成不良的后果。

网络虚拟世界的出现为容纳我们不能见容于理性社会的感情本能又多提供了一种契机和空间,世俗社会的地位、身份、权威都不再起作用,人与人之间不再有利益、人身依附关系,人们可以表现出一个真性情的本我。在一个虚拟的身份下,人们可以把那些最真实的意愿、激情、冲动、本能、梦想等毫不遮掩地表露出来。例如在社会价值排序比自己高的人面前进行毫无风险的表演等。

观众是有特定需求的个人,他们的媒介接触活动是带着特定需求和动机以寻求满足的过程。"土豪"花重金给主播打赏的过程中能够得到主播的点名互动和其他粉丝的围观,满足了其被重视的需求,因此他们也更愿意为这种满足付费,这在现实社会中很难实现。在直播中仅仅花几元钱给主播送上礼物就能享受主播的致谢,这种虚荣与快感容易让人沉溺其中,并且这种暂时的欲望满足会使需求不断攀升,使观众在虚无的幻境中去补足日常生活的空虚与精神缺失。赠送礼物后用户的名字会显示在直播间里,因此观众在砸钱和发弹幕的瞬间就能从其他观众的注视中找到成功人士的感觉,如果观众送的虚拟礼物比较昂贵且打赏频繁,名字就会被放在弹幕上并且还会呈现一种视觉特效,而其他观众就会留意这些"土豪",最重要的是主播也会重点与送礼物的观众互动,观众在这一过程中得到满足,这样的互动强度是别的传播渠道所没有的,这也正是网络直播的强大魅力所在之处。借助于这种虚拟世界的文化狂欢,人们的感情本能得到一定程度的张扬,从而缓冲了心理的强大张力,并为社会的和谐稳定创造了条件。

(五)直播的开放性与网民窥探欲望的满足

"人们着迷的是窥视本身,而不是窥视到什么。"不少网民观看直播,主要享受的并不是观看什么内容,而是参与观看本身。直播节目直观地呈现了未经剪辑的他人的生活,这显然满足了相当多人的窥视欲。

精神分析学家卡伦·霍妮曾指出,人一生下来就处于一个看不见的充满敌意的世界,有着不安全的恐惧,这种不安全感又导致了焦虑。所以,窥探欲属于某种自我保护的需要,也可以说是人类的本能。在网络直播出现之前,窥探别人的生活有悖于社会道德伦理,因此处于被压抑的状态。但网络直播将窥探上升为光明正大的行为,主播们直播自己吃饭、逛街甚至睡觉的生活片段,这些原本属于个人隐私的内容对观众来说有着强烈的吸引力,某种程度上满足了观众的窥探欲望。

(六)直播的丰富性与网民求知需求的满足

在一项针对网络直播用户体验的调查中,对于"在视频直播过程中什么最吸引您?"这一问题,网民选择最多的选项是"可以得到新技能、新知识、新视野",其次是"主播的颜值、人气、才艺技能",所以说,更多的网民还是想通过网络直播来了解自己不知道的世界,开阔自己的眼界,从而满足自己的求知需求。比如比直播吃饭更奇怪的内容就是直播程序员写代码。大家总说,程序员是孤独的,其实程序员也是很欢乐的,他们可以一边播放自己喜欢的音乐,一边展示自己的操作,同时还担任解说员。这种真实操作过程中的教学,必定会受到那些极具分享精神的程序员的欢迎,而且他们还可以互相切磋技艺。

(七)直播的自我性(个性化)与网民自我实现需求的满足

直播网站由用户创建内容,主播们以观众的礼物来获取报酬,但经济报酬绝不是主播们进行表演的唯一动力。据一位网络主播表示:"每当系统提示有新观众进入我的房间,我就会觉得自己更加受到关注",这一心理状态很具代表性。作为一种新的自我呈现方式,网络直播用户以青少年为主,这一群体普遍具有很强的自我意识,倾向于积极寻求社会认同,引起他人关注,网络直播就给了他们展示自我的平台。而且进行直播和收看直播所需要的工具也越来越简单,只要愿意,每个人都可以随时切换身份成为"主播",发出自己的声音、提出自己的意见、释放自己的个性。较之以文字表达为主的社交渠道,如微博等,直播的方式更加直观,自我展示的方式也更为立体多样,因此受到青少年的欢迎。有主播声称:"只要坐到摄像头前,我就像换了一个人一样,仿佛突然由龙套变成了主角。"马斯洛的需求层次理论将"自我实现"视为人的最高需求,对于一些主播来说,网络直播或多或少地能够使其实现自我价值的满足。

此外,在现实生活中,自我展示的失败可能会造成自尊心下降、社交恐惧等不良后果,但在网络直播中这些失败的压力很大程度上为网络的匿名性所缓解。马莱茨克的大众传播过程模式在对受众进行研究时强调,受众会受到"媒介的压力",如报纸需要有一定的文化水准、电视需要有相应的接收条件,但在网络直播中,其内容浅显易懂、贴近生活,"媒介的压力"被降低。

五、案例使用说明

(一)教学目的与用途

1. 本案例的教学目的是,以泛娱乐类网络直播的受众为主要研究对象,在社会转型变迁的时代背景下,结合理论探析泛娱乐类网络直播背后的受众心理表现,揭示直播受众的真实心理状态,并在现有研究基础上,进一步分析受众心理生成的社会根源,以期形成对网络直播的正确认识。

2. 本案例适用于应用心理专业硕士的"社会心理学"等课程,可以结合马斯洛需求理论、动机理论等社会心理学理论应用主题。本案例在一定意义上加大了心理理论对社会热点现象的解释力度,完善了网络直播受众心理分析的相关研究,有助于引导大众形成对网络直播热点现象的理性认识和良性心理,为合理有效地解决网络直播管理、治理等难题提供了借鉴。

(二)启发思考问题

1. 人们为何愿意付出时间和金钱来观看看似空洞的泛娱乐类直播?
2. 网络直播发展呈现出了怎样的特点?
3. 网络直播的受众心理的具体表现形式是什么?
4. 网络直播的受众心理形成有哪些社会背景?
5. 政府应如何监控与管理网络直播平台以使其正向发展?

(三)基本概念与理论依据

1. 需求的内涵

需求是"人对一定客观事物欲望的表现。人的需求是在社会实践中得到满足和发展的,具有社会性和历史性,它可以具体表现为愿望、意向、兴趣,而成为行动的一种直接原因"。人的行为受自身需求、欲望、动机、目的等心理因素的影响。从某种意义上说,是需求驱动着人的行为,需求是人的原始动力,"是人类一切活动的出发点和归宿"。目前对需求内涵的理解包括以下基本的两点：一是需求的主体是人；二是主体的任何需求都将通过特定的对象来满足，没有对象的需求是不存在的。因此我们可以推断：网民的需求是网络直播平台火爆的最原始动因，研究网络直播必须从网民的需求入手，只有深入认识需求的本质，找到当前人们追逐直播的真正动机，才能从根本上更好地管理直播平台并且有效地利用直播进行跨领域的发展。

2. 马斯洛需求层次理论

美国心理学家马斯洛认为需求、欲望、动机是人性的表现，是善性和潜能发展的内在动力，没有满足的需求是人的一切行为的动机。他提出了需求层次理论，认为人的需求由低到高主要包括生理需求、安全需求、社会需求、自尊需求和自我实现需求。由于每个人动机结构的发展情况不同，这五种需求在个体内所形成的优势动机也各不相同。但一般认为，每当低一级的需求获得满足，高一级的需求就会出现。当然，这并不是说当需求发展到高层次之后，低层次的需求就消失了，恰恰相反，低层次的需求仍将继续存在，有时甚至还是十分强烈的。为此，马斯洛曾经指出，要了解员工的态度和情绪，就必须了解他们的基本需求。需求被满足的程度与心理健康程度有确定的正向关系。高层次的需求得到满足的程度越高，个体就越健康，越少自私，越能感到深刻的幸福、充实和安宁，越能发挥个人的社会价值；但是，低层次的需求较容易满足，而需求层次越高就越抽象、越难达到、越没有限度。

3. 魏斯的社会需求理论

魏斯(Weiss, 1974)的社会需求理论分析了人类的亲和需求，提出了六条基本的社会需求。依附的需求：由最亲密的人际关系所提供的安全感和舒适感；社会整合需求：渴望与人分享相同的兴趣及态度的需求；价值保证的需求：希望通过获得他人支持来提升个体的效能和价值感的需求；可靠同盟的需求：个体希望得到他人帮助的需求；寻求指导的需求：每个人都需要不断地学习、生活，以丰富自己的经验体系；关心他人的需求：在关心照顾他人时，个体本身也体验到一种被重视、被需要的感觉。

4. 麦克莱兰的成就需求理论

20世纪50年代，美国心理学家戴维·麦克莱兰运用心理投射的方法对人的成就动机进行研究并提出,在一个组织中,人们最重要的需求是成就需求,其次是权力需求和合群需求。

成就需求:成就欲望很高的人会认为成就比报酬更重要。具有强烈成就需求的人往往表现出以下三个特点:喜欢接受具有挑战性的任务,希望独立地完成工作;总是有明确的行动目标,并富有一定的冒险精神;希望个人负责解决问题,并经常留意对自己工作成就的反馈。

权力需求:影响和控制别人的愿望。这种愿望高的人喜欢负责,喜欢追求社会地位和对别人的影响,喜欢使别人的行动合乎自己的愿望。权力欲又称操纵欲,这种人希望支配别人并受到社会的尊重,较少关心别人的有效行为。

合群需求:一种相互交往、相互支持、相互尊重的欲望。这种人以自己作为群体的一员而感到满足,富有理智的人往往追求人与人之间的友谊和信赖。

(四) 其他背景材料

1. 网络直播内容的输出者——网络主播

从"中国娱乐直播行业白皮书2016"中的统计数据来看,截至目前,女主播成为网络主播的第一大群体,占比高达64%。虽然网络主播以女性为主,但受用户打赏更多的却是男性主播。从主播所在的地域分布来看,华东和东北地区是主播比例相对较高的地方。就主播的年龄分布来说,23—28岁的主播占比达48%,即在互联网时代长大的"85后""90后"成为网络主播的主力人群。[①]

2. 网络直播内容的接收者——网民观众

在直播的"兴趣搜索关键词"里,不乏游戏、体育、智能、科技、军事等偏好的字眼。网络调查数据显示:男性用户在娱乐直播中更为活跃,其中省会城市用户居多。在地域分布上,除了国内一线城市北京、上海有着超高人气,还有一股来自海外的"神秘力量",因此直播一开始从国外火起来并不是没有道理,这也从侧面反映出海外的华人朋友由于远离祖国家乡,可能会需要直播这种新的信息传播媒介来第一时间了解国内的活动资讯。

监测数据显示,就用户年龄分布来看,24岁及以下和25—39岁的用户占比高达73.1%,但随着直播内容的不断丰富,关注直播的人群年龄范围会逐步扩

---

① 数据来源:2016年欢聚时代旗下的主播统计数据。

大。就用户职业分布来看,自由职业者占比34.7%,是娱乐直播用户的主力人群,其次是学生,再次是工人、服务人员,其他职业的用户占比则相对较低。①

娱乐直播参与人群广泛,用户的收入分布相对分散,大量的低收入群体以学生用户为代表,但他们作为娱乐直播的主要消费群体拥有良好的消费习惯。

娱乐直播全天渗透率较高,尤其是在晚间8点到10点,直播用户活跃度达到35%到40%。

(五)分析思路

教师可以根据自己的教学目标来灵活使用本案例。这里提出本案例的分析思考,仅供参考。

1. 网络直播成为热点的社会心理背景。
2. 网络直播的科学技术发展背景。
3. 网络直播主要满足了用户哪些方面的需求?
4. 网络互动与现实社会中的人际互动有什么联系和区别?
5. 网络直播存在的问题主要有哪些?
6. 一个健康的网络直播用户应该具备哪些行为特点?

(六)建议的课堂安排

1. 时间安排

本案例可以配合"社会心理学"等相关课程中的需求理论部分使用。课堂讨论时间为1—2小时,但为保障课堂讨论的顺畅和高效,要求学生要提前两周准备有关这一主题的理论知识,并对有关这一主题的实践状况有较好的了解。

2. 讨论形式

小组报告 + 课堂讨论。

3. 案例拓展

思考与网络直播平台有关的其他理论和方法;思考网络直播在其他实践领域中的应用。

(七)案例分析及启示

随着中国经济水平的提升与社会的不断发展,我们已经不再简单地追求生

---

① 数据来源:易观千帆截至2016年第二季度的统计数据。

理需求的满足,从网络直播平台的背后我们可以看出当前中国社会普遍存在的其他各种相对更高级的需求:孤独感与社会需求、关心他人以及合群的需求;实时互动与安全需求、社会整合需求;对真实的用户体验的需求;现实社会造成的心理失衡与尊重需求、价值保证的需求及权力需求;求知的需求以及网络主播与自我实现的需求。

基于当前中国社会的需求现状,关于直播平台有很多值得重视的地方。

首先,除了行业严格自律,相关法规也不能缺位,并且监管方法不能落伍。政府相关部门应根据网络直播的特点,研发可行的违规识别系统,不断更新迭代视频识别技术,组建全天候的监管团队,以及时发现违规的直播言行,还应严厉惩处相关责任人,绝不让突破底线的内容污染视听,进一步营造积极健康的网络环境。

其次,可以将直播与司法机关、医疗体制相结合。目前直播平台内容的同质化使直播内容的重要性、直播平台的知识传递价值没有真正体现出来。与司法机关的结合可以在满足公众日益增长的多元司法需求的基础上,展示人民法院执行工作的真实状态,让公众以最便捷、最直观的方式见证法律执行工作。直播与医疗体制的结合不仅可以使业内进行学术讨论交流,而且可以向普通患者宣讲科普知识,同时还可以把直播平台作为院方的即时通信工具,实时发布医疗过程中的有关信息,从而进一步改善医患关系,提升医院品牌价值。

最后,企业可以将直播与品牌营销相结合以开拓市场。直播只是一种新的信息媒介,除了快速将信息全面立体化地传播给更多观众,其本身并不产生其他的附加价值,因此企业应利用这个机会创造真正有价值的直播内容,用得好的话就可以将品牌的正面曝光效果无限放大,反之则可能会摧毁一个苦心经营起来的品牌形象。

【参考文献】

博玫.试论网络文化的心理代偿功能[J].心理学探新,2004,24(4).

黄艺.泛娱乐化时代网络直播平台热潮下的冷思考[J].2016,7(2).

蒋桂芳.基于需要理论的青少年道德问题研究[D].郑州大学,2013.

李国敬.警惕"泛娱乐化"[J].中国政协,2015(19),36.

穆毅.孤独与狂欢:基于网络直播用户的心理和行为分析[J].新闻研究导刊,2016,7(22).

日商.吃播:每天直播吃饭也能赚钱[J].大众投资指南,2016(4).

宋春蕾.动机性压抑的内隐特性研究[D].华东师范大学,2013.

许芳.组织行为学原理与实务[M].北京:清华大学出版社,2007,184—185.

张璐.从消费者心理看"无内容"的网络直播的火爆[J].江苏商论,2016(29).

张旻.热闹的"网红":网络直播平台发展中的问题及对策[J].中国记者,2016(5).

赵梦媛.网络直播在我国的传播现状及其特征分析[J].西部学刊,2016(16).

郑建桥.网络直播背后的心理动力探析[J].商,2016(24).

大学生创业团队智力的作用及其影响因素

于泳红　梁培培

【摘　要】 就像斯皮尔曼(1904)提出的"智力二因素论"中的"g因素"(即一般智力)会参与个体所有智力活动一样,团队也存在一个"c因素"(即对团体来说的"一般智力"),可以称之为团队智力,它也会参与团队的所有智力活动,并能预测团队表现。Woolley(2015)在美国、德国和日本三个国家做了团队智力的测量研究,发现在不同的文化环境下不同类型的团队以不同的方式交流时,团队智力都是存在的。我们以28组大学生创业团队为研究对象,探讨团队智力的作用及其影响因素。根据群体任务分类环对团队任务的分类,我们在创造想法阶段、选择阶段、协商阶段和执行阶段分别选取了至少一个团队合作任务来测量团队智力以及团队智力对团队表现的预测力,同时也考察了影响团队智力的因素。通过分析我们初步得出以下一些结论:在面对面交流时团队智力是存在的;头脑风暴任务、瑞文高级推理任务和逃离格里兰岛任务在测量团队智力时比较有效;团队智力与团队成员个人智力最大值和平均值没有显著相关关系;团队智力和女生比例显著正相关,且预测力达到显著水平;团队智力与心理安全没有显著相关关系,团队智力和团队满意度显著负相关。

【关键词】 团队智力　团队任务　社会敏感性　心理安全

一、引　言

在21世纪的今天,时代正以我们想象不到的速度发展,企业竞争压力越来越大，稍有懈怠便会被淘汰，所以企业每时每刻都要居安思危，抓住发展机遇，在这个过程中，如何吸引最优秀的人才，打造一批最优秀的团队，在激烈的角逐中生存下来，对一个企业来说至关重要。

随着教育的普及，高学历、有能力的人越来越多，大学生就业压力也在逐步上升。但与此同时，经济发展带给创业人的机会和市场也越来越多，而且风投公司也为很多创业者免去了后顾之忧，只要想法可行，创业就不再是空想，所以很多有想法的大学生都不再费尽心力去争取或者维护一份自己并不喜欢的工作，创业成了一种风潮。2010年5月，教育部出台了《关于大力推进高等学校创新创业教育和大学生自主创业工作的意见》，明确创新创业教育是为适应经济社会和国家发展战略需要而产生的一种教学理念与模式，标志着大学生创新创业已经成为高校教育的一个方向。然而我们都知道，创业不是一件单打独斗的事，任凭一个人再聪明，在这瞬息万变的时代他都是很难立足的。在人才济济、压力巨大的社会中，如何才能从无数竞争者中脱颖而出，保证自己的竞争力呢？答案是团队。Timmons(1979)通过对市场上成熟企业的调查，首次提出团队创业比个人创业更具优势，成功率更高。如今创业团队已经成为最盛行的组织形式，是决定创业能否成功的关键因素，一个优秀的团队甚至可以成为一个公司最核心的竞争力。

麻省理工学院的Woolley和Malone(2010)以400多个团队为研究对象，证明了团队智力的存在，也就是说更聪明的团队在完成各阶段任务时表现更好，团队绩效更高。2014年，他们又增加了线上交流团队和面对面交流团队的对比研究，也进一步证明了团队智力的存在。他指出，就像斯皮尔曼提出的"智力二因素说"中的"g因素"（即一般智力）会参与个体所有智力活动一样，团队智力是团队的"一般智力"，也会参与团队所有的智力活动，并能预测团队表现。因此，在具有集体主义文化背景的中国，团队智力是否依然存在、它对团队任务的完成及绩效有何作用、又和哪些因素相关等问题就值得我们去探索。此外，明确大学生创业团队智力的作用及其影响因素将为指导大学生如何组建自己的创业团队以及创业项目最终能否高效地完成提供理论和实证依据。

二、案例背景介绍

（一）大学生创业的参与率逐年提高

麦可思研究院于2017年6月12日发布了《2017年中国大学生就业报告》，这项报告的调查对象为2016届来自全国31个省（自治区、直辖市）的28.9万名大学毕业生，覆盖了1 313个专业以及大学毕业生能够从事的635个职业、327个行业。调查结果显示，我国大学毕业生自主创业比例持续上升，创新能力持续提升。我国大学毕业生自主创业比例连续5年上升，大学生毕业即创业比例从2011届的1.6%上升到2017届的3%。报告还显示，在毕业半年后自主创业的2013届本科毕业生中，有46.2%的人3年后还在继续自主创业；在毕业半年后自主创业的2013届高职高专毕业生中，有46.8%的人3年后还在继续自主创业。大学毕业生创业的主要动因包括"理想就是成为创业者""有好的创业项目"等，其中属于机会型创业的毕业生占创业总体的85%，而就业困难不是创业最主要的原因。

大学毕业生创业具有持续性，所以扶持和评价大学毕业生创业不能只着眼于毕业时。为了培养大学生的创新与创业能力，教育部在2011年就开始组织大学生创新创业项目，随着大学生创业意识的提高，在校大学生参与创新创业项目的热情也持续高涨。在2017年教育部组织的第三届"互联网+"大学生创新创业大赛中，参与高校2 241所，团队报名项目37万个、参与学生150万人，分别是上届的3.2倍、2.7倍，呈现井喷式增长。此外，本届大赛首次设置了国际赛道，美、加、英、日、澳等25个国家和地区的116个大学生团队报名参赛，这意味着中国的创新创业教育正在走出国门，产生国际影响，形成中国品牌。

（二）大学生创业的成功率低

大学毕业生的创业率与创业成功率是评价大学生创业的两个指标。在我国，一方面是在国家和地方不断推出鼓励创业政策的推动下，大学毕业生的创业率较以往有所提高；另一方面是我国大学毕业生创业成功率并不高，创业3年后企业存活率不到一半，体现出大学毕业生创业之艰难。中国社科院等机构的调研数据显示，即使在浙江等创业环境较好的省份，大学生创业成功率也只有5%左右,而西方国家的大学生创业成功率约为20%,两者差距较大。

大学生创业成功率低的原因之一就是不成熟的创业团队。大学生创业的基本班底一般就是同学、好友或者校友,这就导致团队人选圈子的限制,使得团队分工先天不足。大学生创业团队往往缺乏创业能力和创业技能,而学校创业孵化园常常只能提供办公场地等硬件方面的扶持,在团队创业能力上并不能给予任何帮助,可想而知,大学生创业都是自己摸着石头过河,成功率自然很低。

三、团队智力的作用

(一)本次案例中大学生创业团队的具体信息

本案例研究了某财经大学的大学生创业团队,其中每个团队3—5人不等,共154人,这些团队是已经组建了一段时间的大学生创业团队,团队成员之间彼此熟识。团队样本特征为:3人组有3组,占8.8%;4人组有10组,占29.4%;5人组有21组,占61.8%。团队成员平均年龄为19.7岁,男性27人,占总人数的17.5%,女性127人,占82.5%。

(二)团队智力的测量

1. 团队智力测量材料

我们根据Woolley等(2010)所采用的分组完成分类任务法来测量团队智力。群体任务分类环将团队任务根据其过程分为四类:产生想法阶段、选择阶段、决策阶段和执行阶段(McGrath,1984)。我们将国外研究中所使用的团队任务做了一些本土化的改编,用改编后的任务来测量团队智力,具体任务如下。

任务一:头脑风暴(产生想法阶段)。团队要在5分钟内尽可能多地想出易拉罐的用途,每想出一个用途计1分。此任务来源于托兰斯创造力测验,由托兰斯(1966)编制,包括词汇测验和图画测验两种。其中,词汇测验和图画测验又都包括两个平行的测验:测验A和测验B。本研究采用词汇测验中的非常规用途任务对被试的创造力进行测查。由于被试的动机原因等影响,该测验重测信度为0.50—0.93(Torrance,1974)。

任务二:成语接龙(产生想法阶段)。团队要在5分钟内尽可能多地想出四字短语或成语,不能使用谐音,一个短语/成语计 1 分。这也是一个创造力实验。

任务三:瑞文高级推理测验(选择阶段)。被试团队有 10 分钟时间来完成测验中的偶数部分题目,共 18 题。每个题目由一幅缺少一小部分的大图案和作为选项的 6—8 个小图案组成,被试要根据自己的推理从中选出自认为最合适的选项,每题只有一个正确选项,题目难度逐步增加,每答对一题计 1 分。

任务四:逃出格里兰岛(协商阶段)。假设一群人被困在格里兰岛上,岛上每个人的职业和特长不同,也拥有一些可以使用的求生材料。团队需要在材料提供的几种方案中按照可行程度做出最佳方案排序。最后将团队排序与专家排序的绝对值之和作为团队得分,得分越低表现越好。

任务五:团队打字任务(执行阶段)。该任务在 Woolley 的执行任务(团队复刻)基础上做了一些改动。团队成员每人一部手机,每个团队都有一个只包含其团队成员的微信群,他们需要在微信群里把一张事先准备好的材料按顺序既快速又准确地打出来,材料是不同的唐诗打乱顺序之后随机排列的句子。被试只能使用实验室手机自带的输入法完成任务,但是他们可以根据自己的习惯调整输入法格式(9 宫格/26 键)。在正式实验之前,团队有 2—3 分钟时间熟悉手机并检查网络,正式实验有 10 分钟时间。每打对一句计 1 分,每打错一句、漏掉一句或者一处顺序错误就要扣 1 分。由于是微信群,团队成员可以及时看到其他成员的动作,所以被试们需要相互配合,制定策略,决定他们要怎么去完成任务,以防止大篇幅的错误或者顺序倒错。

2. 团队智力测量流程

被试团队按照预约的时间来到实验室之后,主试简要说明研究的背景,并介绍实验流程,具体实验流程如图 1 所示。

实验第一部分是个人测试(20 分钟),被试填写个人信息,然后按照时间要求完成瑞文高级推理测验(奇数部分)和眼神测试;

实验第二部分是团队任务(60 分钟),主试在每个任务前宣读指导语及规则,被试团队确认了解规则之后开始完成任务,任务包括头脑风暴、成语接龙、瑞文高级推理测验(偶数部分)、逃离格里兰岛和团队打字任务这 5 个团队任务,最后是标准任务偏旁组字造句任务。

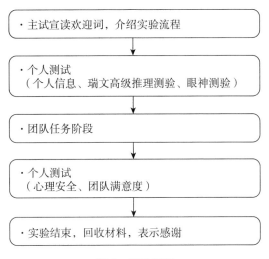

图 1 实验流程

实验第三部分也是个人测试(5 分钟),被试完成心理安全和团队满意度两个变量的测试。

最后实验结束,主试回收实验材料,对被试表示感谢并发放被试费。

在探究团队智力之前,我们对团队任务做了一个初步的相关检验,期望团队任务之间能有一个轻度到中度的相关,保证它们之间有潜在关系但又有足够的独立性,结果如表 1 所示。从表中我们可以看出,总的来说,各任务之间的相关程度不高,除了头脑风暴和瑞文高级推理测验之间相关程度较高,其他大部分任务之间的相关都很低,这说明我们选取的都是彼此独立的任务,潜在关联程度较低。

表 1 任务之间的相关系数

变量	1	2	3	4	5	6
1. 头脑风暴	1					
2. 成语接龙	0.28	1				
3. 瑞文高级推理测验	0.37	0.04	1			
4. 逃离格里兰岛	0.07	−0.09	0.26	1		
5. 打字	0.04	−0.06	−0.09	0.21	1	
6. 偏旁组字造句	0.20	0.27	−0.04	−0.05	0.24	1

然后我们用SPSS统计分析软件做了因子分析,由于在实验过程中发现头脑风暴和成语接龙同为创造性任务,但是头脑风暴更能体现团队的创造力,计分方式也更规范,因此暂时不考虑成语接龙任务,此外,由于打字任务规范问题存在一些争议,所以最终我们只选择了头脑风暴、瑞文高级推理测验和逃离格里兰岛做因子分析,结果如表2所示(碎石图如图2所示)。我们可以看到,这三个任务可以提取出一个公因子并且解释量为49%,高于40%。我们将每个任务的载荷量的平方和作为特征值,再将载荷量除以特征值的平方得出每个任务的系数,最后将每个任务的系数乘以该任务的分数求和,由此算出"c因素",将其作为每个团队的"团队智力"。

表 2　因子分析结果

	1	2	3
初始特征根	1.49	0.94	0.58
百分比	49.52	31.19	19.29

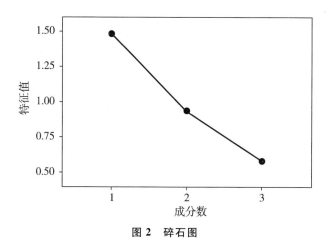

图 2　碎石图

(三) 团队智力的作用

为了探讨c因素是否对团队表现有预测作用,我们将团队成员人数作为控制变量,分别做了团队成员个人智力最大值、团队成员个人智力平均值以及c因素在标准任务(偏旁组字造句任务)上的回归,具体来说,第一步放入团队成员人数,第二步放入团队成员个人智力最大值,第三步放入团队成员个人智力平均值,第四步放入团队智力,即c因素,结果如表3所示。

表3　团队成员个人智力和团队智力对团队表现的回归分析（$N=28$）

	因变量：团队表现（偏旁组字造句任务得分）			
	第一步	第二步	第三步	第四步
团队成员人数	0.40*	0.49*	0.50*	0.53*
团队成员个人智力最大值		0.21	0.23	0.21
团队成员个人智力平均值			-0.03	-0.02
c因素				-0.10
模型检验				
F	4.94*	3.02	1.94	1.48
R^2	0.16	0.20	0.20	0.21
调整后 R^2	0.13	0.13	0.09	0.07

注：* 在 0.05 水平（双侧）上显著相关。

从表3中我们可以看出，团队成员人数显著正向预测偏旁组字造句任务得分（$\beta=0.53,p<0.05$），团队成员个人智力最大值、平均值以及c因素对团队表现的预测作用均不显著。

为了进一步探讨团队在完成任务时的平均水平是否可以预测团队表现，我们把团队成员人数作为控制变量，各任务的算术平均值作为预测指标，对团队表现做了回归分析，结果均不显著。

为了继续探讨是否有某一个类型的任务得分可以预测团队在偏旁组字造句任务上的表现，我们接下来做了一个各任务在团队表现上的分层回归，依然将团队成员人数作为控制变量，第一步放入团队成员人数，第二步放入头脑风暴任务，第三步放入成语接龙任务，第四步放入瑞文高级推理测验任务，第五步放入逃离格里兰岛任务，第六步放入打字任务，结果如表4所示。

表4　各阶段团队任务对团队表现的回归分析（$N=28$）

	因变量：团队表现（偏旁组字造句任务得分）					
	第一步	第二步	第三步	第四步	第五步	第六步
团队成员人数	0.20	0.19	0.20	0.18	0.10	0.05
头脑风暴		0.08	0.02	0.11	0.11	0.10
成语接龙			0.17	0.15	0.16	0.17

(续表)

	因变量:团队表现(偏旁组字造句任务得分)					
	第一步	第二步	第三步	第四步	第五步	第六步
瑞文高级推理测验				−0.22	−0.30	−0.27
逃离格里兰岛					0.15	0.13
打字						0.17
模型检验						
F	0.84	0.47	0.49	0.58	0.49	0.47
R^2	0.04	0.05	0.07	0.11	0.13	0.15
调整后 R^2	−0.01	−0.05	−0.08	−0.08	−0.13	−0.17

注:* 在0.05水平(双侧)上显著相关,** 在0.01水平(双侧)上显著相关。

我们可以看到,每个阶段的团队任务均不能显著预测团队表现,也就是说,团队在某一个特定类型任务上的表现不能预测团队在偏旁组字造句任务上的表现。

(四) 团队智力的影响因素

为了探讨团队智力到底与什么因素有关,我们将c因素与各任务得分做了相关分析,结果如表5所示。

表5 团队智力与各因素相关情况($N=28$)

	1	2	3	4	5	6	7	8
1. c因素	1							
2. 眼神平均值	0.14	1						
3. 团体成员个人智力平均值	−0.25	0.11	1					
4. 团体成员个人智力最大值	−0.06	−0.15	0.64**	1				
5. 女生比例	0.39*	0.36	−0.12	−0.15	1			
6. 心理安全	0.08	−0.38*	−0.22	0.03	−0.22	1		
7. 团队满意度	−0.43*	−0.11	0.03	−0.07	−0.20	0.12	1	
8. 团队成员人数	0.34	−0.29	−0.44*	−0.63	−0.27	0.41*	0.05	1

注:* 在0.05水平(双侧)上显著相关,** 在0.01水平(双侧)上显著相关。

从表 5 中我们可以看到,团队成员在眼神测试上的平均值和团队表现几乎不相关($r=0.14$,$p>0.05$),团队成员个人智力最大值和 c 因素也几乎不相关($r=-0.06$,$p>0.05$),团队成员个人智力平均值和 c 因素负相关,但并未达到显著水平($r=-0.25$,$p>0.05$),女生比例和 c 因素显著正相关($r=0.39$,$p<0.05$),而团队满意度和 c 因素之间是显著负相关的关系($r=-0.43$,$p<0.05$)。也就是说,团队智力与女生比例显著正相关,与团队满意度显著负相关,与眼神敏感性、团队成员个人智力平均值、最大值,以及心理安全均未达到显著相关水平。

为了进一步探讨这些因素对团队智力的预测力,我们对各因素做了在团队智力上的回归,第一步放入团队成员人数,第二步放入眼神平均值、团队成员个人智力平均值、团队成员个人智力最大值、女生比例、心理安全和团队满意度,结果如表 6 所示。

表 6 团队成员特征对团队智力的回归分析($N=28$)

	因变量:c 因素	
	第一步	第二步
团队成员人数	0.34	0.48*
眼神平均值		0.11
团队成员个人智力平均值		0.02
团队成员个人智力最大值		0.01
女生比例		0.42*
心理安全		0.07
团队满意度		−0.36*
F	3.31	2.82*
R^2	0.11	0.50
调整后 R^2	0.08	0.32

注:* 在 0.05 水平(双侧)上显著相关,** 在 0.01 水平(双侧)上显著相关。

从表 6 中我们可以看到,女生比例显著正向预测团队智力($\beta=0.42$,$p<0.05$),团队满意度显著负向预测团队智力($\beta=-0.36$,$p<0.05$)。也就是说,女生比例越大,团队智力越高;团队满意度越高,团队智力越低。而其他的变量,如瑞文平均值、瑞文最大值、眼神平均值和心理安全均不能显著预测团队智力。

四、案例使用说明

（一）教学目的与用途

1. 本案例适用于应用心理专业硕士"人力资源管理""组织行为学"等课程，对应于"人员选拔""团队建设和团队绩效"等应用主题。教师可以通过本案例向学生介绍影响大学生创业团队建设及团队绩效的重要因素。

2. 本案例的教学目的是引导学生掌握如何对团队智力进行评估，并进一步保障创业团队绩效的重要因素，这些内容可以为团队组建时成员的构成、提升团队绩效的途径等方面提供启示和参考，为学生未来从事人力资源管理等相关工作积累理论和方法基础。

（二）启发思考题

1. 大学生创业团队的特点是什么？
2. 大学生创业成功率低的原因有哪些？
3. 个体的高智商能否带来团队的高绩效？
4. 影响团队绩效的因素有哪些？

（三）基本概念与理论依据

1. 团队智力的定义

智力是指人认识、理解客观事物并运用知识、经验等解决问题的能力。不同的研究者对智力的定义有所不同，有的学者认为智力更侧重于认知能力，而有的学者，如 Wechsler(1971) 则认为智力是个体解决问题、做出理性思考及决策、快速适应环境的总体能力。

斯皮尔曼的智力二因素论认为人的智力可以分为一般智力和特殊智力。一般智力（"g 因素"）是人从事任何活动都会表现出来的共同能力，如我们在工作和生活中解决问题时所用到的能力。"g 因素"可以在大约 40% 的解释水平上预测人在完成任务和解决问题时的表现。人的一般智力来自先天遗传，主要表现在一般性的生活活动上，代表着个人能力的高低。特殊智力（"s 因素"）则是指人在从事某些特殊活动时表现出来的能力。智力二因素论是关于智力的一个比较经典的理论，对智力理论的发展影响深刻，团队智力就是根据二因素论中的一般智力发展而来的：假设团队作为一个工作单位，和个人一样，在完成任务和解决问题时也有自己的一般智力，即"c因素"，它可以预测团队在各种类型任务上的表现。团队智力即团队在从事任何活动和任务时都会表现出来的一般认知智力。

团队智力是一个很新的研究领域，近些年来受到越来越多研究者的关注。虽然不同的研究者对团队智力有不同的定义，但其中又有相通之处。Karen(1997)把团队智力定义为某一工作团队做出正确、明智的分析和决策的能力。Voldtofte(1997)认为团队智力是一个集体或社会系统解决对个人来说过于复杂的问题和语言的能力，也包括团队制定战略和目标以及设计未来愿景的能力。Lévy(1997)认为团队智力是在多个个体竞争与合作过程中产生的一种普遍的分布式智能，它和个人的一般智力一样，是团队作为一个整体去完成各种类型任务的一般智力（Woolley等，2010）；Woolley等在2010年关于团队的研究证明了"c因素"的存在，即团队也存在"一般智力"，它和个体的一般智力中的"g因素"一样可以解释并预测团队在各种类型任务上的表现。而Woodley和Bell(2010)则认为，团队智力（c因素）是一般人格因素在集体层面的重要表现。Thompson(2006)认为团队智力是团队中的群体成员在共同解决各种问题时所表现出来的一种集体智慧。麻省理工学院团队智力研究中心给出的定义是，团队智力体现为群体一起完成任务比个人完成的表现更好（Malone，2008）。Lévy(1997)认为智力是指个人的主要认知能力，包括感知能力，行动计划与协调能力，记忆力、想象力和生成假设的能力，求知欲和学习能力，而团队智力就是指团队的这些认知能力。综上所述，虽然不同学者对团队智力强调的角度有所区别，但他们一致认为团队智力最基本的含义是集体所具有的优于个体或个体总和的智慧与能力（戴旸和周磊，2014），也就是一个团队作为一个整体获取准确的信息、做出最明确的决策、解决问题并达成目标的能力。

与国外相关研究相比，国内学者对团队智力的关注尚显不足。钟国兴(2005)认为所谓团队智力就是一个团队释放出来的智能，它是一个团队中人们组合的智能剩余数同人数之比值。也就是说，钟国兴教授认为团队智力并不是个人智力的简单相加，而是个人在组织内被允许释放多少智能，比如如果一个组织内只允许少数人发声，那么大部分团队成员的智力便无法释放，即使团队个人智力再高也无济于事。而如果组织内成员不是互相帮助，而是互相内耗，那么团队智力就会急速下降,甚至为负,这也就是为什么"一个和尚挑水吃,两个和尚抬水吃,三个和尚没水吃"。夏心军(2005)认为所谓群体智商是指学习型学校的全体成员在共同解决学校发展所面临的各种问题过程中所表现出来的集体智慧,主要体现为学习动力、学习毅力和学习能力三个方面,即学习力。而一个学校核心竞争力的本质就是学习力。姚凯(2005)认为团队智商指的是团队做出正确分析和准确决策的能力。

综上所述,国内外学者对团队智力的定义尚未统一,本研究采用大部分学者对团队智力的定义,即团队智力是团队一起解决问题以达成目标时的一般认知能力。

2. 团队智力的测量

国内关于团队智力测量的研究更是少于对团队智力概念的介绍,国外大部分测量方法采用的都是通过团队完成各种类型的任务来评定团队智力的范式,国内则没有找到关于团队智力测量的具体的实证研究文献。

尹鸾(2012)在对团队智力文献进行梳理时提到,目前对于团队智力的测量分为三种方法:①计分卡法,国外测量团队智力采用分别从团队成员的态度、技能、原则三方面打分的计分卡方法来评估一个团队;②分组完成分类任务法,这就是 Woolley(2010)测量团队智力时所用的方法,即采用因素分析的方法从不同阶段不同类型的任务表现中提取并计算出团队智力。③公式测量法,钟国兴教授认为团队智力的测量公式可以是 $X = (M - N)/L \times 100\%$,其中 X 是团队智力,M 是体制允许释放的智能,N 是和团队目标相反方向的智能,可以称之为干扰智能,L 是团队的人数。也就是说,团队智力等于这个组织的体制允许释放出来的智能经过正负抵消最后获得的正的剩余数,然后用这个剩余数除以组织的人数,获得的结果就是团队智商。但是我们并没有找到如何计算体制允许释放出来的智能以及被消耗的智能的具体方法。

由于第一种方法即计分卡法不是定量的测量方法,而对于第三种方法即公式测量法我们也无法得知组织允许释放出来的智能以及被消耗的智能的准确数值,此外也考虑到实施的可行性,本研究采用第二种方法,即 Woolley 所采用的分组完成分类任务法来测量团队智力。群体任务分类环将团队任务根据过程分为四类:产生想法阶段、选择阶段、决策阶段和执行阶段(McGrath,1984)。

Woolley(2010)在实验一中根据分类环分别从这四个环节中选出了至少一个任务(第二个阶段选了两个),即分别是头脑风暴、矩阵推理、道德推理、购物计划和小组复刻五个任务,最后又将与电脑进行象棋对抗赛作为标准任务,通过任务的表现来测量团队智力。他先是以40个3人随机小组为被试验证了团队智力的存在。随后他又以579个被试随机组成的152个团队为研究对象,选取了组词任务、空间问题、填词任务、估计任务和再现艺术五个任务作为实验材料,并将一个建筑设计任务作为标准任务,进一步验证了之前的实验结果,即团队智力是存在的。2015年,Woolley在之前研究的基础上又做了一次团队智力的测量研究。他在研究中设计了三种实验条件:交流方式(线上 v.s.面对面)、团队背景(短期随机团队 v.s.长期团队)和文化背景(美国、德国 v.s.日本)。研究发现在不同的文化背景下,不论是已经成立一段时间的长期团队还是随机组成的短期团队,在面对面交流和线上交流时都存在团队智力,并且团队智力可以预测团队在各种类型任务上的表现。

3. 团队智力的影响因素

除了对团队智力的概念和测量进行相关研究,国外学者们对团队智力的影响因素也很关注。Woolley等(2010)证明了团队智力和团体成员的社会敏感性、话语转换以及女性比例有关,而且女性比例是通过社会敏感性来调节它对团队智力的影响的,该研究还发现团队智力与团体成员的个人智力水平并不显著相关,与心理安全、团队凝聚力和动机也不相关。Woolley(2014)又做了一个后续研究,证明了团队智力依然和社会敏感性及沟通情况显著相关,与人格无关。

(1) 团队成员个人智力

智力与工作绩效之间的关系是被学者们广泛研究的主题之一。智力一直都是我们衡量一个人表现的标准,智商高的人在完成各种任务时都会比智商低的人表现得更好,那么个人智力与团队智力之间究竟是一种什么样的关系呢?一群最聪明的人组成的团队就是最聪明的团队吗?

我们一般认为一个优秀团队的成员也应该都是最聪明的人。但学者们对此意见并不一致。有的学者认为,团队的表现和团队成员的个人智力几乎不相关,也就是说,团队成员是否聪明并不能显著影响团队的表现,如 Woolley

(2010)发现团队成员个人智力得分的平均值与最大值均与团队智力分数无显著相关;钟国兴(2005)认为团队智力并不是团队成员智力的简单相加,它取决于这个团队允许成员释放多少智能,如果团队成员都是非常聪明的人,但是却互相对抗抑制彼此的发挥,那么团队智力会急速下降。也有学者认为团队的表现和团队成员的个人智力显著相关,团队成员是否聪明会显著影响团队的表现,如 Bates 和 Gupta(2017)通过与 Woolley(2010)相同的分组完成分类任务法发现团队成员个人智力得分的平均值可以显著预测团队智力得分;McHugh 等(2016)发现,团队成员的平均个人智力得分与团队智力得分之间呈正相关,但两者的相关很微弱。综上所述,研究者们在团队成员个人智力是否影响团队智力方面并没有达成一致,我们有必要进一步探讨两者之间的关系。

(2) 团队情绪智力

在 Daniel Goleman 1995 年出版《情绪智力》一书之后,情绪智力引起了研究者们的注意和兴趣。情绪智力是指人处在社会环境中理解他人意思的能力,和心理理论的概念有些相似,心理理论(theory of mind)是指个体对他人心理状态及其与他人行为关系的推理或认知。这种推测他人心理状态的能力会影响团队氛围,从而进一步影响团队表现。有研究证明,女性在情绪智力方面的表现会稍高于男性。近年来,又有研究者提出了"集体情绪智力"的概念,拥有高集体情绪智力水平的团队能促使成员更加意识到自己的情感、鼓励其表达情感并对情感进行调节,从而提高团队成员的有效合作(Druskat 和 Wolff, 2001)。很多研究都表明团队情绪智力可以显著影响团队表现。如 Melita 和 Prati(2003)研究表明成员情绪智力高的团队能更好地互动,团队氛围、凝聚力、信任、创造力、决策能力和团队表现都有较高的水平,而且高情绪智力领导者的领导力更强。Rapisarda(2002)研究表明情绪智力会显著影响团队表现。董睿岫(2015)研究发现团队情绪智力通过团队凝聚力的部分中介作用对团队效能产生显著的正向影响。

研究者们也探讨了团队情绪智力与团队智力的关系。有的学者认为团队情绪智力是团队智力的预测因素,而团队情绪智力又会受到女性比例的影响。如 Woolley(2010)采用"眼神测试"测量了团队的社会敏感性,研究发现团队中女性成员所占比例与团队智力得分之间呈显著正相关,并且社会敏感性起到中介作用。Engel(2014)进一步研究了面对面团队与网络在线团队的团队智力情况,结果发现团队社会敏感性得分不仅能够预测面对面团队的团队智力分数,而且同样能够显著预测网络在线团队的团队智力分数。然而 Bates 和 Gupta(2016)的三组实验研究却发现女性成员的数量与团队智力分数之间无显著相关,而社会敏感性得分与团队智力得分之间的关系是不稳定的。

(3) 心理安全感

研究者们对心理安全感的定义各有看法。一般来说,心理安全是指个体在团队内可以尽情表达自己的想法,而不担心团队内其他人会对自己产生负面看法的一种感受。Edmondson(1999)认为心理安全是团队成员都觉得在团队中进行人际冒险是安全的。胡阳(2013)在对心理安全的定义做了梳理后将心理安全定义为团队成员在团队工作环境中自愿且主动地表达自己的想法、和其他人分享自己的感受、不害怕自己的缺点暴露、不担心自己因说了真话而受到惩罚的一种人际风险的认知。

国内外很多研究都表明心理安全对团队绩效有显著影响,如陈国权、赵慧群和蒋璐(2008)研究发现,团队成员心理安全感越强,团队的学习能力越高,从而可以达到提升团队绩效的目的。李宁和严进(2007)通过问卷的方式调查了 203 名员工以及他们的领导,发现成员的组织信任感越强、心理安全感越高,这个团队的工作绩效就越高。尽管有很多研究证明了心理安全对团队绩效有很重要的作用,但是 Woolley 的研究发现心理安全对团队智力并没有影响,不过他的研究采用的是由临时招募的被试随机分配的小组,而不是真实的团队,因此研究结果有待进一步考证。

(四) 背景材料

"没有人知道所有事,但是每个人都知道一些事",当资源和信息得到共享的那一刻,我们收获的能量将远大于个人之和。在这个飞速发展的时代,孤军奋战注定是要被时代淘汰的,只有合作才能完成连接,实现共赢,于是很多人为了完成某一个或者某一些共同的目标而聚集在一起,群体应运而生。一个群体可以获得的最重要的特性之一就是群体智能,它可以让群体在某种程度上应对或解决个人无法解决的问题(Fisher, 2013),例如谷歌、维基百科这样的互联网网站便是群体智能最典型的形式:每个人把自己知道的事情分享出来,然后整个人类实现信息共享,是群体智能最大化的一种体现。

科学家詹姆斯·洛夫洛克(James Lovelock)的"盖亚假说"认为,整个世界就是一个很复杂的自适应系统,个体只有理解其中的规则,并去适应、遵守这些规则才能生存。系统中的个体之间都有一种特殊的相互作用,某个个体的行为变化会使其他个体甚至整个团队都做出相应的改变。当一群人可以共同应对周围环境变化时,这个系统便会越来越稳定,形成群体。世界上的每一个物种或群体,甚至物种或群体中的每一个个体都会遵从着一些有助于他们生存且获取最大利益的规则。人们过去认为动物的群体行为很奇妙,动物们好像可以通过某种特殊的交流方式去集体狩猎、相互掩护逃离危险,尤其是蚂蚁和蜜蜂,蚂蚁们总会很快找到到达食物的最短路线,蜜蜂们则会在蜂巢内互相靠拢结成球形一起取暖,而且它们内部也都有非常明确的分工。动物行为学家们对这些现象的研究揭示了动物界的群体智能的简单规则,而群体智能的概念也是起源于Thomas Seely 发现了蜂群智慧,Daborah Gordon 则进一步证实这种智慧同样存在于蚂蚁群中。Thomas Malone 设计出一个群体智慧的实现模型,将群体智慧分解为"What""Who""Why""How"四个主要因素。2004 年,James Surowiecki 撰写并出版了《群体的智慧:如何做出最聪明的决策》(*The Wisdom of Crowds:Why the Many are Smarter than the Few*)一书,这是一部具有里程碑意义的著作,他认为"乌合之众"可以和专家一样出色,但是只限于简单的行为,在复杂行为方面,群体智慧并无优势。然而布里斯托大学的 Len Fisher 教授在《完美的群体:如何掌控群体》(*The Perfect Swarm:The Science of Complexity in Everyday Life*)一书中不仅介绍了群体智能的演变过程,而且分析了人类如何利用群体的力量在复杂的环境中做出最完善的决策,认为这样一个"完美的群体"完全可以面对所有复杂行为。而当团队取代个人成为主要的工作单位后,团队智力也随之受到大家的关注。

(五)分析思路

教师可以根据自己的教学目标来灵活使用本案例。这里提出本案例的分析思路,仅供参考。

1. 试分析国家鼓励"大众创业、万众创新"的现实背景。
2. 造成大学生创业成功率低的现实问题有哪些?
3. 个体智力与团队绩效之间有什么关系?

4. 团队智力是否存在？如果存在的话，该如何评估？

5. 团队智力与团队绩效之间有什么关系？

（六）建议的课堂计划

1. 时间安排

本案例可以配合"人力资源管理"等相关课程中的"团队效能""团队建设"部分使用。课堂讨论时间为1—2小时，但为保障课堂讨论的顺畅和高效，要求学生要提前两周准备有关这一主题的理论知识，并对这一主题的实践状况有较好的了解。

2. 讨论形式

小组报告＋课堂讨论。

3. 案例拓展

思考团队智力评估的其他方法和技术。思考影响团队智力的其他因素。

（七）案例分析及启示

1. 团队智力在中国文化下依然存在，且适用于部分团队任务。

本研究通过团队任务实验法和问卷法对28组（共128人）某财经大学大学生创业团队进行研究，探讨了中国文化背景下的团队智力如何测量，以及团队成员的个人智力、社会敏感性、心理安全感和团队满意度对团队智力的影响。本研究对团队智力的研究结果大体上和之前的研究一致，以往研究（Woolley，2010；Engel和Woolley，2015）证实团队智力在不同的沟通方式、不同的文化背景和不同的团队结构情况下都是存在的。本研究结果发现在中国文化背景下，已经成立的团队在面对面沟通交流时，团队智力也是存在的。就像我们会根据个人智力水平来判断一个人聪明不聪明一样，团队也有聪明和不聪明之分。聪明的团队有更好的记忆力、判断力和执行力，可以更快更好地完成任务，解决难题，适应环境的变化，他们相对其他团队来说更加优秀也更容易成功。

但是出乎我们预料的是，在本研究中，团队智力并不能显著预测团队表现（即偏旁组字造句任务得分），这和以往研究的结论不一致。当然，这并不能说团队智力不能预测团队表现，导致出现这样结果的原因有很多。为了检验这一结果，我们又分别做了团队任务的算术平均值和各个阶段的团队任务对团队表现(偏旁组字造句任务得分)的回归分析,结果发现,这两个指标也不能有效预测团队的表现。基于此,我们怀疑是不是我们在团队任务的选取上出现了问题,即偏旁组字造句任务得分并不是一个可以代表团队表现的有效指标,因为在偏旁组字造句任务中,团队表现会受到团队成员人数的影响,因为该任务中只有三张偏旁表单,如果是四人或五人的团队就需要该团队中有两人共同完成一张表单。这样就会对他们的表现有较大影响。数据分析也发现,团队成员人数可以显著预测团队表现,也就是偏旁组字造句任务得分,也就是说,这项任务的完成情况很大程度上取决于团队人数的多少,人数较多的团队在有限的时间里更容易分配任务和合作讨论,因此表现更好也并不奇怪。Woolley(2015)的研究也证明团队人数可以预测团队表现,因此这一结果有待后续进一步研究探讨。此外,考虑到之前在日本的研究中有研究者证实了团队智力的存在,但是同为具有集体主义文化背景的国家,中国和日本对集体主义的定义可能有所不同,这一问题值得更深入的探讨。

本研究还发现,在我们选取的五个团队任务中,成语接龙任务和打字任务的效度不太好,因为本研究的研究对象大部分都是大学生,因此出现了某一个成员独自完成整个成语接龙任务而其他团队成员完全没有参与的情况。打字任务则是规范性有待加强,比如团队成员打字时的网络状况、打字速度以及被试对任务规则的理解等这些因素很难控制,导致团队在完成该任务时出现大量不必要的错误。其他三个任务中,由于头脑风暴、瑞文高级推理测验本身就是很规范的任务,实施过程也没有太多无关因素干扰,而在完成逃离格里兰岛任务时团队可以充分发挥协商的作用,因此这三个任务在本研究中是比较适用的,而且相对来说,头脑风暴任务更能体现任务中团队合作的价值,后续研究可以保留这三个任务,打字任务则需做进一步的改进。

2. 团队智力的影响因素

我们对团队成员的智力、社会敏感性、心理安全以及团队满意度与团队智力的关系做了进一步探讨,研究结果也很值得思考。

(1) 团队成员的个人智力

团队智力和团队成员的个人智力最大值不相关,和团队成员的智力平均值负相关,但未达到显著水平,也就是说团队智力和团队成员整体智力水平没有关系,这和之前的研究结果一致(Woolley,2010;Bates 和 Gupta,2016;McHugh

等，2016）。我们都知道，由最聪明的人组成的团队并不等于最聪明的团队，如钟国兴教授所说，团队智力等于团队内允许释放的智能与内部消耗的智能的差值，也就是说，虽然聪明的团队成员具有更高的智能，但是团队是否允许他们释放自己的智能以及他们之间是否会相互耗损各自的智能，才是团队能否具有更高智能的关键。

（2）女性比例和社会敏感性

团队中女性比例显著正向预测团队智力，成员在眼神测试上的平均值和团队智力并不显著相关。以往研究也发现女性比例会影响团队智力以及团队表现，如Curseu等（2015）的研究证实，团队中的女性比例高会促进集体情绪智力的产生，这反过来又会增加团队凝聚力、减少成员之间的冲突，从而有利于团队效能；Woolley（2010）的研究表明，女性比例通过社会敏感性的中介作用影响团队智力。但是出乎意料的是，在本研究中，社会敏感性对团队智力的预测作用并没有达到显著水平。不过需要注意的是，由于本研究的被试团队女性比例都很高，甚至有很多团队全是女生，因而本研究中女性比例和社会敏感性对团队智力以及团队表现的影响可能不太具有代表性，有待进一步探究。

（3）心理安全感和团队满意度

和Woolley（2010）的研究结果一致，本研究也发现心理安全感和团队智力之间没有关系，但是令我们意外的是，本研究发现团队满意度显著负向预测团队智力，也就是说，团队满意度越高的团队，团队智力越低。我们对这样的结果也很好奇，于是仔细分析了一下可能的原因。回顾数据可以发现，团队满意度和逃离格里兰岛任务呈现显著负相关，和其他任务的表现则关系不大。因为逃离格里兰岛任务是一个协商任务，需要团队成员针对给出的情境展开深入讨论，最后给出团队的方法排序。满意度高的团队对团队本身和团队其他成员都会有更强的认同感，不仅会认同他们提出的观点，而且会更倾向于避免团队之间的冲突，因此我们认为在满意度较高的团队中，其成员在完成团队任务，尤其是协商任务时彼此的观点更容易互相认同，也更愿意为了其他成员做出妥协，这样就可能降低讨论深度，因而表现比别的团队更差。

（4）团队成员人数

以往关于团队智力的研究对团队成员人数的探讨相对较少，然而本研究发现,团队成员人数可以显著预测团队表现,甚至对团队智力也有很大的影响。为什么呢?因为对人数比较少的小团队来说,在有限的时间内完成规定的复杂任务时,团队成员人数本身就是一个很重要的影响因素,这种影响甚至大于女性比例和社会敏感性,但是究竟多少人的团队才最合适是后续研究可以加强关注的方面。

【参考文献】

Bates, T. C., Gupta, S. (2017) Smart groups of smart people: Evidence for IQ as the origin of collective intelligence in the performance of human groups. *Intelligence*, 60, 46—56.

Curseu, P. L., Pluut, H., Boro, S., et al. (2015). The magic of collective emotional intelligence in learning groups: No guys needed for the spell!. *British Journal of Psychology*, 106(2), 217—234.

Engel, D., Woolley, A. W., Aggarwal, I., Chabris, C., et al. (2015). Collective intelligence in computer-mediated collaboration emerges in different contexts and cultures. *Proceedings of the SIGCHI Conference on Human Factors in Computing Systems*, (CHI 2015), Seoul, Korea.

Druskat, V. U., Wolff, S. B. (2001). Building the emotional intelligence of groups. *Harvard Business Review*, 79(3), 80—91.

Edmondson, A. G. (1999). Psychological safety and learning behavior in work teams. *Administrative Science Quarterly*, 44(2), 350—383.

Fisher, L.(2013). Scientific genius: Will continue to thrive. *Nature*, 494,430.

Geoffroy, D. S., Guy, T., and Jean, L. D. (2001). Animal robots collective intelligence. *Animal of Mathematics and Artificial Intelligence*, 31(1—4), 223—238.

Karen, A.,Jehn, A. (1997). Qualitative analysis of conflict type and dimensions in organizational groups. *Administrative Science Quarterly Ithaca*,42(3),530—557.

Lévy, P. (1997). *Collective intelligence*. New York: Plenum/Harper Collins.

Malone, T., Laubacher, R., Dellarocas, C. (2009). Harnessing crowds: Mapping the genome of collective intelligence. *MIT Slogan School of Management*, 1(2), 1—3.

McHugh, K. A.,Yammarino, F. J., Dionne, S. D., et al. (2016). Collective decision making, leadership, and collective intelligence: Tests with agent based simulations and a field study. *The Leadership Quarterly*, 27(2), 218—241.

Melita Prati, L., Douglas, C., Ferris, G. R., et al. (2003). Emotional intelligence, leadership effectiveness, and team outcomes. *The International Journal of Organizational Analysis*, 11(1), 21—40.

Rapisarda, B. A. (2002). The impact of emotional intelligence on work team cohesiveness and performance. *The International Journal of Organizational Analysis*, 10(4), 363—379.

Seeley, T. D. (1995).*The wisdom of the hive.* Massachusetts: Harvard University Press.

Surowiecki, J. (2005). *The wisdom of crowds.*New York: Anchor.

Timmons, J. A. (1979). Careful self-analysis and team assessment can aid entrepreneurs. *Harvard Business Review*, 10.

Voldtofte, F. A generative theory on collective intelligence. http://tinyurl.com/3xk4yy

Weschsler, D. (1971). Concept of collective intelligence. *American Psychologist*, 26(10), 904.

Woodley M. A., Bell E. (2011). Is collective intelligence (mostly) the general factor of personality? A comment on Woolley, Chabris, Pentland, Hashmi and Malone (2010).*Intelligence*, 39(2), 79—81.

Woolley, A. W., AggarwalI., Malone, T. W. (2015). Collective intelligence and group performance. *Current Directions in Psychological Science*, 24(6), 420—424.

Woolley, A. W., AggarwalI., Malone, T. W. (2015). Collective intelligence in teams and organizations. *Handbook of Collective Intelligence*, 143.

Woolley, A. W., Chabris, C. F., Pentland, A., et al. Evidence for a collective intelligence factor in the performance of human groups. *Science*, 2010, 330(6004), 686—688.

陈国权,赵慧群,蒋璐.团队心理安全、团队学习能力与团队绩效关系的实证研究[J].科学学研究,2008,26(6),1283—1292.

董睿岫.团队情绪智力对团队效能的影响研究[D].广西科技大学,2015.

何木叶,刘电芝.团队智商及影响因素分析[J].科学与管理,2007(5),54—56.

胡阳.团队氛围、团队心理安全感、研究生科研能力的相互关系研究[D].武汉科技大学,2013.

李宁,严进.组织信任氛围对任务绩效的作用途径[J].心理学报,2007,39(6),1111—1121.

彭聃龄.普通心理学(修订版)[M].北京:北京师范大学出版社,2009.

夏心军.群体智商:学习型学校关注的话语[J].管理方略,2005,27—28.

姚凯.团队智商与创业成功[N].上海科技报,2005-11.

尹鸾.团队智力研究的新进展[J].文教资料,2012(2),94—95.

赵婀娜,侯文晓.2017年中国大学生就业报告:就业率稳定满意度上升[N].人民日报,2017-6-13.

社会心理学实验设计教学案例

傅鑫媛　陆智远　寇彧

【摘　要】 为了帮助人们更好地理解社会现象,心理学工作者经常采用实验的方法对一些社会现象进行研究,在这个过程中,设计一个好的社会心理学实验就很重要。为此,本案例将围绕一篇名为"陌生他人在场及其行为对个体道德伪善的影响"的实验研究文章展开,通过介绍该实验研究的内容并分析其实验设计过程,帮助学生掌握社会心理学实验设计的方法,从而为学生更好地将心理学专业知识和技能应用于解释社会现象并尝试解决现实问题提供参考。

【关键词】 社会心理学　实验设计　道德伪善

一、引言

社会心理学家一直致力于用实验的方法研究个体和群体在社会相互作用中的心理和行为发生及变化规律,社会心理学领域也因此积累了许多经典的实验,比如权威服从实验、从众实验、斯坦福监狱实验等。这些实验加深了我们对一些社会现象的理解,也对我们探讨人类的社会本质起到了至关重要的作用,可以说,掌握社会心理学实验设计的方法才能解释更多的社会现象并更好地解决现实问题。所以,本案例将围绕一篇发表在《心理学报》(2015年第8期)上的实验研究文章展开,通过全面介绍其实验设计过程并让学生分析其设计思路的可取和不足之处,促进学生对社会心理学实验设计方法的掌握。

二、案例背景介绍

本文的案例是一篇探讨"陌生他人在场及其行为对个体道德伪善的影响"的社会心理学实验研究文章。道德伪善现象是社会心理学领域的重要研究内容,其影响因素众多,而人际层面的影响因素则少有研究。为此,这篇文章的研究以大学生为被试,设置捐款情境,探讨单个陌生他人在场及其真善/伪善行为能否抑制个体的道德伪善。结果表明:陌生他人单纯在场或做出伪善行为都不能抑制捐款情境中个体的道德伪善,而在场陌生他人的真善行为可以有效抑制捐款情境中个体的道德伪善。该研究包含一个预实验和两个正式实验,通过对这些实验的分析和讨论,学生可以对道德伪善这一社会心理和行为现象有更深刻的认识,对社会心理学实验设计的思路和方法有更清晰的把握。

三、实验研究案例

(一)问题提出

道德伪善是个体进行印象管理或欺人的过程,人们伪善是为了在获取自身利益的同时还能在他人面前显得道德(Caviola 和 Faulmüller,2014;Lönnqvist 等,2014)。在社会互动中,个体暴露在他人面前,如果实际的善行(比如实际的捐款数额)无法达到之前向他人声称的道德水准(比如声称愿意多捐款),则有可能给他人留下不道德的印象,因而迫于印象管理的压力,个体有可能在他人面前抑制自己的伪善(比如尽可能按照事先承诺的额度进行捐款)。而根据社会影响理论(Latané,1981),社会互动中他人的数量、影响力和接近性都会对个体在多大程度上接受他人影响产生重要作用,他人的数量越多,个体就越可能受到他人的影响;他人的影响力对个体的影响则因其地位、声望、权力、与个体的关系等不同而不同;接近性是指他人与个体在时间和空间上的距离越接近,其影响就越大。由此看来,就探讨人际层面的因素如何影响个体的道德伪善而言,单个陌生他人在场对个体道德伪善的抑制可能要远远小于多个他人、重要他人或亲近他人的影响。个体之所以想要在他人面前显得道德,给人留下好的印象,是为了得到他人好的评价继而在将来获得好的对待(Barclay 和 Willer,2007;刘娟娟,2006),但人们与陌生人的交往是一次性的,给陌生人留下好印象进而换来回报的概率微乎其微,与其如此,个体还不如追求眼前自身的利益。换句话说,个体在某个陌生他人面前显得道德的渴望可能敌不过其自身利益的诱惑。由此,我们得到假设1:单个陌生他人在场不能抑制个体的道德伪善。

但陌生他人往往并不只是单纯的旁观者,他在特定的情境中也时常会有特定的行为表现,那么,当在场的陌生他人表现出了真善或伪善的行为(例如宣称的捐款意愿和随后的捐款行为一致或不一致)时,这种具体的行为又能否抑制个体的道德伪善呢?社会情境的模糊性(例如某个情境是否需要提供帮助)往往给潜在的行动者一种不确定感(不确定自己到底要不要提供帮助),因而个体在做出行为决策前需要解释和界定具体情境,这时最直接的做法便是观察身边的其他人,从他人的言行中为自己的行为寻找可用的信息,即进行社会比较。于是,他人的行为可能成为个体行动的榜样(田启瑞,2012)。因而我们推测,在场陌生他人的真善或伪善行为有可能影响个体的道德伪善。另外,根据认知失调理论(Festinger,1962),当个体做出了与其态度相悖的行为时,必然寻找借口以缓和或解除其内心的失调感。于是,道德伪善的个体不仅需要欺骗他人还需要欺骗自己,即人们伪善的目的也在于让自己相信自己是道德的(Batson 等,1999)。比如人们在无法兑现自己声称的道德水准时,往往会采用避免将自己的行为与道德标准相比较的自我欺骗策略(Batson 等,2002)。研究发现,面对一面镜子完成实验的被试比没有面对镜子的被试表现出更少的道德伪善。被试因为在镜子中看到自己而提高了自我意识,高自我意识使得个人的道德标准得以凸显,进而使得被试更难躲避自身行为与道德标准之间的比较,也更难容忍自身行为与道德标准之间的不一致,因而只能通过真善行为让自己相信自己是道德的。由此看来,道德标准的凸显可以抑制道德伪善。当在场陌生他人表现出真善行为时,一方面可能使道德标准凸显,使得个体难以躲避自身行为与道德标准之间的比较,进而抑制其道德伪善;另一方面,他人的真善行为也可能成为个体的学习榜样,进而抑制其道德伪善。相反,当在场陌生他人表现出伪善行为时,并不会使道德标准凸显,反而可能给个体树立不良的榜样,使其拥有道德推脱（moral disengagement）的理由（Bandura，1991；Kish-Gephart 等，2014），并降低要在他人面前显得道德的印象管理需求。由此，我们得到假设2：在场陌生他人的真善行为可以有效抑制个体的道德伪善；而在场陌生他人的伪善行为无法抑制个体的道德伪善。

为检验上述两个假设，本研究采用实验的方法，以大学生为被试，设置捐款情境，分别探讨陌生他人在场及其真善/伪善行为对个体道德伪善的影响。研究包括预实验和两个正式实验。预实验考察个体预期的捐款金额是否受其所拥有的总金额的影响，以保证正式实验中道德伪善测量指标的有效性；实验一设置无陌生他人在场和有陌生他人在场两种条件，考察个体伪善程度的差异；实验二设置真善他人/伪善他人两种条件，进一步考察在场陌生他人的行为对个体道德伪善的影响。

（二）预实验：个体预期的捐款金额与其所有金额的关系

借鉴前人对道德伪善的测量方法（Polman 和 Ruttan，2012），我们将捐款情境中的道德伪善定义为被试事先预期（即宣称）的捐款额度减去随后真实捐款额度的差值，差值越大，表明被试的道德伪善程度越高。为了不让被试识破研究的真实目的，我们有意把让被试预期自己捐款额时所拥有的总金额设置成50元，而把随后被试有机会真正捐款时实际拥有的总金额设置成20元，然后以预期捐款占所拥有总金额的比例减去实际捐款占实际所拥有总金额的比例作为道德伪善的衡量指标。这样做的前提是个体预期的捐款额不受其所拥有总金额的影响。因此，我们通过电子邮件给被试发放问卷（包含一个假设捐款情境），让被试以邮件形式分别报告在自己只有50元和20元的情况下，遇到邮件所描述的情形时愿意捐出多少钱，然后比较这两种情况下的捐款比例是否相同。如果两者差异不显著，说明被试在捐款时参考的是自己拥有财富的相对数额，换言之，使用捐款比例差值作为道德伪善的测量指标可以排除被试拥有不同总金额所带来的干扰。

1. 被试

通过网络随机征集有效被试46名大学生，其中男生15人。被试平均年龄为21.02岁（SD=1.06）。

2. 假设情境问卷

问卷中的假设捐款情境如下:假设你在去往学校的途中刚好经过一个募捐现场。某慈善组织正在为一个患先天性心脏病的农村小女孩募集手术善款。在以下两种情况下,你会捐多少钱?①如果你身上有50元钱;②如果你身上有20元钱。

3. 实验结果

计算被试在①和②两种情况下的捐款比例 P_1(捐款金额占50元的比例)和 P_2(捐款金额占20元的比例),然后进行配对样本 t 检验,结果表明两种情况下被试的捐款比例没有显著差异($P_1:M = 0.32, SD = 0.24; P_2:M = 0.32, SD = 0.33; t = 0.13, df = 45, p = 0.900$)。也就是说,个体在自身拥有不超过50元的情况下,偶遇捐款情境时,预期捐款数是一个相对的参考值,所以在正式实验中,可以将宣称的捐款数和实际的捐款数的比例差值作为被试道德伪善的测量指标。

(三) 实验一:陌生他人在场对捐款情境中道德伪善的影响

实验一为单因素(无/有陌生他人在场)组间随机设计。实验任务包括两个部分,首先通过电子邮件给被试发放问卷(包含一个假设捐款情境),让被试以邮件形式报告自己可能捐款的金额;然后让被试在回复邮件后的第二天到指定实验室(模拟的"真实"募捐情境),先填写一份用于掩盖实验目的的无关问卷,接着参与实际的捐款。两种实验条件下的问卷填写程序相同,而在实验室情境中,无陌生他人在场组的被试独自在实验小隔间里完成任务,实验指导语通过电脑屏幕呈现;有陌生他人在场组的被试则在一名实验主试(即在场陌生他人)的指导下完成相应任务。因变量为被试邮件中宣称的捐款比例与其实际捐款比例的差值。

1. 被试

通过网络随机招募60名大学生,其中男生7人。被试平均年龄20.31岁($SD = 1.81$)。

2. 实验材料

(1) 自编假设情境问卷。问卷包括1个假设捐款情境和3个用于掩盖实

验目的的无关情境,每个情境后面附有1—2道问题。其中假设捐款情境根据真实案例改编而成,内容及问题如下:

> 你正经过一个募集救助款的现场。受助者叫小凤,今年10岁,来自单亲家庭,全家月收入不到700元钱。小凤刚被查出患有先天性心脏病,需要实施手术,手术费约为16万元。小凤的妈妈虽然借了些钱带女儿来北京看病,但她借到的钱远远不够付手术费。北京彩虹桥慈善基金会正在举办募捐活动帮助小凤。如果你身上刚好有50元零花钱,你愿意为小凤捐出多少元?

(2) 社会比较量表(Gibbons 和 Buunk,1999)和自尊量表(Rosenberg,1965),共21个条目,采用4点Likert评分,1代表"完全不符",4代表"完全符合"。

(3) 用于模拟"真实"募捐情境的募捐箱1个,受助者的介绍材料1份,便笺纸若干,签字笔1支(见图1)。

(4) 10元人民币60张、5元人民币60张、1元人民币300张,并将其分装在60个信封里,其中每个信封包括1张10元人民币、1张5元人民币和5张1元人民币,共20元钱。

图1 实验室模拟的"真实"募捐情境

3. 实验程序

为防止被试意识到实验目的,实验人员在招募被试时告诉其即将参与的是有关"大学生自我意识"的一项研究。然后给每位被试发一封邮件,让被试以回复邮件的形式完成自编的假设情境问卷,并要求被试在回复邮件后的第二天到指定实验室完成实验任务。被试进入实验室后,随机将其分配到无陌生他人在场或有陌生他人在场的不同条件。无陌生他人在场组的被试单独在指定的小隔间按照电脑屏幕呈现的指导语(借助 E-prime 软件实现)完成实验任务(被试进入小隔间前已把所有随身物品留在隔间外的指定地点)。指导语首先告知被试其先前回复的邮件不慎被删除,并呈现假设情境问卷以帮助其回忆问卷的内容,被试在电脑上填写数字,报告之前回复的答案(所有被试报告的答案都与之前邮件回复的一致),然后在电脑上填写社会比较量表和自尊量表,当问卷填写结束时,计算机屏幕会自动告知被试"自行在计算机旁边的信封中取走实验报酬 20 元"并同时呈现"真实"的捐款情境,内容如下:

> 昨天邮件中提到的募捐是真人真事,我们想借这个实验的机会帮助小凤。募捐箱旁边有关于小凤的详细介绍材料(摘自"北京彩虹桥慈善基金会"网站)。您可以根据自己的意愿进行捐助,或者在旁边的便笺纸上写下一句祝福小凤的话,我们会将您的善款或祝福带给她。本实验到此结束,感谢您的参与。

有陌生他人在场组的被试随主试(一名心理学专业本科大四男生,且不认识任何一名被试)进入小隔间,主试告知被试其先前回复的邮件不慎被删除(被试的所有随身物品也留在隔间外的指定地点),之后主试给被试呈现纸质的假设情境问卷以帮助其回忆问卷的内容,并要求被试口头报告之前回复的答案(所有被试报告的答案都与之前邮件回复的一致)。接下来,让被试填写纸质版的社会比较量表和自尊量表。当被试填写完问卷时,主试当面将 20 元报酬交给被试,告知其实验结束。紧接着主试以口头介绍的形式给出捐款情境(同无陌生他人在场条件),并在被试捐款或写完祝福后引导其离开。

4. 实验结果

两种实验条件下被试在邮件中报告的捐款数额和比例以及在实验室中实际捐款的数额和比例的均值和标准差见表 1。可以看到,两种条件下被试在邮件中都报告愿意捐款 30 元左右,占其总金额的 60% 左右,而在实验室中实际都捐了 6 元多一点,占其总金额的 30% 左右。配对样本 t 检验结果表明,两种实验条件下被试实际捐款的比例都显著低于其事先报告的捐款比例(无陌生他人在场：$t = 4.54, df = 29, p < 0.001, d = 1.05, 1 - \beta = 0.97$；有陌生他人在场：$t = 6.35, df = 29, p < 0.001, d = 1.17, 1 - \beta = 0.99$），都表现出了道德伪善。对两种条件下被试的前后捐款比例差值进行独立样本 t 检验，结果发现两者没有显著差异（$t = 0.42, df = 58, p = 0.677$），说明两种条件下被试的道德伪善程度一样。研究假设 1 得到验证，即单纯的陌生他人在场并不能抑制个体的道德伪善。

表 1 无/有陌生他人在场条件下被试报告和实验室实际捐款数额、比例及比例差值的均值和标准差

实验条件	n	报告捐款额（元）	报告捐款比例	实际捐款额（元）	实际捐款比例	报告和实际捐款比例差值
无陌生他人在场	30	29.00 (14.41)	0.58 (0.29)	6.23 (4.45)	0.31 (0.22)	0.27 (0.32)
有陌生他人在场	30	30.83 (14.03)	0.62 (0.28)	6.33 (4.54)	0.32 (0.23)	0.30 (0.26)

5. 小结

实验一证明了单个陌生他人在场不能抑制个体的道德伪善，说明道德伪善可能是个体有选择性地欺人的过程。面对只接触一次且不重要的陌生人，被试感到给其留下好印象并不能换回将来好的回报，却要损失眼前的利益，得不偿失，因而不足以抑制其道德伪善。但如果陌生他人不只是作为一个旁观者单纯在场，而是做出真善或伪善行为，那么他就不再只扮演无力的道德评判者角色，而是为个体的行为提供了参照，因而有可能影响个体的道德伪善。根据之前的文献分析，我们假设在场陌生他人的真善行为可以有效抑制被试的道德伪善，而其伪善行为无法抑制被试的道德伪善，并通过实验二予以验证。

（四）实验二：陌生他人真善/伪善行为对捐款情境中道德伪善的影响

实验二为单因素（真善/伪善他人）组间随机设计。实验任务包括两个部分，第一部分同实验一的第一部分；第二部分的实验室任务分为两种条件，真善他人组的被试在一名主试指导下与另外一名表现真善的假被试一起完成任务；伪善他人组的被试在一名主试指导下与另外一名表现伪善的假被试一起完成

任务。因变量为被试邮件中宣称的捐款比例与其实际捐款比例的差值。

1. 被试

通过网络随机招募 60 名大学生,其中男生 12 人。被试平均年龄 20.28 岁(SD = 1.24)。

2. 实验材料

所有实验材料同实验一。

3. 实验程序

要求被试以邮件形式完成自编假设情境问卷的程序同实验一。实验室任务是将被试随机分配到真善他人或伪善他人组。具体地,假被试先进入实验室接待厅,真被试进入接待厅后主试向真、假被试说明他们将一起完成实验任务,假被试对真被试打招呼,之后的实验过程中真、假被试之间没有言语交流。实验主试和假被试都是心理学专业本科大四男生,且都不认识任何一名真被试。随后真被试(不带任何随身物品)与假被试一同进入实验室小隔间,主试告知他们先前邮件不慎被删除,并让真、假被试口头报告之前回复的答案。假被试先报告(称愿意捐 50 元钱),然后再让真被试报告。紧接着真、假被试各自完成社会比较量表和自尊量表填写任务,填写结束时,主试将 20 元报酬分别交给真、假被试,并以口头介绍的形式给出"真实"的捐款情境(同实验一)。安排真善他人组的假被试先做出反应,把 20 元钱放入捐款箱(伪善他人组的假被试既不捐钱也不给小凤写祝福),等真被试做出反应之后,主试告知实验结束并提醒被试携带好个人物品离开。

4. 实验结果

真善/伪善他人两种条件下被试报告的捐款数额和比例以及在实验室中实际捐款数额和比例的均值和标准差见表 2。配对样本 t 检验结果表明,真善他人组被试实际捐款的比例和其事先报告的比例没有显著差异($t = 0.12, df = 29, p = 0.903$),而伪善他人组被试实际捐款的比例显著低于其事先报告的捐款比例($t = 6.39, df = 29, p < 0.001, d = 1.60, 1 - \beta = 1.00$)。可见,在场陌生他人的真善行为有效抑制了被试的道德伪善,而其伪善行为无法抑制被试的道德伪善。

表 2　真善他人和伪善他人条件下被试报告和实验室实际捐款数额、
比例及比例差值的均值和标准差

实验条件	n	报告捐款额（元）	报告捐款比例	实际捐款额（元）	实际捐款比例	报告和实际捐款比例差值
真善他人	30	27.50（13.94）	0.55（0.28）	10.87（6.50）	0.54（0.33）	0.01（0.30）
伪善他人	30	32.00（10.88）	0.64（0.22）	5.63（4.69）	0.28（0.23）	0.36（0.31）

5. 小结

实验二证明了在场陌生他人的真善行为可以有效抑制被试的道德伪善，而其伪善行为不能抑制被试的道德伪善。陌生他人如果只是单纯在场，个体尚可因为道德标准没有突显而欺人，进而继续伪善；但当陌生他人做出的真善行为使得当下的道德标准凸显，并为被试提供了行为榜样时，个体就难以避免自身行为与道德标准之间的比较，也难以容忍自身行为与道德标准之间的不一致，既无法欺人，也无法自欺，因而只好减少自己的伪善行为。而如果陌生他人做出伪善行为，个体就获得了欺人及自欺的理由和榜样，因而会因为追求自身利益的动机和不良的榜样而不减少伪善行为。

（五）结论

本研究考察了单个陌生他人在场及其真善/伪善行为对捐款情境中个体道德伪善的影响，发现陌生他人单纯在场或做出伪善行为都不能抑制个体的道德伪善，而在场陌生他人的真善行为可以有效抑制捐款情境中个体的道德伪善。该结论既不对立于"性本善"的道德人性假设，也不等同于"性本恶"的道德人性假设，而是反映出作为社会人的复杂人性，即道德伪善的动机会被特定的情境激发或抑制。

四、案例使用说明

（一）教学目的与用途

本案例适用于应用心理专业硕士"社会心理学""心理学实验设计"等课程，对应"社会心理学实验设计""心理学研究与生活"等应用主题。本案例的教学目的是引导学生掌握社会心理学实验设计的思路和方法,从而学会设计实验并开展研究;培养学生能够将心理学的专业技能应用于解决广泛社会问题的能力,从而使其在毕业后能够独立从事相关应用工作。

(二) 启发思考问题

1. 案例中的实验研究有几个假设?这些假设分别是什么?
2. 预实验的目的是什么?
3. 实验中的道德伪善是如何测量的?
4. 实验中的自变量是如何设置的?
5. 案例中的研究在实验控制方面做了哪些努力?

(三) 基本概念与理论依据

1. 道德伪善的定义

道德伪善指个体欲表现得道德,但又找机会设法避免真实行善付出代价的行为倾向或动机(Batson 等,1997)。道德伪善在操作定义上有两种取向:一种是对自己和他人的道德判断标准不同,即在自己和他人做出同样违反道德准则的行为时,对他人的行为判断得更严苛(Lammers,2012);另一种是自己宣称的道德水准与实际行为相分离,即个体实际的善行达不到自己所声称的道德水准(Tong 和 Yang,2011)。

2. 道德伪善产生的原因

道德伪善之所以产生可能是多方面原因共同作用的结果。一方面可能是社会的学习和影响促成的,如社会利他惩罚机制的不完善等;另一方面则可能与个体及人类认知的有限理性密切相关。前者主要可以通过社会学习理论和社会影响理论来解释,因为榜样学习和相关社会知识的获得有助于帮助个体建立起各种主观分析系统和策略,尤其是自我欺骗策略(Baston 等,1999),从而促使个体可以获得某种合理解释。该解释可以使得人们以合理的和社会可接受的方式为自己的不道德行为进行自我辩护,最终采用一种"自我既能接受,超我又能宽恕"的解释(寇彧和徐华女,2005)来代替自己行为的真正原因。后者则主要可以通过认知失调理论和双加工理论来解释,这主要是由于约束个体行为的社会规范和道德准则比较抽象,其抽象性导致道德推理等认知加工过程会参与其中,但是情绪与信念所诱发的偏差认知会导致个体最终以利己和伪善的方式做出不道德的选择或行为(孙嘉卿等,2012)。

另外,人们对事物的解释和描述水平是由与此事物的心理距离决定的,心理距离越远,解释水平越高,对信息的加工越简单、越抽象、越图示化,更能反映事物的本质特征;心理距离越近,解释水平越低,对信息的加工越复杂、越具体、越非图示化,更能反映事物的表面特征(李雁晨等,2009)。对于道德伪善来说,当不道德行为主体是自己时,心理距离近,解释水平低,容易从现实角度做出判断;当不道德行为主体是他人时,心理距离远,解释水平高,容易从道德角度做出判断(孙嘉卿等,2012),这也有助于解释人们在评价他人和自身时采用"双重标准"的现象。

3. 实验设计的概念

实验设计是指通过人为的、系统的操作环境,导致某些行为发生/变化,并对之进行观察、记录和解释的科学方法,主要包含实验假设、实验变量和实验控制三个部分。

4. 实验设计的基本类型

实验设计的基本类型如图2所示,可以从被试视角和变量视角予以分类。从被试视角入手,实验设计可以分为被试间实验设计、被试内实验设计和混合实验设计,其中被试间实验设计又可以细分为完全随机实验设计、随机区组实验设计和拉丁方实验设计;从变量视角入手,实验设计可以分为单因素实验设计和多因素实验设计。

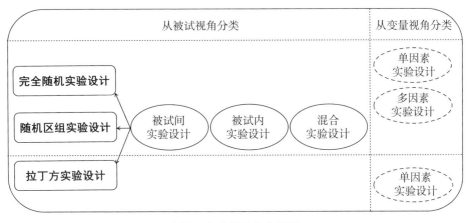

图2 实验设计基本类型

（四）背景材料

在日常生活中，人们常常会一方面表面支持道德规范，以获得社会大众的支持和认可，另一方面则在"道德的外衣"下暗地里为自己谋私利，做着损人利己的事情。"口蜜腹剑""伪君子"等便是此类行为的最好描述。这种言行不一的现象很早就受到众多学者的关注和讨论，心理学家把这种现象称为"道德伪善"。道德伪善现象很早就被宗教和哲学探讨，比如《圣经》中关于法利赛派的描述："只说不做，要求于人自己却又做不到""内心所想与表露于外不一致甚至相反""总认为自己站在道德高地上，喜欢随意标榜他人"，等等。社会心理学家致力于研究道德伪善的影响因素并积累了丰富成果。具体研究发现，个体的愤怒情绪、遵从的价值观会促进道德伪善，而内疚情绪、宗教信仰和自我意识会抑制道德伪善。这些研究从个体特征层面解释了道德伪善的促进或抑制因子，加深了我们对道德伪善现象的理解，但也有亟待完善之处，其中很重要的一点便是情境影响因素的缺位。所以，本案例采用实验的方法探讨陌生他人在场及其行为对个体道德伪善的影响。通过分析和讨论案例中的一个预实验和两个正式实验，既可以加深学生对于道德伪善这一社会心理现象的认识，又可以帮助学生掌握社会心理学实验设计的思路和方法。

（五）分析思路

教师可以根据自己的教学目标来灵活使用本案例。这里提出本案例的分析思路，仅供参考。

1. 请分析预实验设计的合理和不足之处。
2. 请分析实验一设计的巧妙和不足之处。
3. 请分析实验二设计的可取和不足之处。
4. 从变量测量的角度分析案例中自变量和因变量的测量方法。
5. 从实验控制的角度剖析案例中的实验设计过程。
6. 结合案例中的实验设计内容总结社会心理学实验设计的一般思路和方法。

（六）建议的课堂计划

1. 教学计划

在讨论案例前，安排学生阅读案例以及相关理论和背景知识，主要包括道德伪善和心理学实验设计两个方面的内容。

在讨论案例时,①让学生就案例发表自己的初步见解,帮助学生加深对案例的理解;②引导学生针对"(五)分析思路"中的 6 个方面展开详细讨论;③教师对前面的案例讨论过程进行总结,并引导学生学以致用,尝试将社会心理学实验设计的方法应用于具体实践当中。

2. 课堂时间安排

课堂时间为 100 分钟,具体安排如表 3 所示。

表 3　案例教学课堂时间安排

教学内容	所需时间
案例背景资料介绍	5 分钟
学生回顾案例,发表初步见解	5 分钟
讨论问题 1:"预实验设计的合理和不足之处"	10 分钟
讨论问题 2:"实验一设计的巧妙和不足之处"	10 分钟
讨论问题 3:"实验二设计的可取和不足之处"	10 分钟
讨论问题 4:"从变量测量的角度分析案例中自变量和因变量的测量方法"	15 分钟
讨论问题 5:"从实验控制的角度剖析案例中的实验设计过程"	15 分钟
讨论问题 6:"结合案例中的实验设计内容总结社会心理学实验设计的一般思路和方法"	15 分钟
教师对前面的案例分析过程进行总结,并引导学生学以致用	15 分钟
总计	100 分钟

(七) 案例分析及启示

本案例的分析和启示主要围绕"社会心理学实验设计"和"道德伪善"两个方面展开,前者重视方法,后者重视内容。

在"社会心理学实验设计"方法方面,分析和启示主要包含以下四个方面。第一,两个实验的主试和假被试都是男生,而招募的被试以女生居多,异性交往对于处在成年早期的大学生而言尤为重要(王晶晶和贾晓明,2004),因此该实验可能会存在性别助长效应。但正是因为性别的缘故,大学生通常会更在意自己在异性面前的印象管理,所以实验中男生主试作为陌生他人在场相比女生主试更有可能抑制女生被试的道德伪善,但实验一的结果表明"有/无陌生他人在场"两种条件下被试的道德伪善水平并无显著差异,可知本实验的结果未受到实验主试性别及实验被试性别的影响;在实验二中,"真善/伪善他人"两种条件下的主试为同一名男生,假被试同为另一名男生,这相当于在组间进行了平衡和控制,也不影响研究结果。尽管如此,性别仍然可能调节陌生他人对个体道德伪善的影响,特别是在真实社会情境中,性别的相互影响不可低估。而本研究受到研究条件的限制,并没有将性别因素剥离出来,这在一定程度上限制了研究结论的可推广性。第二,正如我们在引言中分析的,个人的行为也会受到社会比较的影响,我们在两个实验过程中都对被试进行了社会比较测量,这可能启动了被试的社会比较倾向,进而可能影响被试的捐款行为。虽然我们意识到了这个变量,也对其进行了测量,遗憾的是实验过程中不慎丢失了这部分数据,不过这并不意味着不应该控制和分析社会比较的影响作用。第三,由于本研究包括一个预实验和两个正式实验,所以招募被试较为困难,虽然总样本达到166人,但正式实验中每种实验条件下的被试都只有30人,相对偏少,这在一定程度上影响了研究结果的内部效度。第四,个体的社会经济地位可能影响其对自身社会声望的认知进而影响其印象管理,因而也可能直接影响其捐款的数额,但本研究未对此予以控制。我们只以大学生为被试,在其自身仅有50元和20元的情况下考察陌生他人及其行为对被试道德伪善的影响,这也在一定程度上限制了研究结论的可推广性。

在"道德伪善"内容方面,本案例中实验研究的理论意义和现实意义非常明显。第一,如引言中所述,道德伪善可以使人们直接获益并避免社会及自身的责罚,所以社会生活的方方面面(比如保护环境、遵守交通规则、团队合作等)都可能存在道德伪善。本研究通过捐款情境探讨了陌生他人在场及其真善/伪善行为对个体道德伪善的影响,这可引导未来研究对不同情境中的道德伪善展开探讨,进一步揭示陌生他人及其行为在不同情境中的影响作用。第二,本研究试图解释陌生他人单纯在场及其伪善行为不能抑制道德伪善,而其真善行为能抑制道德伪善的原因,这可引导未来研究进一步揭示陌生他人在场及其行为影响个体道德伪善的确切机制,进而揭示道德动机的复杂机制。第三,不同数量和不同社会距离的他人(比如家人、朋友、同事、领导等)及其行为对个体的道德伪善可能有不同的影响,本研究对陌生他人如何影响个体道德伪善的探索可以引导未来研究综合考察人际层面的各个因素,不仅找到更核心的影响个体道德伪善的变量，而且加深人们对道德伪善实质的认识（例如，在重要他人面前由于印象管理而做出的善行是道德伪善还是亲社会行为）。第四，道德伪善既有印象管理的一面，也有自我欺骗的一面，两者都和个体的自我概念有关，而中国文化背景下道德泛化现象比较突出（王军魁，2006），这可能一方面导致人们过度渴望满足他人对自己的道德期许而进行道德伪善，另一方面导致道德自我的成分在整个自我概念中占据过大比重而促进道德伪善，未来研究可对此展开探讨，比如将道德伪善放入中国道德泛化型社会及中国文化自我中进行研究，这样可以更全面地了解特定文化下他人及其行为如何影响个体的道德伪善。

另外，本案例的实验研究不仅加深了人们对他人影响个体道德伪善的理解，也为如何有效控制道德伪善以促进个体的道德行为提供了参考。当道德标准凸显并被个体意识到时，个体会抑制道德伪善，所以道德教育不应只是简单说教，而应使公民清晰地认同道德标准并有践行的坚定信念，提升公民对于道德标准的认同可以依据具体的道德情境展开，因为普遍而抽象的道德原则（如公正、关爱）容易被合理化。另外，道德教育必须要有强有力的榜样，以增加个体见贤思齐的行为。

【参考文献】

Aronson, E. (2004). Dissonance, hypocrisy, and the self-concept. In E. Aronson (Ed.), *Readings about the social animal* (pp. 227—244). London, England: Macmillan.

Bandura, A. (1990). Mechanisms of moral disengagement. In W. Reich (Ed.), *Origins of terrorism: Psychologies, ideologies, theologies, states of mind* (pp. 161—191). Cambridge, England: Cambridge University Press.

Bandura, A. (1991). Social cognitive theory of moral thought and action. In W. M. Kurtines & J. L. Gewirtz (Ed.), *Handbook of moral behavior and development* (Vol. 1, pp. 45—103). Hillsdale, NJ: Erlbaum.

Barclay, P., Willer, R. (2007). Partner choice creates competitive altruism in humans. *Proceedings of the Royal Society B: Biological Sciences*, 274, 749—753.

Batson, C. D., Kobrynowicz, D., Dinnerstein, J. L., et al. (1997). In a very different voice: Unmasking moral hypocrisy. *Journal of Personality and Social Psychology*, 72, 1335—1348.

Batson, C. D., Thompson, E. R., and Chen, H. (2002). Moral hypocrisy: Addressing some alternatives. *Journal of Personality and Social Psychology*, 83(2), 330—339.

Batson, C. D., Thompson, E. R., Seuferling, G., et al. (1999). Moral hypocrisy: Appearing moral to oneself without being so. *Journal of Personality and Social Psychology*, 77, 525—537.

Carpenter, T. P., Marshall, M. A. (2009). An examination of religious priming and intrinsic religious motivation in the moral hypocrisy paradigm. *Journal for the Scientific Study of Religion*, 48(2), 386—393.

Caviola, L., Faulmüller, N. (2014). Moral hypocrisy in economic games——how prosocial behavior is shaped by social expectations. *Frontiers in Psychology*, 5, 1—3.

Festinger, L. (1962). *A Theory of Cognitive Dissonance (Vol. 2)*. Redwood City, CA: Stanford University Press.

Giacalone, R. A. (1989). Image control: The strategies of impression management. *Personnel*, 66(5), 52—55.

Gibbons, F. X., Buunk, B. P. (1999). Individual differences in social comparison: Development of a scale of social comparison orientation. *Journal of Personality and Social Psychology*, 76(1), 129—142.

Jordan, A. H., Monin, B. (2008). From sucker to saint moralization in response to self-threat. *Psychological Science*, 19, 809—815.

Kish-Gephart, J., Detert, J., Trevino, L. K., et al. (2014). Situational moral disengagement: Can the effects of self-interest be mitigated?. *Journal of Business Ethics*, 125(2), 267—285.

Lammers, J. (2012). Abstraction increases hypocrisy. *Journal of Experimental Social Psychology*, 48, 475—480.

Lammers, J., Stapel, D. A., and Galinsky, A. D. (2010). Power increases hypocrisy moralizing in reasoning, immorality in behavior. *Psychological Science*, 21, 737—744.

Latané, B. (1981). The psychology of social impact. *American Psychologist*, 36(4), 343—356.

Lönnqvist, J. E., Irlenbusch, B., and Walkowitz, G. (2014). Moral hypocrisy: Impression management or self-deception?. *Journal of Experimental Social Psychology*, 55, 53—62.

Polman, E., Ruttan, R. L. (2012). Effects of anger, guilt, and envy on moral hypocrisy. *Personality and Social Psychology Bulletin*, 38(1), 129—139.

Rosenberg, M. (1965). *Society and the adolescent self-image*. Princeton, NJ: Princeton University Press.

Rustichini, A., Villeval, M. C. (2014). Moral hypocrisy, power and social preferences. *Journal of Economic Behavior & Organization*, 107, 10—24.

Tong, E. M. W., Yang, Z. (2011). Moral hypocrisy: Of proud and grateful people. *Social Psychological and Personality Science*, 2, 159—165.

Watson, G. W., Sheikh, F. (2008). Normative self-interest or moral hypocrisy?: The importance of context. *Journal of Business Ethics*, 77(3), 259—269.

程立涛,乔荣生.现代性与"陌生人伦理"[J].伦理学研究,2010(1),17—20.

寇彧,徐华女.论道德伪善——对人性的一种剖析[J].清华大学学报(哲学社会科学版),2005,20(6),56—61.

李雁晨,周庭锐,周琇.解释水平理论:从时间距离到心理距离[J].心理科学进展,2009,17(4),667—677.

刘娟娟.印象管理及其相关研究述评[J].心理科学进展,2006(14),309—314.

孙嘉卿,顾璇,吴嵩,等.道德伪善的心理机制:基于双加工理论的解读[J].中国临床心理学杂志,2012,20(4),580—584.

田启瑞.社会比较和移情对个体捐助意向的影响[D].北京师范大学,2012.

王晶晶,贾晓明.大学生异性交往与性别角色认知[J].北京理工大学学报(社会科学版),2004(6),44—46.

王军魁.现代道德的恰当定位——对道德泛化的批判[D].吉林大学,2006.

"微博自杀直播"案例研究

杨之旭　辛志勇

【摘　要】 "微博自杀直播"是指新浪微博用户不断通过发布微博来展示自己的自杀准备、自杀心态和自杀遗言的现象。自2010年以来,该现象在中国已经发生超过50次,成为一大网络问题。本文使用案例分析法,应用戈夫曼的戏剧理论来分析自杀直播案例,结果发现:①微博自杀直播行为本质上是一种自我表演行为;②微博自杀直播行为包括四个阶段,分别是表演剧班的形成、劝阻者对自杀表演行为的重塑、怂恿者对自杀直播行为的促进以及直播自杀者对劝阻者和怂恿者表演行为的反应;③微博自杀直播行为是通过社会互动形成与建构的。

【关键词】 微博自杀直播　戏剧理论　社会互动　案例研究

一、引　言

本案例的主题是"微博自杀直播"行为,该行为是指新浪微博用户通过不断发布微博来展示自己的自杀准备、自杀心态和自杀遗言的现象。针对这一案例,本文将首先使用社会心理学中关于"自我"的理论来探究微博自杀直播行为;其次,本文希望找出该社会现象所反映的社会心理问题;最后,针对这些问题,本文将使用有关"自我"的理论提出解决方案。

本案例分析具有理论意义和实践意义。一方面，本案例具有一定的理论意义。微博自杀直播行为不仅仅是单纯的自杀行为，其独特之处在于"直播"，即通过自我表演的方式，将自杀行为在公共空间进行公布与传播。本案例在分析这一现象的独特之处时，会使用自我表演理论依次分析微博直播自杀行为的现象性质、发生模式与影响因素。这样可以将自我理论从单纯地解释一般性的社会心理现象拓展到解释极端性的网络社会问题，从而提升自我理论对社会现实的解释力。

另一方面，本案例具有一定的现实意义。据不完全统计，自2010年以来，微博自杀直播现象已经在中国发生超过50次，成为一大网络问题。从现象分析的角度看，通过发现这一行为背后的心理机制，特别是与自我表演有关的心理机制，可以为大众更好地理解这一网络问题提供社会心理学的解释。此外，从网络营救的角度看，通过总结微博自杀直播行为的发生频率、发展规律和最终结果，探究网络看客的态度与自杀发生的关系，并且提出社会心理学视角的解决方案，将会有助于警方、微博官方和网友有效地营救有自杀意向的网友。

二、案例背景介绍

（一）案例对象及案例概述

李某，男，出生于1995年，四川人。2014年11月30日，李某疑似因为网恋失败而购买木炭和安眠药在家中实施自杀，并将自杀过程全程发布微博进行"直播"。此事在网络上引起骚动。随后警方在一间民房内发现了因服药和一氧化碳中毒而陷入昏迷的李某，并呼叫120将其送往医院抢救，但李某最终因抢救无效死亡。

（二）案例对象的背景信息

1. 童年经历

在李某只有两岁多时他的父母便离了婚，他被判给了母亲抚养，从此以后李某几乎没有了父亲的消息，只是隐约知道父亲离开四川去了深圳。几年后，母亲改嫁，组成新的家庭并且又有了儿子，不久后也离开了四川，到海南做生意。年幼的李某由外婆抚养长大。

2. 少年经历

初中毕业的暑假,李某到深圳和父亲生活了两个月,但这段经历并不开心,"两个人住在一起,连口热饭都吃不上"。对此,李某曾在微博中说道:"1995年11月14日,我出生在这个城市,这里的每一个角落都有着我童年的回忆,可是只是一些麻木无知的、不痛不痒的记忆,我从出生就注定被抛弃,本来不该活在这个世界上的我真的很脆弱。"

2012年,李某从四川某职业中学毕业。他在这里读过三年书,但提起他的名字,五位专业课的教师都表示已经完全想不起来了。毕业后,李某前往海南随母亲生活,并且在那边找了一份工作。

3. 青年经历

2014年,由于单位效益不好,李某便辞掉了在海南的工作,并于11月26日返回了四川,开始在某金融公司工作。11月29日是他第一天上班,业务经理叶女士说李某虽然没怎么说话,但能看出来他想好好表现。她还记得李某面试时的样子,他显得很健谈,临走前领导嘱咐李某要把长发剪短,"不能非主流",他答应得很爽快。

另外,据李某的母亲介绍,儿子2012年职中毕业后就随自己到海南生活,中途只短暂地回过老家两次,这次是想回家长期发展,她也很赞成。"儿子能吃苦,工作超过10个小时都不喊累。虽然有时候性子有点急,但总的来说是个很阳光、很听话的孩子。"

三、案例正文

(一)事件起因

2014年11月,刚刚与李某谈了一周的女朋友向他提出了分手,原因是她决定要出国读书。11月29日,李某就有了自杀的念头,他在微博上写道:"心都死了,还留着身体有什么用?"因为共同的翻唱爱好,李某在某动漫歌曲翻唱网络上认识了一批好友,这些人成了劝阻李某自杀的第一拨人。11月29日深夜,李某在微博上说:"你们安慰我是挺好的,可是我完全感觉不到开心,我跟你们好多人也不熟啊。"

11月30日凌晨0点08分,李某收到了前女友的劝导消息,并且决定放弃自杀:"我答应你,不会自杀的。就像你当初答应了我一样,我会遵守承诺的。"凌晨3点02分,他在微博中写道:"谢谢大家的正能量和前女友的不懈开导,我睡觉去了,明早出门买买买。"

(二)事件发展

2014年11月30日上午,他的状态发生了转变。9点26分,他发出一条这样的微博:"终于还是没用地哭出来了,我到底做错了什么。"当天上午,他准备好了安眠药和木炭。

9点48分,李某正式开始了他的自杀直播,他的微博引起了网友的注意,留言越来越多。和前一天晚上劝慰李某的相识网友不同,这一天很多网友的留言并不友好。11点20分,李某在微博上留言"老子不死了行不行",40分钟内,这条微博下方已经有了数百条留言和评论,有人说"不行",有人说"你赔我流量",也有人说"你必须死"。

就在李某9点26分那条微博发出后不长的时间里,也有网友试图阻止李某自杀。上午11点前后,一位网友联系了四川广播电台某节目组,但始终没有收到回复。在通过私信不断劝慰的过程中,这位网友看到更多的网友涌进微博,而其中咒骂的留言居多,每刷新一次就会多出一百多条,劝慰的声音瞬间被淹没。"几乎每秒都会有几个人留下评论,看热闹,或是刺激他。"一名海南网友在现实中与李某相识,发现李某电话关机后,她通知了李某的母亲,这位网友还在13点58分通过微博联系了四川警方,提供了李某的姓名、照片和家人电话。

然而,迎接李某的还是如潮水般的咒骂和攻击。一些网友认为,劝慰者和自杀者一样,目的就是骗取关注,这只是一场精心策划的炒作。也有人说,"事情会沿着'放弃自杀'的脚本演下去",于是招来更多人来围观一场"表演"。

这些猜疑和谩骂很快使得李某陷入崩溃的边缘。在他最后的十几条微博中,他一直在说对不起:"对不起,永别了。对不起,我错了。对不起大家,对不起。"但是这些道歉并没有换来网友的同情和帮助,反而招来更多无底线的恶搞。李某在微博上说了一句"真的结束了,没有多少空气了"之后,引发了网络上的戏仿:有网友晒出了烤羊肉串并评论到"没有多少空气了"。

(三)事件高潮

12点左右,李某接连发布了3条新浪微博。11点55分,他写道:"炭燃了,安眠药起效了。我还不想死,但是没法自救了。"12 点 09 分:"我错了,应该跑不掉了……"12 点 34 分,李某发了最后一条微博:"到了最后一刻你却拉黑我。"

之后警方与李某家人很快到达现场,他穿着袜子躺在沙发里,身边是一板空了的安眠药,窗子的缝隙被堵上了。那天四川下着小雨,急救人员往楼下抬李某时,家人和邻居一直嘱咐:"别让他着凉,披上个毯子。"

参与抢救的急诊医生何霖回忆,因为吸入了太多的一氧化碳,李某嘴唇发白,身子软得像棉花,生命体征已经很弱了。在四川省某人民医院的急诊抢救室里,李某停止了心跳。

直到警方证实李某的死,微博上的人才安静下来,说"他竟然真死了",纷纷散去。

(四)事件结果

12 月 1 日凌晨 2 点,李某的母亲惊慌失措地赶回老家,却再也看不到儿子熟悉的笑容,几乎晕倒过去,直到现在,她都不相信这残酷的现实。在她的眼里,儿子在微博上所说的"与女孩分手"的信息不应该成为他自杀的理由,"他不是那么偏激的孩子",而且李母回忆说在事发的前一天,李某还在电话里告诉她,自己刚在纳溪找到一份工作,"电话里他很高兴,还说积累点经验就去成都找同学一起做"。事发前李某暂住在小姨家,他在那里留下的东西都被搬了出来,家人试图在这些东西里找到孩子自杀的答案,但没有任何收获。

12 月 2 日,李某火化。他的骨灰被葬到纳溪的乡下,那是外婆的老家,他是被外婆带大的。

李某的母亲被问到网上对儿子自杀的反应,她想了半天说"谢谢那些劝过他的网友",似乎是下了很大的决心,她又接着说:"那些(围观的)人应该被谴责,他们有多大的仇,要这么冷漠无情。"这些天,李母很少看网上有关儿子的消息,在朋友圈里也避谈和儿子有关的话题。她说儿子临走还要承受那么多人的指指点点,现在该让他清静清静。因此,李某的家人删除了他直播死亡的所有微博。

李某去世后,很多当初咒骂他的网友都改了微博名。一位曾让李某"赶紧死"的网友说,当初留下这样的话只是因为"他已经折腾了一上午,我以为他是骗关注的",他承认没想到事情会以这样的结局收尾,只是看到大多数人的态度在向一方倾斜时,自己也选择加入更庞大的群体,咒骂、刺激或者嘲讽。他猜测,李某将自杀的过程公之于众也许内心并不想死,但在网络上几乎一边倒的言论下,他可能一步步走到了极端,"我不能认定网友的反应与李某的死有直接关系,但既然公之于众,就要有承受的准备,网络的力量太大了"。在微博里,曾经刺激嘲讽李某的一些人态度也出现了反转。李某死后,通过私信向他道歉的留言达到了数千条。一位网友留言:"我知道不可能有原谅了,骂完冷静后心里很难过,我把骂他的评论一条条删了",更多的网友留下一支蜡烛,写道"对不起"。帮助过李某的那位海南网友也收到了400多条微博网友的道歉消息,最开始还会回信,"再后来就不想回了,越看越觉得悲哀",她不理解的是,为什么围观者要在人死之后才会动恻隐之心。

李某去世后,网友纷纷用自己的方式向他表示纪念与歉意。数以万计的网友找到他留在网站上的歌曲,最后一首翻唱的歌曲被播放了82 688次,3分多钟的翻唱飘过了约1 500条滑动留言,有网友说:"愿你来生被世界温柔相待""对不起,真的对不起""你快回来"。

四、案例使用说明

(一)教学目的和用途

1. 本案例适用于应用心理专业硕士的"社会心理学理论与实务"等课程,对应于"角色理论""自我理论""戏剧理论"等主题。教师可以通过本案例介绍当前网络上出现的自杀直播的热点事件,以及相关理论在分析该案例中的作用。

2. 本案例的教学目的是引导学生掌握戏剧理论的相关概念、理论以及使用社会心理学理论分析当前社会事件的能力。该案例可以为如何使用社会心理学理论分析社会热点问题及其对策提供启示和参考,为学生未来从事人力资源管理或政府管理等相关工作积累理论和方法基础。

(二)启发思考题

1. 直播自杀者通过微博直播自杀的初衷是什么?
2. 直播自杀者最终走向自杀在多大程度上是通过与网友的互动构建的?
3. 有些网友为什么不同情直播自杀者,反而纷纷戏谑或咒骂?

4. 如何能够有效遏制网络自杀的发生？

（三）基本概念与理论依据

1. 理论概述

本文在进行案例分析时主要使用的理论是欧文·戈夫曼提出的戏剧理论（或称"自我表演理论"）。戏剧理论主要研究个体给他人的印象以及不同角色在表演中的互动等。该理论的核心概念包括剧班、演员、观众、观察者、角色扮演、前台后台、后台变前台、道具、明确的表达（如语言）和隐含的表达（如行为）、有意识的表演者（犬儒主义者）和真实的表演者，等等。该理论认为社会行为本质上就是一种角色行为，因而将社会比作舞台，将社会行动者比作舞台上的演员，不仅生动形象，而且为研究和解释人类行为、分析社会关系及社会结构提供了一种独具风格的方法。

2. 理论渊源

从理论渊源来讲，戏剧理论与符号互动论有密切的关联，因为符号互动论强调行动者的行为与情境息息相关，因此行动者需要不断地定义与思考，而规范、地位、角色仅仅是互动借以进行的一个框架。就理论性质而言，戏剧理论属于社会角色理论体系中过程角色理论的一种。过程角色理论的主要观点是以社会互动为基本出发点，围绕互动中的角色扮演过程展开对角色扮演、角色期望、角色冲突与角色紧张等问题的研究，将角色看作互动过程中的符号载体或互动的表现形式。

（四）其他背景材料

1. 外国的类似案例

几年前，美国也曾发生类似的网络直播事件。佛罗里达州一名19岁的少年在网上发帖称要自杀。一些网民以为他在开玩笑，就怂恿他赶快自杀。随后在一些网友的刺激下，这名少年直播了自己吞服过量药片自杀的全过程。也是前几年，一名英国男子在摄像头前把自己悬挂起来，他的自杀过程被大约100名聊天室成员在线观看，却无人阻止。

2. 中国的类似案例

近年来，伴随着社交媒体的普及，网络自杀直播行为开始进入公众视野，并逐渐成为一种新形态的公共健康问题。据不完全统计，自2010年8月以来，类似案例在我国累计出现50多次。

2010年8月底，中国出现第一例微博自杀直播，微博网友"苏小沫儿"连发30多条微博，直播其自杀过程，在社交媒体专家董崇飞、《新周刊》等微博用户和警方介入下，事主最终获救。

2011年9月1日凌晨，拥有7万粉丝的湖北仙桃电台DJ奕扬在自己的微博上接连写下了5篇"生离死别"的文章，意图自杀。众多网友围观，却没有一个人出来制止，反而纷纷点赞，嘲讽"你到底还死不死"等，最终这位年仅25岁的年轻DJ离世。

2012年3月17日，重度抑郁症患者南京姑娘"走饭"（网名）在宿舍自缢身亡，她死前曾在微博留言："我有抑郁症，所以就去死一死，没什么重要的原因，大家不必在意我的离开。拜拜啦！"却没有被及时关注。

（五）分析思路

教师可以根据自己的教学目标来灵活使用本案例。这里提出的本案例分析思路仅供参考。

1. 分析本案例中的"剧班"由哪三种人物角色组成。
2. 分析本案例中的"表演布景"和"个人门面"分别是什么。
3. 分析直播自杀者的表演行为如何导致表演剧班的形成。
4. 分别分析劝阻者和怂恿者的语言如何改变直播自杀者的行为。
5. 分别分析直播自杀者对劝阻者和怂恿者的反应。

（六）建议的课堂计划

1. 时间安排

本案例可以配合"社会心理学理论与实务"等相关课程中的"角色理论""自我理论"和"戏剧理论"等部分使用。课堂讨论时间为1—2小时，但为保障课堂讨论的顺畅与高效，要求学生提前一周准备有关这一主题的理论知识，并对这一主题下的相关概念进行一定的应用。

2. 讨论形式

小组报告 + 课堂讨论。

3. 案例拓展

思考如何使用戏剧理论来分析其他社会热点事件。思考如何使用其他社会心理学理论分析上述案例。

(七) 案例分析及启示

1. 静态分析：角色构成与表演背景

角色构成："表演剧班"原意是指由担任不同角色的表演者组成的，用以合作完成表演的班子。戏剧中的表演剧班由表演者和观众组成，但是真实社会中的表演剧班一般仅由主要表演者和次要表演者组成，二者互为观众。在本案例中，"表演剧班"由三种角色组成：①直播自杀者，直播自杀者是网络自杀表演的主角，主要的表演行为是通过发布微博呈现自己的自杀想法、自杀动机与自杀过程等；②劝阻者，他们通过直接劝阻当事人放弃自杀、积极与当事人家人联系、及时向警方发出求救信号这三种方式，达成救助直播自杀者的目的；③怂恿者，他们通过直接怂恿当事人自杀、采用戏谑的方式模仿当事人的自杀语言、对劝阻者的行为采取攻击和谩骂这三种方式，煽动自杀者最终采取自杀行为。

表演背景："前台"主要指某一个角色完成表演的场所或情境，主要包括①布景，指角色表演的环境或情境设置，为角色完成表演行为提供服务。在本案例中，"布景"主要是新浪微博平台。新浪微博是中国最大的微型博客平台，是一个基于用户关系进行信息分享、传播以及获取的平台。用户可以通过WEB、WAP等各种客户端组建个人社区，以140字（包括标点符号）的文字更新信息，并实现即时分享。②个人门面指表演装置的其他部分，包括角色的人口学特征（性别、年龄及种族）、外表（身高、相貌、仪表）、举止（语言表达方式、面部表情、身体姿态）等。在本案例中，直播自杀者19岁，男性，汉族，家庭社会经济地位较低，在四川省一家金融公司工作，主要通过发布微博来传达自己的想法、动机与行为状况。戈夫曼认为外表和举止具有一致性。本案例中，直播自杀者的家庭社会经济地位较低（"父子两个人住在一起，连口热饭都吃不上"），相应地，他使用的语言风格也较为自卑（"终于还是没用地哭出来了，我到底做错了什么"），对于他人的消极态度采取内归因的自责态度（"对不起，我错了。对不起大家，对不起"）。

2. 动态分析：角色互动的四个阶段

第一阶段，直播自杀者的表演行为导致表演剧班的形成。由于失恋，直播自杀者李某有了自杀的念头，发布了一条微博："心都死了，还留着身体有什么用？"随后，他发出一条这样的微博："终于还是没用地哭出来了，我到底做错了什么……"9点48分，正式开始了他的自杀直播。

直播自杀者的这一系列表演行为，由于表演语言的感染力与敏感性，以及作为表演布景的新浪微博的影响力与流通性，迅速地在表演布景中影响了其他观众，并将这些观众带入布景当中成为表演者。至此，自杀表演者、劝阻者与怂恿者共同组成了一个表演剧班。

第二阶段，劝阻者对自杀表演行为的重塑。因为共同的翻唱爱好，直播自杀者李某在动漫歌曲翻唱网络上认识了一批好友，这些人成了劝阻李某自杀的第一拨人。尽管如此，劝阻者的好言相劝在很大程度上重塑了自杀表演者的行为趋向。

由于劝阻者的努力劝说与真诚挽留，直播自杀者的语言风格发生了大幅度转变，由消极厌世（"终于还是没用地哭出来了，我到底做错了什么……"）转变为积极向上（"谢谢大家的正能量和前女友的不断开导，我睡觉去了，明早出门买买买"），这说明虽然劝阻者并不是剧班中的主要表演者（主角），他们的角色旨在配合主要表演者完成表演（配角），但是他们的语言和举止对主要表演者产生了影响，这反映出配角的能动作用与主角的易受暗示性。

第三阶段，怂恿者对自杀直播行为的促进。类似于第二阶段的配角对主角行为的影响，第三阶段怂恿者对主角的影响更为明显也更有破坏作用。他们的行为举止（主要是语言）包括两种类型：①直接怂恿直播自杀者去死。②对直播自杀者和劝阻者采取攻击行为，将直播自杀的性质由生命求助行为解读为欺骗行为。

第四阶段，直播自杀者对劝阻者和怂恿者表演行为的反应。这些猜疑和谩骂很快使得直播自杀者陷入崩溃的边缘。在他最后的十几条微博里，他一直在说对不起，但是这些道歉并没有换来网友的同情和帮助，反而招来更多无底线的恶搞。

戈夫曼指出，一个表演者可能被自己的表演欺骗，当时他会确信自己表现出来的事实是唯一真实的。结合本案例来看,直播自杀者也许并非真想自杀,但是在网络压力之下,尤其是面对怂恿者的攻击和谩骂时,他难免会确信采取自杀行动是自己最合理的出路,因此放弃了自救,完成了最令人唏嘘叹惋的"谢幕"表演。这说明主角的表演行为在很大程度上是通过与配角、布景及自己的互动构建的。

3. 结论与启示

根据以上的分析,本案例得出两个结论:第一,从静态角度分析,微博自杀直播行为本质上是一种自我表演行为,直播自杀者是主角,劝说者和怂恿者是配角,新浪微博平台是布景,新浪微博内容是主角和配角的举止,这些元素最终形成"表演剧班";第二,从动态角度分析,微博自杀直播行为包括四个阶段,分别是直播自杀者的表演行为导致表演剧班的形成、劝阻者对自杀表演行为的重塑、怂恿者对自杀直播行为的促进以及直播自杀者对劝阻者和怂恿者表演行为的反应,这四个阶段的发生和发展反映出主要角色的表演行为在很大程度上是通过与配角、布景及自己的互动构建的,即社会行为是通过社会互动形成的。

本案例分析具有以下启示:第一,微博网友需要更加理性地看待自杀直播事件,消除自己对直播自杀者的污名化态度。戈夫曼将"污名"定义为个体在人际关系中具有的某种令人"丢脸"的特征,这种特征使其拥有者具有一种"受损身份"。本案例中的怂恿者之所以煽动自杀直播者去死,其中一个重要的原因是他们认为直播自杀者不怀好意,并不是在真正地求救,只是通过网络自杀直播来骗取网友的同情与关注。最新的一项研究就为上述的分析提供了证据:中国科学院心理学研究所的朱廷劭研究组与澳大利亚新南威尔士大学的 Black Dog Institute 开展合作研究,旨在探究我国社交媒体用户对网络直播自杀行为的态度(2015)。研究结果显示,35%的微博内容反映出微博用户对于网络直播自杀行为持有消极的"污名化"态度,他们倾向于认为网络直播自杀是一种欺骗行为,而网络直播自杀者是令人生厌的、愚蠢的。此外,微博用户还认为当事人实施网络直播自杀行为的动机仅仅是寻求他人的关注。更加值得关注的是,在那些反映"用户认为针对网络直播自杀行为的应有反应"的微博内容中,37%的内容认为不应对该行为予以救援,28%的内容甚至认为应该鼓励网络直播自杀者继续该行为,而用户的消极反应可能与用户所持有的消极态度有关,可见正是这种"污名化"感知使恣意者采取了一种消极行为,因此网友需要提高自身的理性思维能力,尽力去除对直播自杀者的"污名化"感知。

第二,微博官方、微博网友与当地警方需要联合起来,迅速及时地对显示出自杀意向的网友施以援手。微博网友可以尝试着去做的是①帮助直播自杀者放松,延缓他们采取行动的时间;②跟他聊聊死亡这件事;③假如以上谈话能够顺利进行就可以跟他聊聊过往的生活。不过以上谈话有个前提是需要取得直播自杀者足够的信任,而且需要具备足够多的心理疏导的常识和足够多的耐心。除去以上方法,帮助自杀者最可行的做法是报警,通过警方介入的方式来阻止自杀者自寻短见。此外,还需要加强青少年的生命教育,提升他们面对挫折时的心理复原力。

【参考文献】

Li, A., Huang, X., Hao, B., et al. (2015). Attitudes towards suicide attempts broadcast on social media: An exploratory study of Chinese microblogs. *PeerJ*, 3, e1209.

戈夫曼.日常生活中的自我呈现[M].杭州:浙江人民出版社,1989.

戈夫曼.污名[M].北京:商务印书馆,2009.

郝碧波,程绮瑾,叶兆辉,等.不同自杀可能性微博用户行为和语言特征差异解释性研究[J].中国公共卫生,2015(3),349—352.

王胜利,伍明.浅析欧文·戈夫曼的印象管理技术[J].社科纵横,2012(3),30—32.

于海.社会是舞台,人人皆演员——读戈夫曼《自我在日常生活中的表现》[J].社会,1998(1),47—48.

周晓虹.现代社会心理学名著菁华[M].北京:社会科学文献出版社,2007.

整容者的自我认同

龚 雨 辛志勇

【摘 要】自我认同是指个体依据个人经历所反思性地理解到的自我(吉登斯,1998),而自身的外形是影响自我认同的重要因素。随着我国经济的快速发展,人们逐渐开始注重自己的外貌。根据《2017年医美行业白皮书》提供的数据,自2007年起,中国医美行业的快速增长就已超越巴西,成为仅次于美国的全球医美第二大国。本案例运用自我认同理论,透过CCTV12《心理访谈》节目中的"整容先整心"案例,分析自我认同对整容行为的影响,并尝试寻找引导人们正确看待整容、避免过度整容的措施。

【关键词】整容 过度整容 自我认同

一、引 言

随着我国经济发展大踏步地前进,人们早已从温饱问题中解脱出来,开始追求时髦的步伐。古代有一种说法是"身体发肤,受之父母,不敢毁焉,孝之始也",但是随着现代科技的迅速发展为人们改变身材和容貌提供了技术上的支持,人们对美的追求就不再仅限于从服装上来装扮自己,开始更加希望借助技术来拥有好看的面容和完美的身材,整容就成了当今中国越炒越热的话题。在人们过去的观念里,整容并不是一件光彩的事,但是如今整容已越来越深地渗透到老百姓的生活中,并成为一种时尚。追求美是人的天性,但是过度追求完美、对自己的相貌或身材有极端幻想的整容者的做法是不值得被提倡的。那么这些人过度整容的背后与自我认同的偏差有没有关系呢?

"自我认同"是指"个体依据个人经历所反思性地理解到的自我"(吉登斯,1998)。泰勒和陶庆(2005)认为,在现代社会,认同的起点就在人的自身,我是一个自然人,我被一系列内在的动力、目标、欲望和抱负等刻画出自我的特征,此时的我是"变化不定的自我",带有后现代的流动性、可变性等特征,也就是说,自我认同是在自我反思中不断形成的,它受外在环境、社会文化、流行趋势以及自身的经历及性格等影响。

我们对自我的接纳和认同是适应社会以及保持自己身心健康的重要标志之一,但很多整容的人需要通过不断整容的方式去达到自我认同。在她们身上究竟发生了什么导致她们的自我认同出现偏差呢?让我们一起走进下面的案例。

二、案例背景介绍

(一)整形发展现状

由医美 APP 新氧发布的《2017 年医美行业白皮书》显示,从 2005 年起,中国医美行业年均增速达到 40%,已经成为全球医美发展速度最快的国家,全球每 2.5 个医美消费者中就有 1 个中国人。自 2007 年起,中国医美行业的快速增长已超越巴西,成为仅次于美国的全球医美第二大国。

我们可以从《2017 年医美行业白皮书》中发现几个突出特征:第一,年轻人成为医美行业的主要消费群体。数据显示,除了"90 后","00 后"也已加入整容大军,且首次整形平均年龄已从 28 岁下降到 22 岁。第二,整容会上瘾。每 3—6 个月再次找医生是医美消费者的常态。《2015 年医美行业白皮书》中也提到,有 70% 的整容者在 6 个月到 9 个月之间会再次接受整容。第三,收入越高越想整。调查显示,月薪 3 万元以上的女性 80% 想整容,10% 敢整容。《2015 年医美行业白皮书》中也显示,北京、上海和成都是整容比率排名前三的城市,沿海地区或者南方的城市也都排名靠前。

（二）案例相关人物背景介绍

本研究主要通过小静（化名）和小李（化名）两个案例来进行分析。

小静，女，出生在单亲家庭，长期独自在外打拼，工作几年后希望从事演艺事业。几年前胸部整形的严重失败迫使她追求修复之术。后来恰好在2013年，小静参加了中韩大型整容节目《许愿清单2》，医生允诺她既要帮她修复胸部，还要帮她换一张更漂亮的脸。然而，手术再次失败，导致她脸部和鼻子歪斜。

小李，男，曾经因为体重达到200斤而进行抽脂手术，并减到130斤，近期又要求再次进行抽脂手术，希望瘦到100斤。

三、案例采访全过程

（一）案例一：换错脸的女演员

三年前，小静就有过一段失败的整容经历，当时她认为自己胸部下垂，影响演艺事业，于是就接受了胸部整形手术，本来以为只是一个简单的胸部整形手术，谁承想却因此吃尽了苦头：手术结束头几天胸部一直在流脓水，右边胸部上有好大一个洞，这让小静很绝望。胸部整形手术失败后，她先后咨询了十几家医院却都以修复手术难度大而被拒之门外。一个偶然的机会，小静参加了电视整容节目，并通过节目联系到了韩国某医院，节目里医生信誓旦旦的承诺成了小静黑暗生活中的一缕曙光。但这次整容竟又以失败而告终，导致她脸部和鼻子歪斜。整容失败后，整形医院拒绝了小静的赔偿请求。她又一次走上了四处求医的道路，然而高昂的费用和手术的风险让她一度想到以死解决现在的困境。以下为小静在接受CCTV12《心理访谈》节目主持人阿果采访时的内容片断。

小静：我不明白我的人生为什么是场悲剧，永远是在恶性循环，没有好的时候。我不知道我会怎样，也许会消失吧……

阿果：你刚才说自己也许有一天会消失，让我们大家很担心，这只是一个念头，还是已经想了很久？

小静：自从我发现了这个问题（脸歪鼻子斜）之后，我就赶紧联系了整形医院，希望他们能够给我一个答复。可是当时没有人管我，我的心真是被伤透了

的感觉,因为我觉得一个医生的技术失误我可以忍,但是你不能在我手术出问题之后那样对待我。(哭)

阿果:那你们家人对这个事情是怎么看的?

小静:不理解,反正我妈总是觉得我哪哪都不好。我就是想通过各种各样的方式,证明自己并不是一个多余的人。

阿果:给谁证明?

小静:给我妈呀!

旁白:一份母女亲情,她却在渴望中屡屡失望。

小静:我为什么整容呀?难道我愿意千刀万剐去做这些事?我就是想证明给她看,你看我的选择是对的,我这次回来一定会变得很好的,你们等着看。

旁白:向妈妈证明自己是小静20多年来最大的愿望。小静1岁时父母就离异了,她和妈妈相依为命。在她7岁时妈妈再婚生子,当时小静突然发现自己的世界变了样。

小静:觉得自己就像一个多余的人,不像别人家的孩子那样,可以有父母的疼爱。而且妈妈又是独生女,她也不会懂得怎么去关心人,说话有的时候非常难听。以前胸部手术失败的时候她就说:"你作吧,你就作吧。你今天走到这一步,你就不要回家,回家就整天给我们添麻烦。"我就像一个没有人管的孩子。

旁白:小静渴望着妈妈的关爱,从小到大她都想尽办法希望得到妈妈的肯定,可是无论她做什么,似乎都不能让妈妈满意。

小静:她每天都在说我,觉得我所有地方都不好,无论我怎样都不是好,反正怎么都不对。

小静妈妈:我就觉得平常我们母女的关系很冷淡。别人多长时间没看见女儿了就会特别关心,而我就是感觉和她很冷淡。

旁白:妈妈无时无刻的挑剔成为小静生活中的阴影。虽然两人一起生活了30年,小静和妈妈却越来越像陌生人,争吵成了她们唯一的沟通方式。

小静妈妈:本来是正常的聊天,也不知哪一句话说错了,就跟她吵了起来。

小静:我就希望我妈妈能跟别人的妈妈一样站出来替我挡着,别人受委屈的时候她们的妈妈会说"没事,还有妈妈",但是我的妈妈不会。

阿果:你当时在韩国经历了那么多问题,有没有和妈妈联系?

小静:有一天我给我妈打电话,然而我妈那天可能是在打麻将,她就说:"我等了你好几天了,你现在才跟我说。"我说妈我有事跟你商量,她说,我打麻将呢,顾不上。我说妈打麻将就真的那么重要吗?我现在这边有事,需要征求你的意见。她说那我能给你出什么主意,我也不会出主意。最后我没办法,就给挂了。后来我就没给她打过电话。她根本不知道我当时心里是什么感觉。

阿果:什么感觉?

小静:你说一个女孩在异国他乡,身上也没带多少钱,然后医院又那样对待你……当时就觉得在那边真的是走投无路,你不知道该怎么办,就特别需要有个人能给我一句鼓励或安慰,但是没有。我自己受尽了欺负,又没有地方可以说,反正就是心里觉得特别无助,没有依靠。

阿果:小静妈妈知不知道女儿的那种绝望?

小静妈妈:我当时没那个……

阿果:你跟你女儿亲吗?

小静妈妈:心里头是亲,但是表达不出来。我也觉得我们的关系特别冷淡。反正跟她说个什么话,她就和你吵,就说得很大声,我也就不想和她多说了。

小静:我有时候看电视,我妈也一个人在那儿哭。我说你看人家妈妈多好,咱们俩要是像这样的话该多好呀。就算我惹麻烦,我也尽量少让家里人操心。比方说以前遇到胸部那个事,我妈那个时候跟我在一块,她天天也挺生气的,而我爸爸(后爸)也是,有时候说话很难听,就觉得我惹麻烦惹那么多,以后不要回来了。我当时真希望我妈能替我说一句,可是并没有,那时候真的觉得心里面特别难受。别人出门遇到困难,可能会习惯性地想要跟妈妈或者家里人讲,我没有这种习惯。

阿果:你刚才一直说你是想证明自己,想证明给妈妈看。

小静:因为他们总在说我这不好,那不好,然后别人家的姑娘怎么好。那我怎么办,我只能证明自己。假如说我可以在这一行做出点成绩来,我是可以给他们好日子过的,我不比别人家的女儿差。而且我妈越说不对的事,我就越想跟她反着来。

阿果:你想证明自己做对了?

小静:我想证明其实我没有那么傻。

阿果:为什么你对整容失败的反应非常强烈,强烈到有时候可能超过了这个事情本身的那种状态?

心理专家：其实有很多细节，我不知道你们有没有注意到，有一句话我觉得是很关键的，就是小静感觉自己是一个没人理的孩子，只要是涉及这个点，小静的眼泪就会忍不住流下来。

《许愿清单2》中的采访片断

小静：我会去找一些演艺类的工作，但是经常会被淘汰。有一次我就问他们："明明您刚才说我的才艺都挺好的，为什么您不选我，那个女孩明明就不如我，您刚才说过。"但是他直接说："你也不看看你拿什么和别人比。你要身材没身材，长相也就那样，这个圈子对形象的要求很高，你就在做梦，不要浪费力气。"

我原来有一个男朋友，因为家里面的原因，我特别渴望安全感，就是希望可以和他在一起组建一个家庭。但是实际上我跟他浪费了好几年的时间，别人告诉我他找了个理发店的女孩时我不相信，直到有一天我在公园里看到他们的时候，我过去找他，他跟我说的话让我特别特别痛苦，我才死了心。

主持人：小静来跟我们说说你自己现在的情况好吗？你现在觉得最不满意自己身上的是什么？

小静：我觉得人如果没有梦的话，就不足以成为一个人，我的梦想是成为一位艺人。但是之前有太多人看不起我，他们就指着脸对我说你这张脸要什么没什么，不配站在舞台上。

主持人：你有为你艺人的梦想做过哪些努力吗？

小静：我去做过胸部整形手术，遭遇了失败，特别严重的失败。我觉得我的一生都完了，想过很多次自杀。

主持人：所以一场失败的手术断送的不仅仅是美丽还有健康，给整容者带来无限的痛苦。

（二）案例二：胖男孩瘦身成魔

小李一个月三次去找整形医生，他的诉求是把自己的体重从130斤降到100斤。小李身高175厘米，体重130斤，非常标准，却仍然坚持要瘦到100斤，他经常挂在嘴边的一句话是"要瘦成一道闪电"。为什么一个身材匀称的男子非要做吸脂手术呢？

王医生：两年前小李的体重是200斤。他说当时他跟同事一起去户外游泳，因为是男孩子，他就只穿了一条泳裤，然后很多人都嘲笑他，说他上面应该戴一个B罩杯，所以他当时非常非常沮丧。

旁白：体重200斤的时候，小李除了身体不便，在工作上也很不顺心。学广告销售的他，毕业后的五年时间里，从事的仅仅是一份打杂的助理工作，月收入才900元。

小李：就有一次，回客户邮件（其实不是我回的），但是邮件内容出错了。老板就说我人长得像猪，脑袋也像猪，甚至说我是吃饲料长大的。

旁白：类似B罩杯、肥猪这样的绰号，伴随着小李从小到大。但让他没想到的是，最痛心的一句辱骂竟然出自他最爱的人。

旁白：小李工作后交了一个女朋友。两人恋爱三年，小李偷偷买来钻戒，精心策划了一场浪漫的求婚。

小李：我带她出去吃饭，并且事先准备好了一个戒指，她问我什么意思？然后那时候周围朋友一下子都出来了，递了一束玫瑰给我，我单膝下跪说："你愿意让我照顾你一辈子吗？"当时她就面无表情地懵了。后来她无情地说："你长这么胖，你以为我真看上你了？要不是你家里有钱，我才不会和你在一起。"

谈了三年的恋爱，却在求婚现场"被迫分手"，小李认为这都是他200斤的体重造成的。从此，他尝试所有的减肥方法，节食、运动，甚至吃药、催吐、抽烟这些不健康的方式，但最终都失败了。经过不断的咨询，小李找到王医生为他设计了全身抽脂整形的大规模手术方案。小李从中看到了减肥成功的希望。

小李：就类似于拿一个管，插到我皮下脂肪层，让脂肪燃烧，转成油脂，然后抽出来。

王医生：他的手术包括脸部、背部、胸部、腹部、手臂、大腿等整整一圈，全身加起来有将近12个这样小小的切口。

小李：说得夸张点当时连呼吸都疼。

旁白：小李先后做了三次不同部位的吸脂手术，再加上针灸调理，他在医院躺了将近半年时间。这期间小李断绝了跟所有同事、朋友和亲人的来往。但这半年的孤苦，让小李在拆开塑身衣照镜子的那一刻得到了极大的补偿。

小李：就感觉镜子里的那个人不是我，特瘦，那个时候是王医生帮我拆的塑身衣，我光着膀子就直接把他给抱住了，对他特感激，真的，特高兴。

旁白：然而这种喜悦并没有持续多久，一年以后，小李发现自己的体重反弹了近10斤,惶恐不安的他再次找到整形医院,要求吸脂,这回小李坚决要瘦到100斤。

阿果:你现在看来特别健康,特别好的一个小伙儿,怎么这么执意要把自己从130斤整到100斤呢?

小李:在我心目中,这个体型还是胖的。

王医生:一个人的身材是有一定的身高比和体重比的,都是在一个正常范围内的话,再继续瘦下去实际上也是一种病态的美。这种方式和这种结果都是我们非常反对的。

小李:其实我觉得自己的这种想法没有错,因为我个人是一种比较容易肥胖的体质,吃啥都会胖,我想那既然会胖回来,我就索性再瘦一点,还有一个余地,所以说我觉得我的要求很正常,应该不属于心理上有啥问题吧。

阿果:那王医生,去你那里的像小李这样的孩子多不多?

王医生:实际上,现在的孩子对于整形美容是非常认可了,每年在暑假和寒假期间,学生能达到手术比例的70%—80%。这里头有几个部分组成,一个是学生本身想做这个手术;一个是高考后父母把整容作为给孩子的一种奖励;还有一个就是大学毕业后,学生为了找工作而把自己的形象改善一下。

旁白:被整形医生多次拒之门外,小李为何还坚定不移地要做吸脂手术?

阿果:我们看看小李为什么就那么执着于一定要减到100斤。

旁白:为什么小李酷爱冷血动物,并且会把自己比为昆虫呢?这背后影藏着哪些不为人知的心结?

一年前,小李从200斤减到了130斤,旧貌换新颜的他迅速找到了自己喜欢的广告销售工作,工资从每月900元涨到了7 500元,小李第一次从工作中获得了原先不曾体会过的良好感觉。

小李:以前的公司往往会忽略我,减肥成功后到了这家新公司,我觉得自己变成了中心。老板也觉得我不错,前几个月把我升为销售总监,工资又翻了一番。

旁白:虽然在职场上春风得意,但是小李在家里的地位并没有什么改变。小李的家族中并没有胖子,他是从青春期开始因为爱吃零食而发胖的。小李记得13岁时,他身高165厘米,体重已经达到150斤。小李每年体检都会长十几斤,最夸张的一年长了三十多斤。儿子的体重已经严重超标,做父母的当时却并没有发现。

小李:那时候爸妈比较忙,我爸爸做生意,我妈妈上班也比较忙,他们晚上一直应酬,往往很晚才到家,我总是跑到隔壁邻居家吃个晚饭,吃完晚饭就自顾自地写作业,然后晚上把门一锁就睡觉。

旁白:小李刚上中学的时候每周就有50元的零花钱,在同学里算是手头很阔绰的,除了用零花钱来买零食、饮料,小李还养了猫、狗、蜘蛛、蝎子和蜥蜴,它们既是他的宠物也是他的好朋友。

小李:平时也是我的宠物陪着我的时间比较多,因为父母那时候也忙着自己的事业,没时间管我。如果当时他们管一管我,或者说经常陪陪我,可能那个时候我不会那么胖。所以现在想起来有点恨父母。

旁白:没能从父母那得到认可的小李很沮丧,已经获得新形象的他开始急于在各个场合证明自己的魅力。在瘦身成功一年多的时间里,小李迅速交到了七八个女朋友,在男女关系中,他变得如鱼得水。小李非常喜欢自己的新形象,他几乎把所有肥胖时期的照片都销毁了,也不再和从前的同学和朋友们来往。

小李:我不想让其他人知道我的从前,我想要一个新的开始。

旁白:瘦了之后的小李简直是"谈胖色变",他最近交往的一个女友就因为无意当中发现小李肥胖时期的照片而马上被他甩了。

小李:她问我为什么要分手,我说不合适,其实我就是不想让她看到我过去的样子,也不想让她认识所有知道我过去的人,觉得可能以后没办法面对。

阿果:你以前一个人在家还是会很孤独寂寞,是吧?你会养一些宠物。

小李:一开始的话,我是养蝴蝶。慢慢地开始养蝎子、蜘蛛和蜥蜴,还有其他一些冷血动物吧。

阿果:如果把你比作你养过的这些动物,你觉得自己更像什么?

小李:蝴蝶吧。

阿果:更像蝴蝶?

小李:对,它一开始就是长得非常丑的一条绿色的虫子,然后通过结茧、破茧而出变成蝴蝶。我可能会觉得这个过程就像我减肥,茧就相当于塑身衣,但当我把塑身衣拆掉那一刻,就感觉自己像一只蝴蝶一样。

四、案例使用说明

（一）教学目的和用途

本案例适用于应用心理专业硕士"社会心理学""社会学"等课程,对应于"自我概念""社会影响"等应用主题。教师可以通过本案例向学生介绍自我认同的理论并且结合案例分析整容者是由于哪些原因导致自我认同的偏差,同时了解自我与社会之间的相互影响。

本案例的教学目的是让学生掌握自我认同的相关概念、理论以及用学到的理论分析生活中事件的能力,使学生深入理解社会环境及我们自身的想法怎样影响我们的世界。

（二）启发思考题

1. 在本案例中,自我认同中"主我""宾我"的偏差是怎样体现呢?
2. 思考良好的亲子关系对自我认同有哪些促进作用。
3. 尝试用埃里克森的自我认同理论及马斯洛的需求层次理论来解释为什么"90后"成了整容的主力军?

（三）基本概念与理论依据

1. 吉登斯的自我认同理论

吉登斯(1998)认为,自我认同(self-identity)是指个体依据个人的经历反思性地理解到的自我。也可以做以下进一步的理解:自我认同是指个体在生活实践中,通过与他人及社会的积极互动,通过内在参照系统形成自我反思,逐渐形成自己的行为和思想并自觉发展出自我一致性和连续感的过程(姚上海和罗高峰,2011)。文化是人区别于动物的本质特征,而符号是文化最基本的要素,因此也可以说人是符号化的动物,人的自我意识需要用符号形式的语言表达出来。吉登斯认为,从语言角度看,"自我认同"最为典型的表现就是"主我/宾我/你"的语言分化。"主我"是个体积极的原始意志,它控制着作为社会联结的"宾我"。除此之外,吉登斯还考察了自我认同与身体、耻辱感、尊严感、自豪感以及理想我之间的关系。

首先,关于自我认同与身体的关系。吉登斯认为虽然身体也是自我的一部分,但相对于主我来讲,身体(肉体)是一种客体,基于主我的自我认同要通过身体来体现。在自我意识的作用下,高自我认同表现为身体的健康和快乐,低自我认同则表现为身体的紧张和疾病。

其次,关于自我认同与耻辱感、尊严感、自豪感之间的关系。耻辱感是行动者动机系统的消极面,尊严感和自豪感则是行动者对自我认同的叙事完整性和价值充满信心。

此外,吉登斯还考察了自我认同与个人风格以及自我何以赢得自信(也是现代社会中得到自我认同的最重要的一部分)等方面的关系,而"理想自我"就是"我想成为的自我"(贾国华,2003)。

2. 米德的社会符号论

米德的符号互动理论以心灵、自我和社会三者为阐述对象,提出了符号(特别是语言)是三者形成、变化及相互作用工具的观点。该理论可简单概括为:生理性冲动与反应性理智间的互动是心灵的本质;主我与客我的互动是自我的本质;自我与他人的互动是社会的本质(沃野,2000)。

3. 埃里克森的自我认同理论

埃里克森的主要贡献是首创"自我认同"概念,因而被称为"自我认同研究之父"。他强调自我的作用,把自我看成是人格中一个相当有力的独立部分。他认为自我的作用是建立人的自我认同感并满足人控制外部环境的需要。当人缺乏自我认同感时会感到混乱和失望,从而产生自我认同危机(俞国良和罗晓路,2016)。

埃里克森提出了心理社会性发展八阶段理论,其中第五阶段青春期(13—18岁)是人们获得自我认同而克服角色混乱的重要阶段,处于此阶段的青少年经常思考"我是谁"的问题,他们从别人的态度、自己扮演的社会角色中逐渐认识自己。如果这一阶段的危机成功解决,就容易形成忠诚的美德;反之,就会形成不确定性(俞国良和罗晓路,2016)。

(四)其他背景材料——"自我认同"与时代背景

1. 注重颜值的时代

吉登斯说过,自我认同的"内容",即由个人的经历所建构的特质,会随着社会和文化的改变而改变。在传统社会,由于经济水平的限制,个体的关注点主要在温饱及身体发育等方面,而当今社会的人们开始对美有更多的追求。重颜值已经成了当今时代的标签。人们希望通过更好的外貌和形体博得大众的喜爱,或者获得自己的喜爱。大众传媒宣传和提倡什么形象,就会强化某种形象和观念,有时甚至起误导作用(张敏,2004)。

2. 美的模式化

网络和手机已成为大众生活必不可少的一部分,从某种程度上说,当代人已将网络与媒体宣传及营造的氛围归到自我认同的范畴。我们每天都会在大众传媒上看到大量的美女、帅哥形象,就会有意或无意地用这种标准来衡量自己。人们追求美的标准趋于一致,这种大众传媒对美女、帅哥角色的定型和模式化容易导致外貌不是很占优势的群体自我认同感偏低。

(五)分析思路

教师可以根据自己的教学目标来灵活使用本案例,这里提出的本案例分析思路仅供参考。

1. 试分析整容盛行背后的大众审美变化、物质丰富以及科技飞速进步的现实背景。

2. 不断整容者的背后有哪些共同点?

3. 试深入分析社会及自我相互作用对自我认同的影响。

(六)建议的课堂计划

1. 时间安排

本案例可以配合"社会心理学"等相关课程中"自我概念""社会影响"部分使用。课堂讨论一小时左右,但为保障课堂讨论的顺畅和高效,要求学生提前一周准备有关这一主题的理论知识,并对有关这一主题的实践状况有较好的了解。

2. 讨论形式

小组报告 + 课堂讨论。

3. 案例拓展

用其他相关自我概念理论解释一些人频繁整容背后的心理原因。

（七）案例分析及启示

1. 案例分析

从社会心理学的角度看，自我认知是个体在构建自我意识的过程中，对自己的价值观念、个人能力、交往关系等群体归属方面的认识，是在追求自我发展与周围环境相协调过程中的自我反思、自我评价、自我建构，目的是实现个体发展与社会要求相统一、理想自我与现实自我相一致（高中建，2016）。可见，自我认同是个体在与环境互动的过程中形成的，环境会影响个体，个体又会通过反思来理解环境。在本文中，我们主要用吉登斯的"自我认同"理论来进行分析。

（1）吉登斯的自我认同概念及其展开

吉登斯认为，自我认同是个体依据个人的经历反思性地理解到的自我，强调反思性知觉的存在。自我认同并不是生来就有的，而是个体在长期社会实践活动中根据其内在的认知结构或内在参照系进行不断反思的结果。如果个体没有自我的反思意识，那么就不可能找到存在的意义感和价值感，就不可能产生自我认同，更无法去建构"未来的我"（姚上海和罗高峰，2011）。可见，在自我认同形成过程中，"主我"的反思至关重要。

我们可以结合自身来考虑，在形成自我认同时，我们既受我们真实的个人经历的影响，也受我们如何反思、如何看待这些经历的影响，这是一个动态化的过程。我们可以从刚才的两个案例中看到，小静和小李的"宾我"都出现了一定的问题，他们不受亲人情感关注，或者说亲人没有给予他们正确的情感关注，所以没有或者很少获得来自亲人的社会认同。小静七岁时父母离了婚，虽然跟着母亲，但母亲对她的情感关注不够，甚至经常数落她，否定她。她反复在访谈中强调如果有个疼爱自己的妈妈，也许就不会走到今天这一步。而小李虽然有着完整的家庭，但是父母均忙于事业，无暇顾及他，父母爱他的方式就是给他零花钱，他总是一人在家体会着孤独。他在访谈中也谈道："如果当时他们管一管我，或者说经常陪陪我，可能那个时候我不会那么胖。所以现在想起来有点恨父母。"所以从客观上的亲子关系来说，他们都没有从父母那里得到应有的肯定和认同。

除此之外，在事业上，小静在追求她喜爱的演艺事业的过程中常常因为长相受挫，甚至受到过面试者的侮辱；小李广告营销专业毕业，却一直因为形象问题做着助理的工作,只拿900元的工资。在爱情上,小静多年交往的男友劈腿,并说了伤害她的话;小李向交往三年的女友求婚,却在求婚现场遭女友侮辱,并被嘲笑胖。她们的亲人、同事、恋人等给予他们的都是负面的反馈,好像家庭、事业甚至是爱情都没有眷顾到他们。虽然他们的叙述都是单方面的,也许不够客观,但是可以从他们的叙述中看到吉登斯所说的"主我",他们的这些经历经由他们"主我"的加工,形成了一种对自己的特有认识和不满意。

(2) 自我认同与身体的关系

吉登斯不仅考察了自我认同的语言特征,而且还进一步考察了它与身体的关系。他认为自我通过身体(肉体)来体现,而且身体不仅仅是一种"实体",它还是一种行动系统,换言之,任何外在情境和事件都经由身体来做出反应或应答,也通过身体来接受外在的反馈(贾国华,2003)。由此可知,青年个体对生理特征诸如长相、身高、发育程度、身体素质及智力状况等方面的认知是其开始形成自我认同的最早阶段,所以青少年时期是自我认同形成的关键时期。

虽然两个案例中都没有提到主人公处于青春期时对自我身体的不认同,但医美白皮书里提到"90后"整容者已经成为整容行业的主力军,25岁以下的整容者已经占到了17%,而且《心理访谈》里的王医生也提到了这一点。在媒体的推动下,青少年也容易形成错误的自我身体认知,严重的还会出现自我厌恶、自我嫌弃甚至自我心理性别扭曲等不良反应。虽然小静和小李并非处于青春期,但是20多岁的他们对自己的身体形象也是颇为不满,小静一开始是觉得自己胸部下垂,之后觉得自己形象不好看,小李则是对自己胖胖的身材不满,所以导致自卑。因此可见,在日常生活中,身体的嵌入是维持连贯的自我认同感的基本途径,而小静和小李对其身体也是不认同的。

(3) 自我认同与耻辱感、尊严感、自豪感之间的关系

耻辱感是行动者的动机系统的消极面,而尊严感和自豪感则是行动者对自我认同的叙事完整性和价值充满信心。这是因为自豪感根植于社会互动之中,它会不断受到他人反应的影响。互动过程中来自他人的积极反馈越多,个体就越能体会到自豪感。耻辱感是无法实现自己所建构理想自我的期待时产生的一种情绪体验,如理想中自己是一个诚实的人,如果现实中表现出欺骗行为就会产生耻辱感。而负罪感是一种个体的超我(道德、良心)在遭到违背时所引发的焦虑体验。显然,耻辱感和负罪感都是与自我所建构的理想自我密切相关的

(贾国华,2003)。

不管是小静还是小李的经历,都给他们带来了深深的耻辱感和不被尊重的感受。小静在因身形和外貌而遭到事业上的挫折时,希望通过整容、美体这种方式向父母证明自己,证明她能给她的父母带来好的生活,同时也给自己带来令她感到骄傲、自豪的生活。小李即使在已经通过吸脂手术改变了外形的情况下,依然决定与过去隔离,烧掉了过去的照片,断绝了与过去朋友的关系,而且和自己的新朋友也不愿提及自己的过去,可见曾经的经历给他带来的痛苦体验是我们无法想象的。但是在吸脂手术成功后,他的工作开始顺风顺水,在感情方面也是如鱼得水,让他重新感受到了尊严和自豪感。

《2015年医美行业白皮书》显示,62%的整容者在整容过后都感觉生活也变美了。数据中还提到一次微整完后,整容者一般平均会在八个月后再次进行微整,再次进行微整的比例也达到了80%。我们可以推测,整容成功后,整容者的自尊感和自豪感提高了,而耻辱感降低了,他们的内在也变得更自信了。但是他们又把大多数的原因归于整容,因此就很容易导致整容上瘾的情况。

(4) 自我认同与理想自我的关系

"理想自我"就是"我想成为的自我",可以说,理想自我是自我认同的核心部分,因为它塑造了个体"自我认同"中起重要作用的理想抱负的表达渠道(贾国华,2003)。

小静在参加《许愿清单2》的采访中提到"人如果没有梦的话,就不足以成为一个人",她的梦想就是当演员,她希望自己能成为美女。当主持人问她,她为梦想做了哪些努力的时候,她的回答竟然只是说自己做了胸部方面的整形手术,觉得胸部下垂影响了她演艺事业的发展,所以她只希望通过整形来实现理想自我。

而小李在成功进行抽脂手术换了形象之后,觉得这就是他的理想自我,因为他改变形象后不仅在事业上得到了很好的发展,而且在感情方面也顺风顺水,所以当他一年后就又胖了10斤时便开始焦虑,希望可以更瘦,认为只有通过抽脂整形才能让自己保持与理想自我的这个近距离的关系。

小静和小李想实现的理想自我都与整容紧紧联系在一起,他们很少想到通过其他方面的努力来实现自己的价值,他们的理想自我很大程度上是建立在先有一个好的外形的基础上的,所以在实现理想自我的认知方面,他们看得太过片面。

2. 启示：如何增加自我认同，引导合理的整容行为

桂守才等（2007）做了大学生自我认同感差异的调查，调查结果发现容貌满意度与性别满意、家庭满意、健康满意、学习满意、人际满意均显著相关，也就是说，大学生对自身容貌的认同与对其他的认同有密切的联系。从以上的几个角度分析，我们希望通过以下几点建议来让我们更加理性地面对整容。

（1）建构和谐亲子关系，加强社会支持

首先要有和谐的亲子关系。从人一生的发展来看，和谐的亲子关系将影响人的一生。我们从一出生接触的就是我们的父母，如果父母给予我们足够正确的情感关注，在我们取得成就时及时地给予支持和鼓励，那么这对于我们从小形成健康良好的自我认同感有积极的作用。其次要有良好的同伴关系，当我们在同伴身上发现自我的价值，得到同伴的认可时，也可以很好地增强我们的自信和自我认同。

（2）正确良好的青春期教育

当孩子处于青春期时，学校和家长要给予他们一定的正确认识身体的知识和教育，引导孩子认识自己，了解自己，而不是一味地否定自己，来追求美丽。在正确引导孩子认识自己身体和外貌的同时，学会鼓励孩子通过肯定自己积极美好的一面来建立自信，教会他们发现美，创造美，表现美，建立一个多元评判美的标准。

（3）开发自身潜力，提高自尊感

外貌美只是美的一部分，除了通过外形和外貌提高自尊感、增强自信感，良好的心理品质以及知识技能也是我们立足社会、获取成就的重要方面。我们可以通过发现自己的兴趣并在这些方面积极努力来增强自我的魅力。理想自我不应该过于狭义地只是通过整容来实现，当我们开始接纳自己、发现自己的优势时，一样能够通过自己的能力来获得自尊和自信。

（4）正确看待网络和新闻，树立正确的审美观

在关于美的宣传上，很多媒介并没有进行正确的引导，而是片面地追求时尚，忽视了美的精神内涵，所以我们一定要树立一个正确的审美观，学会用辩证的态度来看待媒介的宣传。政府方面也应该对媒体加强管理，宣传正确的审美观，加强人们健康美和自然美的意识。

【参考文献】

查尔斯·泰勒,陶庆.现代认同:在自我中寻找人的本性[J].求是学刊,2005,32(5),13—20.

高中建,陈云.当代青年自我认同的本体透视与纠偏[J].中国青年政治学院学报,2016(3),35—40.

桂守才,王道阳,姚本先.大学生自我认同感的差异[J].心理科学,2007,30(4),869—872.

贾国华.吉登斯的自我认同理论评述[J].江汉论坛,2003(5),56—58.

金盛华.社会心理学[M].北京:北京师范大学出版社,2010.

卡西尔.人论:人类文化哲学导引[M].上海:上海译文出版社,2013.

沃野.评两种符号互动主义的方法论[J].学术研究,2000(2),49—55.

姚上海,罗高峰.结构化理论视角下的自我认同研究[J].理论月刊,2011(3),46—49.

张敏.对女大学整容现象的思考[J].重庆理工大学学报,2004,18(3),153—155.

旁观者和求助者数量对助人行为可能性的影响

牟依晗　辛志勇

【摘　要】 助人行为的发生受具体情境的影响，本研究通过生活和新闻中的几个案例，分析了旁观者和求助者数量如何影响助人行为发生的可能性，并用责任分散理论、社会作用力理论、可识别受害者效应和杯水车薪效应对上述现象进行了解释，最后由理论出发得出了结论和建议。

【关键词】 助人行为　责任分散　社会作用力理论　受害者可识别效应　杯水车薪效应

一、引　言

助人行为是社会心理学研究领域长期关注的一个话题，乐于助人、乐善好施也是中国传统文化所积极提倡的。然而，助人行为对情境有很强的依赖性，这方面最著名的理论之一就是责任分散理论，它描述了一种旁观者数量越多，个体出面帮助的可能性越小的现象（Darley 和 Latané，1968），这一理论不仅可以解释紧急助人行为，对生活中的其他助人现象也有很好的解释力。另外，社会作用力理论的分散法则也能很好地解释这种现象，即受影响的旁观者越多，影响源对每个人的作用力越小（Latané，1981）。

生活中很多现象表明,求助者的数量也会影响助人行为的可能性。比如在街上看到一个乞讨者时,经常有人会把兜里的零钱给他;而当地下通道两侧都是乞讨者时,人们通常会匆忙离开,而不会给任何一个乞讨者钱。可识别受害者效应对这一现象有很好的解释力,当求助者是单个可识别的个体时,比模糊不可识别的群体更容易得到帮助(Small 和 Loewenstein,2003)。在助人情境中,共情也是一个重要的因素,求助者数量越少,旁观者越容易关注到生动具体的信息,体会到求助者的需求并产生共情,从而增加助人的可能性。另一个可能的解释是丹·艾瑞里在其著作《怪诞行为学 2》中提出的杯水车薪效应,它假设人们期望自己的帮助是有效的,所以当求助者数量增多,人们感觉自己的帮助微不足道且难以见效时,便倾向于不帮助。

从社会的宏观角度看,本研究以社会心理学的视角来更好地认识社会上的助人行为缺失现象,旁观者没有提供帮助可能不是由于人情冷漠,而是当时的具体情境使然;另外,本研究对慈善机构的宣传形式也有一定的提示作用,在社会捐助活动中,一味强调受助者群体庞大的统计数字未必能激发人们的捐助意愿,组织者不如从具体个案入手进行宣传,有效唤醒捐助者的情感,从而促进捐助效果。从个体的微观角度看,认识到助人行为受具体情境影响,有助于我们在今后的助人情境中识别并克服这种影响,减少助人行为缺失现象,营造和谐的社会环境。

二、案例描述

(一)旁观者数量的影响

案例一:

在助人情境下,能够提供帮助的旁观者人数越多,实际提供帮助的人越少。女性乘坐火车时经常会遇到行李箱太重自己无法放到行李架上的情况,仔细观察可发现,如果当时车上乘客较少,尤其是周围只有一位男乘客时,男乘客通常都会主动帮女乘客放好行李;而如果乘客已经坐满,虽然周围可以提供帮助的男乘客有很多,但是反而很少会有人主动提出帮忙,除非女乘客选定一个对象开口求助才能得到帮助。在一次观察中我们发现,当整节车厢中只有一位女乘客和一位男乘客时,那名男乘客放好自己的行李之后并没有马上坐下,而是将目光转向女乘客,看到她想要自己将行李箱举到行李架上但是由于太重没有成功时,便主动走过来帮女乘客把行李放好。接着其他乘客也陆陆续续地上了火车,另一个大学生模样的女乘客匆匆忙忙地上了车,她的座位周围虽然有四五名男乘客,却没有人主动帮她放行李,就连之前那位助人者也无动于衷。后来,女生看了看周围的人,犹豫了一下,有些不好意思地向坐在她后边的一个看上去同样是大学生的男乘客开口求助,男生很痛快地站起来帮她把行李放好。观察记录表明那名男生应该早就注意到了女生的困难,并且一直注视着她,但是却始终没有主动站起来帮忙,而是直到对方开口求助后才提供帮助。这一案例说明,人们是否会主动提供帮助受到当时在场的旁观者数量的影响。

(二) 求助者数量的影响

对于某一个体来讲,在同一时间、同样的情境下,需要帮助的人越多,个体提供帮助的可能性越小。

案例二:

一个路人经过一条地下通道,在通道刚入口的地方,看见一个中年妇女带着一个四五岁的小女孩,母女两人都穿得破破烂烂坐在那里乞讨,面前摆着一个塑料碗。当时是一个寒冬的晚上,这位路人看到小女孩冻得红红的脸和擦也擦不干净的鼻涕之后感到很难过,心里不由得想到她们在这里坐一天会有多冷,而且她们晚上可能还没有饭吃,也没有地方可以睡觉,地下通道夜里会越来越冷,小女孩还那么小就要忍受这样的饥寒。想到这里,路人拿出口袋里的50块钱放到她们前面的碗里,觉得这样至少可以够她们吃一顿热乎乎的晚饭,自己也会安心一些。刚刚帮助了别人心情不错,这位路人穿过入口继续往里走,一转弯发现整条地下通道左右都坐着或者躺着老老少少的乞讨者,震惊之余他也只能感叹一声,匆匆穿过地下通道,偶尔偷偷撇两眼左右的乞讨者,心里觉得这么多人自己也很难每一个都帮到,虽然有点无奈但是最终没有再次掏钱帮助他们。

那条地下通道是乞讨者的聚集地,类似的事情时有发生。另一次有三个高中生模样的女孩子,从穿戴上看起来她们的家庭条件应该很好,她们在通道口的位置把刚刚在西饼屋买的面包和奶茶给了一个头发灰白、衣衫破烂的乞讨老妇人,每个人还都从自己的钱包里拿出一百块钱很亲切地给了老妇人,老人一再感谢说她们都是善良的好孩子,她们也开心地跟老人说不用谢。然而当她们告别老妇人转到通道长廊时,整个通道的乞讨者让她们很震惊,三个人小声地相互嘀咕了几句,感叹乞讨者之多。她们走过通道的时候看上去很不自在,眼睛不知道该往哪里看,只得互相交换眼神,有些不知所措,但是她们最终也并没有再次帮助别的乞讨者。

捐助行为也是间接的助人行为。在捐助行为中,我们经常会发现为某一个患者捐款的项目通常会达到很好的效果,而为某一个患者群体捐款的项目效果就没那么好。就白血病这一患者群体来说,媒体上经常会有为某一个白血病患者募捐,且很快筹集到大量善款的新闻。

案例三:

2016年2月16日晚,一篇名为"惜惜,爸爸一定能救你"的求助文章在很多黄山人的微信朋友圈里被转发。文章是该市市民方浩所写,他3岁的女儿方杨惜不幸患上白血病,夫妻俩均已辞职,为给女儿做"脐带血造血干细胞移植"手术家里已经花了十五六万元,使本不富裕的家庭陷入贫困,然而后续手术仍需要数十万元,家庭实在没办法承担,因此他希望能通过这样的方式募集手术费用。让方浩自己也吃惊的是,截至17日中午,募集到的善款已达40余万元,创下了爱心募捐的奇迹。数据显示有近万人参与了活动,捐款额度从几元、几十元到一两百元都有。多位捐款者告诉记者,他们觉得这个事情可信度很高,捐几元、几十元就能帮助可爱的小宝宝,是件好事,就直接打款了。黄山市一位公益人士称,这篇文章有照片有病历,加上本地多家媒体的转发,都增加了公众的信任(引自《新安晚报》,2016,有删改)。

案例四:

2014年7月,姜堰市某幼儿园大班的小凡确诊患上急性淋巴白血病,经过7个月的化疗,花费近30万元,病情得到控制。然而2015年春节后,小凡的白血病复发,全家人震惊和心疼之余决定再次送小凡住院治疗。为了给小凡治病,到2015年6月中旬,家中已花去60多万元。医生说,小凡的病情加重,必须尽快做骨髓移植手术。小凡的骨髓可从父亲体内获得,但骨髓移植手术和术后放疗费用高达近百万元,夫妇俩和其他家人束手无策。

小凡的父亲沈小军是姜堰实验小学南校区的一名普通教师,沈小军大学时期的同学陈伟、高娟、虞军等人得知其家中的困境后紧急商议,决定替沈小军写封求助倡议。几个同学起草了《来自普通教师的泣血求助》的倡议,得到泰州师专97级文科班、理科班共89位校友的大力支持。微信文章当天上午发出后,同学们便争相捐款,并在微信朋友圈里扩散。微信文章发出的24小时后,共收到捐款近50万元,且捐款数额仍在增加。此外,一位同学朋友圈里有位有爱心的个体业主,以企业的名义为小凡捐款5万元。大家都不愿公开姓名,只为救小凡尽一己之力。

姜堰实验小学的部分师生看到微信文章后也深受感动,自发走上姜堰城区步行街,搭台为小凡募捐,引起一股捐款热潮。到当日下午4时许,现场已收到各界好心人捐款11万多元。姜堰实验小学南校区的王翰林捐出200元零钱后,还叫来爸爸、妈妈和奶奶,一起捐了900元。王翰林64岁的奶奶朱国英说,当天是她的生日,本想请家人去饭店就餐庆祝,但孙子王翰林建议,省下这顿饭,捐给小凡作为治疗费用。姜堰实验小学北街校区的徐浩文来到捐款箱前,捐了1 000元。徐浩文说,他跟小凡虽不是一个校区,但同属一个学校,听说小凡哥哥病重,他很难过,决定捐出自己几年来的压岁钱,尽一份心意(引自《泰州晚报》,2015,有删改)。

类似的新闻在报纸和网络上随处可见,但却很少见到为白血病患者或白血病儿童这类群体募捐得到很好效果的新闻。超市的结款处有时会有红十字会为白血病患者群体募捐的筹款箱,但是里面也往往只有寥寥的几毛钱或几块钱,虽然不能说几毛钱或几块钱就没有价值,但是相比于为单个白血病患者筹集善款时人们的捐款数额和踊跃程度,实在差距悬殊。

为了对捐助行为中求助者数量对帮助者助人意愿的影响进行量化研究,有研究者将两种不同的录音材料放给被试听,材料一描述的是单个求助者的情况:"韩硕,9岁,患有戈谢病,这是一种遗传性罕见病,发病率仅为二十万分之一,患者最明显的病症就是肝脾肿大,俗称'大肚子',不及时治疗会危及生命。韩硕在3岁时被确诊患有戈谢病,现在她的脾脏是正常人的几十倍。目前,酶替代治疗是对戈谢病最有效的治疗方法,坚持治疗的患者多与正常人无异,但是这种治疗方法所使用的药剂非常昂贵,目前韩硕每个月至少要接受五六针的剂量,这是她的家庭根本无法承受的一笔费用,希望大家能伸出援手,帮助她渡过难关。"而材料二描述的是大量求助者的情况:"戈谢病是一种遗传性罕见病,发病率仅为二十万分之一,目前预计我国戈谢病患者不超过1 000人,已被确诊患者人数300人,这些患者最明显的病症就是肝脾肿大,俗称'大肚子',不及时治疗会危及生命。目前,酶替代治疗是戈谢病最有效的治疗方法,坚持治疗的患者多与正常人无异。但是,目前高昂的药费制约了酶替代在戈谢病患者中的临床应用,一般患者每年的医药费用为200万元左右,并且需要终身治疗,这是很多戈谢病家庭无法承受的,需要来自社会各界的支持,希望大家能伸出援手,帮助他们渡过难关。"从上述实验材料可以看出,两种材料除了在求助者的数量描述上有所不同,其他关于求助者的病症、治疗手段、经济困难等方面的描述都是一致的。然而结果发现,听到第一段录音材料的人捐款意向显著更高,这也说明了求助者的数量会影响帮助者的助人意向,进而可能会影响助人行为(邢淑芬等,2015)。

三、案例使用说明

(一)教学目的和用途

1. 本案例适用于应用心理专业硕士"社会心理学"课程中"助人行为""人际影响"主题,教师可以通过本案例介绍助人行为及其相关理论。

2. 本案例可用于培养学生理论与实际相结合的能力,教师可以要求学生利用社会心理学理论解释生活中的真实现象,并根据理论解释提出可能的建议。

(二)启发思考问题

1. 旁观者和求助者数量如何影响助人行为发生的可能性?可以解释此类现象的理论有哪些?

2. 如何利用这些理论在特定情境下增加助人行为发生的可能性?请举例说明。

3. 你还能想到哪些方法来增加社会中的助人行为?

(三)基本概念与理论依据

1. 责任分散理论

责任分散理论最早由Darley和Latané(1968)提出,是指当个体看到或感知到有较多的其他旁观者时,其提供帮助或采取行动干预的积极性就会下降。因为每个人都假设其他旁观者是乐于助人、勇于承担责任的人,导致最后无人提供实质性的帮助。这一理论不仅可以解释紧急助人行为,对生活中的其他助人现象也有很好的解释力。

2. 社会作用力理论——分散法则

社会作用力理论由Latané(1981)提出,是指在一个社会力场中,对于一个特定的社会影响源,接受其影响的人越多,这个影响源对于某一目标人的作用力也就越小。也就是说,特定影响源的社会作用力在接受同样影响的目标人当中是分散的,目标人越多,每个目标人所接受的来自影响源的作用力也越小。

3. 可识别受害者效应

Small 和 Loewenstein(2003)认为,在帮助与自己毫无关系的受害者时,相比于描述统计性的、匿名的受害者,单个可识别的受害者更容易得到帮助,这种效应被称为可识别受害者效应。在助人情境中,共情也是一个重要的因素,求助者数量越少,旁观者越容易关注到生动具体的信息,体会到求助者的需求并产生共情,从而增加助人的可能性。

4. 杯水车薪效应

丹·艾瑞里在其著作《怪诞行为学2》中提出了杯水车薪效应,该理论假设人们期望自己的帮助是有效的,所以当求助者数量增多,人们感觉自己的帮助微不足道且难以见效时,便倾向于不帮助。

(四)分析思路

教师可根据自己的教学目标灵活使用本案例,这里提出的分析思路仅供参考。

1. 通过案例总结旁观者和求助者数量对助人行为可能性的影响规律。
2. 进一步思考还有哪些理论可以用来解释助人行为。
3. 受相关理论启发提出一些可能增加身边或社会上助人行为的方法。

(五)建议的课堂计划

1. 时间安排

本案例可以配合"社会心理学"课程中"助人行为""人际影响"相关主题使用。课堂讨论时间30分钟。为保障课堂讨论的顺畅和高效,要求学生提前通读材料,思考可以解释案例中现象的相关理论,在课堂上主要讨论如何利用理论知识提出增加身边或社会上助人行为发生可能性的具体方法。

2. 讨论形式

小组讨论 + 分组报告。

(六) 案例分析

1. 旁观者数量的影响

在助人情境下,旁观者数量越多,助人行为出现的可能性越小。责任分散理论可以很好地解释这个现象,以火车上男乘客主动帮助女乘客放行李的情境为例。当周围只有一位男乘客时,帮助女乘客的责任就集中在他一人身上,他就会产生一种责无旁贷的感觉,因此更容易主动提供帮助;而当周围有很多男乘客可以提供帮助时,责任被众多男乘客分散,落在每个男乘客身上的责任感大大降低,每个人都期待他人提供帮助,因而都不太可能主动提供帮助。社会作用力理论的分散法则对这一现象也有很好的解释力,助人情境相当于一个社会力场,需要帮助的女乘客是一个特定的社会影响源,可以提供帮助的男乘客是受影响的个体,受影响的个体越多,每个个体受到的作用力越小,因此帮助意愿越低。

2. 求助者数量的影响

在助人情境中,求助者数量越多,助人行为出现的可能性越小。可识别受害者效应可以很好地解释这一现象。相比于数量众多、模糊不可识别的求助者,单个可识别的求助者会对人们的判断和行为产生更大的影响,更容易获得他人的帮助。研究发现,在帮助与自己毫无关系的受害者时,相比于描述性统计和匿名的受害者,人们会向单个可识别的受害者给予更多的帮助(Slovic,2007)。在为白血病患者捐款的情境中,单个患者的信息中有更多的关于患者和家庭由于患病而遭遇困境的细节信息,更容易引起人们的共情,且单个患者的信息更容易引起人们对与之相似并且和自己熟悉的重要他人的联想,比如在为患白血病的儿童筹款的新闻中,很多捐助者联想到自己的孩子如果患病并且遭受病痛折磨将是多么不幸,这样的联想可以唤起人们强烈的同情和难过的情绪,因此纷纷慷慨解囊,在短时间内捐出大量善款。而在为患者群体捐款时,宣传信息中通常只有描述性统计的数字,人们看不到更多具体的信息,而概括化的统计信息难以唤起人们与自己熟悉的重要他人的联想,也难以使人们产生共情,因而帮助意愿降低、行为减少。即使在同样可识别的条件下,单个可识别个体也会比可识别群体获得更多的帮助(Kogut 和 Ritov,2005),这说明了求助者数量会影响人们的助人意愿。在地下通道的乞讨者情境中,单个乞讨者会展现出更多的细节信息,更容易唤起人们的情绪,而共情是助人行为的重要影响因素(孙琳,2014;耿春秋,2014;闫志英、张奇勇和杨晓岚,2012),当路人体会到乞讨者所遭受的贫困和不幸并且为此感到悲伤难过时,才更容易出钱帮助。而当看到很多乞讨者的时候,一方面,路人有限的注意力资源被分散,因此很难注意到细节,也很难对他们产生共情,另一方面,即使路人努力去与每一个求助者产生共情,他们也会由于心理资源有限而很快产生共情疲劳,助人的共情兴趣和能力降低(孙炳海等,2011),从而助人意愿降低、行为减少。

另外,信任感在助人行为中也起到很重要的作用。助人行为缺失很多时候是由于社会上的人际不信任导致,扶老人反遭讹诈的事例层出不穷,人们难免担忧好心助人的行为反而会给自己和家人带来无穷的麻烦,而不助人却能够降低这种不必要的风险,因此在产生助人意愿之后,信任感是决定是否将这种意愿落实为助人行为的关键因素。相比于求助者群体,由于单个求助者提供了更多的细节,使人们产生求助者的困境更加真实可信的感觉,在这种高人际信任的低风险助人情境下人们会产生更多的助人行为(耿春秋,2014)。为白血病患儿方杨惜捐款的案例中就有捐款者提到,宣传信息中有照片有病例,所以相信这是真实的,相信自己捐的钱能够切实帮助到孩子,自己的付出是有意义的,因此积极帮助。而人们之所以为患者群体捐款的意愿不强烈,是由于模糊的统计信息难以使人产生信任感,因此难以做出捐助的决定。

杯水车薪效应也对求助者越多助人行为可能性越小的现象有很好的解释力。在地下通道乞讨者的情境中,路人出钱帮助先看到的一对母女是因为觉得给她们的钱足够使她们饱餐一顿,而后来没有帮助众多乞讨者主要是由于求助者太多,觉得自己没有足够的能力使他们全部获得帮助,因此就没有帮助其中的任何一个。在为患者捐款的情境中也存在这种现象,一个患者需要的捐款数额是有限的,每人捐出一些,很快就能凑齐手术费,患者就可以顺利进行手术并免受疾病对生命的威胁,捐助者因此会产生自己将会挽救一个生命的欣慰感和自豪感,这种欣慰和自豪感能够激励人们的助人行为(翟天宇,2015),人们总是希望自己的行为是有影响的,也正因如此,有人会一下子捐出几万元善款。而在为群体捐款的情况中,患者群体人数众多,需要的费用数量庞大,而每个捐助者的个体能力有限,捐出的善款很难对整个求助群体产生明显的影响,捐助者会感觉个人的力量很薄弱,即使尽自己所能倾己所有对整个求助群体也起不了太大的作用,这种杯水车薪的无奈感导致捐助者最终索性一点都不捐了。而且对每个捐助者而言,自己捐出的善款去向不明朗,助人后很难得到反馈,而积极助人结果的反馈能够促进人们的助人行为(耿春秋,2014;康其丰,2014),如果连自己到底帮助了哪些人都不知道,也不清楚自己助人的结果究竟如何,那么助人者将很难体会到助人的欣慰感和自豪感,因而助人意愿自然会降低,助人行为也会减少。

(七) 案例启示

综上所述,旁观者和求助者数量均会影响助人行为出现的可能性。旁观者数量越多,由于责任分散和社会作用力减弱,助人行为出现的可能性越小;求助者数量越多,由于可识别性低难以引起共情和信任以及很难反馈帮助后的显著积极效果,助人行为出现的可能性也越小。因此,在求助者与旁观者一对一或者能建立具体联系时,助人行为发生的可能性最大。

根据上述结论,本研究提出如下建议:

首先,正确认识社会上的助人行为缺失现象。小悦悦事件、捐款不积极、众人看见盗窃行为却不作为等事件让很多人心寒,他们感叹这个时代人情冷漠、人心不古、道德缺失,或得出其他类似的极端结论。但是在这些助人情境下人们没有提供帮助可能不是由于冷漠,而是当时的情境使人难以产生助人意愿,因此降低了助人行为出现的可能性。本研究提醒人们,在助人情境中,一对一时助人行为最可能发生,因此求助时应该明确自己的身份和相应的求助对象,让对方产生责任感、信任感和助人的成就感,这样更容易获得帮助。对助人行为受具体情境影响这一现象有所认识,也有助于我们在今后的助人情境中识别并克服这种影响,主动助人,营造和谐的社会环境。

其次,为慈善机构或非官方的筹款活动提出一点建议。在捐助情境下,强调求助者庞大的数量不能有效激起人们的情感,反而会降低帮助意愿,因此宣传时应该突出个体求助者,将其作为群体的代表,具体详尽地描述其困境,使人们感到求助者是真实具体的,更容易产生共情和信任,并觉得自己的帮助能够切实影响到求助者的生活,从而提高提供帮助的意愿。

最后,在理论研究层面,可识别受害者效应和杯水车薪效应都能很好地解释求助者数量增加使得帮助行为减少的现象,但是针对两者的实证研究并不多,希望本研究能够引起研究者们对两种效应的兴趣,在实证研究中检验两种效应的解释力。

【参考文献】

Darley, J.M., Latané, B. (1968). By stander intervention in emergencies: Diffusion of responsibility. *Journal of Personality and Social Psychology*, 8(4), 377—383.

Kogut, T., Ritov, I. (2005). The "Identified Victim" effect: An identified group, or just a single individual? *Journal of Behavioral Decision Making*, 18, 157—167.

Latané, B. (1981). The psychology of social impact. *American Psychologist*, 36, 343—356.

Slovic, P. (2007). If I look at the mass I will never act: Psychic numbing and genocide. *Judgment and Decision Making*, 2, 79—95.

Small, D.A., Loewenstein, D. (2003). Helping a victim or helping the victim: Altruism and identifiability. *Journal of Risk and Uncertainty*, 26, 5—16.

安东尼·吉登斯.现代性与自我认同[M].北京:生活·读书·新知三联书店,1998.

丹·艾瑞里.怪诞行为学2[M].北京:中信出版社,2010.

耿春秋.不同情境下大学生的共情、人际信任、反馈对助人行为的影响[D].华中师范大学,2014.

康其丰.金钱助人与时间助人对幸福感的影响——社会联结的调节作用[D].暨南大学,2014.

孙炳海,楼宝娜,李伟健,等.(2011).关注助人者的心理健康:共情疲劳的涵义、结构及其发生机制[J].心理科学进展,19(10),1518—1526.

孙琳.共情与受害者识别性对亲社会行为的影响:情绪的中介作用[D].首都师范大学,2014.

邢淑芬,袁萌,孙琳,等.共情倾向与受害者可识别性对大学生捐款意愿的影响:共情反应的中介作用[J].心理科学,2015,38(4),870—875.

闫志英,张奇勇,杨晓岚.共情对助人倾向的影响:人格的调节作用[J].中国临床心理学杂志,2012,20(6),858—860.

翟天宇.自豪对不同群体助人行为的影响:共情的调节作用[D].西南大学,2015.

共享单车违规现象案例分析

李冰月　辛志勇

【摘　要】 近年来,共享经济逐渐走入人们的生活,共享单车作为共享经济的代表,契合了国家绿色出行的号召,在互联网浪潮的推动下,迅速风靡全国。共享单车完善了城市交通结构,帮助市民们攻克了"最后一公里"难题,并以其低碳环保和健康生活的理念逐渐成为一种健康元素和流行文化,受到人们的喜爱和追捧。但是共享单车运营过程中也出现了一系列问题,引发了资源浪费,甚至影响到交通治安和社会和谐。本案例从心理学的角度对共享单车的现状及其存在的问题进行了分析,并据此提出相关建议,以提高居民的规则意识,促进共享单车的健康发展。

【关键词】 共享单车　绿色出行　违规现象　规则意识

一、引言

"最后一公里"难题是困扰城市居民短距离出行的痛点,它不仅增加了人们的出行成本,还产生了一定的安全隐患。为了解决"最后一公里"难题,一些城市曾推出市政公共自行车,这虽使"最后一公里"难题得到一定程度的缓解,但由于办卡手续烦琐、受到桩点限制等原因,市政公共自行车并未得到真正普及。伴随着"互联网+"经济的兴起,共享单车为这一难题的解决提供了新的方案。

共享单车通过将移动互联与公共自行车联系在一起,使车体摆脱了车桩的限制,成为完全自由的自行车,使整个城市紧密联系在一起,真正解决了"最后一公里"难题,为人们的出行带来了极大的便利,一定程度上改变了人们的出行方式和生活方式。

二、案例背景介绍

共享单车是一种共享经济形态,它在移动互联的推动下,迅速在全国流行起来。共享单车与普通的自行车有什么不同呢?首先,共享单车体现了共享的理念,使得交通资源变得流动起来,解决了城市交通中"最后一公里"难题;其次,共享单车体现了强烈的科技感,它利用了智能锁和GPS等技术,与互联网科技紧密结合在一起;再次,共享单车时尚好玩,满足了我们的社交和娱乐需求,很多单车用户在朋友圈里晒自己的骑行记录、减排成绩,还有人积极组织骑行活动、减排活动,这为共享单车注入了更多的情感元素和时尚元素;最后,共享单车体现了健康、生态的理念,契合了国家对于绿色出行和环境保护的倡导,使低碳出行成为一种风尚。

虽然共享单车给我们的出行带来了极大的便利,为城市注入了活力,但是作为一种新兴事物,共享单车的发展尚不成熟,在运营过程中也面临着许多问题,乱象频出。有些人通过上锁、藏匿等方式将单车据为己有,使共享单车变成了私家车,这给社会带来巨大的诚信危机,影响到社会和谐;有些人将共享单车车牌号、二维码遮挡或划掉,致使共享单车无法使用,造成资源的浪费,给市民的出行带来不便;有些人将共享单车随意停放或推倒,影响了社会交通秩序,带来巨大的安全隐患;还有些人肆意损毁共享单车、偷盗共享单车零部件,街道上处处可见"缺胳膊少腿"的共享单车,严重影响城市形象。除此之外,共享单车也面临着过量投放的问题,这带来了管理上的困难。有调查显示,在很多城市,共享单车企业为了占领市场份额,过量投放共享单车,这导致共享单车挤占人行道、盲道、公共出入口等非机动车道,造成了严重的交通隐患,影响到市民的正常生活,损害了城市形象。

三、案例正文

（一）共享单车成健康元素和流行文化

国家统计局上海调查总队曾就上海市民对共享单车的意见进行了一次调查,通过拦截调查的方式,对1 002位市民进行了访问。调查显现90.6%的上海市民对共享单车持赞成态度,只有4.0%的居民不赞成。市民们普遍认为休闲娱乐、上下班通勤和解决"最后一公里"难题是共享单车最主要的用途。受访市民普遍认为,共享单车的优点为绿色环保、便捷省时和健康自然。

根据我国交通部的调查数据,共享单车自诞生以来,已经在全国投放了1 600万辆,注册用户已超过1亿人。共享单车以惊人的速度快速发展,深刻影响着人们的出行方式和生活方式。凯泰资本的报告数据显示,到2025年,我国骑行运动爱好者可能达到8 400万人。伴随着共享单车的产生和流行,骑行运动被注入了时尚、健康、青春等元素,受到大众的欢迎。

2017年9月17日,摩拜单车与联合国环境署、联合国人居署、世界资源研究所和世界自然基金会等机构联合发起"世界骑行日",并且在海内外180多个城市开展绿色骑行线上线下活动,倡导城市居民绿色出行,用"骑行改变城市"。"世界骑行日"的发起和绿色骑行活动的开展获得了城市居民的积极响应,人们纷纷参与其中。据悉,至今为止,摩拜单车每日运营的单车数量为700万辆,累计骑行里程已达56亿千米,相当于绕地球139圈,节约碳排放数量达126万吨。

伴随着共享单车的快速发展,绿色出行、低碳生活的理念不断深入人心,对于城市居民来说,共享单车已成为一种健康元素和流行文化。

（二）共享单车运营过程中滋生出诸多问题

据相关媒体报道,研究生学历的关某,因一时贪念,将路边的一辆共享单车据为己有,为了掩人耳目,他将共享单车喷为黑色,为了方便带小孩,他还在单车后边安装了婴儿座椅,由于嫌单车不方便小孩脚踩,关某将共享单车送到车行进行改装,该车行老板火眼金睛,看出这是一辆共享单车,气愤之余,车行老板报了警。最后,关某自食恶果,被治安拘留14天。据关某交代,他通过网络了解到这一共享单车是密码开锁,无法定位,因而利用这一漏洞对共享单车实施了偷盗。关某收入不低,月入过万,且接受过良好教育,但他却做出如此影响恶劣的事情,令人扼腕叹息,这也从侧面反映出共享单车偷盗现象的严重程度。

2017年1月10日,合肥市发生了偷盗拆卖共享单车的案件,这在国内尚属首例。有几十辆不同品牌的共享单车遭遇偷盗,嫌疑人将共享单车进行拆卸,后将零部件运往废品收购站卖钱。在该废品收购站中,杂乱堆放着各种共享单车零部件,光单车轮胎就有一百多个。据了解。共享单车价值不菲,一辆完整的单车加上智能锁,造价近千元。嫌疑人冒着犯法的风险,费大力气将单车偷盗、拆卸,把单车零部件卖往废品收购站,只能卖得很低的价钱,实在令人匪夷所思。这种损毁拆卖共享单车的现象造成资源的极大浪费,带来恶劣的社会影响。

2018年3月,在南京市某郊区出现了共享单车"死城"。在一个废弃的露天停车场中,大量共享单车被一层一层摞在一起,堆积成两米多高的车山,偌大的停车场被层层叠叠的共享单车塞满,一眼看不到头。这层层叠叠的单车颜色不一,其中黄色的ofo小黄车和橙色的摩拜单车数量最多。相关工作人员称,此处堆积如山的共享单车,除了由于违规停放被没收的单车,大多数为"无照单车",即凡是在路边或者地铁站堆积的单车,如果没有牌照,不管好坏,都会被拖走。据了解,南京市公安局在2017年12月推出了共享单车二维码牌照,通过扫描二维码,南京交警可以读出共享单车的注册登记信息。南京市目前为45万辆共享单车发放了二维码牌照,并暂停共享单车新车投放。但是一些共享单车企业无视规定,仍然过量投放无照单车,共享单车的过量投放超过了南京的载荷,滋生出诸多问题,如共享单车挤占人行道、影响交通治安、损害城市形象等。针对这些情况,南京市对共享单车展开大规模整治,严禁共享单车无照行驶,由此出现了南京共享单车"死城"。南京的此次严整,表明了交通部门对共享单车进行规范治理的决心,也从侧面反映出共享单车过量投放的严峻情况。

(三)共享单车面临的问题亟待解决

在2017年的全国"两会"上,第十二届全国政协委员傅军就共享单车的发展问题提交提案。他在提案中指出,共享单车是共享经济的代表,对解决群众出行"最后一公里"难题、实践绿色环保理念、增进个人健康和群众交流等诸多领域产生了深远影响。但是作为一种新生事物,共享单车在企业自身经营模式、政府引导和监管方面还存在空白,其发展亟须以供给侧结构改革为引导,在企业经营模式、政府监管等环节形成适应其经营模式发展的良好环境。傅军委员指出,共享单车在经营模式方面存在的主要问题有企业自身管理水平需要进一步提升、金融监管缺失、车辆停放亟待规范、自行车增量使得去库存更加艰难等。针对这些问题,傅军委员提出有关部门要加强引导,营造全社会关心支持监督共享经济发展的良好氛围,加强金融监管、防范金融风险,加快制定共享单车法规性管理办法,企业要加强经营发展研究,提高发展水平和能力等建议。

2017年5月1日,ofo共享单车开始在其更新的ofo软件中使用信用评分体系,该体系规定ofo共享单车用户的起始信用分均为100分,在用户使用单车的过程中,ofo运营后台根据用户的实际表现对用户的信用分值给予增减。用户完成一次骑行,其信用分增加1分;用户成功邀请好友完成注册、举报违规停放单车被核实,其信用分增加2分;用户忘记拨乱密码被举报核实后,其信用分减20分;用户忘记锁车被举报核实、违规停放单车,其信用分减50分;用户产生交通违法行为、对小黄车有私锁私用行为、有破坏小黄车行为,其信用分直接扣为0分。信用分值高,代表用户规范使用小黄车;信用分值低,代表用户在单车使用过程中出现过不恰当行为。当用户的信用分值降为0分时,用户将无法使用小黄车。这一规则体系表明,信用分值的增加和积累是不易的,而信用的崩塌却在顷刻之间,ofo小黄车违规行为会造成严重的信任污点,最终损害用户个人的利益。ofo小黄车信用评分体系是共享单车乱象频出下的产物,这一体系的出台将有力打击违规使用ofo小黄车的行为,一定程度上使违规现象得到缓解。

四、案例使用说明

(一)教学的目的和用途

1. 本案例适用于应用心理专业硕士"社会心理学"课程。教师可以通过本案例详细介绍共享单车作为一种健康、时尚元素的流行过程以及共享单车在发展过程中面临的挑战和亟待解决的问题。

2. 本案例的教学目的是引导学生掌握符号互动和公地悲剧等理论,并应用相关理论对共享单车现象进行解读,从心理学的视角为促进共享单车的健康发展提供建议,充分发挥心理学作为一门应用学科在社会发展和社会治理中的功能和作用。

(二) 启发思考题

1. 共享单车为何能够成为一种健康元素和流行文化?
2. 人们违规使用共享单车背后的心理机制有哪些?
3. 为何共享单车乱象频出而且屡禁不止?
4. 如何从心理学角度出发为共享单车的健康发展提出建议?

(三) 基本概念与理论依据

1. 符号互动理论

美国社会学家米德被公认为是符号互动理论的奠基人,布鲁纳后来发展了米德的互动理论并正式提出符号互动理论。在符号互动理论中,符号是指具有一定象征意义的事物,该理论认为在社会互动的过程中,个体对事物赋予了特定的象征意义,事物的象征意义又对个体的社会行为产生了深远影响,并且个体在与社会互动的过程中会解释和修正事物对于他的意义。符号互动理论强调人类的主体性,关注个体间的行为互动。

2. 公地悲剧理论

1968年,英国教授哈丁在其撰写的《公地的悲剧》一文中首次提出"公地悲剧"理论。该理论指出公地作为一项公共资源有许多拥有者,每个拥有者都有权利使用该公地资源,但是没有权利阻止他人使用,由于公地资源的免费性和易得性,每个人都从私利出发,倾向于过度使用,导致资源迅速枯竭,所有拥有者共同承担资源枯竭的代价。这是由个体理性出发而导致的社会非理性的悲剧。哈丁在《公地的悲剧》一文中讲述了这样一个故事,在公共牧场中放牧,由于每个牧羊人都从自身利益出发增加牧羊数量,过度使用牧场资源,最终导致牧场被毁。在生活中,过度污染的空气、过度砍伐的森林都是公地悲剧的典型例子。

3. 破窗效应

1982年3月,威尔逊和凯林在美国《大西洋月刊》上发表了一篇题为 "Broken Windows" 的文章,该文首次提出了破窗理论。破窗理论认为,如果环境中存在一些不良现象,但是这些不良现象被放任不管,那么就会诱发人们对这一不良现象进行效仿,甚至变本加厉。例如,如果一栋建筑物上有一个窗户被损坏了并且没有被及时修好,那么破坏者就会损坏建筑物上更多的窗户,如果一面墙在刚开始出现一些污点时没有被及时处理,那么不久之后这面墙就会变得不堪入目。破窗理论揭示了环境条件与某些犯罪行为或违规行为之间的联系。

4. 去个性化理论

去个性化理论是指个体在群体条件下可能会丧失个体意识,减少对自身行为的监督控制,并做出在单独条件下不会做出的行为。研究发现,当人们在群体中不能以个体的形式被注意时,去个性化现象就会产生。去个性化理论源于法国社会学家勒庞在1895年进行的群众研究。勒庞著有《乌合之众》一书,该书表达了这样的观点:由个体构成的集合中,所有人的思想、情感和行为都会朝着同样的方向发展,最终形成集体心理,集体心理受群体心理一致性规律支配。1952年,Festinger,Newcomb和Pepitone借鉴了勒庞的核心观点,将去个性化概念引入心理学。他们通过研究发现,由于群体的匿名性特征,个体在群体条件下减少了对自身行为的规范和控制,并在一定程度上增加了抑制解除行为,即在一般情况下由于社会规范、个人评价等因素的约束而受到抑制的行为,如反规则、反社会等行为的表现。

5. 社会学习理论

美国心理学家班杜拉在1952年提出了社会学习理论。班杜拉认为个体的认知因素、行为因素和环境因素三者之间是相互影响、动态交互的关系。社会学习理论认为,个体在社会学习的过程中存在联结、强化和观察学习三种机制。

社会学习理论强调观察学习的作用。观察学习是指人们通过观察他人的行为及其结果来习得某种行为。班杜拉认为观察学习包括四个阶段,分别是注意过程、保持过程、复制过程和动机过程。注意过程是指学习者对于示范者的行为特征予以注意;保持过程是指学习者把从示范者的行为特征中获得的信息进行编码并保存起来,即学习者对于示范者行为特征的记忆;复制过程是指行为者将所观察到的榜样行为表现出来;动机过程是指学习者是否经常性做出榜样行为受到行为结果的影响,包括外部强化、自我强化和替代性强化。

6. 传真机效应

凯文·凯利十几年前在《失控》一书里提到过传真机效应。传真机效应是指,一台传真机不能发挥它自身的价值,只有当一台传真机和其他传真机联系在一起时,才能发挥它的作用,当传真机的数量增加时,传真机发挥的作用和价值也会更大。这也被称为收益递增效应。

(四) 其他背景材料

2016年,李克强总理在《政府工作报告》中指出,要大力推动包括共享经济等在内的"新经济"领域的快速发展。随着移动互联的快速发展,共享经济逐渐走入人们的视野,许多共享经济产品应运而生,近年来大火的共享单车就是共享经济的代表。在这个"互联网+"时代,大数据、移动终端、物联网、新兴软件等新兴产业创新是共享经济产生的基础,为共享模式的创新与应用提供了更多可能。截至目前,共享经济几乎渗透到所有领域,包括交通出行、医疗保健、物流快递、在线创意、品牌营销,等等,共享模式的应用为这些领域注入了新的活力。共享模式本质上是对流动资源的优化配置,它能够促进消费升级和技术进步,提高各产业的创新能力,体现了可持续发展的理念,共享经济深刻改变着人们的生活方式和思维方式。但是共享模式也触动了传统产业的利益,所有权和使用权的分离使共享经济面临监管滞后、交易诚信等难题,这些问题的存在一定程度上阻碍了共享经济的良性发展。

(五) 分析思路

教师可以根据自己的教学目标来灵活使用本案例,这里提出本案例的一些分析思路,仅供参考。

1. 共享单车逐渐成为一种文化符号,深刻地影响着人们的生活。

2. 共享单车具有准公共品的性质,这使共享单车滋生出搭便车行为、破窗效应现象和公地悲剧等问题。

3. 共享单车乱象体现了人们规则意识的缺失,应思考如何提高人们的规则意识。

4. 思考如何运用心理学知识和原理助推共享单车走出困境。

5. 共享单车是共享经济的代表,试分析在共享经济的快速发展过程中心理学可以做出哪些贡献。

(六)建议的课堂计划

1. 时间安排

本案例可以配合"社会心理学"等相关课程使用,课堂讨论时间为2小时左右,但是为了保障课堂讨论的顺畅和高效,要求学生提前一周对共享单车发展状况进行了解,并提前熟悉与案例相关的知识和理论。

2. 讨论形式

小组展示＋课堂讨论。

3. 案例拓展

思考共享经济产生和发展的时代背景,分析各种共享经济产品的发展现状和面临的挑战,讨论心理学的理论知识对于共享经济良性发展的可能启示。

(七)案例分析及启示

符号互动理论认为在社会互动的过程中,个体对事物赋予了特定的象征意义,事物的象征意义又对个体的社会行为产生了深远影响,这可以部分解释共享单车迅速在各个城市流行起来的原因。共享单车以其所倡导的绿色出行和健康生活的理念,逐渐成为绿色、健康的代表,而且其酷炫的外表、与高科技的紧密结合为骑行文化注入了时尚感和科技感,由此可见,共享单车已不仅是普通的代步工具,它逐渐成为一种文化符号,带给人们深刻的象征意义,它象征着青春健康的元素和时尚流行的文化,这对人们的社会行为产生了深刻影响,在它的影响下,人们践行绿色出行,形成了更健康的生活方式。而且作为一种文化符号,共享单车积极承担社会责任,对社会产生了正面影响,多个共享单车企业发起健康骑行活动,使越来越多的人爱上骑行运动,对环境保护和健康事业做出了重要贡献。

共享单车是移动互联推动下的产物,这种互联网交互方式反映的正是传真机效应。随着经济的快速发展,城市交通也在逐渐完善。除公交车外,地铁也是重要的出行方式,与公交车相比,地铁具有速度快、不堵车、发车时间固定等优点,但是地铁站点分布比较松散,一般来说地铁站或公交站距离目的地仍有一定的距离,这就衍生出了"最后一公里"难题。共享单车的出现解决了这一难题,一辆自行车在城市中只能联结一个"一公里",对于解决"最后一公里"难题起不到作用,但是当自行车的数目增加到一定的程度,且所有的自行车都是共享物品时,就能够将所有的"一公里"都联结起来,"最后一公里"难题才能真正得到解决。

共享单车是一种收费低廉的商品,每个注册共享单车的用户都对共享单车有使用权,同时没有阻止其他人使用的权利,这使共享单车接近于公共资源,也就是说,共享单车具有准公共品性质,它不可避免地面临着公地悲剧的风险。人们可能从自身私利出发,对于共享单车倾向于过度使用。例如人们会用共享单车装载超过单车载荷的重物、对单车肆意损坏、对单车违规停放而不承担任何责任、付出任何代价。在这种情况下,共享单车被大批量损毁,资源遭到极大的浪费。人们虽知道资源的浪费与枯竭最终会损害自身的利益,但是由于对事态的恶化感到无力,因此依然会为了满足自身私利而对共享单车进行过度使用。为了避免共享单车产生公地悲剧,政府应加强对共享单车行业的规范管理和正确引导,共享单车企业要加强科技创新并优化管理,媒体要加强舆论引导,社会需加强道德建设,各方面共同努力、相互配合来攻克这一难题。

共享单车很大程度上也面临着破窗效应的问题。在共享单车运营过程中,我们可以发现,如果一辆共享单车出现少量的破损而没有被及时处理,就会诱发人们变本加厉地损毁单车。以某公司的共享单车为例来解释这一现象,该公司单车遇到的一个严重问题就是容易坏,折损率高,在生活中,我们可以看到很多该公司的破损单车被堆积在城市的角落,这一现象会诱发人们进行仿效,导致越来越多的单车被损毁,当损毁单车的程度达到一个临界点时,单车就无法再修复,成为城市垃圾。破窗理论向我们揭示了,在城市管理中,为了防止共享单车被大规模破坏,应该防微杜渐,在问题产生之初就及时规范管理,共享单车企业应对共享单车的质量加强监测,不能将质量不达标的共享单车投放到市场中,从源头上减少共享单车的折损;同时,运营商要及时发现市面上被损毁的共享单车,并及时进行维修,减少市面上存在的"残疾单车",通过以上措施来有效缓解破窗效应带来的不利影响。

在日常生活中,共享单车违规使用的情况时有发生,违规行为出现后,人们在通常情况下不会遭受任何惩罚,这会诱导其他人模仿违规者对共享单车进行违规使用。例如,人们在生活中观察到有些人将共享单车乱停乱放,但是没有受到任何惩罚,于是也会模仿违规者乱停乱放共享单车。由此可见,人们在生活中会通过观察习得各种违规使用共享单车的行为。针对这一现象,共享单车企业要树立单车模范榜样,引导用户向榜样学习。观察学习理论指出,人们可以通过观察他人的行为及结果来习得某种行为,如果共享单车企业树立起单车榜样并给予榜样奖励,就会引导人们向单车榜样学习。例如,共享单车企业可以每月通过运营后台对用户进行评估,评选出50位共享单车榜样,给予榜样不菲的奖励,并将获奖用户的姓名及奖励公布在共享单车用户界面上,这样就可以引导其他共享单车用户通过替代强化的方式学习单车榜样的模范行为,从而减少违规使用共享单车的行为。

人们在使用共享单车的过程中实际上表现出了去个性化的现象,即个体在群体中丧失了责任感和同一性,具体表现在以下几个方面。①个体在使用共享单车的过程中认为自己是一个匿名者,别人不知道自己是谁,由于缺乏外界和自我的监控,个体更容易做出违规使用共享单车的行为,并相信自己的违规行为不会被发现。②共享单车使用过程中存在责任分散现象,共享单车类似于公共物品,违规使用共享单车造成的单车损毁和交通事故是以整体的形式来承担责任的,个体不会单独承担责任,这就诱使更多的人违规使用共享单车。针对这一现象,心理学提供了一种有效的助推方法——在共享单车引人注目的部位贴上一双眼睛的图片,当用户看到这双眼睛时,他们的自我意识就会被唤醒,感觉自己正在被注视、被评价,从而抑制自己违规使用共享单车的念头。

【参考文献】

Li, Y., Zheng, Y., Zhang, H., et al. (2015). Traffic prediction in a bike-sharing system. *Sigspatial International Conference on Advances in Geographic Information Systems* (p. 33), ACM.

Tal Raviv, Ofer Kolka. (2013). Optimal inventory management of a bike-sharing station. *IIE Transactions*, 45(10), 1077—1093.

高婷,王建秀,苏振宇.利益相关者视角下校园公共产品困境研究——以某高校"小黄车"为例[J].经济问题, 2015 (6), 41—46.

郭全中.共享单车,能飞得起来吗[J].互联网经济, 2016 (11), 16—19.

洪志生,薛澜,周源.以"共享"理念驱动产业创新和经济转型[J].党政视野, 2016 (7), 33.

兰玉娟,佐斌.去个性化效应的社会认同模型[J].心理科学进展, 2009, 17(2), 467—472.

李琨浩.基于共享经济视角下城市共享单车发展对策研究[J].城市, 2017 (3), 66—69.

蒙琳.社会公共利益视角下的共享单车乱象及应对措施[J].内江师范学院学报,2017,32(11).

杨亚强.共享单车犯罪预防性环境设计研究[J].犯罪研究,2017(2),67—74.

张九庆.共享经济下的管理难题——以共享单车为例[J].中国科技论坛,2017(9),1.

张子轩,吴蔚.共享单车的现状、问题以及其发展对策建议[J].江苏商论,2017(15),162—163.

"公园相亲角"的心理学解释

王丹妮　辛志勇

【摘　要】 随着社会的不断变迁,人们的结婚意愿以及生育意愿较以前也发生了很大的变化,很多年轻人结婚越来越迟,这也导致了全国许多城市都出现了"公园相亲角",主要表现为父母带着子女的"求偶简历"去帮他们寻找伴侣。长远来看,从心理学角度去解释这一现象背后的机制具有重要的现实意义,本案例作者通过查阅相关文献、访谈等方法探究了这种社会现象背后的心理机制,并从心理学角度解释了这种社会现象,最后根据案例分析结论提出了一些建议。

【关键词】 公园相亲角　心理学　阶层通婚　社会交换理论

一、引　言

随着经济的快速发展,很多社会矛盾也日益显现出来,例如许多国家面临着人口老龄化的挑战,很多年轻人也由于生活的压力和子女养育成本的不断提高而降低了生育意愿。这些现象很早就在一些发达国家中出现,比如在日本,人口老龄化问题越来越严重,并且单身主义者越来越多,日本的单身文化也越来越流行,单身经济甚至成为日本经济的一股新的推动力量。在我国,人口老龄化的问题也存在,并且很多年轻人因为生育成本的提高而降低了生育意愿,此外还

"剩"下了很多优秀的单身男女,让人焦虑,但是最着急的可能还是在他们背后的父母。在这种背景下,年轻人的婚姻问题成为一个很值得关注的课题。

中国人讲究"男大当婚,女大当嫁",在找对象这件事上,途径有很多,比如有的人"只因为在人群中多看了你一眼",有的人参加《非诚勿扰》,有的人是所谓的青梅竹马,有的人注册珍爱网或世纪佳缘等婚恋网站去寻找,有的人经亲戚朋友介绍去相亲,还有的人是去公园相亲角。本案例之所以选择"公园相亲角"这种形式,是因为相较于其他寻找配偶的方式,这种"谈判"的形式似乎将人际吸引里很多原本隐藏的规则赤裸裸地展现在了"谈判者"面前。这种现象显然与人口老龄化、生育成本提高等社会问题密切相关,所以在解决问题之前首先要解释清楚这种现象,本案例的价值就在于从心理学角度解释这一现象的心理机制,并在此基础上提出相应的建议,为最终解决问题提供帮助。

二、案例背景介绍

(一) 公园相亲角的发展

据说最早的相亲角大概于 2004 年出现在北京的龙潭公园,随后又相继出现在北京的其他公园,比如天坛公园七星石相亲角,每周一、周三、周五上午开放;中山公园现在已经是最大的相亲角,一个角落可以同时容纳数百人;玉渊潭公园人相对较少,但是条件却比其他几个公园高端一些,一般下午开放。除了北京有公园相亲角,其他城市比如上海、成都等也有,而且上海的公园相亲角还有一些外国友人参与。

公园相亲角的趋势是渐渐从一线大城市扩散到其他更多的城市:2018 年 3 月 10 日,广西南宁九曲桥凉亭广场的"相亲角"又在一个周末人气爆满,父母们在公园里将子女的"求偶简历"悬挂起来,为的是给子女寻找一段良缘。2018 年春节长假刚结束,西安革命公园的免费"相亲角"就吸引了大批为儿女出面的家长来到这里征集信息,为子女寻觅佳偶。合肥杏花公园相亲角的一位大妈说,每逢星期三、星期六、星期日的下午,在杏花公园东门都会有一群大爷大妈来为子女相亲,他们聚在一起商讨着子女的终身大事。2018 年 3 月 4 日,郑州一公园变身相亲角,不少头发花白的老年人带着写有相亲信息的纸板,冒雨撑伞为子女征婚……

（二）公园相亲角的概况

公园相亲角一般有很多指示牌，会很有规则地划分区域，比如可能按照年龄分区域，"80后女区"陈列的简历都是"80后"的女性信息；也可能按照有无婚史划区，比如"短婚类"；除此之外还有"海外角""90后男女专区"等。在这些角落里承载的是父母对于子女婚姻无限的焦虑，他们写好自己子女的信息以及对于对方的一些期待，并且在简历上留下自己的手机号码，如果双方觉得对方条件匹配并且可以继续聊下去，那么就通过电话和不在场的子女联系沟通，有必要再安排后续见面。

家长在相亲角给子女找对象就是找一辈子的着落，虽然是非正式组织的活动，但是过程严格遵守门当户对的原则，父母只和家庭背景相近的人谈论。大多数人将婚姻看作一种责任和义务，而不是个人选择，婚姻的生育功能和社会支持功能远远大于满足情感需求的功能。父母们在观察别人的同时，也更多地被别人观察着。

总体来看，公园相亲角有以下三个很明显的特点。

第一是性别失衡，公园相亲角中的男女比例大约是四比六，更严重些可达到三比七。

第二是年龄不太匹配，相亲角的主力军是出生于1978年到1990年的男女，而且婚姻市场上，年龄大的女性被自然而然地归为"剩女"，但是年龄大的男性却常被看作"钻石王老五"，并且男性表现出某种"专一"的特性，即不管20、30还是40岁的男性大多都偏向考虑年轻的女性。

第三是相貌优先，男才女貌仍然是首选，男性对女性的要求中大多"外貌过关"是先决条件，但是女性对男性却没有这个先决条件。

三、案例正文

（一）典型案例

1. 案例一

某对男方父母展示的"广告"：未婚男，1988年7月生，净身高180厘米，复旦大学本硕毕业,五官端正,帅气,幽默大方,人品好,能吃苦耐劳,有责任心,孝顺父母,无不良嗜好。现在某国企单位上班,月薪两万元,北京户口,有房有车。

择偶条件:未婚女,1992年以后出生,净身高160—170厘米,端庄秀丽,娴熟大方,大专以上学历(护士勿扰)。(后面写了家长在现场并列出家长电话。)

2. 案例二

某对女方父母展示的"广告":未婚独生女,1992年出生,身高168厘米,品貌端庄,气质佳,身材匀称,人品好,性格开朗,本科,北京户口,在某公司上班,从事资料翻译工作,父亲公务员在职,母亲事业单位在职,本市有房。

择偶条件:1986—1990年出生的男性,身高175—188厘米,本科以上学历,人品好,身心健康,有家庭责任感,无不良嗜好,工作稳定,收入稳定,家庭条件基本相当的优秀男孩。(后面也写明家长在现场并列出家长电话。)

3. 案例三

某对男方父母展示的"广告":上海人,1987年出生,上海外国语大学全日制本科,身高179厘米,银行员工,有独立婚房。

择偶条件:希望女方是上海人,本科,本分气质好,身高165厘米以上。

4. 案例四

某男方母亲展示的"广告":儿子1989年出生,身高170厘米,本科,阳光正直,2011年参加工作,国家单位工作人员,另有副业,年收入25万元左右,有250平方米中高档住宅,有跑车。

择偶条件:1990—1995年出生的女孩子,有姣好面貌,肤白,身高160—165厘米,学历本科,有相对稳定的工作,本市双亲家庭。

5. 案例五

某女方母亲展示的"广告":女,未婚,1987年出生,净身高160厘米,五官端正,身材苗条,毕业于西南财经大学,四大国有银行正编职员(在办公室工作),性格活泼开朗,爱好音乐,现有购房,父母均是教师。

择偶条件:28—32岁,身高170厘米以上,学历重点本科以上,阳光,成熟稳重,有上进心,责任感,性格开朗。(写明母亲在现场,非诚勿扰。)

6. 案例六

某外国友人在上海人民公园相亲角的广告:"身高180厘米,年龄七十七,伦敦有房,剑桥大学毕业。"同时,他也说出了自己的择偶标准,称要走心,不能只看外表。

7. 案例七

2015年,大龄未婚女艺术家郭盈光到全国有名的相亲角上海人民公园体验,给自己写了一份相亲广告,后面藏了一个小摄像机,记录了一些真实的反应和对话,没想到却遭到群嘲。她拍下这一切,做成了一组名为《顺从的幸福》的摄影作品。

郭盈光的"简历"是这样写的:辽宁人,独生女,英国高等艺术学府艺术硕士毕业,一等荣誉学位,性格独立,风趣幽默,父母均为知识分子。欲寻经济和思想均独立的男士。

所有的叔叔阿姨过来问郭盈光的第一句话都是"哪一年的?""多大啊?"当知道是"83年的"时,他们的脸瞬间就僵了。她觉得自己很棒的其他信息在其他人眼中根本不重要。当他们问完郭盈光多大的时候就开始讨论,并且完全当她不存在:"勇气可嘉!""你简历里有个最大的缺点,年龄没有哒。""年龄不行。""女孩优秀的太多了。""她拿一两万元的工资,(男孩)三四千元的她不愿意啊。""肯定有50%的女孩30岁以上都还要单身的,因为没有这个人来匹配啊!""读书读得太多了不好,古人都说了女子无才便是德。""你看她,读硕士就没什么用啊! 本科毕业就可以了。""在这个相亲角里,男的就是银行卡,女的就是房子,年纪轻就是地段好,漂亮就是房型好。""她是个很好的房型,没结过婚,但是她这个房子地段不行啊,这个在郊区,就因为她年纪大了。"

(二) 男女方父母的关注点分析

男方父母和女方父母的关注点是不同的,在分析男女方父母要求的差异之前,有必要先陈述清楚双方父母都要交代清楚哪些信息。无论是给儿子找女朋友还是给女儿找男朋友,都必须说清楚子女的出生年份、身高、学历、工作单位、房子和户口情况,还有几点可以说也可以不说,即子女的体重、收入区间、性格、爱好、政治面貌和职称等。

1. 从男方父母的角度来看

从男方父母的角度来看,给自己的儿子找一个结婚对象,首先年纪不能太大,还有就是外貌一定要过关,比如"品貌佳、端庄、温柔",最理想的就是找一个体制内的有稳定工作的女孩子,女生接受的教育要好但是学历最好不要太高,户口当然是一个不容忽视的问题,北京户口的男方更希望女方也是北京户籍的,因为近一点方便,也不会带来其他问题。这里还存在一个约定俗成的鄙视链:北京本地人优于仅有北京户口的非本地人,仅有北京户口的非本地人优于只有外地户口的非本地人。

2. 从女方父母的角度来看

从女方父母的角度来看,比较看重男方的教育背景、工作情况、收入的区间、是否为北京户口、有没有房子、有几套房子、房子多大等。女方对男方外貌一般没有明文要求,即使外貌不过关,房产等其他方面也是可以弥补的。

北京的公园相亲角一般要求男性有房有车,女性至少有其一,如果全家都是北京人更受欢迎。这里要注意有房这一点,这里的"房"是指城内的房子,即南三环东西四环北五环之内,郊区以及郊区以外有房的都不算。在年龄方面,女方一般会希望男方大自己4—8岁,男方希望女方小自己6—10岁。工作单位方面,公务员强于事业单位,事业单位强于央企国企,央企国企强于外企。体制内的工作受欢迎程度比较高,但是收入极高的比较少见,月收入万元左右属于中坚,两万元是比较高的了。性格爱好不被大多数人重视。离过婚的统统写"闪婚",加上"未育"极为重要。放照片的比较少,基本筛选条件通过之后才会交换照片,不然看了也白看。男女方父母在对对方要求中普遍写上"条件相当",至少书面上是这样。像网络上传言的没有房子没有车子没有户口的女孩子一心嫁给北京当地拥有多套拆迁房的男孩子的情况极少,除非这个女孩子某些方面比较突出,那么对于男方的要求自然也就比较高。

(三) 案例中反映出的问题

通过对案例的分析可以发现以下几个值得关注的问题。

首先是为什么要求"条件相当"?父母在"简历"上会写清楚自己子女的情况并补充对于另一半的期许,但会要求条件相当,这里的"条件相当"不是指有房有车有户口的男方要求女方也一定要有房有车有户口,而是女方在其他方面的条件要足够优秀才算是条件相当,比如文化水平、长相和性格。

其次是为什么大多数相亲子女都是年龄在30岁左右的?

最后,为什么公园相亲角成功率不高?通过访谈发现这种形式的相亲最的成功率不容乐观。

四、案例使用说明

（一）教学的目的和用途

1. 本案例适用于应用心理专业硕士"社会心理学""进化心理学"等课程，对应的是"社会交换""社会比较""爱情三角理论""进化心理学"等应用主题。

2. 本案例的教学目的是引导学生掌握"社会交换""社会比较""爱情三角理论""进化心理学""恐惧管理理论"等理论，并将理论放置于"公园相亲角"这个鲜活的生活实例中去理解，发挥社会心理学理论的应用价值。

（二）启发思考题

1. 为什么男女方父母大多要求"条件相当"？

2. 为什么公园相亲角的主力军是30岁左右的？

3. 为什么每个"简历"中提到的内容都是差不多的，比如包括年龄、身高、户口、房子、车子和薪资状况等？

4. 为什么这种相亲方式的成功率并不高？

（三）基本概念与理论依据

1. 社会学习理论

社会学习理论是由美国心理学家阿尔伯特·班杜拉（Albert Bandura）于1952年提出的，又称观察学习理论。按照他的观点，社会行为背后有注意、保持、复制、动机等几个环节的社会学习过程。首先是注意过程，观察者容易观察与自身相似或者被认为是优秀、热门和有力的榜样；保持过程，即记住从榜样情景中了解的行为，对观察到的行为在记忆中以符号的形式表征，储存感觉表象，使用言语编码记住这些信息；复制过程是指将从榜样情景中观察到的行为从符号表征转化为适当的行为；动机过程，表现所观察到的行为而受到鼓励，包括外部强化、替代强化和自我强化。

公园相亲角中的父母们采用这种方式为子女寻找伴侣的行为很明显就是社会学习的过程。起初可能是去公园的时候看到了其他父母通过这种方式为自己的未婚子女寻找伴侣，先是注意到这个现象，然后把观察到的其他父母的行为在记忆中表征,接下来复制从榜样情景中观察到的行为,即自己也按照其他父母的方式去相亲角为自己的子女寻找有缘人,假如自己真的通过这种方式为子女找到了好的伴侣就获得了自我强化,如果周围人找到了就是替代强化。

2. 社会交换理论

这个理论产生于20世纪50年代末期的美国,主要代表人物有美国社会学家霍曼斯、布劳和埃默森。这种理论认为社会中的任何事物都有特定的价格,整个社会活动的实质是人与人之间相互等价地给予或者回报彼此需要的事物。社会交换理论的基本命题包括成功命题、刺激命题、价值命题、剥夺-满足命题、攻击-赞同命题和理性命题等。这种理论的核心概念包括以下几种:行为者,行为者不仅可以是个体,也可以是合作群体或特定实体;资源,当行为者拥有的物品或其行为本身对他人有价值时,就成为两者之间交换关系的资源;交换结构,交换关系是在相辅相成的交换结构中发展起来的,交换结构的形式包括直接交换、间接交换和成效交换;交换过程,社会交换初始的完成称为交易,多次交换形成交换关系,在直接交换过程中,交易一般采取协商交换和互惠交换两种形式,协商交换是指交换者共同决策,达成一致信息,交换也同时完成,实现一次交易,如购买行为。社会交换是人们的生存方式,是社会得以生存和发展的基础,这个理论为解释公园相亲角这种社会现象提供了一个良好的理论框架。

在公园相亲角,父母们把自己子女的情况以及对于对方的要求都用白纸黑字写着,虽然没有明明白白写要门当户对,但是双方条件相当是必然的。也就是说,这种相亲活动的实质是男女双方相互等价给予或者回报彼此间需要的事物,当然这里的"事物"也很清楚,直接与双方利益挂钩,比如房子、车子、年轻健康的身体、良好的生育能力、户口、抚养子女的经济基础、外貌,等等。直接行为者当然就是相亲者的父母,间接行为者就是子女本身,这里的资源就是刚才提到的身高、体重、学历、工作单位、房子、户口、收入区间、性格、爱好、政治面貌和职称等。交换过程就是协商交换,因为双方父母只有确定了基本条件相当后才会交换照片,看到照片满意后才有可能安排后续见面接触。

3. 总体印象形成模式——加权平均模式

在我们对他人形成印象的过程中,信息选择往往是针对人们的各个具体特征的,但事实上,我们最终形成的印象并不停留在各种具体特征上,而总是形成对别人的总体印象,并根据这一总体印象来获得最终的行为定向。社会心理学家发现,许多人在形成对别人的总体印象时,不只考虑积极特征、消极特征的多少以及特征自身的明显程度(即强度),而且还要逻辑地考虑每一个特征的重要性。因此,对人的总体印象不是简单平均的结果,而是首先按每一个特征在总体评价中的重要性,确定出其权数,然后再将每一个特征自身的明显程度与权数相乘,最后进行平均计算的结果,也即是加权平均的结果。

公园相亲角里简历上的信息承载了双方的最初印象,之后信息通过加权平均后留给彼此的印象才是整体印象。当一个人呈现出来的信息中包含了身高、户口、房产、学历、工作单位、薪资状况等内容时,对方对其的整体印象绝对不是这些信息的简单相加,因为每个条件所占权重是不一样的,或者说这些信息的重要性排序对于不同个体而言是不一样的,有的人可能把北京户口和北京的房子看作最重要的,而其他的条件可以放宽;但是有的人可能觉得户口最重要,房子的话结婚后一起贷款购买也是可以的,更看重对方的工作单位及收入情况。所以,对于同一份个人资料,不同的人对这份资料的总体印象肯定是不同的,而最初的印象又会直接影响后续交往环节。

4. 埃里克森的八阶段理论

埃里克森将人一生的发展分为八个阶段:0—1.5 岁是基本信任对不信任,1.5—4 岁是自主对怀疑和羞愧,4—6 岁是主动对内疚,6—12 岁是勤奋对自卑,12—18 岁是同一性对同一性混乱,18—30 岁是亲密对孤离,30—65 岁是产出对停滞,65 以上是自我完整对绝望。在亲密对孤离(18—30 岁)这个时期,人们面临的是获得亲密和避免孤离的危机,埃里克森指出,在这个时期,如果个体能与他人同甘共苦,相互关怀,就能产生亲密感,与他人建立友谊和爱情,相反,如果个体不能与他人分享快乐和痛苦,不能与他人进行思想情感交流,不能互相关心和帮助,就会陷入孤离和寂寞的痛苦中。在产出对停滞(30—65 岁)这个时期(这是一个人的中壮年期),人会遭遇产出与停滞危机,如果个体能知觉到自己是社会中具有生产力的一员,有能力为社会做出贡献,关心家庭成员,关心后代幸福,关心社会和他人,在工作上富于创新,获得事业成功,就会有成功的产出和肯定的自我同一性。

前面提到,公园相亲角的主力军是30岁左右的大龄男女青年,按照埃里克森的八阶段理论,这些人就是在亲密对孤离和产出对停滞这两个阶段的边界。在埃里克森看来,30岁是一个标志性的年龄,结婚生子应该是30岁之前就完成的事情,而30岁之后的阶段应该已经到了关心后代幸福、专心于事业的时候。对于已经30岁或超过了30岁还没有找到归宿的大龄男女青年来说,看着周围的同龄人家庭美满,而自己的"孤离"还没有转向"亲密",心中不免会焦虑。并且对于这些未婚男女的父母而言,他们恰好正处于产出对停滞的人生阶段,他们的同龄人抱孙子了,而自己的儿女还没有建立家庭,他们就不仅仅是停留在关心后代幸福的阶段了,而是更加担忧和焦虑。所以对于公园相亲角的这些家庭而言,他们的现状都滞后于埃里克森认为本应该结束的人生阶段。

5. 人际吸引与个人特征

人际吸引是人与人之间的相互接纳与喜欢。人际吸引一般与个人特征密切相关。有三种个人特征格外重要,分别是才能、外貌和个性品质。一般来说,人们喜欢那些有能力的、聪明的人,与有能力的、聪明的人在一起可以让我们获得更多的东西,也让我们感到更安全;爱美是人的天性,无论在哪种文化背景中,美貌都是一种财富,都令人向往,很多研究证明了漂亮是一种很强烈的刻板印象,大量的社会心理学实验也表明,外貌魅力会引发明显的辐射效应;个性品质对人际吸引的影响很大,而且这种吸引比较稳定和持久,我们喜欢那些诚实、正直、友好、热情的人,讨厌那些虚伪、狡诈、自私、贪婪的人。

在公园相亲角的众多"广告"中可以发现,与人际吸引有关的三个重要个人特征出现的频率相当高,几乎每个男方父母在对女方的要求中都会写出对于女性外貌和个性品质的期许,女方父母对男方的要求中也会写上对方要为人正直,至于对工作和房产的要求则可以看作是对能力的要求。这些都佐证了在人际吸引中,才能、外貌和个性品质都是很重要的个人特征。

6. 爱情三角理论

美国心理学家斯滕伯格提出了爱情三角理论,他认为所有的爱情都应有三要素:亲密、激情和承诺。这三个要素分别代表了爱情三角形的三个顶点,三角形的面积越大,代表爱情的程度越深。亲密是指彼此依附亲近的感觉,包括爱慕和希望照顾爱人,通过自我揭露、沟通内心感觉以及提供情绪上和物质上的支持来达成。激情是指反映浪漫、性吸引力的动机成分,包括自尊、支配等需求。承诺是指与对方相守的意愿及决定,短期来说是指去爱某个人的决定,长期来说是指维持爱情所做的持久性承诺。在这三种要素中,亲密是爱情的情感成分,激情是爱情的动机成分,而承诺是爱情的认知成分。由于亲密、激情和承诺这三个成分在爱情中所占的比例会不断变化,斯滕伯格指出了八种不同类型的爱情关系,分别是无爱、喜欢、迷恋、空爱、浪漫之爱、友情之爱、荒唐之爱和完满之爱。

通过公园相亲角最后促成的婚姻,往往是彼此都觉得各方面条件比较适合,并且来这里找另一半的人从一开始态度就是很明确的,不管是父母还是儿女本身,要找的是结婚对象,找的是一生的伴侣,所以在这里有很明显的承诺的成分。如果在条件合适的前提下,双方见了面觉得可以继续发展为结婚对象,慢慢培养感情,那么这种爱情往往偏向友情之爱。友情之爱由亲密和承诺组合而成,爱情中缺少激情,因为不是以一见钟情的那种方式相识的,所以这种感情中的双方感情较平淡,如细水长流般绵长而不断,是长期稳定的婚姻关系。

7. 社会比较理论

社会比较理论是美国社会心理学家利昂·费斯廷格(Leon Festinger)于1954年提出的构思理论,是指每个个体在缺乏客观标准的情况下,会利用他人作为比较的尺度,来对自己进行自我评价。随着个体的不断成长和自我意识的不断提高,其自我评价的需要也越来越强。费斯廷格认为,任何一个具有自我意识的人都需要评价自己的状态,并明确自己和周围世界的关系。个人的行为定向是建立在明确自我评价和自我与周围世界关系的评价基础上的。但是在现实生活中,许多时候并不存在个人可以信任的绝对评价标准,这时人们就需要将自己与他人进行对比,这样才能形成明确的自我评价。这种将自身状态与他人状态进行比较以获得明确自我评价的过程,就是社会比较。社会心理学家自20世纪50年代以来对人们如何选择社会比较对象进行了大量研究,结果表明,当不能确定自身状况的社会意义时,人们倾向于选择与自己社会特征相同的人进行比较。人的自我评价多数是社会性的,在许多情况下,人们获得社会性自我评价的唯一途径就是社会比较。

公园相亲角的每一对父母都会将自己的状况和周围朋友的状况进行比较，他们发现老张孙子三岁了，老杨媳妇生二胎了，就自己儿子连结婚对象都没有，而老李孩子之前也没对象，突然就结婚了，听说是去相亲角守了两个月终于找到了有缘人……这种社会比较的过程决定了他们接下来的行为定向，于是，他们也去相亲角为自己的儿子寻找有缘人。同样，子女间也存在社会比较，小王33岁了，他的好兄弟小杨28岁就结婚了，现在每周周末一家三口到处玩，和睦幸福，小王一比较，自己都33岁了，每天一个人吃饭睡觉走走停停，于是也想寻找另一半组建家庭，一起生活。

8. 恐惧管理理论

1984年，美国堪萨斯大学的三位心理学家杰夫·格林伯格（Jeff Greenberg）、谢尔顿·所罗门（Sheldon Solomon）和汤姆·匹茨辛斯基（Tom Pyszczynski）共同提出了一个著名理论，即恐惧管理理论。人类大概是唯一知道自己会死的生物了，事实上，当人们想到自己死亡的必然性，真正去思考并完全理解它时，会出现一定程度上的趋向于无力的焦虑，人们需要处理这种有害的潜在焦虑以继续生活。恐惧管理理论详细说明了人们是如何应对这一问题的。人们处理这个问题最常见的方式就是简单否定它，坚持相信会终结的只有身体，这也是为什么世界上绝大多数人都相信当他们在地球上的生命终结后，还会以另外一种形式继续活下去。对许多人来讲，这种间接的不朽是通过自己作为父母的角色来实现的，他们不会一直活下去，但是他们的子孙会，这大概就是为什么想到死亡的必然性时，人们会热衷于生更多的孩子。父母看着自己的生命余额越来越少，而自己的子女还没有孩子，自然就会产生一定程度上的焦虑，他们需要处理这种有害的潜在焦虑以继续生活，潜意识里他们的应对方式就是帮助子女找到合适的结婚对象，生孩子，来达到一种间接的不朽。

9. 人际关系投资模型

这个理论由卡里尔·鲁斯布尔特（Caryl Rusbult）在1980年第一次提出，他认为有三件事会让伴侣对于彼此做出更多承诺，分别是奖励、无可替代的伴侣人选和对感情的投资。奖励是人们自己能在这段感情中获得多少，这是最能决定浪漫关系满意度的；可替代的伴侣是指是否有其他可以作为伴侣的人选，这是另外一个决定人们能否长期对一个伴侣履行承诺的因素，可供选择的伴侣人数越少,个体对一段感情越忠诚,越不会抛弃这段感情;对感情的投资是情侣们为这段感情投入了多少,投入越多,坚持下去的可能性越大,直接的投资可以是时间、精力、关爱,间接的投资可以是共同的回忆、共同的朋友、共享的资产等。有关实证研究是让情侣报告奖励、可替代的伴侣以及感情投资的情况,同时报告承诺的程度和对这段感情的满意度,六个月报告一次,持续若干年,结果证明这三个因素可以很好地预测情侣是会继续在一起还是会分手。

对于在公园相亲角相亲的双方,成功率低的原因可以采用这一人际关系投资模型来分析。首先,奖励是不存在的,因为两个陌生人突然认识根本没有之前相处的积累,双方在这段关系中获得多少也无从谈起,即使已相处了一段时间,获得的奖励也是相当少的;至于可替代的伴侣,双方是在进行层层筛选后找出条件最匹配的,这也就意味着对于结婚人选,彼此是最适合的,并且其他可以作为结婚对象的人选也是相当少的;至于感情的投资,由于双方刚开始建立关系,对这段感情的投入并不多,所以坚持下去的可能性并不大,无论是从时间、精力、对彼此的关爱,还是从共同的回忆、共同的朋友、共享的资产等方面来看,感情投资都是有限的。因此,综上所述,在影响双方承诺的三要素中,相亲角的双方即使找到了条件最匹配的,也只是满足伴侣的无可替代性这一点,关于奖励和感情投资这两点都是难以满足的,所以导致在这个市场上成功率比较低。

(四)其他背景材料

1."阶层固化"与"阶层通婚"

社会学把由于经济、政治、社会等多种原因而形成的,在社会的层次结构中处于不同地位的社会群体称为社会阶层。各阶层之间流动受阻的情况就称为阶层固化。早就有学者发出警告,21世纪中国的社会阶层流动已经呈现出同代交流性减弱、代际遗传性加强的趋势,"拼爹游戏""官二代""富二代"和"蚁族"都是阶层固化的产物。专家认为,当家庭背景成为就业过程中一道不断升高的"隐形门槛"时,普通人家的子弟就会因为其父母没有金钱和权力而难以进入社会上升通道,有着强大社会资源的富有家庭的孩子则可以轻松获得体面的工作、较高的收入以及广阔的发展空间,这种状况不仅影响就业公平,也影响个体寻找伴侣。

与阶层固化紧密相关的是阶层通婚,《美国社会学研究》上有文章表示,阶层通婚的社会现象会在经济发展过程中经历先升后降的过程,随着社会转型结束,物质财富积累充足,社会保障制度健全,福利水平提高,人们不再需要将婚姻与提高社会阶层和生活水平挂钩,跨越阶层的婚姻才会有明显的增长。但是在中国当前的背景下,"门当户对"仍是许多人的选择。

2. 成功率

相关调查显示,大多数公园相亲角的成功率不是很高,但是根据对成功案例的总结,可以发现只要态度认真都是有可能的,成功率和普通的相亲也是差不多的;相反,对于久久没有成功的,一部分原因是缘分不到,还有一部分原因就是很多"相亲简历"呈现出的信息与事实有出入。

(五) 分析思路

教师可以根据自己的教学目标来灵活使用本案例,这里提出本案例的一些分析思路,仅供参考。

1. 试分析公园相亲角这种方式对于国家宏观政策(如"二胎政策")的影响。

2. 尝试联系公园相亲角现象以及相关理论对"阶层固化"现象进行新的阐释。

3. 结合案例进行发散思维,探讨哪种相亲方式会对维持稳定的亲密关系具有积极的推动作用。

4. 思考如何利用心理学原理有效改善公园相亲角选择伴侣这种形式成功率低的问题。

5. 深入分析子女们对于这种相亲形式的心理体验和认知。

(六) 建议的课堂计划

1. 时间安排

本案例可以配合"社会心理学"等相关课程中的"人际吸引""社会交换"等部分使用,课堂讨论时间为1—2小时,为了保障课堂讨论的顺畅和高效,要求学生提前一周准备有关这一主题的理论知识,并对这一主题的相关实践有较充分的了解。

2. 讨论形式

小组展示 + 课堂讨论。

3. 案例拓展

结合本案例分析讨论当今社会普通友谊关系建立的影响因素。

(七) 案例分析及启示

公园相亲角这种明码标价的相亲形式,好像让原应自由的婚恋形式又回到了"父母之命,媒妁之言""门当户对"时期,婚姻成为一桩生意。人们已经在潜意识里对其他人进行了层级划分,与那些高学历、高薪、有车有房的男生匹配的,必然也是学历高、薪资高、肤白貌美的女生。这种形式使得婚姻呈现出了显著的社会交往特点,交换物就是财富、学历和外貌。

大量研究证明,人们更愿意和与自己各方面实力相当的人步入婚姻,因为这样的感情风险程度更低。国外有一个概念叫"婚姻壁垒",形容不同经济阶层之间婚姻选择范围的差距,学历、金钱等资源已经成为婚姻中高耸的围墙,高学历高收入的人更偏向选择同样的"双高"人群组建家庭,这种趋势让阶层间的流动性越来越小,阶层固化程度越来越高。社会学家孙沛东曾指出:家长为子女筛选的结婚候选人,都是在一定社会阶层、经济水平下的,这就形成了同一社会阶层、经济阶层的通婚圈。

尽管存在以上问题,但公园相亲角中存在的阶层固化、女性对另一半经济基础的要求、男性对另一半年龄及生育能力的关注等现象也获得了进化心理学等相关理论的一定支持。

【参考文献】

董雪,周介吾.沪上适婚女研究生与本科生择偶标准比对探析——基于人民公园"相亲角"的实证调查[J].理论界,2013(4),78—80.

冯必扬.人情社会与契约社会——基于社会交换理论的视角[J].社会科学,2011(9),67—75.

李楠.相亲角,为你们操碎了心[J].现代苏州,2017(4),99.

饶旭鹏.论布劳的社会交换理论——兼与霍曼斯比较[J].西部法学评论,2004(1),128—130.

孙沛东.相亲角与"白发相亲"——以知青父母的集体性焦虑为视角[J].青年研究,2013(6),12—25.

孙沛东.中国式焦虑的婚姻缩影——以上海人民公园相亲角为例[J].探索与争鸣,2013

(5),27—29.

唐鞿.从"相亲角"看都市未婚白领大龄化问题——以上海人民公园为例[J].职业时空,2008,4(2),46—47.

王明月.社会心理学和进化心理学取向择偶理论述评[J].中小企业管理与科技旬刊,2017(2),143—144.

周航.相亲角:集市或派对[J].南方人物周刊,2015(5),43—44.

朱新秤,焦书兰.进化社会心理学的理论、研究及其意义[J].华中科技大学学报(社会科学版),1999(2),27—31.

咨询与健康心理

如此焦虑为哪般

苑 媛

【摘　要】本案例的来访者是一位20岁的女大学生,她求助的问题是焦虑情绪。心理咨询师运用经典精神分析、意象对话疗法和萨提亚疗法来化解来访者童年早期的心理创伤和性心理创伤,并针对来访者一位重要亲人去世的负性生活事件对其进行哀伤辅导,引导她带着自知去释放与创伤相关的消极情绪,帮助她在内心深处重新接纳自己的生命,认同自己的女性性别,提高自我分化能力。此次心理咨询不仅解决了来访者自卑和焦虑的心理问题,重塑了其心理界限,而且改变了她的沟通模式,她开始主动建设自己与父母的关系,并且更自信、更积极地面对未来,获得了一定程度的心理成长。

【关键词】焦虑　自卑　早年创伤　性心理创伤　心理界限

一、引　言

焦虑是一种常见的消极情绪,几乎每个人都体验过。而且随着经济的迅猛发展,人们的生活节奏愈发紧张,工作压力愈发加重,越来越多的人开始更频繁地体验到焦虑,并且习惯性地将许多问题归结为或归因于"压力太大"。心理学研究发现,焦虑属于复合型情绪,包含愤怒、敌意、不安和说不清的痛苦感等四个成分,它是一种与当下处境不相称的、没有特定对象和具体而固定的观念内容的痛苦体验。

虽然我们经常用"焦虑"一词描述自己或他人的情绪状态,但实际上,在不同的情境和不同的关系里,我们真正体验到的焦虑情绪往往是有细微差异的。即使是在相同或相似的情境下,同一个体所体验到的焦虑也可能指向不同的情绪成分,会下意识地使用不同的心理防御机制进行自我保护。焦虑并不像我们一时体验到的那种感觉那么简单。

焦虑并非总是消极的。一定程度的焦虑是有价值的,甚至是必要的。正常的焦虑情绪通常是一种保护性反应,能够帮助我们面对突发事件。然而,当焦虑的严重程度与客观事物或处境明显不符,或者持续时间过长而当事人自身无法调节时,它就变成了一种病理性焦虑,会影响当事人的身心健康。

作为心理咨询师,我们常常在临床上遇到各种寻求解决焦虑的来访者:有的是婚姻焦虑,有的是职场焦虑,有的是考试焦虑,有的是人际交往焦虑,也有的是没有任何特定指向的弥散性焦虑……可是,在逐步深入的过程中,我们却发现,几乎每一位焦虑者都存在自己也不曾意识到的深层原因,而其中最主要的深层原因往往与他们所求助的表面问题没有直接关联。下面这个女大学生的案例就很典型。

二、案例背景介绍

(一)来访者的主诉及个人陈述

来访者基本信息:女,20岁,大学一年级。

主诉:

从读初中开始就常感焦虑,担心许多事情。不敢交朋友,但很依赖身边的人。

个人陈述:

别人都以为独生子女很幸福,能独享父母的爱,可是我觉得自己忒倒霉,总是遇到糟糕的事情。我相貌平平,学习成绩一般,没有知心朋友,也没有喜欢的男生,找不到真正值得信任的人。但是,我又很矛盾,因为我特别依赖身边的人,做很多事的时候都希望身边有人陪着。我知道这样挺招人烦的,所以活该没人喜欢我吧。

从上初中开始我就整天心不在焉的,总觉得会有不好的事情发生,心里很害怕,也不知道在怕些什么,反正脑子里经常出现一些奇奇怪怪的想法,比如:回家一推门,发现我妈不在了;班主任接了个电话,说我爸出车祸了;高考前去体检,结果发现我得了癌症;校车着火了,同学们都逃生了,只有我被烧死了;有一天碰到一个外星人,他要把我带走,因为我不属于地球……有时,我想着想着就会心跳加速,脸发热,手发抖,甚至有一种要晕倒的感觉。在我特别难受的时候,我会整夜整夜地失眠,翻来覆去睡不着,脑子里乱七八糟的,全是一些不好的想法,想停也停不下来,感觉快要疯掉了。听别人说,闭着眼睛数绵羊,数到500只就能睡着。我试过,根本不管用。有一次,我都数到4 000只了,也没睡着。第二天头疼得都要炸开了。

原以为等自己长大了,上了大学,一切就会慢慢地好起来。结果根本不是。我还是很难高兴起来,总觉得会有不好的事情发生在我身上,甚至担心自己能否熬到大学毕业,毕业后能不能找到工作,好单位不会看上我吧,将来会不会变成"剩女",嫁不出去,孤老终生……

直到这学期,我选修了一门心理健康课。原本是凑学分的,没想到越听越觉得有意思。我慢慢地知道,每个人都有不开心、不自信的时候,一个人有了心理问题,未必总是需要吃药的。在老师讲的很多案例里,我都看到了自己的影子。老师给我们放过一部名叫《心灵捕手》的电影,我们边看她边讲,当她分析威尔的心理历程时,我哭得稀里哗啦。虽然我从小到大没有挨过打,也没有被虐待过,跟着亲生父母一起生活,但是,不知道为什么,看着威尔的样子,听着老师的分析,我特别难过,仿佛我就是威尔一样,尤其咨询师一遍遍地告诉威尔:"这不是你的错!"这时,我感觉自己的心都是疼的……

记得有一次,老师讲到一个术语"惊恐发作"。我上中学时就出现过类似的情况,跟老师讲的一模一样:心跳加速,血压升高,大口大口地喘粗气,感觉自己快要窒息、马上就要死掉了。当时家里人带我去医院,看急诊,还以为得了心脏病呢。医生说是学习压力太大,神经绷得太紧了,让我放松些。那个医生特别负责,还建议我锻炼身体,多听轻松的音乐。现在我知道了,那叫惊恐发作,其实就是一种强焦虑。原来,人的情绪可以影响身体健康。

现在我的想法有些变了,觉得即使遇到过糟糕的事情,也还是有可能改变的,至少可以让自己不那么痛苦。所以,我就来做心理咨询了。

(二) 咨询师了解到的情况

来访者的既往史:

来访者既往身体健康,无重大器质性病变史,无手术史,无传染病史,无高热抽搐及外伤昏迷史。

高一时,来访者因持续焦虑和抑郁而无法正常学习和睡眠,就诊于当地医院的神经内科。当时被诊断为抑郁症。服用药物"百忧解"两个多月后,身体出现不适反应,经医生建议中断服药。此后未做任何诊治。

来访者的家族史:

家族成员中无精神疾病史。来访者的小姨在其小学五年级时自杀身亡。

来访者的个人史:

独生女,家住二线城市,经济条件较好。

在来访者的记忆中,她从小到大总是在经历各种不好的事情,诸如家族重男轻女、儿时走丢、父母吵架、没朋友、性格懦弱、被人欺负不敢吭声,等等。

来访者的父亲和母亲是经人介绍走到一起的,结婚后居住在小城镇。父亲有一个姐姐和一个弟弟,但姐夫和弟弟都比自己挣钱多,父亲对此常感自卑。母亲排行老二,大姐早年移民国外,常年不回家,也少有联系,弟弟和妹妹没她勤快、懂事。母亲在照顾自己的父母和弟弟妹妹方面付出很多,却很少被家人认可,大家都觉得是应该的。

来访者父母的个性都很要强,也特别能吃苦。他们努力打拼,后来凭借自己的能力移居二线城市。来访者出生时,家里的经济条件已经比较好了。但是,爷爷和奶奶好像一直对母亲生了个女孩儿不满意。母亲身体不太好,医生说不能再生孩子了,为此,母亲还专门看过病。

来访者的父亲不太爱说话,整天在自己经营的木材厂里忙。有时还要出差跑生意。父亲每次出差回来都会给她买好吃好玩的东西。平日里,母亲对来访者管得比较多,对她要求也比较严格,特别是在学习和人际交往方面。她觉得自己之所以性格内向、敏感、懦弱,从小没什么朋友,不知道怎么跟别人交往,都跟母亲的管教有关。

小时候她走丢过一次。在很长一段时间内,她都觉得不是自己走丢的,说明明一直拉着母亲的手……可能是母亲不想要她了。

来访者的父母经常吵架,每次吵的时候音量都特别高,尤其是母亲。他们还动过手、摔过东西。有一次,父母在拉扯中把她刚拿回家的"三好学生"奖状都给撕破了。她觉得这些都是因为自己不好。父母就她这么一个孩子,可是她再怎么努力,也无法阻止父母争吵,也不能像别人家那样总是说说笑笑的,所以她在家里越来越不爱说话了。

父亲曾经有过短暂的出轨行为,家里更是因此闹翻了天。那段时间她很矛盾:看到母亲躲在房间里哭的时候,她就恨父亲,觉得母亲很可怜;看到父亲沉默不语、眼含泪水时,她又觉得父亲很可怜,认为母亲不该说那么恶毒的话;看到他们吵得不可开交,甚至说出"离婚"二字时,她又非常讨厌他们两个人,自己恨不能立即死去,永远逃离这种痛苦……

没多久,父亲就结束了婚外关系,说自己是一时糊涂,从未想过拆散这个家。父亲真诚地向母亲道歉,还主动带她和母亲外出旅游。后来夫妻二人几乎不再提及此事。虽然此后仍有争吵,但频率和强度都降低了很多。令她疑惑的是,父母是真的冰释前嫌,重归于好了,还是不想让她看出来,一直在压抑着,酝酿着什么新的不幸。她对此无法确定。

高中住校后,被访者与父母的联系变少,很多事都不愿跟他们说。上大学之后,她离开家乡。按照母亲的要求,她会定期给父母打电话报平安,但每次通话的时间都很短,不知道该说些什么。她依然常常感到焦虑,曾出现过两次身体不适。她当时的感觉是喘不上气来,胸闷,头疼,胃也不舒服,一阵阵地揪着疼。她在校医院和学校定点的三甲医院都看过,各项医学检查都显示并没有器质性病变因素。这两次不舒服出现时,她都是第一时间给母亲打电话,希望母亲能来学校陪陪她。每当母亲赶过来陪伴一段时间之后,她的不适症状就会明显减轻。

(三)来访者的主要负性生活事件

来访者的母亲怀孕至4个月时,家族里的一位长辈曾说:"看样子,像是个丫头。"母亲偷偷跟父亲说:"要真是个丫头,就打掉吧。"怀孕至6个月时,曾有过血糖升高、出血、发烧等症状,住院20天安胎。每当提及此事,母亲常说:"当时真是难受死了。谁知道怀孕这么痛苦!"

来访者4岁左右时,母亲带她去菜市场,她不慎走失。大约3个小时后被找到。记忆中,她哭了很久,被民警叔叔带回家时父母正在争吵。

小学二三年级的时候,不知为何,来访者经常被送到小姨家住。小姨对她很好。后来听家里亲戚说,那段时间父母关系不太好,怕影响她。

小学四年级时,被访者曾两次在放学回家的路上遇到同一个有露阴癖的成年男性。她非常恐惧,不敢跟任何人讲。每次都是偷偷哭完再回家,装作什么也没发生。后来她故意绕远道上下学,为此迟到过好几次,遭到老师的批评。那段时间她经常做噩梦。

小学五年级时,来访者的小姨因婚姻不幸、婆媳关系不和,上吊自杀身亡。来访者曾为此痛苦不堪,躲在被窝里夜夜哭泣,并实施自伤行为,用削铅笔的小刀故意划伤自己的手臂,至今仍有疤痕。

初中时,来访者的父亲有了外遇,父母曾有离婚的打算。后来,父亲回归家庭。此间,她再次出现自伤行为。

大学一年级第一学期,曾有一个男生追求她。交往不到两个月,男生提出分手,理由是嫌她独立性太差,做事缺乏主见,而且每次想亲吻她时都会被拒绝,摆明了是不喜欢他。

三、主要咨询过程

第一次咨询:探索家族及原生家庭,提升自我分化能力。

通过经典精神分析,咨询师帮助来访者分清父亲、母亲和自己的不同成长背景,了解其家族系统里的心理互动状况。咨询师引导来访者从情感上接纳并理解父亲的弱小感、母亲的无助感以及自己害怕被抛弃的恐惧感。

在此基础之上,帮助来访者重塑心理界限。咨询师鼓励来访者勇敢承担自己应该承担的部分,将更多的注意力放在自己的学习和生活上。

咨询片段:

咨询师:你手臂上的伤疤如果会说话,它们会说什么?

来访者:没人要!你没人要!

咨询师:这么说的时候,你是什么感觉?

来访者:我很难过,很伤心,呜呜呜……

咨询师:我注意到你的脸色开始发白了,呼吸急促,能告诉我你现在的身体感受是什么吗?

来访者:感觉有些缺氧,胸闷,头疼,喘不上气,胃也不舒服。

咨询师:你以前有过这样的感觉吗?

来访者:高中犯病的时候就这样,上大学后生病那两次也这样。

咨询师:以前出现这些反应的时候,什么能让你迅速缓解?

来访者:上医院输液、吸氧。我妈来陪我的时候,也会好很多。

咨询师:除了医生和妈妈的帮助,你为自己做了什么?

来访者:我什么都做不了。因为做什么都没用,反正也没人要。

咨询师:所以你就划伤自己的手臂?你想放弃你自己?

(来访者沉默不语,泪如雨下。)

咨询师:此刻,是你身体的什么部位在哭?

来访者:心,我的心。

咨询师:请你闭上眼睛,感觉一下你的心,看看它在说什么?

来访者:……其实我想好好的。

咨询师:很好,那你愿意为它做些什么吗?

来访者:我想抱抱它……

第二次咨询:处理胎内创伤,缓解恐惧情绪。

胎内创伤是引发来访者害怕被抛弃的重要心理因素。咨询师运用意象对话疗法引导来访者重新体验胎内环境和胎内创伤,并陪伴来访者带着自知去释放害怕被抛弃的恐惧感和无助感,从而强化其存在感和生存信念。

随后,咨询师引导来访者在情绪上将孕期母亲的害怕和无助与自己作为胎儿的害怕和无助区别开来。这种区分的目的在于加深来访者的自知,让她既从内心深处理解并接纳母亲的痛苦,也更彻底地剥离母子同体的相似的消极情绪,使来访者在体验中学习到剥离情绪、分化界限的心理经验,从而重新感受、重新看待胎内的创伤性体验。

就来访者而言,这次咨询的过程很痛苦,但是这一过程对于化解其害怕被抛弃的恐惧感和无助感,缓解其泛化的焦虑感,坚定其生存信念,具有非常重要的意义。

第三次咨询:处理童年期创伤性事件及其体验,缓解消极情绪。

咨询师运用意象对话疗法和空椅技术,针对来访者童年期的走失事件和小姨自杀事件,进一步缓解其被抛弃的恐惧感,巩固其存在感和生存信念。

咨询片段:

在空椅技术中,心理咨询师引导来访者想象对面空椅上坐着她挚爱的小姨。

小姨:死是我自己的选择,与你无关,与任何人无关。但我知道,这让你很伤心,也很害怕。

来访者的泪水夺眶而出:小姨,我很害怕,也很想你。

小姨:小姨也很想你。

咨询师引导来访者在想象中听见小姨对自己说:"请你好好活着。"为了确保来访者接受这个生存信念,还引导她重复听见的这句话。

来访者轻轻点头:嗯,我听你的,我会好好活着。

随后,咨询师给来访者做了哀伤辅导,帮助她完成了"送别小姨"的心理体验和心理仪式,以巩固疗效。

第四次咨询:处理性心理创伤,树立健康的性观念,提高性心理健康水平。

来访者幼年遭遇的性创伤事件,不仅影响了她的性心理健康,认为性是肮脏的,而且影响到她成人之后的两性交往。这也是她自卑和焦虑的另一个重要原因。

针对来访者小学遭遇露阴癖的性心理创伤事件,咨询师引导她重新进行体验,陪伴她勇敢面对,鼓励她带着自知去释放消极感受。本次咨询的重点是处理来访者对性的不洁感和恐惧感。

随后,咨询师帮助她重新梳理大学里经历的短暂恋情,引导她自我分析和自我反思,引导她在重新认识自我的过程中学习如何建立和建设亲密关系,如何通过沟通解决问题。

第五次咨询:学习通过有效沟通改善与父母的关系。

来访者泛化的焦虑情绪、过于依赖他人以及人际交往问题,无不与她和父母的关系有关。她需要改善与父母的关系现状。

咨询师运用萨提亚疗法帮助来访者依次看清自己面对父母时常用的沟通姿态、父亲在亲子关系中的常用沟通姿态、母亲在亲子关系中的常用沟通姿态以及父母在亲密关系中的常用沟通姿态,帮助来访者梳理自己的常用沟通姿态与父母的相似性,总结自己与父母的互动模式,体验彼此的内心感受,并进一步指导来访者学习一致性沟通和建设性表达。

为了改善来访者与父母的关系,咨询师对其进行了具体指导,并布置了相应的心理作业(如表达对父母的爱、感谢和愿望,非定期地主动致电父母,准备通话的内容,如何回应父母常问的问题等),鼓励来访者在每一次完成心理作业时都认真地肯定自我,激励自我。

咨询效果：

第五次咨询结束时,咨询师观察到来访者气色红润,神情轻松,与初诊接待时的情形相比,呈现出明显的自信和快乐。

两周后,咨询师进行电话回访。听声音,来访者精神饱满,谈吐流畅,语调轻快许多。来访者反馈,自咨询结束以来,自己各方面的感觉都很好:睡眠安稳;听课效率提高,思维清晰有条理,记忆力提高;与同学交往的感觉较好;敢于独立完成一些以前依赖别人的事情;对学业的完成和异性的交往开始建立信心;能够分清父母关系和自己应该承担的责任,愿意为自己的未来去努力。

四、案例使用说明

(一) 教学目的与用途

1. 适用范围

本案例适用于应用心理专业硕士"心理咨询理论与实务""意象对话工作坊"等课程,对应于"心理诊断""创伤处理""哀伤处理""化解消极情绪""意象对话的引入"等教学主题。

教师在使用本案例时可以通过案例教学、问题讨论和案例解析等方式,指导学生深入了解如何透过表面的求助问题(如本案例的焦虑问题)逐层探索心理成因,如何引导来访者带着自知去释放消极情绪,如何处理与自伤、死亡(如亲人自杀身亡)相关的负性生活事件,如何在心理咨询过程中引入意象对话疗法,如何运用多种心理疗法和咨询技术帮助来访者解决问题,如何通过在来访者的深层心理部分化解创伤与冲突去促进其自我成长。

2. 教学目的

(1) 掌握心理诊断的基本知识与技能。

(2) 准确判断来访者的主要消极情绪。

（3）能够根据心理咨询进程，适时调整咨询方案，以更好地帮助来访者实现自我成长。

（二）问题讨论

1. 根据许又新（1993）神经症诊断标准，针对来访者的症状表现，本案例最可能的诊断是什么？还需要做哪些鉴别诊断？

2. 在无客观因素作用的情况下，不同的失眠表现往往是受到不同消极情绪的影响。请结合本案例来访者的具体情况，分辨以下失眠表现分别是受到何种消极情绪的影响。

（1）入睡困难，翻来覆去睡不着；

（2）睡到半夜一两点或两三点就醒过来；

（3）噩梦不断；

（4）似睡非睡，似醒非醒，对声音或光格外敏感（诸如开关房门、拨打电话、开灯关灯等），感觉自己是清醒的却又迷迷糊糊地好像睡着过，甚至感觉做过梦。

3. 如何理解"害怕被抛弃"？

4. 如果你是心理咨询师，你将采用哪些不同的咨询方法帮助本案例的来访者？

5. 一个人幼年时期所经历的创伤性事件或创伤性体验一定会影响成年之后的生活吗？为什么？

（三）基本概念与理论依据

1. 心理创伤

专业人士比较早地关注到心理创伤主要是在越南战争结束时，当时很多回国的退伍老兵常常感觉自己还在战场上，脑海中不断闪现枪林弹雨、炮火纷飞、战友横尸、血腥杀戮等激烈的画面，出现情绪不稳、睡眠紊乱、身体不适等症状。也就是说，尽管他们的现实生活很安全，已基本恢复了平静，但他们的内心仿佛还活在战争的记忆里。于是，有一些老兵开始接受专家的心理干预。一个专业术语由此诞生——"创伤后应激障碍"（PTSD）。自此，关于心理创伤的研究愈加深入和广泛。

在精神病学上，心理创伤被界定为"超出一般常人经验的事件"。其发生往往是突发的、无法抵抗的,给当事人带来无助感、无能感、恐惧感、混乱感等消极感受。它不仅源于地震、火灾、洪水、海啸、战争、空难、矿难、交通事故等天灾或强烈的负性事件,也源于日常生活所经历的精神虐待、躯体暴力、情绪压抑、情感挫伤等消极体验。

心理创伤也是临床心理学和咨询心理学非常关注的一个概念。在临床心理学上,"创伤"分为创伤性事件和创伤性体验。二者的区别在于前者是客观发生的事件,后者仅是当事人的内在体验。有的人虽然经历了创伤性事件,却因自身的精神康复能力较强,并未发生强烈的消极体验,而有的人虽未曾经历某个具体的创伤性事件,却产生了非常消极的创伤性体验,此外还有的人不仅经历了客观发生的创伤性事件,还体验到了它所引发的消极感受。

一般说来,心理创伤可发生在胎内、幼年和成年的不同阶段;通常不会自然愈合;发生的时间越早,持续时间越久,程度越严重,对当事人的身心影响越广泛;临床表现复杂多样;急性心理创伤可演变为慢性心理创伤。

本案例通过处理来访者的胎内创伤来化解其被抛弃感体验,提升自我接纳度和性别认同感,以促进存在感;通过处理发生在原生家庭里的早年创伤,引导来访者领悟到自己与父母的心理关系状态,重新认识父母的亲密关系,重塑心理界限;通过处理性心理创伤,化解来访者压抑多年的负性情绪,帮助她认识到自己异性交往困境的心理成因;通过处理异性交往创伤,进一步化解自卑心理和害怕被抛弃的恐惧情绪,树立信心。

2. 哀伤辅导

广义的"哀伤"是指任何因丧失而引发的哀伤情绪。狭义的"哀伤"则指人们在失去所爱的或所依附的对象(主要指亲人)时所面临的境况及其哀伤情绪。所谓的"哀伤辅导"是协助当事人在合理的时间内(在心理危机的情境下,一般是指48小时之内)健康地处理悲伤情绪,以增进其开始正常生活的勇气和能力。

哀伤辅导并非心理咨询的临床工作所独有,也被广泛用于医疗系统、军队、警察、监狱、殡葬服务、社区等领域。无论应用于哪个领域,哀伤辅导都是一项专业的工作,是需要学习和实践的。

空椅技术仅是哀伤辅导的常用技术之一,另外还有角色扮演、心理仪式活动、保险箱技术等多项技术,都是本着"以来访者为中心"的工作原则,协助生者勇敢地面对丧失,更好地生活下去。

在本案例中,对于一个20岁的来访者而言,重新面对小学五年级时小姨自杀身亡这件事并接受哀伤辅导,着实晚了多年,在理论上已经远远超出了哀伤辅导所追求的"合理时间"。但是,由于这件事对她的影响很深,且与其缺乏存在感这一深层心理成因密切相关,因此咨询师还是对她进行了哀伤辅导。从咨询效果来看,这个环节是必要的。

3. 经典精神分析

经典精神分析理论是奥地利著名心理学家和精神科医生西格蒙特·弗洛伊德在长期治疗神经症患者的过程中,所形成的一系列关于心理结构、心理功能、心理发展及异常心理的理论。该理论主要涉及潜意识理论(意识、前意识、潜意识);心理发展内驱力理论(生本能、死本能);性心理发展阶段理论(口欲期、肛欲期、俄狄浦斯期、潜伏期和生殖器期);人格结构理论(本我、自我和超我);自我防御机制理论;神经症的心理病理学;等等。

在运用经典精神分析法分析案例时,要重点关注过去是怎样影响现在的,内在是怎样影响外在的。在心理咨询与治疗的过程中,精神分析师需要深入探索来访者的心理动力学机制,探索其潜意识动机——哪个阶段出现了什么样的问题?

心理动力学的评估主要包括如下方面:发病及求助原因;生活史;过往生活中的重要人物;最初的记忆;经常出现的以及近来的梦;对先前心理咨询、心理治疗及咨询师、治疗师的体验;观察来访者如何与咨询师建立关系;做出尝试性的解释;邀请来访者共同理解等。

本案例通过对来访者进行精神分析,使之意识到原生家庭和家族重要他人对自己的深层影响,进而使其勇敢面对自己的心理困扰,勇敢承担自己应该承担的那部分责任,既不简单地外归因,也不单一地内归因,而是理性地分清责任界限。

4. 意象对话疗法

意象对话疗法是我国著名心理学家朱建军教授于20世纪90年代创立的一种心理咨询与心理治疗方法。

意象对话疗法渗透着东西方文化的诸多精神要素,是一种非常独特的心理疗法。其创立主要得益于荣格分析心理学的研究,受到了经典精神分析、人本主义心理学等西方心理学的深刻影响,同时也融合了中国佛学和道学的思想。因而,意象对话疗法虽然由中国的心理学家在中国本土所创立,却具有世界性。

意象对话心理疗法以意象为媒介,运用原始认知逻辑的方法进行深层交流,强调体验和互动。当心理咨询师和来访者处于意象对话状态时,他们的对话是在潜意识层面进行的,即使咨询师没有在理性层面告知来访者某个意象代表什么意思,来访者的内心深处也能够明白其意义,咨询师在来访者的潜意识层面所进行的心理干预也依然会奏效,且效果持久、稳定。原因很简单,人类的潜意识就是这样工作的——运用意象符号的心理象征意义进行表达、互动和沟通。临床经验丰富的意象对话咨询师也可进行团体咨询。

换言之,心理咨询师通过运用意象的象征意义与来访者在潜意识层面进行沟通,以使来访者达到化解消极情绪、消除情结、深入探索自我、整合人格的目的,最终促进其自我成长与健康发展。

意象对话疗法最突出的特点是心理咨询是在人格深层进行的,使用的是原始认知方式,是一种"下对下"的心理咨询——咨询师的潜意识对来访者的潜意识。咨访双方好似两个运用原始逻辑思维进行沟通的"原始人",他们都是在潜意识领域的象征层面进行沟通,因此疗效迅速而稳固。也正因如此,该疗法不仅对心理咨询师的人格发展和心理健康水平提出了较高的要求,还要求咨询师坚持自我成长,不断提升自知力和觉察力。

本案例中心理咨询师运用意象对话疗法快速而深入地处理了来访者的心理创伤,并且引导来访者带着自知去释放由此引发的多层消极情绪,以不断增强她的觉察能力和生存信念。

5. 萨提亚疗法

维吉尼亚·萨提亚是国际知名的家庭治疗大师,被誉为"家庭治疗之母"。其治疗理念是相信人可以持续成长和改变,可以开拓对生活的新信念。萨提亚疗法的目标是改善家庭沟通及关系。

在萨提亚所开创的所有方法和技术当中,家庭重塑也许最能代表她关于人的成长和改变的理论。和其他许多心理咨询技术一样,家庭重塑也融入了其他咨询流派的元素(一般系统理论、沟通理论、团体动力、心理剧、格式塔治疗和精神分析等）。家庭重塑技术有三个基本目标：一是向人们揭示在他们过去的学习中蕴藏着哪些资源；二是认识自己父母的人格；三是为探寻自己的健康人格铺设道路。

在进行家庭重塑之前，来访者有一项非常重要的准备工作，就是根据自己的家庭历史制作出一部家庭编年史。这部编年史要从年纪最大的（外）祖父母出生开始，一直延续至今，只记录重要的生活历史事件。

来访者的另一项重要准备工作是制作家谱图。当临床上只有咨询师和来访者两个人从而缺乏团体环境时，往往只需家谱图就可以展开咨询工作了。家谱图是对家族中祖孙三代组织结构的一种空间或图表显示。在一张白纸上绘制家谱的过程本身就为来访者提供了一些体验和学习的机会，让来访者能够从中看清楚构成自己过去生活的家族人物是以怎样的一种方式组织和排列的。

本案例运用萨提亚疗法中的家谱图引导来访者体验并意识到家族对自己的深层影响，看到自己以往所沉溺的不健康的沟通模式，从而自主地改变沟通模式，主动建设自己与父母的心理关系和现实关系，由此稳固自信和积极的心态。

（四）分析思路

教师可结合具体课程和教学目标灵活使用本案例。这里提出本案例的分析思路，仅供参考。

1. 自卑及其消极情绪背后的创伤性事件。
2. 自卑及其消极情绪背后的深层心理成因。
3. 童年早期的创伤性事件或创伤性体验对当事人成年之后生活的影响。
4. 性心理创伤的消极影响及其处理。
5. 哀伤辅导及其应用。
6. 自我分化能力的提升与自我成长。
7. 存在感与自我接纳。

（五）课堂安排建议

1. 时间安排

（1）本案例若在"心理咨询理论与实务"或类似课程（如"心理咨询与治疗""心理咨询""咨询心理学""临床心理学""临床心理治疗学"等）中使用，可对应"心理诊断""创伤处理""哀伤处理""化解消极情绪"等教学主题。建议课堂讨论时间为1—1.5小时。结束后教师做点评。为了保证案例教学的课堂讨论部分高效、顺畅、深入,可要求学生提前一周熟悉相关的专业知识,对于与该主题相关的心理诊断技能和心理咨询技能(含危机干预)有较好的了解和理解。

（2）本案例若在"意象对话工作坊"课程中使用,可对应"意象对话的原则""意象对话的引入""意象对话的操作步骤""意象对话的核心态度与基本方法"等教学主题。建议课堂讨论与现场演练时间为1—1.5小时。结束后,教师进行总结,重点强调应用意象对话疗法的注意事项。

2. 教学形式

（1）在"心理咨询理论与实务"或类似课程中使用该案例时,建议的教学形式为小组报告＋课堂讨论;

（2）在"意象对话工作坊"等体验式、沙龙式心理咨询方法专项技能课程中使用该案例时,教学形式建议为课堂讨论＋现场演练。

3. 案例拓展

结合本案例,引导学生思考:

（1）如何识别和定位来访者主诉背后真正的或核心的心理问题。

（2）如何围绕这个真正的或核心的心理问题,灵活运用多种心理咨询方法和咨询技术对来访者进行心理疏导。

（3）如何检验或评估所用疗法及技术的临床效果。

（六）案例启示

本案例研究发现,在心理咨询工作中,除了要准确诊断和评估来访者的心理状况,心理咨询师还需关注以下几个方面,但又不限于以下方面:

1. 来访者的情绪分层。

2. 来访者的认知偏差。

3. 来访者的创伤性事件和创伤性体验及其对后来生活的影响。

4. 识别或定位来访者真正的或核心的心理问题。

5. 灵活运用多种心理咨询方法和咨询技术,紧紧围绕来访者的核心心理问题展开工作。

6. 解决来访者的心理问题仅是浅层目标,深远目标应是促进来访者人格整合和心灵成长,提升生命品质。

【参考文献】

苏姗·诺伦-霍克西玛.变态心理学与心理治疗(第3版)[M].刘川,周冠英,王学成译.北京:世界图书出版公司,2007.

维吉尼亚·萨提亚.新家庭如何塑造人[M].易春丽等,译.北京:世界图书出版公司,2007.

许又新.神经症[M].北京:北京人民卫生出版社,1993.

苑媛.意象对话临床操作指南(第2版)[M].北京:北京师范大学出版社,2018.

苑媛.意象对话临床技术汇总(第2版)[M].北京:北京师范大学出版社,2018.

Liu, X. C., Oda, S., Peng, X., et al. Life events and anxiety in Chinese medical students. *Social Psychiatry and Psychiatric Epidemiology*, 1997, 32: 63—67.

一个哭了很久的孩子
——一例妥瑞症案例

苑 媛

【摘 要】本案例的来访者是一位24岁的男性,他求助的问题是职场焦虑。他的身体经常出现不可控的小动作,尤其是喉咙里不自主地发出怪声,为此他经常遭到误解,担心被公司开除。经过仔细评估,心理咨询师诊断其为妥瑞症。咨询师帮助来访者了解自己的病症,正视自我,运用经典精神分析、意象对话疗法、躯体疗法和反向习惯行为训练等,缓解其妥瑞症症状,引导他带着自知去释放早年创伤所致的消极情绪,勇敢面对过往,积极应对人际压力和工作压力。鉴于来访者在现实生活中所承受的不被理解和生存焦虑的严重负面心理情绪,咨询师对其外围的工作环境进行了干预,以协助营造无条件接纳、尊重和理解的氛围,使其避免不必要的误解和心理压力。

【关键词】妥瑞症 无条件接纳 尊重 创伤处理

一、引 言

在现实生活中,我们很多时候自以为是理性的,却可能不自觉地陷入各种想象误区或感性误区,因为我们的脑海里常常充斥着各种"想当然"。例如,有一位同事从身边走过,没有点头微笑打招呼,我们可能会想当然地认为"他不喜欢我""这人真没礼貌";上课时,如果某个学生针对老师的讲解连续发问,老师可能会想当然地认为"他怎么老跟我作对""这孩子是想让我下不来台吧";妻子给丈夫打电话没有得到回应,可能会想当然地猜疑"他在干什么""他为什么不接我电话""他会不会有什么事瞒着我";父母拼命工作赚钱,在物质方面尽可能地满足孩子,但在精神和情感方面却有时吝于给予,即使孩子表现优异,也因担心其骄傲自满而放弃了赞美和鼓励,反以"别人家的孩子……"施以激励,家长想当然地认为把最好的爱给了孩子,殊不知孩子最需要的却是父母的认可、理解和尊重……

当这些"想当然"弥漫在人与人之间而彼此又都缺乏觉知的时候,难免会影响到关系质量与沟通效果,不仅容易在人际互动中引发消极情绪,而且还可能带来不必要的伤害。但是,当某个契机出现时,随着彼此的了解增多,心理层面的理解越来越多,关系融洽与高效沟通也就变得容易多了。

在纷繁复杂的人际关系当中,心理咨询师与来访者之间的关系恐怕是最为特殊的一种合作关系。因为他们既无血缘关系,也无利益相关,却需要高度的彼此信任与合作。与礼节性交往、职业性交往和心理游戏性的人际交往相比,咨访关系中的心理刺激程度几乎是最高的,并且,咨询师必须恪守"价值观中立""无条件接纳""保密原则""限制性原则""理解性原则""助人自助""来者不拒,去者不追"等职业道德规范。在这样一种特殊的合作关系里待久了,咨询师在积累临床经验的同时,也会积累出一些"想当然"来,甚至有时分不清哪些是真正的工作经验,哪些是个人主观臆测的"想当然"。咨询师唯有坚持自我成长,不断地学习和钻研,把每一个来访者都当作第一个来访者,才有可能减少甚或消除这些"想当然"。下面这个案例就提醒我们,临床经验固然重要,但相信每个人都是独特的生命个体更加重要。

二、案例背景介绍

(一)来访者的主诉及个人陈述

来访者基本信息:男,24岁,大学本科,参加工作1年。

主诉:

身体经常出现不可控的小动作,尤其是喉咙里发出的怪声经常遭到误解,担心因此被开除。

个人陈述：

我是在农村跟着爷爷长大的。爷爷是个普通的农民，没什么文化，但对我非常好，从不发脾气，也没有打过我。爷爷最关心的就是我的学习，经常和我说只有好好读书才能有出息。我家特别穷，没钱买新衣服，爷爷就把自己的衣服拿到邻居家，让一个婶子改改尺寸给我穿。有时候，他在地里忙农活，顾不上回家给我做饭，我就跑到别人家蹭饭。我们村的人都很善良，他们经常主动招呼我去他们家里吃饭，还经常给我家送粮食、送衣服什么的。可以说，我是穿百家衣、吃百家饭长大的。

在我很小的时候，应该是3岁以前吧，爸爸就失踪了。不知道为什么找不到他。村里说什么的都有。有人说，他犯了法，不敢回家，怕警察抓；有人说，他在外面打工出了事故；也有人说，我妈跟别人跑了，他觉得丢脸，不肯回家；还有人说我爸把我妈杀了……反正，他失踪了很多年，谁也说不清楚到底是怎么回事。就像是小说里写的，"活不见人，死不见尸"。爷爷报过案，没什么结果，大家也就很少再提起他了。后来，听一个村干部说，我爸死了，死在了外头。但怎么死的，我不清楚。爷爷给他建了衣冠冢。每年清明的时候，爷爷都会带我去祭奠他。不过，说实话，我对他没什么感觉。

我不记得自己是否见过我妈。据说她一生下我就走了。村里人说我妈得了"失心疯"，走的时候又哭又笑、疯疯癫癫的。她跟爷爷好像没什么联系。爷爷从来不说关于妈妈的事，我怕爷爷不高兴，也从来不问。我上小学的时候，听说她在外地又嫁人了，不知道是不是真的。村里人告诉我，有一次，我妈回来找我，正好我去上学了，没见着。听说她穿了一件红衣服，还挺好看的。她想认我，但是爷爷没让她进门，更不允许我们相认。所以，我对我妈也没什么印象。

有一件事对我影响挺大的。大概是在我9岁或10岁的时候，二叔要霸占我爸爸的房子（跟爷爷的房子在同一个大院子里），说我不配住在那儿，还说我是"野种"，给家里丢人。二叔和二婶骂了很多特别难听的话，还逼着爷爷立字据，证明这所房子连同大院子将来全归二叔，跟我没关系。爷爷跟他俩大吵了一架，气得浑身哆嗦，大声喊着："只要我还活着，你们谁也别想欺负我孙子！我看你们谁敢动这房子！"那天晚上，我抱着爷爷哭了很久，爷爷也哭了。当时，我就在心里发誓，将来一定要保护好爷爷，让爷爷过上好日子，绝不能被坏人欺负。

我的学习成绩一直很好,顺利地考上了县重点中学,又考上了大学。在大学里学的也是我喜欢的专业。幸亏国家政策好,有各种奖学金和助学金,还能申请特困补助。我家那么穷,都没影响我上大学。我从大三开始实习,一毕业就找着了工作。我很喜欢现在的工作。

只是很可惜,我总会不由自主地做出一些小动作,比如扭脖子、耸肩膀,特别是喉咙里莫名其妙地发出声音,怎么都控制不住。以前小,自己没在意过,也没人提醒。上了大学,我才发现自己跟别人不一样,偷偷去大医院看过,医生说我身体没毛病,就没去管它。现在参加工作了,我一发出怪声,就有同事用异样的眼光看我。虽然他们也没怎么着,可我还是挺紧张的。其实,我也不想这样,可就是控制不住。我越想克制自己,憋着气不发声,吭哧得就越厉害。

有一回,领导带着我们部门的几个人外出做项目,让我负责录像。有一段时间,场内特别安静,我不停地"吭吭",越紧张就越控制不住。后来,紧张得右手食指和中指抽筋,都抽弯了,挺疼的。我使劲掰,掰了半天才掰过来。可能是我的声音太突兀了,领导皱着眉回头看了我一眼,我赶忙躲出去缓了几分钟,稍微好一些了才进去。从那以后,领导再也不让我负责录像了。

还有一次,在食堂吃午饭,一帮同事突然笑得很厉害,其中一个打趣我:"你吃个鱼都要打招呼,好有礼貌啊!"他们说我吃鱼的时候低着头跟鱼说话:"你真的已经死了吗?我现在要吃你了啊,你不会疼吧。"我没意识到自己跟鱼说话了,就算真说了,也只是自言自语而已。谁都有自言自语的时候啊,这有什么好笑的。

跟很多人比起来,我的成长经历确实有点儿特殊。我没有妈妈,没有爸爸,也没有兄弟姐妹,只有爷爷。爷爷经常说我是个可怜的孩子。但是,我一点儿也不觉得自己可怜,反倒觉得自己挺幸运的,因为我有爷爷。

我这辈子最爱的人就是爷爷,最大的心愿就是希望通过自己的努力让爷爷过上好日子!

(二)咨询师的观察

来访者清秀帅气,瘦瘦高高,白白净净,文质彬彬,很有礼貌。在初诊接待的过程中,他的喉咙里不断发出"吭吭"的声音,脖子间歇性地抽搐(主要是向左),肩膀不由自主地抖动,头部和手部有时突然出现不自主的转动或抽动。每当情绪激动时,"吭吭"的声音便格外频繁,似咳嗽或清喉咙,严重时,会影响说话的连贯性。

整体上,来访者理性思维清晰,语言表达流畅,坦诚表露情感情绪。求助愿望强烈,合作度高,领悟能力较强。

(三) 咨询师了解到的情况

来访者的既往史:

既往身体健康,无重大器质性病变史,无手术史,无传染病史,无高热抽搐及外伤昏迷史。

在接受心理咨询的10天前,来访者自费在本市一家三甲医院做了全面体检,包括脑部CT,所有检查项目结果显示均为正常。

来访者的家族史:

家族成员中无精神疾病史。

来访者的主要症状表现:

症状首次出现时间为9岁或10岁,持续至今。初期,喉咙里无意识地发出声音,后来逐渐泛化和严重,出现更多的不自主动作。具体表现为不自主地转动头部、扭动脖子、耸肩膀、突然抽动上肢(主要是手指)、清喉咙、咳嗽等。在有压力感或疲倦的情况下,上述症状会密集出现,但在睡觉或注意力专注于某些活动时(如看书、看电影、用电脑写东西等)出现频率很低。有时喃喃地自言自语,吃饭时出现与食物对话的强迫动作。

自参加工作以来,来访者的社会功能一定程度地受损,特别是影响到人际交往和工作合作等方面。

来访者对于上述症状及其影响有一定的自知力,有痛苦感,做出过改变的努力。主动求助。

三、主要咨询过程

心理诊断: 妥瑞症

诊断依据: 美国精神医学学会《精神疾病诊断与统计手册》(第四版)关于

妥瑞症的诊断标准包括:

(1) 在发病期间,同时出现多种动作和一种或一种以上声语的妥瑞症状,但不必然同一时刻出现;

(2) 妥瑞症状会几乎每天或超过一年以上时间断断续续地发作多次(通常表现为阵发),而且在这段时间症状未曾连续三个月不出现;

(3) 这种困扰造成社交、职业或其他重要功能方面显著的痛苦或缺陷;

(4) 症状在 18 岁前就已出现;

(5) 这些困扰不是由某种物质(如兴奋剂)或某种医学状况(如舞蹈症或病毒性脑炎)的直接影响引起。

【咨询记录片段 1】:

咨询师:你仔细体会一下,喉咙里发出的"吭吭"声,如果是在说话,它想说什么?

来访者(闭了一会儿眼睛,低头):想骂人。

咨询师:骂谁?

来访者:我二叔。

咨询师:此刻,你脑海里的画面是什么?

来访者:院子里,二叔冲着我和爷爷大声嚷嚷,逼着爷爷立字据。我又气又怕,躲在爷爷身后,右手抓着爷爷的衣角,爷爷穿的是黑色的上衣,很旧很旧,洗得都发灰了。我手抓的地方还有一大块儿补丁。我的手和那件衣服都在发抖。我很想冲上去,大骂他们一顿,然后把他们撵走。

咨询师:把你的注意力都放在喉咙那个地方,把最想说的话说出来。

来访者(脸色由红到白):走开! 你们都给我走开!

咨询师:好的,再大点儿声。

来访者:走!! 离我们远点儿!! 走!! 走!! ……

咨询师:你现在好像很委屈,也很无助。

来访者(潸然泪下):是的,我很无助,我不知道怎么去保护爷爷,保护我的家。

……

当来访者的情绪逐渐平息时,咨询师跟他分享了自己的分析和感受。

咨询师：你喉咙里的"吭吭"声，其实是一种哭声，仿佛一个委屈无助的小孩子蜷缩在那里。他哭啊哭，哭啊哭，哭了很久，却没有人读懂他、帮助他。

来访者的眼眶再次湿润。

咨询师：看到这样的一个你，我很心疼。如果你愿意的话，我想帮你在心理层面重新建立起跟妈妈的联结。

他同意了。

【咨询记录片段 2】：

在来访者的记忆和想象中，妈妈总是和红衣服连在一起的，至于具体长什么样子，他一点儿印象都没有。但有人说过，他妈妈很漂亮，他长得就像妈妈。村里老人说，他妈妈当年走的时候穿的是一件红衣服，还有那次回来找他，穿的也是红衣服。所以，有时他会幻想穿红衣服的妈妈又来找他了，想跟他相认。有几次做梦还梦见过她。

咨询师运用意象对话疗法和躯体疗法，引导来访者更细腻、更深刻地体会妈妈的存在，并在心理层面与"妈妈"（这里指来访者心目中的妈妈）对话，表达彼此的感受和愿望，然后接纳和理解彼此。

本次咨询通过心理层面的母子联结帮助来访者完成了"未了的心愿"，同时消除了担心爷爷不高兴的现实顾虑。并且，来访者与亲生母亲在内心深处的联结更为重要，这可以在一定程度上增强其安全感，缓解无助感。这种心理经验也可以帮助来访者勇敢面对未来的丧亲之痛。

这次咨询结束时，来访者说："我觉得自己有根了。"

【咨询记录片段 3】：

参照国外治疗妥瑞症的临床经验，结合来访者的具体情况，咨询师指导他进行了反向习惯行为训练，以帮助他更好地控制自己的无意识动作。具体操作如下：

反向习惯行为训练包括 5 个步骤，目的在于帮助来访者觉知自己的抽动行为(Leckman, 1998)。抽动是指突发的、快速的、重复发生的、非韵律性的、刻板的动作和/或发声。

（1）反应描述：训练来访者详细描述抽动的发生，并要求来访者面向镜子做出抽动动作；

（2）反应侦测：当抽动出现时，咨询师指出每一个抽动；

（3）咨询师引导来访者进行有意识的练习，以帮助来访者确认抽动发作的早期征候；

（4）功能分析：确认抽动最常发生的情境；

（5）反应竞争练习：指导来访者在抽动出现时，做出不相容/不两立的肢体反应。

这位来访者非常聪明，很快就掌握了行为训练的要领。本次咨询之后，他开始在生活和工作中加以练习和运用，并在后续的咨询中主动分享运用有效时所产生的喜悦感和成就感。

外围干预：

经来访者同意，咨询师致电其主管领导，说明情况，希望得到领导的支持与配合。咨询师希望领导协助其所在部门的其他同事了解妥瑞症，避免来访者受到歧视、曲解和嘲弄。咨询师尤其请主管领导在以下两个方面有所了解和理解。

（1）妥瑞症是一种神经性疾病，主要症状是不自主的运动和声语/发声。1885年，妥瑞（Gilles de Tourette）医生在神经医学杂志 *Archives de Neurologie* 上发表文章，描述了9位妥瑞症个案，自此，类似疾病就以他的姓氏命名（Carroll 和 Robertson，2000）。目前研究发现，妥瑞症的出现率为1/10 000—12/10 000，男性通常高于女性。也有研究显示，青少年妥瑞症的出现率可能高达31/1 000—157/1 000（Hornsey 等，2001）。

（2）来访者某些不自主的动作和声语属于妥瑞症的症状表现，尽管有时会干扰到工作环境或工作情境，但并非有意为之，还请领导能够理解，不要生气或厌烦。希望领导帮助缓解来访者担心失业的焦虑，使其得到应有的尊重，也避免周围同事的误解和歧视。出于工作的需要，建议通过调换岗位、协调工作内容等方式进行调整，尽量不要简单处理。

咨询效果：

本案例共进行了六次咨询。第六次咨询结束后，咨询师连续追踪1个月，分别在第一周、第二周和最后一周致电来访者，了解实际情况。

来访者反馈，公司领导和周围同事知道他的情况后，都非常友善地接纳了他,不再有人躲着他或歧视他,他感觉轻松了许多,也不再担心失业了。工作时,来访者通过在咨询中学到的集中注意力、调整呼吸和自我提醒等方式,有意识地放松心情,控制喉咙发出"吭吭"声,效果显著,有时甚至能够坚持两个小时不发出这种声音。他为这种变化感到高兴,相信自己通过努力可以更好地控制身体。

最后一次回访时,来访者特地提到一件事:有一位好心的同事在微信群里推荐大家观看美国电影《叫我第一名》。该片根据美国的布拉德·科恩的真实故事改编,讲述的是一位患有先天性妥瑞症少年 BoBo 如何摆脱心理困境,成为一名优秀教师的故事。BoBo 无法控制地扭动脖子和发出奇怪的声音,这种怪异的行为让他从小受尽了冷嘲热讽,就连父亲也对他失望透顶。好在母亲的坚持与鼓励让他能够在正常人的生活里艰难前行。直到在一次全校大会上,睿智的校长巧妙地让大家了解了 BoBo 的真实情况……很多同事在微信群里分享了观后感。来访者自己也看了这部电影。这件事让他格外感动:"我感觉跟他们在一起工作很温暖。"

四、案例使用说明

(一)教学目的与用途

1. 适用范围

本案例适用于应用心理专业硕士"心理咨询理论与实务""意象对话工作坊""人本主义心理学"等课程。对应于"心理诊断与评估""无条件接纳""尊重""倾听""反向习惯行为训练""以来访者为中心疗法""意象对话的应用"等教学主题。

使用本案例时,教师可以通过案例教学、问题讨论、现场体验等方式,指导学生充分体会人本主义心理学,特别是"以来访者为中心"疗法所强调的无条件接纳;引导学生不断地丰富专业知识,拓展专业视野,以更准确地做出心理诊断与评估;启发学生运用多种心理咨询方法促进来访者的自我成长。

在临床上,与常见的心理问题和心理障碍相比,妥瑞症并不常见。教师在使用本案例时,可以根据具体情况,结合自己的教学目标灵活运用。

2. 教学目的

（1）了解妥瑞症的相关知识和最新研究。

（2）深刻理解"无条件接纳"的临床意义。

（3）掌握"以来访者为中心"疗法。

（4）掌握心理咨询的基本知识与基本技能。

（二）问题讨论

1. 在阅读本案例之前，你对妥瑞症了解多少？是通过什么途径了解的？

2. 本案例中，最触动你的地方是什么？

3. 请结合本案例，谈谈你对"无条件接纳"的理解。

4. 如果你是心理咨询师，最想在哪方面帮助该来访者？为什么？

5. 如果你是该来访者的领导，你会做些什么？

6. 怎样减少心理咨询师自身的不良适应、情感偏斜和专业盲点等对咨询过程的影响？

（三）基本概念与理论依据

1. 妥瑞症

早在 15 世纪，Sprenger 和 Kraemer 就记载了一位有动作和声语的牧师被成功驱魔的故事（Shapiro 和 Shapiro，1982）。素有"音乐神童"之称的莫扎特，也曾因行为举止怪诞和在书信中出现猥亵的词句而被认为是妥瑞症患者（Simkin，1992）。1825 年，"特殊教育之父"伊达德医生报告了一位法国贵妇 Marquise de Dampierre 的案例。这位贵妇在 7 岁时开始出现妥瑞症症状，结婚时已经有了强迫性誓语的情况，这种行为致使她很难为社交圈的朋友们所接受，她也因此隐居而终其一生。

翻阅医学和心理学相关文献，这样的案例并不罕见。但是，直到 1885 年，法国妥瑞医生的一篇学术论文的发表，才使得这个病症有了自己的名称——妥瑞症，亦称妥瑞氏综合征、吐雷氏症、吐雷氏综合征。临床研究发现，妥瑞症患者最初的发病年龄是 2—21 岁不等，平均发病年龄为 5—7 岁，通常在发病 2—3 年之后才被诊断出来。

妥瑞症患者的主要症状是动作和声语的抽搐。这种临床表现本身会有所起伏和变化，并且分为简单型和复杂型。在动作方面，简单型表现为眨眼睛、眼球乱转、斜眼、动鼻子、扭动脖颈、张嘴、伸舌头、耸肩膀、前后点头、做鬼脸、弯手指、突然抽动上肢或下肢等;复杂型则表现为不适当的面部表情(笑)、不适当的步态、挥手、舔东西、闻东西、跳上跳下、蹲坐、调整衣服或戳衣服、吻自己或他人等。在声语方面,简单型表现为清喉咙、鼻子喷气或吸气、咳嗽、大叫、动物叫声(狗叫)、打嗝声、打噎声等;复杂型则表现为重复字或词语、喃喃自语、韵律改变、假扮不同腔调、骂脏话、说咒语等。

除了动作和声语方面的症状,妥瑞症患者往往还伴有其他的症状或问题,例如,注意力缺陷、过动症、强迫行为、自伤行为、秽语症、不雅动作、焦虑、抑郁、睡眠问题、学习障碍、攻击行为等。正是由于妥瑞症的临床症状比较复杂,所以很容易被误诊,有时也容易被忽略。比如,一个患有妥瑞症的儿童,因有明显的注意力缺陷、活动过度等表现而被诊断为多动症。

多数妥瑞症患者的智商在正常范围之内,也有研究结果显示,少数患者某个维度的智商水平不在常模之内,如语文水平。视动统整能力的缺陷常常是造成妥瑞症患者出现学习困难或学习障碍的重要因素。目前,学术界对于妥瑞症的致病机制尚未完全达成共识。但是,学者普遍认为妥瑞症的发病既有生理方面的原因,如与神经传导物有关联的基因、基底核和额叶间回路等,也与心理压力的影响有关,如母亲孕期承受严重的心理压力、当事人经历过严重的心理创伤等。

当前治疗妥瑞症的主要方法有药物治疗、神经外科和心理咨询等。其中,心理咨询更多使用行为训练方法,如正强化、反向习惯训练、自我示范等。值得注意的是,由于周围人的不了解和不理解,青少年妥瑞症患者容易受到教师、同学或同伴的误解,甚至遭受惩罚和欺凌。患者也会因为经常受到这样的压力而导致病情加重。因此,对于妥瑞症患者的康复来说,除了专业干预,家庭的情感支持和周围人所提供的尊重、接纳和友善的环境也至关重要。

以在校生妥瑞症患者为例。教师在了解妥瑞症的基础上,可以采取一些建设性的措施协助妥瑞症患者。例如,调整座位,安排妥瑞症患者坐在教室前排的两侧,让品行较好、善于交往的同学坐在旁边;允许用录音的方式朗读课文或作文,以免妥瑞症学生在公众场合承受太大压力,或出现声语重复的强迫动作;作业可分多次完成;允许单独考试;允许使用有格子的纸张答卷或电脑作答;允许短暂离开教室,以缓解不可控动作或声语的压力;面对患者不自主的发声或动作,教师应提醒自己不要生气或厌烦,以健康的状态给全班同学做出良好示范,从而减少其他同学的模仿或嘲弄;真诚地、有意识地认可和鼓励患者;等等。

2."以来访者为中心"疗法

1940年,美国著名心理学家罗杰斯第一次以书面的形式在明尼苏达《心气》上发表文章"心理治疗新想",以具体化的方式呈现了一种新的心理疗法的工作原则和技术。两年后,出版著作《咨询与心理治疗:实践新观》。在这本书中,他介绍了心理咨询领域的原则,并提出这些原则的目标就是释放个人的整合能力。

罗杰斯提出的"以来访者为中心"疗法,不能被简单地理解为一种方法、技术或僵化的体系,它是一种态度——对人充满了真诚、尊重、温暖、理解、平等的态度。如果非要说它是一种方法,那么它是一种灵活的方法,真正的人本主义咨询师是带着充满生命力的、灵活的观念去工作的。

在咨询的过程中,来访者会在咨询师那里发现另一个真诚的自我,会看到自己的态度、困惑、矛盾、感情、知觉被另一个人精确地表达,但是剥离了它们所附带的情绪,这为来访者接纳已经感知到的自我的所有部分铺平了道路,其自我重组以及更高的自我整合功能就此得到进一步的扩展。

比较容易的东西都倾向于过分强调技术,而"以来访者为中心"疗法非常重视态度。它强调心理咨询师的态度必须是一致的、发展的态度,这种态度应深深地根植于其人格当中。换言之,这种态度是靠与其一致的方法和技术来实现的,而非分裂的或分离的。如果一个咨询师只是抱着为咨询而咨询的态度,那他只可能获取部分的成功,因为他的态度还不足以让正确的方法和技术得到发挥。

人本主义倾向的咨访关系是一种完全合作的关系。用来访者的话说:"咨询师的功能就是把我带回我自己,咨询师总是在我所说的一切中和我在一起,让我认识到自己在说什么。"因此,在临床上,人本主义咨询师有时会说"我想你的意思是不是……"或者"……这是不是你要表达的意思",这些问题会让来访者产生一种想要澄清自己的欲望,不完全是向咨询师澄清,也是向自己澄清。

该疗法重新界定了"来访者"一词——主动自愿前来寻求帮助以解决心理问题的人。具体地说,该疗法避免了对来访者的这样一些偏见,如"他是有病的""他是试验的样本",强调来访者要在自己的问题情境中勇敢地承担责任。

该疗法带给来访者以下几种重要体验:责任的体验;探索的体验(把咨询看作一个能够直接谈论来访者所关心的事情的地方,可以直接表达哪怕是不一致的想法,使得这种探索不同于日常对话);发现并接纳被否认的态度;重组自我(带给来访者更多的对自我的现实感,而非安慰);进步和成就感(这种感觉不仅是在快乐的时候才体验到,在路途黑暗、最困惑的时候也能感觉到);结束时的未被抛弃感和联系感(咨询师会说:"我们只是说再见,想和我联系时就可以联系……")。

本案例在运用经典精神分析、意象对话疗法、躯体疗法、反向习惯行为等方法以及进行摄入性会谈时,尽力贯彻"以来访者为中心"的工作理念。

3. 无条件接纳

人本主义心理学和"以来访者为中心"疗法都非常强调无条件接纳,这里单独列出仅仅是因为它太过重要。

在本案例中,咨询师的无条件接纳以及通过外围干预为来访者带来具有更多无条件接纳气息的工作环境,对于缓解来访者症状,提升其生活信念,促进其自我觉察,具有不可忽视的作用。

真诚地接纳能够让来访者更容易体会到"我边说,也边倾听自己"的感受。为避免依赖,我们有时要明确地告诉来访者:"我相信你有能力自己做出决定。"

本案例咨询师本着无条件接纳的态度,与来访者共同面对妥瑞症及其影响。虽然在咨询过程中运用了多种疗法,但是,最能够帮助来访者的是咨询师以及周围人无条件接纳的态度。在此基础上,咨询师鼓励来访者接纳自我和激励自我,勇敢地去追求自我实现。

4. 躯体疗法

躯体疗法是一种通过躯体触及心灵的心理咨询与治疗方法。身体是心灵的根基,心灵是身体的表达。由于复杂的反馈机制的存在,心灵甚至可以影响我们的躯体健康状况和行为举止。

早在19世纪80年代,弗洛伊德就发现了身与心的复杂关系。他曾指出,癔症(亦叫歇斯底里症,当时所发现的最严重、最常见的神经症)的主要症状表现在患者的躯体上,而病因毫无疑问是心理上的,甚至有一些癔症性瘫痪和失明也是心理病因所致。对于这类病症,可以通过纯粹的心理治疗来治愈。但他很快就意识到,这类心理疾病的直接病因并非真正的病因,真正的病因是在患者童年早期的潜意识里形成的。

出生于奥地利的心理分析家威廉·赖西,在20世纪初期是弗洛伊德最有发展前途的学生之一。他认为心理学家真正的任务不是治疗,而是预防。他创造性地阐述了身体结构与人格之间的关系,并发现童年时期的经历不仅影响人格发展,还会影响身体的形状和健康状况。

在遗传学的基础上,赖西解释了为什么有的人存在患有呼吸、皮肤、胃部、心脏等躯体疾病的危险,为什么有的人更适应冷的或热的气候,为什么某个人的某个躯体部位会是某种特定的形状……并由此得出结论,人们身体的形状及健康状况是与人格一起形成的。假如某个人的心理问题没有解决或痊愈,这个心理问题所相对应的躯体症状也不会发生变化。

赖西在为来访者进行精神分析的过程中,不但引入了躯体练习,从适用于所有人的呼吸和放松练习开始,让来访者增强与自己身体及潜意识的联系,释放体内的消极能量,而且发展出一套非常精准的描述不同人格的理论体系,并针对不同人格的人群,设计出不同的、仅针对此人格人群的躯体练习。

这项勇敢的探索为弗洛伊德所创立的精神分析法做了一次大胆的变革——此前的精神分析完全是通过言语来进行的,并且弗洛伊德本人对此执行得十分严格。这一学术分歧也成为师徒二人后来分道扬镳的重要原因之一。

躯体疗法的承继者不仅扩展了赖西的理论体系,使之适用于所有人,还创造性地发展出一系列针对每一种心理疾病和不同人格人群的深入广泛的临床操作技术。赖西的美国学生罗文就是一位杰出代表。著名的意大利精神分析师马龙博士也在躯体疗法的传播和推广方面做出了卓越的贡献,他还曾多次来中国讲学。

在实施过程中,躯体疗法仿佛把人的身体当作"书"来研读。咨询师引导来访者带着自知和觉察去关注和体会某个局部的身体动作,以帮助来访者有觉知地释放长期压抑的消极情绪;通过指导某种呼吸方式,可以引导来访者体验到深藏内心的某种压抑;通过陪伴来访者体察某个身体动作,甚至可以帮助来访者化解与某个重要他人的心理冲突。

本案例运用躯体疗法帮助来访者在内心深处建立起与亲生母亲的"联结",使其有机会在心理层面面对母亲、接纳母亲和理解母亲,以完成"有根"的深层愿望,从而化解无助感,增强生活信念。

(四)分析思路

教师可结合具体课程和教学目标灵活使用本案例。这里提出本案例的分析思路,仅供参考。

1. 重视并充分认可来访者自身的精神康复能力及自我调节能力。
2. 仔细鉴别来访者身上出现的多动症症状、抽搐症症状和妥瑞症症状,做出正确的心理诊断。
3. 与来访者共同探索妥瑞症的致病机制。
4. 运用心理动力学的疗法处理来访者的早年深层创伤。
5. 通过行为训练强化来访者的自我觉察和自我控制能力,以使其更好地适应职场环境,提升内控感和自信心。

(五)课堂安排建议

1. 时间安排

(1)本案例若在"心理咨询理论与实务"或类似课程(如"心理咨询与治疗""心理咨询""咨询心理学""临床心理学""临床心理治疗学""儿童和青少年临床心理学"等)中使用,可对应"心理诊断与评估""病因分析""尊重""接纳""倾听"等教学主题。建议课堂讨论时间为 1—1.5 小时。结束后,教师做点评。

为了保证案例教学的"课堂讨论"部分高效、顺畅、深入,可要求学生提前一周熟悉相关的专业知识,对与该主题相关的心理诊断技能和心理咨询技能有较好的了解和理解。

(2)本案例若在"意象对话工作坊""意象对话疗法"或"意象对话心理学"等课程中使用,建议学时为 1—1.5 小时。结束后,教师进行总结。可对应如下教学主题:①"意象对话疗法的基本原理",主要包括"符号化""心理现实""心理意象""心理能量"等内容;②"意象对话疗法的工作机理",主要包括"心理障碍的形成""心理障碍的维持""心理障碍的消除与化解"等内容;③"意象对话的操作原则与基本过程";④"意象对话心理咨询的策略";⑤"意象对话疗法与其他心理疗法相结合"。

(3)本案例若在"人本主义心理学"或"以人/当事人/来访者/求助者为中心疗法"课程中使用,可对应"人本主义心理学的基本思想/核心理念""以来访者为中心疗法""无条件接纳""真诚""积极关注"等教学主题。建议课堂讨论时间为 1—1.5 小时。结束后,教师做点评。

为了保证案例教学的"课堂讨论"部分高效、顺畅、深入,可要求学生提前一周熟悉相关的理论要点和专业知识。

2. 教学形式

(1) 在"心理咨询理论与实务"等类似课程使用,教学形式建议为课堂讨论 + 现场体验。

(2) 在"意象对话工作坊"等类似课程使用,教学形式建议为课堂讨论 + 现场演练。

(3) 在"人本主义心理学"或"以人/当事人/来访者/求助者为中心疗法"课程中使用,教学形式建议为课堂讨论 + 现场演练。

3. 案例拓展

结合本案例,教师可以引导学生思考以下问题。

(1) 面对临床症状涉及两个或两个以上病症的来访者时,应如何进行甄别,以做出准确的心理诊断和评估。

(2) 人本主义心理学及"以来访者为中心"疗法在现实生活中的意义。

(3) 如何既在言语方面又在行为方面持有这样的态度,即每个人都享有价值和尊严。

(六) 案例启示

本案例研究发现,在心理咨询工作中,心理咨询师要尽量避免各种"想当然",不要仅凭以往的临床经验开展工作。为此,我们需关注以下几个方面,但又不限于以下方面。

1. 进行心理诊断和评估时,注意甄别临床症状具有相似性或交叉性的问题类型。

2. 心理咨询师应将"以来访者为中心"疗法所强调的无条件接纳、真诚和积极关注贯穿工作始终,甚至将其内化为自己的心理品质或人格素养。

3. 相信"无条件接纳"总是具有心理咨询价值和心灵成长意义的。

4. 对部分来访者(特别是情感支持系统较弱的),必要时需进行外围干预,以辅助心理咨询,巩固疗效。

【参考文献】

美国精神医学学会编著.精神障碍诊断与统计手册(案头参考书)(第5版)[M].张道龙,等译.北京:北京大学出版社,2014.

苑媛.做温暖的父母[M].北京:北京师范大学出版社,2014.

王辉雄.妥瑞症的临床诊断与治疗[J].台湾神经学杂志,2001,10(3):219—228.

周鼎文.爱与和解——华人家庭的系统排列故事[M].北京:商务印书馆,2012.

双相障碍教学案例
——基于心理病理学整合研究范式的解读

马 敏

【摘 要】 双相障碍是临床领域经常会遇到的一类精神障碍。它的症状表现丰富而有戏剧性,如何让学生深入细致地认识和理解这一精神障碍是教学过程中的重点。本研究对一例双相障碍患者的案例进行了深入剖析,通过对双相障碍患者的生活经历及临床病史的描述,旨在让学生对双相障碍患者的日常表现和临床症状有基本的认识,能够快速有效地识别这些症状,并在这一过程中加深对双相障碍的概念、病因的理解,了解该障碍的治疗方法,同时对完美主义人格的表现和病因有一定的认识。

【关键词】 双相障碍 完美主义人格 心境障碍 心理病理学

一、引 言

在临床领域,双相障碍作为一类常见的精神障碍,已经受到了越来越多的关注。目前,依据DSM-5,双相障碍包括三种类型:双相Ⅰ型障碍、双相Ⅱ型障碍和环形心境障碍。躁狂症状是定义不同类型双相障碍的重要特征,不同双相障碍的区别就在于躁狂症状的严重程度和持续时间(Kring 等,2015)。

本研究旨在为双相障碍的案例教学模式提供一种参考,通过对一例双相障碍患者的案例的深入剖析,让学生对双相障碍患者的日常表现和临床症状有基本的认识,能够快速有效地识别这些症状,并在这一过程中加深对双相障碍的概念、病因的理解,了解该障碍的治疗方法,同时对完美主义人格的表现和病因有一定的认识。这种案例教学模式生动有趣,可以让学生置身于一种情境中,积极思考和讨论,有效规避了对于症状粗略、单一的认识。以下的案例背景介绍会详细呈现案例主人公的症状和生活史。

二、案例背景介绍[①]

巴迪·金是一位28岁的已婚非裔美国人,他管理着一家家庭食品公司的生意,和妻子育有两个女儿。巴迪以前是一个生机勃勃、对工作非常投入的人,而现在他发现自己早上起床去办公室都变得很困难,他先前非常热心于运动,但最近他几乎放弃了所有的运动。

巴迪在中西部一所享有盛誉的大学读大四时,曾有过抑郁和躁狂的经历。因此当巴迪的妻子观察到丈夫在近两三个月内变得越来越抑郁时,向他的家庭医生表达了她的担忧。家庭医生建议巴迪过来就医。巴迪的症状包括持续的抑郁心境、活力缺乏、注意力难以集中、对平时喜爱的活动兴趣降低、对未来持消极的观点和态度以及睡眠紊乱等,而且,巴迪对与妻子性生活的兴趣也降低了,甚至有时还会想到自杀。尽管这些抑郁症状加重了,但巴迪还是犹豫着不愿去精神病科看病,因为他害怕自己被诊断为有心理疾病或者心理不健康。但最终巴迪还是极不情愿地与精神科医生见了面。

巴迪做出同意这次约见的决定与他在大学时的经历有关。大四时,巴迪处于极大的家庭压力之下(他父母担心他在大学里待的时间过长),而且他担心自己毕业后找不到一个好工作。巴迪那时的表现跟最近出现的这些症状不同。那时的抑郁症状持续了几天后,逐渐加重。巴迪还经历过一个完全的躁狂期。在那个阶段巴迪表现出异常的、持续的情感高涨,睡眠需要明显减少,并且还伴有被害妄想。其间巴迪逃过几次课,在学校表现欠佳。尽管他以前在饮酒方面

---

① 案例背景介绍摘自《变态心理学案例教程》,蒂莫西·布朗,戴维·巴洛.变态心理学案例教程[M].王建平,孙宏伟译.北京:中国人民大学出版社,2008.

比较理智(只是在社交场合适量喝点儿酒),但却在这段时间参加了几次酒精和大麻的狂欢会。那次躁狂发作还伴随着其他异常和危险的行为,其间巴迪的性欲明显亢进,处在一种性欲不满足状态。这种状态导致的严重后果是,巴迪曾在校园办公大楼裸体和一个15岁的女孩在一起,被校园警察发现并逮捕。尽管巴迪被捕并有犯罪指控,警察也以与未成年少女胡作非为的性犯罪控诉威胁他,但这些控诉未形成书面材料,所以起诉随后被撤销了。

在巴迪被逮捕后的那天早上,他被带到了医院,医院以急性躁狂发作将他收入院。那次住院时间为六周,在住院的前两周,巴迪不接受治疗,拒绝大部分药物。后来他逐渐地开始接受治疗,但拒绝锂盐治疗(碳酸锂是用于治疗躁狂症最普遍的药物)。医生给他用了二丙戊酸钠(一种抗癫痫发作的药物,偶尔用于治疗躁狂,抑制中枢神经系统)和氟哌啶醇(一种用于治疗精神病症状,如妄想和幻觉的药物)联合治疗的方法,从而使躁狂症状逐渐减轻。在巴迪出院以后,他坚持停用氟哌啶醇,但同意继续服用二丙戊酸钠(尽管他其实也不情愿)。

对巴迪来说,在出院后的一段时间里,好多事情变得一团糟。尽管对他的起诉最终撤销了,但校方拒绝让他继续留在学校。这样,巴迪被迫转到另一所学校完成了学业。朋友们也回避他(他们都不能理解为什么巴迪的行为与其个性如此不符),而且他的家庭也因为他严重的躁狂症状发作而受到了很大的干扰。尽管家人一直督促巴迪遵从医嘱,但他变得越来越不愿意继续服用二丙戊酸钠和定期做实验室检查(实验室检查可以评估当前药物在身体内的治疗水平是否合适,以便尽量减少药物的副作用),这导致了不少的家庭冲突。

然而,不像其他人经历的躁狂症那样,巴迪自大学毕业后,甚至在完全停服药物后,也未出现躁狂症状发作。巴迪在另一所大学完成学业后,没有找到合适的工作,就决定在家里的食品厂工作,从那时起,他一直在那里工作。大学毕业后的第一年,巴迪结了婚,并且妻子也在他家的工厂中工作。尽管巴迪没出现躁狂发作,但却出现了间歇性的抑郁。虽然妻子经常督促他进行治疗,但他却从没治疗过。这一次如果没有妻子的督促,巴迪也许根本就不会答应跟精神科医生的初次约见。

巴迪是在一个高成就感但有压力的家庭中成长的,父亲是一名成功的食品制造商,他逐渐使孩子们都加入自己的家族企业中。巴迪是父母五个孩子中最小的一个,经常努力地跟哥哥们竞争,他自述自己必须竭力赶上哥哥们,以符合父母的要求。巴迪的父亲有点严厉,要求他的孩子们都能履行职责,有责任心。每个孩子都迫于压力而同意父母的观点,因为尽管家庭很富有,但父母的大部分支持(包括情感和财务支持)都跟顺从态度紧密联系。例如,那些有点叛逆的孩子(如在家族企业如何运作方面有不同意见)经常被排斥,而且必须在答应放弃叛逆态度后才能重新被接纳。巴迪说他的儿童期是高度紧张而压抑的,并且把这归因于他的家庭环境。他还回忆起在高中时代,自己是一个完美主义者。巴迪声称这些因素导致最近一段时间在家族食品企业做决定时产生了一些冲突,他认为这些冲突是导致他当前产生抑郁情绪的可能因素。

在巴迪的家族史中,有许多患有心境障碍的家族成员。巴迪的母亲有环性心境障碍,一直服用抗抑郁药物。巴迪的外祖母、叔叔和大哥也曾在门诊接受过抗抑郁治疗。巴迪的舅舅有酗酒史,疑为双相障碍,但由于他和家庭关系疏远,且住在另一个地方,后来的诊断情况不清楚。

三、案例分析

(一)案例中巴迪的异常行为表现

依据 DSM-5,双相 I 型障碍的诊断标准是,一生中至少 1 次符合躁狂发作的诊断。在躁狂发作之前或之后可以有轻躁狂或重性抑郁发作。在本案例中,巴迪在上大学时因躁狂发作住院 6 周,目前则为重性抑郁发作,故巴迪符合双相 I 型障碍的诊断标准。具体来看,巴迪躁狂发作和抑郁发作的具体表现如下。

DSM-5 表明,躁狂发作表现为在持续至少 1 周的时间内,几乎每一天的大部分时间里,有明显异常的、持续性的高涨、扩张或心境易激惹,或者异常的、持续性的活动增多或精力旺盛。在本案例中,巴迪在躁狂发作期间表现出异常的、持续的心境高涨。而且,在心境障碍、精力旺盛或活动增多的时期内,存在 3 项(或更多)以下症状:①自尊心膨胀或夸大。巴迪在心境高涨和活动增多时期存在夸大妄想。②睡眠的需求减少。巴迪存在睡眠需求显著减少的症状。③比平时更健谈或有持续讲话的压力感。④意念飘忽或主观感受到思维奔逸。⑤自我报告或被观察到的随境转移。⑥有目标的活动(工作或上学时的社交、性活动)增多或精神运动性激越,巴迪表现出活动过度以及性欲显著增强。⑦过度地参与那些结果痛苦的可能性大的活动,巴迪之前是一个理智的饮酒者,只在大学的聚会上出于社交需求才喝一些酒,但在躁狂发作期间,他参加了一些以饮酒和吸食大麻为主的狂欢会。此外,他还表现出轻率的性行为。综上,巴迪满足了上述 7 项症状中的 4 项,且这种障碍严重到足以导致显著的社交或职业功能的损害,并存在精神病性特征(夸大妄想和被害妄想)。

在该案例中,巴迪还表现出典型的重性抑郁发作的症状。依据 DSM-5,患者需要在同一个两周时间内,出现 5 个或以上的下列症状,表现出与先前功能相比的变化,其中至少 1 项是心境抑郁或丧失兴趣或愉悦感。①几乎每天和每天的大部分时间都心境抑郁。巴迪在过去的 2—3 个月中出现了持续的抑郁心境,并对未来感到悲观(无望感)。②几乎每天和每天的大部分时间,对所有或几乎所有的活动兴趣或愉悦感都明显减少。巴迪以前曾是一个狂热的运动爱好者,但是他近来几乎不再参加任何的体育活动,而且最近他对与妻子发生性关系的兴趣也减少了。③在未节食的情况下体重明显减轻,或体重增加,或几乎每天食欲都减退或增加。④几乎每天都失眠或睡眠过度。巴迪存在失眠症状。⑤几乎每天都精神运动性激越或迟滞。⑥几乎每天都疲劳或精力不足。巴迪在过去的 2—3 个月中出现了精力不足的症状。⑦几乎每天都感到自己毫无价值,或过分地、不适当地感到内疚。⑧几乎每天都存在思考能力减退或注意力不能集中、犹豫不决的情况,巴迪表现出注意力难以集中的症状。⑨反复出现死亡的想法(而不仅仅是恐惧死亡),反复出现没有具体计划的自杀意念或有某种自杀企图,或有某种实施自杀的特定计划。巴迪在最近偶尔会出现自杀的想法。巴迪满足了上述 9 项症状中的 6 项,而且这些症状导致了巴迪社交、职业或其他重要功能方面的损害。事实上,案例中呈现出巴迪的这些抑郁症状已经开始干扰他的工作、社会生活和婚姻,比如,巴迪早上很难起床去上班,并且他近来不再参加他曾热爱的体育活动,与妻子的性生活也受到了影响。

(二) 鉴别诊断

1. 重度抑郁障碍

DSM-5 中重度抑郁障碍的诊断标准:以下症状持续至少两周,每天都出现。

(1) 抑郁心境。巴迪在过去 2—3 个月出现了持续的抑郁心境。

（2）兴趣乐趣减弱。巴迪对以往喜欢的活动的兴趣下降。

并且出现以下症状中的3—4种：

（1）体重减轻或食欲改变。巴迪未出现此症状。

（2）睡眠过多或过少。巴迪的睡眠时间减少，在打算醒之前会自然醒来。

（3）精神运动性迟滞或精神运动性激越。巴迪未出现此症状。

（4）精力下降。巴迪的症状包括精力缺乏。

（5）感到自己没有价值或过度内疚。巴迪未出现此症状。

（6）难以集中注意力思考或做决定。巴迪有难以集中注意力的问题。

（7）反复出现死亡的想法。巴迪曾有自杀的想法。

此外，依据DSM-5，重性抑郁障碍可能伴随轻躁狂或躁狂症状，但这些症状较少或持续的时间较短。因此，尽管本案例中巴迪的症状符合重性抑郁的诊断标准，但根据巴迪的既往史，他的躁狂症状持续的时间并不短暂，所以这里表现出的是巴迪在双相Ⅰ型障碍中的重性抑郁发作，而不是重性抑郁障碍。

2. 双相Ⅱ型障碍

根据DSM-5，个体必须出现至少一次重度抑郁发作以及至少一次轻躁狂发作，才能达到双相Ⅱ型障碍的诊断标准。轻躁狂发作的标准是症状至少持续4天；表现出旁人可观察到的明确变化，但没有显著的功能损伤；未表现出精神病症状。根据以上的分析，巴迪的症状已经达到躁狂发作的标准，因为他已经住院，而且有明显的功能损伤，因此排除该障碍。

同时，本案例所描述的内容也可以排除焦虑障碍或物质/药物所致的双相障碍。

（三）从生物、心理、社会三个方面阐述案例中巴迪异常行为表现的原因

生物因素：可以从遗传因素、神经递质（包括去甲肾上腺素、5-羟色胺和多巴胺）、神经生理学（背外侧前额叶皮层、海马、前扣带回和杏仁核）以及神经内分泌（HPA轴：下丘脑—垂体—肾上腺轴）四个方面具体讨论。遗传因素在双相Ⅰ型障碍的发生发展中有明显的促进作用。家族病史、双生子和养子研究都表明心境障碍可以通过基因途径传播：重性抑郁障碍的遗传可能性为37%，双相障碍的遗传可能性为93%，其中DRD4.2基因会影响多巴胺分泌，与抑郁相

关。双相障碍是心境障碍中遗传性最强的。神经生化研究表明,双相Ⅰ型障碍与过多的多巴胺神经递质和5-羟色胺有关。神经成像研究发现心境障碍患者大脑中至少有四个区域一直异常,它们是背外侧前额叶皮层、海马、前扣带回和杏仁核。对于重性抑郁患者,他们的杏仁核和前扣带皮层区域活动程度增加,而海马和前额叶皮层的新陈代谢活动降低。大脑影像学研究表明躁狂发作时,纹状体(对奖励起反应的区域)的活动频率增加。另外,双相障碍和皮质醇调节系统功能不良有关系。在本案例中,巴迪的许多家庭成员有心境障碍,例如他的母亲有环性心境障碍,一直服用抗抑郁药物;他的外祖母、叔叔和大哥也曾去门诊接受过抗抑郁治疗;他的舅舅有酗酒史,也可能有双相障碍。这暗示着巴迪的双相障碍很可能受到家族基因遗传的影响。

心理因素:可以从心理动力学、行为理论、认知理论(贝克理论、无望感理论、沉思理论等)等方面来讨论。心理因素也包括个体的奖励敏感性和睡眠剥夺。在心理因素方面,巴迪独特的人格也是导致其患病的原因。据巴迪自述,专断、高压的家庭成长环境让其在性格上过度谨慎和被动,而同时他又追求完美,倾向于对事情产生过分消极的情绪。这可能是导致其抑郁的原因。在认知理论中,消极的想法和信念被看作抑郁症的主要原因。贝克认为抑郁与消极认知三联体有关,包括对自己、世界和未来的消极看法。案例中提到巴迪对未来持消极的观点和态度,这会使他存在一些认知偏差。巴迪还存在反刍(指容易沉溺于消极体验和想法中的倾向,或者反复咀嚼体会这些让人伤心的东西)的独特思维方式,提高了抑郁的风险。此外,研究发现,对奖励反应敏感和对目标过度追求可能诱发双相障碍患者的躁狂。巴迪父母的教养方式专断,常用惩罚的手段,这可能导致巴迪对奖励反应敏感,加上其追求完美,因而加大了其躁狂发作的可能性。

社会因素:可以从压力生活事件、家庭环境、缺少社会支持等角度讨论双相障碍的成因。首先,就压力或消极生活事件而言,研究表明42%—67%的抑郁患者都报告了在他们抑郁发作前的一年时间里存在压力生活事件。巴迪在大学期间因为行为怪异而被警方起诉后又撤诉,同时入院接受躁狂治疗,导致学校拒绝接受他再入学,只能通过转学完成学业;而且此后朋友都躲着他,家人也遭受困扰并因巴迪服药问题等而引发家庭冲突;毕业后巴迪未能找到工作,不得不回到家族企业上班。这些都可能是导致其心境障碍的压力源。其次,家庭氛围、父母的教养方式是与巴迪的心境障碍相关的社会因素。一方面,父母对孩子的成绩和尽责心等方面有很高的要求;另一方面,父母从不容许存在反对他们的声音,孩子必须同意或服从父母的意见,一旦违背父母就要受到经济上或情感上的惩罚。这些压力可能会导致巴迪的抑郁和躁狂反复发作。另外,就社会支持方面,巴迪的家庭氛围过于专制,不能有不同的观点,且他的家庭曾因他严重的躁狂症状感到十分烦恼,同时他的部分朋友也因他躁狂的症状而疏远了他,虽然他的妻子一直陪伴他,并不断规劝他就医,但是他可能仍然缺少了来自朋友与父母的社会支持,这说明他的社会支持网络较差,不利于双相障碍的治愈。

(四) 对巴迪进行咨询或治疗的方法

这部分讨论针对巴迪各种可能的治疗理念和方法,包括药物治疗与电抽搐治疗、人际关系疗法、认知疗法、基于正念的认知疗法、行为动力疗法、家庭治疗等。但需进一步明确哪些治疗方法对双相障碍治疗有更好的效果。基于评估诊断和病因分析,可采用生物疗法和心理疗法相结合的方式来治疗巴迪的双相障碍。

(1) 通过抗抑郁药物和心境稳定剂等缓解巴迪的抑郁和躁狂症状。治疗双相Ⅰ型障碍的常用药物是锂盐,这是一种心境稳定剂。有证据表明多达80%的双相Ⅰ型障碍患者因服用锂盐而收到了轻度的疗效,但是很多患者在服用心境稳定剂的时候还会经受抑郁症状的折磨,对于这些患者,治疗时可能还需要服用抗抑郁药物。因此,应该根据巴迪的实际情况和后续检查情况来决定使用的药物类型。由于巴迪当前表现出重度抑郁发作,在药物治疗不起作用的情况下可尝试使用电抽搐疗法治疗其重度抑郁症状。

(2) 以心理疗法作为生物疗法的补充可以部分解决巴迪的社会和心理问题。具体而言,首先,可以向巴迪提供心理教育,帮助他了解自己的障碍表现、持续时间、生理和心理诱因以及治疗策略;其次,可以采用认知疗法改变巴迪反刍的思维方式,通过正念训练防止其周期性抑郁发作;最后,可以考虑提供以家庭为中心的治疗,向巴迪的家庭成员,尤其是其父母提供心理障碍方面的教育,促进家庭沟通,避免家庭成员的外露情绪,纠正交流方式偏差,提高家庭成员解决问题的技能,这些都将有助于巴迪得到来自家人的社会支持,最终有助于双相 I 型障碍的缓解和康复。

(五) 巴迪完美主义人格表现及成因

依据完美主义方面的研究文献(Ma 和 Zi, 2011),存在对完美主义的两种观点:一种观点认为完美主义是消极特质,另一种观点以二分法看待完美主义,认为完美主义既有消极的一面,也有积极的一面,分别称作神经质的完美主义和正常的完美主义(方新等,2007)。实际上,第二种观点得到了更多研究的支持。完美主义的积极成分包括有标准和有秩序、低自卑感。完美主义的消极成分包括高自卑感;固执地认为消极事件将来还会重复出现;饱受"应该"原则的折磨;为自己树立了高得不能实现的目标,不断地被现实与目标之间的差距挫败;如果没能达到预期的完美,就会觉得失败了,如果达到了预期,也体会不到成功的快乐,因为觉得只是做了应该做的事;没有衡量努力和成功的客观标准,也没有体味成功的机会(方新等,2007)。

多数研究者认为完美主义是习得的,主要来自童年期与父母的互动关系。父母的不当教养方式可能是造成子女完美主义的重要原因,例如,父母对子女的过度干涉和保护、父母表扬不一致、父母设立的成就目标、父母惩罚严厉及冷漠拒绝等,都可能成为神经质的完美主义的促成因素。案例中提到,巴迪是在一个高成就感但有压力的家庭中成长的。巴迪回忆在高中时代自己就已经有了完美主义人格倾向。巴迪也认为他儿童期高度紧张而压抑的状态主要是由其家庭环境所致,可见童年期和父母的互动与巴迪性格的形成有密切的关系。

四、案例使用说明

(一) 教学目的与用途

本案例可在"心理咨询与治疗"及"团体辅导"等课程中使用。本案例通过对一位双相障碍患者的生活经历及临床病史的描述,旨在让学生理解我们在日常生活中会遇到的一些常见的身体和心理症状,了解如何有效识别这些症状并得到及时咨询和治疗对于保持身心健康非常重要。进一步加深学生对双相障碍的概念、症状、病因的理解,了解该障碍的治疗方法,并对完美主义人格的表现和病因有一定的认识。

(二)启发思考题

1. 巴迪有哪些异常的行为表现?
2. 如何针对巴迪的行为进行鉴别诊断?
3. 案例中巴迪异常行为表现的原因可能包括哪些方面?请从生物、心理和社会三个方面进行简要说明。
4. 请尝试描述巴迪完美主义人格表现及成因。
5. 你会用哪些方法来对巴迪进行咨询或治疗?

(三)基本概念与理论依据

1. DSM-5 躁狂发作诊断标准(美国精神医学学会编著,2014)

A. 在持续至少1周的时间内,几乎每一天的大部分时间里,有明显异常的、持续性的高涨、扩张或心境易激惹,或异常的、持续性的活动增多或精力旺盛(或如果有必要住院治疗,则可短于1周)。

B. 在心境障碍、精力旺盛或活动增加的时期内,存在3项(或更多)以下症状(如果心境仅仅是易激惹,则为4项),并达到显著的程度,且表现出与平常行为相比明显的变化。a.自尊心膨胀或夸大。b.睡眠的需求减少。c.比平时更健谈或有持续讲话的压力感。d.意念飘忽或主观感受到思维奔逸。e.自我报告或被观察到的随境迁移(即注意力太容易被不重要或无关的外界刺激吸引)。f.有目标的活动增多(工作或上学时的社交/性活动)或精神运动性激越(即无目的无目标的活动)。g.过度地参与那些结果痛苦的可能性大的活动(无节制的购物,轻率的性行为,愚蠢的商业投资)。

C. 这种心境障碍严重到足以导致显著的社交或职业功能的损害,或必须住院以防止伤害自己或他人,或存在精神病性特征。

D. 这种发作不能归因于某种物质(如滥用的毒品、药物、其他治疗)的生理效应或其他躯体疾病。

2. DSM-5 轻躁狂发作诊断标准(美国精神医学学会编著,2014)

A. 在至少连续4天的一段时间内,几乎每一天的大部分时间里,有明显异常的、持续性的高涨、扩张或心境易激惹,或异常的、持续性的活动增多或精力旺盛。

B. 在心境障碍、精力旺盛或活动增加的时期内,存在3项(或更多)以下症状(如果心境仅仅是易激惹,则为4项),并达到显著的程度,且表现出与平常行为相比明显的变化:a.自尊心膨胀或夸大。b.睡眠的需求减少。c.比平时更健谈或有持续讲话的压力感。d.意念飘忽或主观感受到思维奔逸。e.自我报告或被观察到的随境迁移(即注意力太容易被不重要或无关的外界刺激吸引)。f.有目标的活动增多(工作或上学时的社交/性活动)或精神运动性激越(即无目的无目标的活动)。g.过度地参与那些结果痛苦的可能性大的活动(无节制的购物,轻率的性行为,愚蠢的商业投资)。

C. 这种发作伴有明确的功能改变,个体无症状时没有这种情况。

D. 这种心境障碍和功能的改变可以明显地被他人观察到。

E. 这种发作没有严重到足以导致显著的社交或职业功能的损害或必须住院治疗。

F. 这种发作不能归因于某种物质(如滥用的毒品、药物、其他治疗)的生理效应。

3. DSM-5 重性抑郁障碍诊断标准(美国精神医学学会编著,2014)

A. 在同一个两周时期内,出现 5 个以上下列症状,表现出与先前功能相比不同的变化,其中至少 1 项是心境抑郁或丧失兴趣或愉悦感:a. 几乎每天的大部分时间都心境抑郁,既可以是主观的报告(如感到悲伤、空虚、无望),也可以是他人的观察(如表现为流泪)。b. 几乎每天和每天的大部分时间,对于所有或几乎所有的活动兴趣或愉悦感都明显减少。c. 体重、食欲增或减。d. 失眠或睡眠过多。e. 精神运动性迟滞或激越。f. 疲劳,精力不足。g. 无价值感,过度自责内疚。h. 思考或注意力集中的能力减退,犹豫不决。i. 反复出现死亡或自杀的想法。

B. 这些症状引起有临床意义的痛苦,或导致社交、职业或其他重要功能方面的损害

C. 这种发作不能归因于某种物质(如滥用的毒品、药物、其他治疗)的生理效应或其他躯体疾病。

4. 双相Ⅰ型障碍(美国精神医学学会编著,2014)

A. 至少一次符合了躁狂发作的诊断标准(上述躁狂发作 A—D 的诊断标准)。

B. 这种躁狂和重性抑郁发作的出现不能用分裂情感性障碍、精神分裂症、精神分裂症样障碍或其他特定的或未特定的精神分裂症谱系及其他精神病性障碍来更好地解释。

5. 完美主义

对完美主义心理的研究(訾非和马敏,2010)可追溯到个体心理学派的创始人、奥地利心理学家阿德勒(Adler,1956)。追求优秀是人生命中的基本事实,人都有一种向上意志和权力意志,向上意志这种天生的内驱力将人格汇成一个总目标,而自卑感是人的向上意志的基本动力,人们力图做一个没有缺陷的完善的个体。因此,促使人类不断改变自己、发展自己的内在动力就是追求完美的心理。阿德勒认为,在人类的众多动机中,追求完美是最为纯净和最为本质的动机。

完美主义与个体的心理健康及心理咨询和治疗密切相关,不少文献都记载了完美主义和许多心理障碍及心理疾病的密切关系,如进食障碍、抑郁、青少年自杀的企图和行为、强迫症、焦虑、惊恐发作、周期性头疼、性功能障碍、A 型行为、酒依赖、强迫型人格障碍、吗啡成瘾、儿童腹痛、溃疡性结肠炎(Ablard 和 Parker,1997)。

(四)背景资料

目前,指导心理病理学研究和治疗的范式有三种:基因、神经科学和认知行为(Kring 等,2015),同时,情绪、社会文化因素和人际关系因素贯穿所有范式,并起着重要的作用。基因范式部分主要讨论行为基因学、分子基因学、基因-环境交互作用以及基因-环境互补作用。神经科学范式讨论神经元和神经递质、人类大脑的结构和功能、神经内分泌系统及神经科学治疗方法。认知行为范式则集中探讨行为疗法的影响、认知科学、无意识的作用以及认知行为疗法。由于心理病理学过于复杂,我们无法用一种单一的范式来描述或解释,而且多数心理障碍都源于生物与环境的交互作用,因而一种整合的范式受到了更多的关注,即素质-压力范式,它是整合了遗传学、神经生物学、心理学和环境因素的综合范式。

(五)分析思路

教师可以根据自己的教学目标对案例的使用进行灵活调整。以下是其中一种教学分析思路。

1. 巴迪的异常行为表现。

2. 针对本案例进行鉴别诊断。

3. 从生物、心理、社会三个方面对案例中呈现的巴迪的异常行为表现原因进行分析。

4. 描述巴迪的其他人格特征,比如完美主义人格表现及成因。

5. 针对巴迪进行咨询或治疗的方法。

(六) 课堂安排建议

1. 教学计划

在案例讨论前,需要让学生预习双相障碍的相关理论和知识。心境障碍是以明显而持久的心境高涨或低落为主的一组精神障碍并有相应的思维或行为改变,可有精神病性症状。基于 DSM-5 诊断标准,患者要确诊双相Ⅰ型障碍,需要一生中至少1次符合躁狂发作的诊断标准。

课堂讨论前,教师分发案例纸质资料,并对案例背景做概括性介绍。然后让学生阅读案例所描述的基本内容,加深学生对案例的了解,初步熟悉案例主人公的生活史和临床病史。教师可以让学生自己建构巴迪的临床病史提纲,做到对案例内容非常熟悉,可以按自己的逻辑和要点进行梳理和口述。

在学生对案例主人公的异常行为表现进行分析并诊断时,重点要让学生按照 DSM-5 中双相障碍的诊断标准进行逐条分析,其中涉及躁狂发作、轻躁狂发作及重性抑郁发作的讨论及鉴别诊断。教师可采用分组讨论的形式,让不同组阐述自己的讨论结果,然后针对差异做进一步的讨论。

对于双相障碍的病因讨论,教师需要引导学生进行结构化的讨论,包括生物、心理和社会三个层面的讨论,同时考虑情绪、社会环境和人际关系等因素,进行整合范式的分析。学生需要进一步阅读案例,标注出相关内容并进行讨论总结。同时,教师要引导学生进行扩展性思维,结合已经预习的知识,完整回顾双相障碍病因的知识点。

案例中巴迪回忆自己的高中时代时自称是一个完美主义者,教师可以在这里引导学生对日常生活中完美主义的行为表现进行讨论。教师可以针对讨论结果对完美主义做进一步的介绍,区别完美主义人格和强迫症及强迫性人格障碍的区别,并引导学生对巴迪完美主义人格的成因进行一定的分析。

案例讨论的最后可以让学生运用已有的心理咨询和治疗知识,分析哪些咨询和治疗方法可以应用于巴迪的双相障碍治疗中,并让学生进一步认识到哪些方法是针对双相障碍治疗的最有效方法。

最后进入提问环节,让学生对讨论中存在的问题做进一步的分析和总结。

2. 课堂时间计划

课堂时间计划如表1所示。

表1 课堂时间计划

内容	时间
案例背景资料介绍	15分钟
巴迪有哪些异常的行为表现	15分钟
针对本案例进行鉴别诊断	5分钟
案例中巴迪的异常行为表现可能是由哪些原因造成的?请从生物、心理、社会三个方面进行说明	15分钟
你会用哪些方法来对巴迪进行咨询或治疗	10分钟
请尝试描述巴迪的完美主义人格表现及成因	15分钟
教师针对案例讨论过程中的问题进行分析与总结	15分钟
总计	90分钟

(七) 案例启示

1. 本案例中使用的教学方法对于学生深入理解知识点有重要的作用。我们将枯燥的诊断条目转化为生动的临床案例或故事呈现,使学生的记忆中留下清晰的逻辑链条,有助于其回忆和理解每一条症状,从而对心理障碍的诊断有更深入的认识。

2. 本案例教学后续还可以结合一些更为复杂的案例,进一步让学生练习对与双相障碍相似的其他障碍做鉴别诊断,比如,重性抑郁障碍、焦虑障碍、物质所致的双相障碍、人格障碍等。

3. 如果希望进一步强化学生对双相障碍的理解,可以让学生就电影或文学作品中人物的相关症状或表现做报告和分析,甚至可以让学生自拍短片,以使其对相关症状有清晰的认识和把握。

【参考文献】

Ablard, K. E., Parker, W. D. (1997). Parents' achievement goals and perfectionism in their academically talented children. *Journal of Youth and Adolescence*, 26(6), 651—667.

Adler, A. (1956). Striving for superiority. In H. L. Ansbacher & R. Ansbacher (Ed.), *The individual psychology of Alfred Adler: A systematic presentation in selections from his writings* (pp. 101—125). New York, NY: Harper & Row.

Carroll, A., Robertson, M. (2000). *Tourette syndrome: A practical guide for teachers, parents, and carers*. London: David Fulton.

Kring, A. M., Johnson, S. L., Davison, G. C., et al. (2015). *Abnormal psychology*. John Wiley & Sons.

Ma, M., Zi, F. (2011). A qualitative study on personality traits of negative perfectionist. *Procedia Social and Behavioral Sciences*, 29, 116—121.

方新,钱铭怡,訾非.完美主义心理研究[J].中国心理卫生杂志,2007,21(3),208—210.

美国精神医学学会.精神障碍诊断与统计手册(第五版)[M].张道龙等,译.北京:北京大学出版社,2014.

訾非,马敏.完美主义研究[M].北京:中国林业出版社,2010.

完美主义者人生故事教学案例

马 敏

【摘 要】本案例可在心理咨询与治疗及团体辅导等课程中使用。本案例呈现了几位完美主义者的人生故事，我们旨在向学生提供一种更为深刻的剖析完美主义人格的方式和方法，运用麦克亚当斯的同一性人生故事模型，对在生活中表现出极强的完美主义倾向的个体的人生故事进行分析和探索，深入地理解和剖析完美主义人格。基于人生故事的语调、意象和主题，理解完美主义者人格的动态发展过程。同时，加深对完美主义的概念、特点及病因的理解，了解该人格特质的调整方法。

【关键词】完美主义人格　人生故事　质性研究　McAdams 模型

一、引 言

完美主义者人生故事教学案例的撰写源于笔者之前所做的一项研究——完美主义人格的质性研究（马敏，2010）。大多关于完美主义人格的研究集中在定量研究上，目前也有一些较为成熟的测量问卷，但是，我们在研究和访谈咨询过程中认识到对完美主义的理解仍然需要进一步的探索。每一个个体由于不同的文化和背景对同一句话的理解不尽相同，比如，"对于极高的目标和标准"这一表述，其中的"目标和标准"可以理解为一种社会公共标准，也可以理解为个体自我的比较特殊和具有指向性的标准。为了探索话语背后的真正含义,质性研究不失为一种好的方法。通过本次案例教学的设计,我们旨在向学生提供一种更为深刻的剖析完美主义人格的方式和方法——质性研究强调研究者在自然环境中与被研究者的互动,强调在原始资料的基础上建构研究的结果和理论。同时,质性研究更有可能呈现一幅完整的图画——展现完美主义人格的动态发展过程,而不仅仅只是一个点或一个片段。这样较为完整的视角对于把握完美主义人格的定义和成因有着重要的作用。本案例可在心理咨询与治疗及团体辅导等课程中使用。本案例呈现了几位完美主义者的人生故事,我们旨在向学生提供一种更为深刻的剖析完美主义人格的方式和方法,运用麦克亚当斯的同一性人生故事模型,对在生活中表现出极强的完美主义倾向的个体的人生故事进行分析和探索,深入地理解和剖析完美主义人格。基于人生故事的语调、意象和主题理解完美主义者人格的动态发展过程。同时,加深对完美主义的概念、特点及病因的理解,了解该人格特质的调整方法。

二、案例背景介绍

(一)访谈提纲

案例的内容源于我们依据麦克亚当斯的人生故事模型所设计的访谈提纲。访谈提纲的具体内容如下:

(1)你认为自己是完美主义者吗?别人认为你是完美主义者吗?

(2)为什么认为是或不是?表现在哪些方面?

(3)你认为什么是完美主义者?

(4)你认为自己是哪种类型的完美主义者?比如是属于积极完美主义者还是消极完美主义者,并对自己追求完美的程度进行评分。

(5)完美主义给你带来了多大程度的困扰?

(6)是否有他人认为你是完美主义者?

(7)你认为自己的完美主义是如何形成的?

(8)你是否注重干净、整洁、有效率?是否有拖延的现象?

(9)生活篇章:把你的生活想象成一本书,每一段生活都是本书的一章,当然这本书还没有写完。请你把这本书分为若干章节,最少2—3章,最多6—7章,然后为每一章命名并描述其大致内容,说明是什么原因使你从这一章过渡到下一章的。

（10）重要事件:描述过去经历的几个重要事件(注意重复现象),包括高峰体验(高兴、兴奋),低谷体验(艰难、沮丧),转折点,最早的记忆(当时的情境和感受),重要的童年回忆,重要的青春期回忆,重要的成年回忆,其他重要事件。

（11）重要他人(关系和影响):崇拜的人,讨厌的人,喜欢的人。

（12）对未来的打算:梦想、计划和目标。

（13）压力与现存的问题:矛盾、冲突和挑战(详述原因、经过及应对的方式)。

（14）个体的思想、意识:被访者的宗教信仰和价值观。

a. 你是否相信存在某种超自然力量控制着宇宙和生命?

b. 你觉得人在生活中最重要的是什么?什么才是最有价值的?

c. 你是否信仰某种宗教?你的信仰是否与你周围大多数人的信仰相一致?

（15）人生主题:你如何归纳自己人生的主旋律?

（二）访谈实录片段

被访者主要信息: 男,25岁,接受访谈时研究生在读,社会科学方向的专业。

主诉: 非常担心自己的健康状况,四处求医。

现病史: 担心自己患有淋巴癌,所以四处求医。挂专家号(一次挂10个左右),经诊断非器质性病变,担心减弱,两个月后又自行恢复。

既往史: 从大学开始,几乎半年出现一次该症状。

个人史: 性格开朗,待人和善,追求完美。

访谈者:你认为自己是完美主义者吗?

被访者:嗯,是的。

访谈者:你身边有人说过你是吗?

被访者:没有。

访谈者:你为什么认为自己是完美主义者呢?

被访者:我是接触了这个词语后觉得自己很像。具体这个词有什么内涵,它的确切概念是什么,我也不知道。

访谈者：嗯,你判断的标准是什么?

被访者：那就是追求完美嘛。这种完美呀,并不是一种真正的完美,而是在一些不需要追求的地方追求它,甚至在一些细枝末节上过分追求。当然,以前确实也追求完美,比如说,我从小写作业老师都会夸奖我写得好。如果我看见自己写错两个字,肯定就整张撕掉全部重写。现在我不会这样了,但这种状况就迁移到其他场合了。比如说我关门的时候会特别去确认一下是不是关上了,要推三四遍才放心。

访谈者：锁门也是?

被访者：嗯,也是。

访谈者：哦,你现在还是这个状态?

被访者：是啊,我现在有这个症状。

访谈者：持续了多久?

被访者：哦,也就是最近三两年的事儿了。

访谈者：就是上大学以后出现的。

被访者：对,上大学以后。大三以后。我觉得现在已经很明显了,就是强迫状态。

访谈者：为什么是大三那会儿呢?那时是有什么事件吗?

被访者：是那样的,比如说锁门吧,其实都和外在因素有关。老丢东西。

访谈者：那应该是从大一开始啊。

被访者：大一、大二、大三都会有。

访谈者：那为什么大三才厉害呢?

被访者：这个,其实具体的时间我不是很清楚了。有那么回事儿才产生了这样一个结果。我现在特别注意锁门,我们宿舍都知道。

访谈者：那别人和你也是一样的情况,但别人就不会像你一样注意,对吧?

被访者：对,是这样的。我就是过度谨慎。我现在做什么事情都过度谨慎。晚上走路的时候都要看看四周有没有人。

访谈者：如果你这种规则被打破了怎么办啊?

被访者：那就很担心啊。有些时候很恐惧啊。

访谈者:恐惧?

被访者:嗯,害怕会不会得传染病啊。

访谈者:哦,其实你怕的核心是细菌和病毒?

被访者:对对对。

访谈者:哦,你做很多都是怕这个?

被访者:对对,这是一个方面。实际上最重要的就是不安全感。担心锁门锁上了没有啊,东西怕丢啊,车子锁上了没有啊,手机放哪儿了,钥匙放哪儿了,包括怕得病什么的,其实最重要的就是心理的不确定性和不安全感。

访谈者:那你丢过东西吗?

被访者:很少丢东西,几乎从来都不丢东西的。就丢过两辆自行车,那都无所谓的,不太在意,在意的东西我都没丢过。

访谈者:说明小心谨慎还是有效果的,是吧?

被访者:嗯,有效果。但是呢,现在有个问题,就是这样太重复建设了。比如说,我现在报名,报考博士,报上之后,我得反复看,简直要累死了,也不知道自己填得到底对不对,最后发现竟然又错了,哎哟气死我了。

访谈者:为什么啊?

被访者:我也不知道,是系统的事儿,我都看了五遍了,系统竟然没报上,我打电话去问,人家说你用手写上哇。

访谈者:哦,那是系统的问题,其实不是你的问题?

被访者:嗯,应该不是我的问题吧,我都看了那么多遍了。

访谈者:五遍也不算多吧? 嗯,有点儿多。

被访者:嗯,一般人也就看个两三遍吧。我会点击再查看信息,最后不是出来个表格嘛,我会再把表格看一遍,然后第二次登录的时候再看一下,哎呀累死我了。但是我又不放心不去看它,怕错了。自己心里充满了一种不安全感,不确定,不自信。不确定自己做的是正确的。

访谈者:嗯,次数多了你就觉得安全一些是吧?

被访者:嗯,我就怕我算漏了哪一步。因为现在什么事儿都是自己,所以就有什么事儿都告诉周围的人。

访谈者:让他们帮你记着,是吧?

被访者:对啊,考试时间什么的。

访谈者:嗯,这是你表现出来的方面,那你认为把完美主义总结一下是什么?

被访者:在不必要的环节上反复修改,追求一种自己心里认为的完美状态,虽然这种状态并不一定是一种被社会公认的完美状态,但是呢,如果不追求的话,心里就会非常不舒服,会导致心理扭曲什么的,反正就是会导致不良情绪的出现。

访谈者:那完美主义带给你的困扰有多大程度?如果用0—4级评分的话,0表示没有,后面逐渐增强。

被访者:嗯,如果把完美主义定义为我说的那种不确定感,促使着我获得确定性的话,那么这个影响可能会达到3或4。

访谈者:嗯,这其实已经形成困扰了。

……

访谈者:你认为自己的完美主义是如何形成的?

被访者:必然跟小时候的生活相关。我从小和爷爷奶奶长大,他们特别注意小孩儿的安全,寸步不离,喝水怕烫着,平常的时候会不停地强调不要感冒什么的。

访谈者:你是几岁到爷爷那儿的?

被访者:从小啊,两三岁啊。

访谈者:那你妈刚生下你没多长时间就把你放到你爷爷那儿了?那你和你妈也就待了一年吧,还是完全没待?

被访者:不知道,我不清楚这个,但很小的时候我就在爷爷那儿,生活了好几年。

访谈者:那就是上小学的时候才回来。

被访者:对。

访谈者:除了这个,还有别的原因吗?

被访者:我们家做事儿特别强调一致,我爸教育我扫地的时候一定要扫到最边上,还有擦桌子啊,不仅要擦桌面,桌背、桌脚都要擦。所以啊,现在一干活看见别人擦成那样,我就特别讨厌。我自己做事情的时候一定要尽量想周全。如果我自己都做不到这一点的话,就会非常痛苦。

访谈者：就是你爸这样，你妈还好，是吧？

被访者：我妈是怎么样的呢？嗯，她是在某些事情上追求完美。比如说卫生间的卫生啊什么的，天天打扫。我的天啊，这个可能也受影响。

访谈者：主要是你爸，你爸似乎比较严格，你每次也是按照他的要求去做的，是吧？

被访者：嗯，我尽量去做啊。虽然有的时候很讨厌。

访谈者：你爸似乎也是一个比较追求极致的人。

被访者：嗯，要做就做最好，要么不做。然后我们家还特别强调书本知识的重要性，我觉得这个东西和我的性格形成也非常相关。我现在思考问题的时候很少考虑什么意志啊、主动性啊，比如我今天去面试了，然后主考官说，你从下面这几种优良的因素中选出几种你认为职员应该具备的因素，我绝对不会去选什么主动性、热情什么的，绝对会选基础知识、业务能力和表达能力，选那些看得见、摸得着的东西。

……

访谈者：完美主义目前在业界有两种界定类型，一种认为是有序、干净、有效率，一种认为是常常拖延。你觉得自己偏向于哪种？

被访者：都不属于，我还是追求结果的安定性，并不是有序，我也从来不追求效率。你看我反复关门有序吗？有效率吗？绝对没有。干净也不是，我可以早上不洗脸就坐在那儿。还有一种是什么？

访谈者：拖延，就是你要等到最后。

被访者：嗯，我拖延，这是因为观望。我可以结合具体事例来说。比如说报名啊，我要等到最后，看看这个报名条件有没有改变。我担心它万一有改变呢，所以说我就要拖着。还有就是因为懒惰，比如说要写论文啊，我就想再看看书再写，一定要再看看，这可能也是一种完美主义，我就是想再看看，觉得还不够。

访谈者：嗯，那就是如果非要在这两种当中选择的话，你比较倾向于拖延。

被访者：对，但是如果是拖延的话，就不能解释另外一些问题了。比如说我对健康的关注，这可能和拖延就没有什么关系。

访谈者：嗯，拖延只是代表你做事的一些风格。……好，我们继续，你现在把你的生活想象成一本书,当然这本书还没写完,请你把自己之前的生活分成几个章节,然后讲给我,少的话 2—3 个章节,最多 6—7 个。为每个章命名,并简单地说一下每一章的主题和内容,然后解释是什么原因使得你从这一章进入了下一章。

被访者:(思考了大约一分钟。)嗯,可以说了。分类啊,那就有分类的标准啊,我想啊,还是以时间段为标准来分比较合适。分为 2000 年以前和 2000 年以后。这两个阶段是我生活状态最不同的两个时期。2000 年以前我还是高中生。是以这个为分水岭的话,比较确切。前大学时代,生活比较安定啊。

访谈者:嗯,你现在先给我描述你的第一个阶段。

被访者:那个阶段的特征是安定和单一。

访谈者:看起来很像是有确定性的生活。

被访者:对,平淡,没有什么波澜。生活就是那样,没有什么大的变化。至于你说到的是否和父母生活在一起,其实我觉得对我没有什么影响。即使是对当时有影响,现在回想起来也根本不能算是很大的影响。那个阶段自由度特别低,生活显得很程式化,干什么都是按照那个模式来。然后外部环境也非常单一,地域很单一。

……

访谈者:那前一个阶段就是很平淡。好,接着说后一个阶段。

被访者:嗯,大学及研究生阶段自由度明显提高,随之不确定性也提高了。哎哟,这个词语好。我觉得就是确定性和不确定性的问题。

访谈者:嗯,这是两个阶段相比很重要的变化。具体一些,什么的不确定性?

被访者:我就感觉自己像是一个被压缩的东西,以前局促在一个空间里,这个时候外界压力消失了,我似乎就朝四方扩散,对,是一个向四方扩散的过程,并不是朝一个方向。我现在潜意识里突然就有这么一种想法。

访谈者:那会不会是说找不到自我了?

被访者:但是并没有迷失自我,我还知道自己要干什么。我平常控制自己还控制得特别好。

访谈者:嗯,既然你控制得很好,那为什么还会有没方向感的体会呢?

被访者:就是说我感到了生命的无常。

访谈者:嗯,终极问题。

被访者:嗯,我觉得城市潜藏着一系列威胁。高中、初中没有这种感受啊,可能就是因为外界有一个更强大的力量压住了这种力。

访谈者:外在更强大的力量包括父母。

被访者:学习啊,关键是学习上的压力。

访谈者:学习?谁给你这么大的动力让你去学习啊?

被访者:哦,我们那边都是这样的,学习甚至比生命还重要。我们老师都是说为了学习你要掉五斤肉什么的。我现在已经不这么认为了。

访谈者:其实就是迫于一种外界的压力。

被访者:当时是怎么着呢,就是牺牲了也得学啊,经常把学习和生命联系在一起,经常抱着必死的信念去学习,会说我要拼了什么的。

访谈者:至于原因其实你也不明确,就是由于外在压力,你也不知道你为什么拼了,是吧?

被访者:对对对,对于为什么拼了,可能会构想一下美好的未来。但是呢,在那种状态下,大家都是这么做的,都在拼了,都不要命了。于是这个时候就引出了生命这个概念。后来来到了城市,由于失去了那种学习的压力,就开始想象好多威胁的存在。

访谈者:但是现在学习仍然是一个重要的方面。

被访者:对,学习很重要。

访谈者:只不过稍微空出了些能量去想其他的。

被访者:但是这个时候,我对于学习啊,态度可能已经有了根本性的改变。不再把学习和生命联系到一起了。我不可能为了学习去牺牲自己了。

访谈者:哦,你现在非常看重生命本身,因为学习和生命已经不再是等价的了,是吧?反而同时又有无数其他细菌和病毒在威胁你的生命。

被访者:嗯,对对。不仅是细菌和病毒,还有一系列的威胁,比如说地震。

……

访谈者:那你的情感上呢?这个阶段有没有什么使你很快乐或很悲伤啊?情绪是积极的还是消极的?

被访者:整体上是积极向上的。

访谈者:嗯,那你一直以来都是积极向上的情绪。

被访者:嗯,所以说我还可以,平常挺爱笑的。见了人总会笑,我的面部表情非常丰富,面部肌肉特别爱动。我的肢体语言说不上多样,但是潜意识状态下会随着我的语言表达做出一些反应。

访谈者:那么这个阶段的主题就叫不确定,这章的名字就叫"不确定"?

被访者:嗯,就叫不确定,前一个阶段叫"确定"或"安定"。

访谈者:嗯,没问题。嗯,我们讨论的很多问题都可能与你的症状相关。

被访者:嗯。

访谈者:请说出你经历过的最让你高兴或兴奋的一件事儿。

被访者:高考考上大学。所以说我把2000年作为一个分界点,就是这个原因。

访谈者:你当时考到××大学,这是你的第一志愿吧?

被访者:对对。

访谈者:你爸妈当时的状态是很开心?

被访者:对,很开心的。

访谈者:你当时学的是什么专业?

被访者:法律。

访谈者:都是你最喜欢的?

被访者:不是啊,我当时是为追求安稳才报的。

访谈者:哦,而且你学的这个专业也很具有安定性。

被访者:对呀,所以我很喜欢它呀。当大家不会去背法条的时候,我会去背法条,为什么呀?法条是确定的啊,它就印在那儿啊。

访谈者:越背越高兴,是吧?

被访者:对啊,我知道各个法条是什么啊,你不知道吧?所以我就高兴啊。我就喜欢这样。

访谈者:你不知道除这些法条以外还有几千几万条呢。

被访者:我会尽可能地多去看一点。

……

访谈者:那最让你沮丧和难受的事件是什么?

被访者:那就是疑病的时候啊。你比如说前一段时间,那就是最低谷的时期之一啊。

访谈者:一定要给我讲一个事件,最好有当时的情景和内心的感受。你现在告诉我的是一个已经提炼后的东西。

被访者:大概是在大二或大三的时候,有一次,我突然觉得浑身不太舒服,然后就去协和医院看,大夫说可能是个淋巴瘤。

访谈者:哦,第一次提到淋巴瘤还是大夫提出来的,是吧?

被访者:对对。大夫说可能是啊,然后说赶紧切一个看看吧。

访谈者:他说可能,但那种东西只有切了才知道是不是,对吧?

被访者:对,他说有80%的可能。

访谈者:从外面看能看出什么?突起吗?

被访者:什么都没有。其他大夫摸起来都说挺正常的。

访谈者:为什么这个大夫会这么说呢?

被访者:可能是他医术不精吧。他这个因素只是起因,不太重要,只是引起了我对这种疾病的怀疑,并不对我的整个疑病构成影响。然后就开始了一个长达……我现在回忆这些事情是很痛苦的,都不太想回忆。我一想啊,浑身就起鸡皮疙瘩。然后我姨就带着我去看了很多医生。

访谈者:你当时的感受是什么?

被访者:就是快死了。一切都失去意义了。

访谈者:就是那种极度的恐惧。你当时是特别恐惧,皱着眉头什么都不想,还是?

被访者:对呀,就是那样。那种状态下我说不出话来。

访谈者:身体有什么反应呢?

被访者:就是极度怀疑某种病。

访谈者:没有觉得心跳加速什么的?

被访者:没有。

访谈者:你能回忆起来的最早记忆是什么?

被访者:最早的记忆啊,我想想。

访谈者:最好能够呈现一个具体的场景。

被访者:我最早的记忆大概是我爸和我妈在打架,然后我自己在家里就特别害怕。我爸我妈虽说很和睦,但有时也会打架,他们这种打架对我影响很大。他们每次吵架,我都会很无助,感觉没有办法,无能为力。我对小时候的这个场景印象特别深刻。

访谈者:然后你也不会和爸爸妈妈说些什么?

被访者:他们不让我说啊,非常强势。

访谈者:那重要的童年期记忆是什么?

被访者:嗯,会有一些片段,大概是上小学的时候……

访谈者:当时的你是什么感觉?内疚?带一些担心?

被访者:我很恐慌啊。我不喜欢竞争,我从来不喜欢竞争。

访谈者:你拼命学习,但你又不喜欢竞争?

被访者:嗯,这是一种矛盾。我不喜欢打篮球,就是因为需要抢球,我都会让着别人的。我绝对不可能和人家去抢那个东西。

访谈者:抢了又怎么了?

被访者:抢了就会觉得不舒服啊。至于深层原因我从来没有考虑过。

访谈者:嗯,如果为了在那个班生存下去,你必须去和别人竞争,那会怎么样?

被访者:我就感觉思维就不在学习方面了,天天会想着另外一些事情,比如考不了前五名怎么办?然后我一看到比自己牛的人,就会浑身发毛,就是一种绝望感会油然而生。

访谈者:竞争会让你产生绝望感?而绝望其实就是死亡。

被访者:对,是一个概念,但并不是肉体上的死亡,是精神上的。

访谈者:而死亡又会带给你极度的恐惧。

被访者:嗯,是这个意思。这其实就是一条线。

……

访谈者:嗯,刚才你谈到了重要的童年回忆,然后又谈到了高中,其实高中属于你重要的青春期回忆了。那青春期还有其他的回忆吗?

被访者:我当时特别讨厌一个人。这种讨厌对我产生了极其重大的影响,整个高中都让我心神不宁。什么事儿呢,他没有犯什么错,也没有针对我本人做过什么。就是因为他上课的时候老抢先回答问题,让我产生了极大的局促和不安。

访谈者:你不喜欢竞争,而他想说就说呗。

被访者:可以这样理解,但我就是不能释怀啊。

访谈者:那我知道了,其实你不是不喜欢竞争,你是喜欢没有压力的竞争。

被访者:嗯,这个表述比较准确。

访谈者:其实你很希望达到一个你认为合适的状态,你在追求那种东西。

被访者:对对。

访谈者:如果他抢先回答了,老师会降低对你的评价吗?

被访者:时间太长了,我记不清当时的状态了。我当时励志要在我高考结束后写一篇长长的文章来写这件事情,但是后来没写。现在记不清了。只记得是一种恐惧,我对这个人的恐惧。我印象比较深的是在我们高中时,学校让我们随时开着壁橱的门,这样老师可以随时检查里面的任何东西。而且我们的一举一动也在全天候的监视下。那种状态真是太恐怖了。学校还会检查卫生,包括一系列的细节,让我感觉没有一点私密的空间。为什么那时候我老哭啊,就是因为压力太大了,实在是不可想象得大,像监狱一样。我们是老是说像法西斯统治。

……

访谈者:嗯,成年后也就是大学这段时间了。还有其他的重要事情吗?

被访者:没有了。你看我这种分析,总是悲观的大于乐观的,并没有特别开心的事情。

访谈者:嗯,我们继续。我们继续说说你喜欢的人吧,你喜欢的人和崇拜的人。

被访者:喜欢的人,我想想啊。我没有特别喜欢的人。我不知道你的喜欢具体是指什么?

访谈者:都可以啊,从你的角度,你比较认可的人。

被访者:上了大学之后,我认为我父亲对我比较重要,因为他给了我一个安定感,我在遇到身体不舒服之类的事情时,都会告诉他。

访谈者:你告诉父亲会觉得安全。

被访者：对，因为我没有别的办法，必须告诉他。一方面是因为他给我钱，我才能去看大夫，另一方面，可能是因为从小就是他给我拿主意，虽然他从来不干涉我，但会在很大程度上影响我。他会给我指明一个前进的方向。

访谈者：嗯，那你爸爸就算是你尊敬的人吧。你没有特喜欢的人吗？

被访者：对，没有。

访谈者：以前的老师啊，同学啊，没有你比较认可的人吗？

被访者：我比较认可的？嗯，让我现在想吧，我还真想不起来特别尊敬、特别喜欢的，如果有的话，可能是学界权威吧。

访谈者：看病的时候也要找权威吧？

被访者：对，我非常崇拜医生。人家都崇拜影星、歌星什么的，我崇拜医生。

访谈者：他们太能给你安全感了，他说没有就没有。

被访者：对。而且必须有名头，正教授、副教授什么的，我特别看重那个。

访谈者：你现在没有喜欢的人，可能是没有一个人能达到你的完美的标准。

被访者：对。

访谈者：你稍微看到他们的一些缺点，就全否定了？

被访者：不，就是如果这个人在一些终极的价值上不符合我的标准，我就否定了，倒不是说一点儿不足就否定了。

访谈者：好，那你现在简单谈谈你对未来的打算。

被访者：我的理想就是去读博。从来没打算过出国，工作也在找，但是倾向于先读博。

访谈者：你对未来的生活是什么期望呢？

被访者：最重要的是安定。

访谈者：你的职业方向是？

被访者：我其实对职业并没有什么要求，只是希望有一个博士的帽子戴着。

访谈者：安全？

被访者:极致。

访谈者:谈谈你目前的压力和现存的问题,也可以是矛盾、冲突或挑战。

被访者:我这段时间很轻松,也许因为这种压力不是要立即产生的,所以我没有那么迫切,我是拖延型的。

……

访谈者:你相信某种超自然力量在控制这个世界吗?

被访者:嗯,我相信。

访谈者:你相信一种超自然的东西。

被访者:对,所以我要烧香拜佛。

访谈者:是因为你们家里有人信佛吗?

被访者:我奶奶拜佛,我就跟着拜。我曾经试图去接受基督教,但实在是建构不进我的体系中,所以就放弃了。我不能理解为什么是那样的。

访谈者:你觉得人生活中最重要的是什么?对于你而言。

被访者:可能是生命。有了这个才有了其他。

访谈者:那你是在信仰佛教?

被访者:不是,是一种很原始的信仰。我可能信仰自己。我不认同党派,极端排斥。

访谈者:最后一个问题,你人生的主旋律是什么?

被访者:嗯,很难回答,到目前为止啊,是学习吧。在学习一系列的东西,主旋律是学习,或者是发展。

访谈者:你为什么在这个时候不说你的主旋律就是那个负面的东西呢?

被访者:没有,我现在回过头看,认为自己还是快乐比较多的。虽然我极度恐惧,但是时间不长啊。

访谈者:哦,你回首的时候还是很积极向上的,很有活力的。

被访者:对。

访谈者:嗯,这更像是一个主动汲取知识的过程。

被访者:嗯,对。

访谈者:好,我们今天的访谈就到这儿。谢谢。

三、案例分析

(一) 完美主义者人生故事编码分析

案例分析这部分主要是要求学生按照人生故事模型对访谈内容进行编码,通过意象和语调发掘主人公人生故事背后的主题。根据访谈内容,我们主要讨论以下几个方面:完美主义定义、人生篇章、关键事件、重要他人、未来剧本、现阶段的压力和问题、个人意识形态及人生主旋律(具体见表1至表8)。

表1 完美主义定义及原因探讨

问题	反馈
是否为完美主义者	是
原因及表现:强迫、谨慎、注重干净	"这种完美呀,并不是一种真正的完美,而是在一些不需要追求的地方追求它,甚至**在一些细枝末节上过分追求**。当然,以前确实也**追求完美**,比如说,我从小写作业老师都会夸奖我写得好。如果我看见自己写错两个字,肯定就整张撕掉全部重写。现在我不会这样了,但这种状况就迁移到其他场合了。比如说我关门的时候**会特别去确认一下是不是关上了。要推三到四遍才放心。**""实际上最重要的就是不安全感。担心锁门锁上了没有啊,东西怕丢啊,车子锁上了没有啊,手机放哪儿了,钥匙放哪儿了,包括怕得病什么的,其实最重要的就是心理的不确定性和不安全感"。包括怕得病。【主人公要求符合自己内心的标准】 "现在有个问题,**就是这样太重复建设了**。"比如说,反复查看报名信息。"我现在报名,报考博士,报上之后,**我得反复看**……自己心里充满了一种不安全感,不确定,不自信。不确定自己做的是正确的。我就怕我算漏了哪一步。因为现在什么事儿都是自己,所以就有什么事儿就告诉周围的人。"【过度谨慎和仔细】
完美主义定义探讨	在不必要的环节上反复地修改,**追求一种自己心里认为的完美状态,这种状态并不是一种被社会公认的完美状态**。如果不追求的话,心里就会非常的不舒服,导致心理扭曲,不良情绪出现。
困扰指数	"如果把完美定义为我说的那种不确定感,促使着我获得确定性的话,那么这个影响可能会达到3或4(0—4级评分)。"
是否有他人评定	没有。

(续表)

问题	反馈
形成原因	小时候的生活,爷爷奶奶对孩子的关注和谨慎。 "我们家做事儿特别**强调一致**,我爸教育我扫地的时候一定要扫到最边上。……我妈是在某些事情上追求完美。比如说卫生间的卫生啊什么的,天天打扫。""**要做就做最好,要么不做**。" "我觉得我的这种状态还是**来源于自己的一些行为造成的**。你比如说,我可能在报名的过程中啊,我有些走神儿。比如说,我看着电视剧在报名。或者我在报名的过程中我去了趟厕所。那么我认为啊,我的这种思路被打断了。有可能啊,算漏了哪一步。所以我要反复地查看。"

表2 人生篇章

人生阶段的确立	意象	主题
第一阶段安定和单一、巨大的学习压力（高中及高中以前）	"平淡,没有什么波澜。生活就是那样,没有什么大的变化"。"我们那边都是这样的,学习甚至比生命还重要。我们老师都是说为了学习你要掉五斤肉怎么的……就是牺牲了也得学啊,经常把学习和生命联系在一起,经常抱着必死的信心去学习,会说我要拼了什么的"。主人公高中时因为学习压力太大经常哭,"我们高中时,学校让我们随时开着壁橱的门,这样老师可以随时检查里面的任何东西。而且我们的一举一动也在全天候的监视下。那种状态真是太恐怖了。学校还会检查卫生,包括一系列的细节,让我感觉没有一点私密的空间。为什么那时候我老哭啊,就是因为压力太大了,实在是不可想象得大,像监狱一样。我们是老是说像法西斯统治。"【code1—被动地掌控而非主动地掌控】	被控制与束缚
第二阶段不确定性（高中以后）	大学及研究生阶段**自由度明显增加**。"不确定性增加"【N-code1—对自我掌控的渴望】。"我觉得就是确定性和不确定性的问题。我就感觉自己像是一个被压缩的东西,以前局促在一个空间里,这个时候外界压力消失了,我似乎就朝四方扩散,对,是一个向四方扩散的过程,并不是朝一个方向。我现在潜意识里突然就有这么一种想法"。但是"并没有迷失自己,我还知道自己要干什么"。 现在主人公对于学习,态度有了根本性的改变。"不再和生命联系到一起了。我不可能为了学习去牺牲自己了。"【code1—新的人生信念和认识】主人公现在非常看重生命,因为学习和生命已经不是等价的了。同时又有无数其他细菌和病毒在威胁他的生命,"不仅是病毒和细菌,一系列的威胁,比如说地震"。	自我掌控感、不安全感与不确定性,对力量的渴望

表 3　关键事件

关键事件	意象	主题
高峰体验 考上大学	成就感——考上大学。但为了追求安定也没报最优秀的学校,尽管分数够了,**求稳报了较好的大学**。而且专业也很具有**安定性**,所以很喜欢。"当大家不会去背法条的时候,我会去背法条……我知道各个法条是什么啊……**我就喜欢这样**"。"**专业是我自己选的,学校也是我自己确定的。**"【code1】其父亲不干涉,但会强烈建议。主人公通常情况下会避免大喜大悲。	自我掌控
低谷体验 疾病焦虑	疑病——"大概是在大二或大三的时候,有一次,我突然觉得浑身不太舒服,然后就去协和医院看,大夫说可能是个淋巴瘤。他说有 80% 的可能。其他大夫摸起来都说挺正常的",这个大夫之所以会这么说,主人公认为其医术不精。"只是引起了我对这种疾病的怀疑,并不对我的整个疑病构成影响。""我现在回忆这些事情是很痛苦的,我都不太想回忆。我一想啊,浑身就起鸡皮疙瘩"。"当时的感受就是**快死了。一切都失去意义了**。那种状态下我说不出话来。就是极度怀疑某种病。就是那种极度的恐惧。""现在最讨厌,最恐惧那个。""所有其他的恐惧都无所谓,比如考不好什么的。唯独生命。"	失去掌控感,缺乏安全感。
转折点	2003 年考上大学。【code1—考上大学对于主人公而言并不是成就感,而是获得了一种自由和掌控感】	掌控感
最早记忆 爸妈打架	爸妈打架——"早上在睡觉的时候,听到我爸妈打架,我当时特别恐惧。""我爸我妈虽然说是很和睦,但有时也会打架,他们这种打架对我影响很大。他们每次吵架,我都会很无助。感觉没有办法,无能为力。"	安全感的缺乏与失控感,渴望力量
重要的童年期回忆 隐瞒与欺骗	[略]这部分访谈中主人公主要谈及了由于自己欺骗他人引发的恐慌感【N-code1—失控而产生的恐惧】。	由欺骗而引起的恐惧,极度的不安全感。强烈地追求控制感和被认可的感觉

(续表)

关键事件	意象	主题
重要的青年期回忆 因为成绩而调班	[略]这部分主人公主要谈及自己高中时期非常看重名次,并且为了保持成绩名列前茅,自己申请从实验班调到普通班【code1】【code2】。	对于失控感(绝望感)的极度排斥,对于成就和地位的绝对追求。矛盾在于逃避竞争的同时又追求成就感
重要的成年期回忆 与大学舍友的相处	这个阶段很讨厌一个人,这种讨厌"对我产生了极其重大的影响","就是因为他上课的时候老抢先回答问题。让我产生了极大的局促和不安"【N-code1—掌控感丧失】【N-code2—地位被颠覆了】。	地位和成就感被颠覆,掌控感消失

表 4 重要他人

他人	意象	主题
崇拜的人 学界权威	"我非常崇拜医生。人家都崇拜明星、歌星什么的,我崇拜医生。而且**必须有名头**,正教授、副教授什么的,我特别看重那个。"【code4】	权力授予(依附权威的意见来获得安全感或力量)
喜欢的人	"没有。我看到一些景色的时候我会非常舒服。我对喜欢的什么人根本就没什么概念。"【没有压力的对话和沟通】	认可的缺乏,这是否与潜在的自恋情结有关?
讨厌的人 高中时抢着回答问题的同学	"让我产生了极大的局促和不安。对我产生了极其大的压力。"其实主人公喜欢的是一种没有压力的竞争【N-code1】。主人公表示这个人让他"恐惧","是高二在一个班,当时严重到什么程度呢,要是高三再和他在一个班,我一定不会去了。我一定要跳班,绝对不能忍受","他一咳嗽,我就浑身发毛"【code1】。	地位受到威胁,失控的状态
重要他人 爸爸	主人公认为上大学之后,父亲对他来说很重要,"因为他给了我一个**安定感**。我突然感觉非常重要。虽然他从来不干涉我,但是他会严重地影响我。他会给我指明一个前进的方向。"父亲是他的**经济基础**,也是他**人生方向的领导者**。【code4】"我爸的意志力非常强,但他同时又特别谨慎,特别注意安全。"	权力授予(依靠父亲来获得力量和安全感)

表 5　未来剧本

未来剧本	意象	主题
目标与梦想	"我的理想就是去**读博**。我喜欢这个。"主人公说在专业方面需要再完善一下自己的逻辑思维。"最重要的是**安定**【code1】。我其实对职业并没有什么要求。我只是希望有一个博士的帽子戴着【code4】。我追求一种极致。"	需要认可,以及对地位、成就及安全感的追求

表 6　现阶段的压力和问题

现阶段压力、问题	意象	主题
目前没有	"我这段时间很轻松,也许因为这种压力不是要立即产生的,所以我没有那么迫切,我是拖延型的。"	无

表 7　个人意识形态

个人意识形态	意象	主题
是否相信某种超自然力量控制宇宙、生命	"我相信。相信一种超自然的东西。所以我要烧香拜佛。"【code4】	认可,能力和权力授予,获得安全感
人生活中最重要的是什么?	"生命。有了这个才有其他。"	
是否信仰某种宗教	"不是,是一种很原始的。**我可能信仰自己**【code1】。我不认同党派,极端排斥。"	认可与能力

表 8　人生主旋律

人生的主旋律	意象	主题
发展	"很难回答,到目前为止啊,是学习吧。在学习一系列的东西,主旋律是学习,或者是发展。"	对成就感和力量的追求

(二) 完美主义者人生故事主题分析

根据上述编码分析,我们可以进一步了解主人公的人生故事主题更符合个人取向还是交流取向,我们按照上述七个部分(人生篇章、关键事件、重要他人、未来剧本、现阶段的压力和问题、个人意识形态及人生主旋律)的编码进行计算。首先分别计算每个部分的个人取向和交流取向得分。由于每个取向都分为四个维度,所以按照是否出现某一维度的内容来评分,即出现计 1 分,未出现计 0 分。这样每一部分的每个取向最多计 4 分。然后将各个部分的两个取向得分分别加总,即可得到主人公人生故事的主题得分。具体计分结果如表 9 所示。

表 9 被访者人生故事主题分析

人生故事	个人取向得分	交流取向得分
人生篇章	1	0
关键事件	2	0
重要他人	2	0
未来剧本	2	0
现阶段的压力和问题	0	0
个人意识形态	2	0
人生主旋律	1	0
总分	10	0

由编码分析和主题分析可知,被访者的人生故事主题主要集中在自我掌控、地位和胜利以及权力授予三个维度,全部集中在个人取向。自我掌控是指努力掌控、提升和完善自我,个体通过实际的行动、思考和经历来验证自我。该主题有两种表达方式:持续关注探寻生活的意义;体验一种强烈的控制感。地位和胜利是指在朋辈中获得特殊的认可、荣誉或比赛的胜利,从而获得一种高地位感和声誉。权力授予是指通过与比自己有影响力的他人建立关系,个体得到了提升、权力、建构和完善。基于此,我们可以通过对完美主义者的分析,清晰地了解到被访者的人生故事维度及主题取向。

四、案例使用说明

(一) 教学目的与用途

本案例可在心理咨询与治疗及团体辅导等课程中使用。本案例呈现了几位完美主义者的人生故事,旨在向学生提供一种更为深刻的剖析完美主义人格的方式和方法,运用麦克亚当斯的同一性人生故事模型,对在生活中表现出极强的完美主义倾向的个体的人生故事进行分析和探索,深入地理解和剖析完美主义人格。基于人生故事的语调、意象和主题理解完美主义者人格的动态发展过程。同时,加深对完美主义的概念、特点及病因的理解,了解该人格特质的调整方法。

(二)启发思考题

1. 如何定义完美主义?
2. 完美主义分为哪些类型?
3. 案例中完美主义表现的原因可能包括哪些方面?请从生物、心理和社会三个方面进行说明。
4. 如何用麦克亚当斯人生故事模型来分析来访者的人生故事?
5. 如何用麦克亚当斯人生故事模型来分析你自己的人生故事?
6. 生活中如何减轻消极完美主义倾向?
7. 如何区分完美主义人格和强迫症、强迫性人格障碍及躯体障碍?

(三)基本概念与理论依据

1. 完美主义的概念、分类及测量

依据完美主义领域的文献(Ma 和 Zi, 2011),存在对完美主义的两种观点:一种观点认为完美主义是消极特质,另一种观点以二分法看待完美主义,认为完美主义既有消极的一面,也有积极的一面,分别称作神经质的完美主义和正常的完美主义(方新等,2007)。实际上,第二种观点得到了更多研究的支持。完美主义的积极成分包括有标准和有秩序、低自卑感。完美主义的消极成分包括高自卑感;固执地认为消极事件将来还会重复出现;饱受"应该"原则的折磨;为自己树立了高得不能实现的目标,不断地被现实与目标之间的差距挫败;如果没能达到预期的完美,就会觉得失败了,如果达到了预期,也体会不到成功的快乐,因为只是做了应该做的事;没有衡量努力和成功的客观标准,也没有体味成功的机会(方新等,2007)。

关于完美主义的测量主要分为单维完美主义量表和多维完美主义量表两类。Burns(1980)设计了具有广泛影响的完美主义量表,并把完美主义定义为"对自己的所作所为设立过高的标准或期望"。单维量表还有 Garner 等修订的进食障碍问卷中的完美分量表等(Garner, Olmstead 和 Polivy, 1983)。但由于单维完美量表的稳定性和有效性不足,随后更多的完美主义研究采用了多维完美主义量表。Hewitt(1990)和 Frost 等(1990)的多维完美量表以及訾非(2007)编制的消极完美主义问卷在临床上得到广泛应用,是目前完美主义研究领域中相对比较成熟的测量工具。本案例中的被访者在被访谈前采用 ZNPQ(包含五个维度:犹豫迟疑、害怕失败、过度谨慎、过度计划控制和极高的目标和标准)进行了测试,测试结果表明该来访者属于消极完美主义人格。

2. DSM-5 疾病焦虑障碍的诊断标准(美国精神医学学会编著,2014)

(1)患有或获得某种严重疾病的先占观念。

(2)不存在躯体症状或躯体症状轻微。

(3)个体对健康状况明显焦虑,容易对个人健康状况感到警觉。

(4)个体有过度的与健康相关的行为(反复检查)或表现出适应不良的回避(回避医生)。

(5)疾病的先占观念至少已经存在 6 个月,所害怕的特定疾病在那段时间内可以变化。

(6)与疾病相关的先占观念不能用其他精神障碍来更好地解释。

3. 人生故事编码表

完美主义人生故事编码表如表 10 所示。

表 10 完美主义者人生故事编码表

主题	编码	维度
能量(agency)	code1—SM	自我掌控(self-mastery, SM)
	code2—SV	地位/胜利(status/victory, SV)
	code3—AR	成就/责任(achievement/responsibility, AR)
	code4—EM	权力授予(empowerment, EM)
交流(communion)	code5—LF	爱/友谊(love/friendship, LF)
	code6—DG	对话(dialogue, DG)
	code7—CH	关怀/帮助(caring/help, CH)
	code8—UT	统一/归属(unity/togetherness, UT)

注:表格中的分类依据 McAdams(2001)。

(四) 背景资料

20世纪80年代,人格心理学领域的个人叙事和人生故事研究开始出现。一些人格理论学家曾试着用叙事的术语来解读人生(McAdams,2008;马一波和钟华,2006)。麦克亚当斯非常强调同一性,他认为"同一性是一个人生故事,一个内化的、不断发展的有关自我的叙事"。人生故事介于纯粹的事实和纯粹的想象之间。麦克亚当斯提出需要从语调、意象、主题、意识形态背景、核心情节、潜意识意象和结局或生成剧本七个方面来理解人生故事的内容和结构。虽然每个人的人生故事都是独一无二的,但仍然存在共同的维度对个体的人生故事进行比较。好的人生故事应该符合以下六个标准:连贯性、开放性、可信性、区分性、协调性及生成的整合。

麦克亚当斯认为主题线索很大程度上反映了Baken(1966)提到的在所有生命形式中存在的两种基本形态——能量(agency)和交流(communion)。能量是指个体作为有机体存在,交流是指个体作为更大的有机体的一部分存在。能量和交流这两个主题被麦克亚当斯等研究者又分别进一步分为四个小主题。能量主题分为自我掌控、地位/胜利、成就/责任、权力授予等四个小主题;交流主题分为爱/友谊、对话、关怀/帮助、统一/归属等四个小主题(McAdams,2001)。自我掌控是指故事主角努力掌握、控制、扩大和完善自我,通过有效且有力的行为,使自己变得更加强大、明智和具有影响力;地位/胜利是指个体通过获得特别的认可、尊重或赢得比赛来获得在同伴中较高的地位和声望;成就/责任是指个体成功地完成了任务、工作、目标或独自承担了某些重要的责任;权力授予是指通过依附比自己更强大的人或物而使自己得以提高,获得权力感和受人尊重的感觉;爱/友谊是指个体体会到欲望之爱和友谊之爱的增强;对话是指个体体验到与其他人或团体的互惠的沟通或对话;关怀/帮助是指个体通过给予他人关心、帮助、照料、支持和治疗来提高他人在身体、物质、社交、情感上的福祉或幸福感;统一/归属是指个体体验到属于一个团体甚至是全人类的一体感、统一感和归属感。通过这八个小主题就可以对不同生活片段的主题进行编码,进而把握个体差异。

（五）分析思路

1. 完美主义的概念和内涵。

2. 完美主义的类型。

3. 案例中呈现的完美主义表现的原因。

4. 用麦克亚当斯人生故事模型来分析来访者的人生故事。

5. 用麦克亚当斯人生故事模型来分析你自己的人生故事。

6. 生活中缓解或减轻消极完美主义倾向的方法。

（六）课堂安排建议

1. 教学计划

在案例讨论前，需要让学生预习完美主义人格的相关理论和知识。课堂讨论前，教师分发案例纸质资料，并对案例背景资料做概括性介绍。然后让学生阅读案例所描述的基本内容，加深学生对案例的了解，初步熟悉案例主人公的生活史和完美主义人格在其人生故事中的具体表现。

在学生对案例主人公的完美主义行为表现进行分析时，重点要让学生按照行为和消极行为表现逐条进行分析。教师可采用分组讨论的形式，让不同组阐述自己的讨论结果，然后针对差异进一步讨论。

对于完美主义的病因，教师需要引导学生进行结构化讨论，包括从生物、心理和社会三个层面来讨论。学生需要进一步阅读案例，标注出相关内容并进行讨论和总结。同时，教师要引导学生进行扩展性思考，结合已经预习的内容，完整回顾完美主义人格成因的知识点。

案例中提到主人公的完美主义表现通常都伴随着一些神经症。这里可以引导学生对日常生活中完美主义行为的表现展开讨论。教师可以针对讨论结果对完美主义做进一步的介绍，帮助学生区分完美主义人格和强迫症、强迫性人格障碍及躯体障碍。

案例讨论的最后可以让学生运用已有的心理咨询和心理治疗知识，分析哪些咨询和治疗方法可以应用于对完美主义人格的调整过程，并让学生进一步认识到哪些方法是针对完美主义人格最有效的方法。

最后进入提问环节，教师对学生在讨论中存在的问题做进一步的分析和总结。

2. 课堂时间计划

课堂时间计划表如表 11 所示。

表 11　课堂时间计划表

内容	时间
案例背景资料介绍	15 分钟
案例主人公有哪些异常的行为表现	20 分钟
案例中主人公异常行为表现的原因可能包括哪些方面？请从生物、心理和社会三个方面进行说明	10 分钟
用人生故事模型来分析来访者的人生故事	25 分钟
尝试用人生故事模型对自己的人生故事进行分析（选取一个特定生活篇章进行分析）	10 分钟
讨论生活中缓解消极完美主义倾向的方法	10 分钟
教师针对案例讨论过程中的问题进行分析与总结	10 分钟
总计	100 分钟

（七）案例启示

1. 关于生活中缓解消极完美主义倾向的方法，教师可以引导学生做开放式的讨论，有以下几点可供参考：认识到自己是完美主义者；承认理想或"应该"的状态不存在；尊重和爱护自己；关注整个目标或完整的事件；聚焦自己目前可以完成的事情；学会相信他人，与他人合作；认可自己的每一个阶段性成果。

2. 本案例教学方法对于学生深入理解完美主义人格的特点及成因有重要的作用。学生运用人生故事模型剖析案例，将复杂的案例解构为清晰的模块，从而对模型本身和人格特点有更为清晰和深刻的认识。

3. 本案例教学后续可以要求学生进一步分析自己的人生故事，通过模型把握自己人生故事的脉络。这使得学生能够灵活应用所学知识，并深刻理解和剖析自我人格特点，这种方式在团队辅导过程中颇有成效。

【参考文献】

Baken, D. (1966). *The duality of human existence：Isolation and communion in western man. Boston. MA：Beacon Press.*

Burns, D. (1980). The perfectionist's script for self-defeat. *Psychology Today*, 14(6), 34—52.

Frost, R. O., Marten, P., Lahart, C., et al. (1990). The dimensions of perfectionism. *Cognitive Therapy and Research*, 14(5), 449—468.

Garner, D. M., Olmstead, M. P., Polivy, J. (1983). Development and validation of a multi-dimensional eating disorder inventory for anorexia nervosa and bulimia. *International Journal of Eating Disorders*, 2(2), 15—34.

Hewitt, P. L., Flett, G. L. (1990). Perfectionism and depression: A multidimensional analysis. *Journal of Social Behavior and Personality*, 5(5), 423—438.

Ma, M., Zi, F. (2011). A qualitative study on personality traits of negative perfectionist. *Procedia Social and Behavioral Sciences*, 29, 116—121.

McAdams, D. P. (2001). Coding autobiographical episodes for themes of agency and communication. Retrieved from http://www.sesp.northwestern.edu/docs/Agency_Communion01.Pdf

McAdams, D. P. (2008). Personal narratives and the life story. In O. P. John, R. W. Robins, & L. A. Pervin (Ed.), *Handbook of personality: Theory and research* (3rd ed., pp. 242—262). New York: Guilford Press.

方新,钱铭怡,訾非.完美主义心理研究[J].中国心理卫生杂志,2007,21(3),208—210.

马敏.完美主义人格的质的研究——完美主义者人生故事[D].北京林业大学,2010.

马一波,钟华.叙事心理学[M].上海:上海教育出版社,2006.

美国精神医学学会.精神障碍诊断与统计手册(第五版)[M].张道龙等,译.北京:北京大学出版社,2014.

訾非.消极完美主义问卷的编制[J].中国健康心理学杂志,2007,15(4),340—344.

创伤后成长——概念、理论及临床应用价值

罗明明　辛志勇

【摘　要】"创伤后成长"是积极心理学的一个新概念,指个体在与创伤性事件或情境进行抗争后体验到的心理上的正性变化。本研究采用多案例分析的方法,从大的创伤性事件(比如自然灾害)到具体创伤个案详细论述创伤后成长的概念、形成过程及其给个体带来的变化,最后介绍创伤后成长在临床上的运用价值。

【关键词】创伤性事件　创伤后成长　积极心理学　临床价值

一、引　言

尼采说过:"那些杀不死我的都使我强大。"生活当中我们都会遭遇到不同程度的创伤,有些事情的发生甚至是不可避免的。大到自然灾害(如地震、泥石流、海啸等)、暴力、犯罪和恐怖主义(如2015年12月5日伦敦地铁恐怖袭击事件,2016年7月14日发生在法国尼斯的恐怖袭击事件),小到日常的生活事件,包括失业、与长期合作伙伴关系的结束或失恋、审判不公、外科手术失败、亲朋好友的死亡等。一般认为,人在遭受这些创伤性事件之后,只会痛苦、绝望,甚至自杀,在逆境面前屈服投降,但自20世纪90年代以来,一种对创伤的新认识

在心理学界兴起,它从积极心理学的角度看待创伤,认为创伤能带来个体成长,而不应只是从病理学的角度看待。那么创伤后成长的内涵是什么?创伤后成长的过程是怎样的?它又会给个体带来哪些变化?它在临床实践中又有何价值?本文将通过三个案例解答这些疑问。

二、案例背景介绍

(一)历史人物司马迁

司马迁(公元前145年—?),字子长,夏阳(今陕西韩城南)人,西汉史学家、散文家。司马谈之子,任太史令,因替李陵败降之事辩解而遭受宫刑,后任中书令。他发奋以其"究天人之际、通古今之变、成一家之言"的史识创作了中国第一部纪传体通史《史记》(原名《太史公书》)。《史记》被公认为是中国史书的典范,该书记载了从上古传说中的黄帝时期到汉武帝元狩元年长达三千年的历史,是"二十五史"之首,被鲁迅誉为"史家之绝唱,无韵之离骚"。

(二)"9·11"事件

"9·11"事件,又称"9·11恐怖袭击事件""9·11",是指2001年9月11日发生在美国纽约世界贸易中心的一系列恐怖袭击事件:两架被恐怖分子劫持的民航客机分别撞向美国纽约世界贸易中心一号楼和二号楼,这两座建筑在遭到撞击后相继倒塌,世界贸易中心其余五座建筑物也因受震而塌陷损毁;随后,另一架被劫持的客机撞向位于美国华盛顿的美国国防部五角大楼,五角大楼局部结构损坏并塌陷。"9·11"事件是发生在美国本土的最为严重的恐怖袭击事件,遇难者总数多达2 996人,对于此次事件的财产损失各方统计不一,联合国发表报告称此次恐怖袭击使美国经济损失达2 000亿美元,相当于其当年生产总值的2%,对全球经济所造成的损失甚至达到1万亿美元。总之,这次事件对美国人的心理和美国经济造成了沉重的打击。

(三)甘肃舟曲泥石流灾害

2010年8月7日晚11时左右,甘肃省舟曲县城东北部山区突降特大暴雨,持续40多分钟,降雨量达97毫米,引发三眼峪、罗家峪等四条沟系特大山洪地质灾害。此次灾害造成长约5千米、平均宽度300米、平均厚度5米、总体积约

180万立方米的泥石流带,流经区域被夷为平地,给该区的生态环境造成了极大的破坏,同时,受灾地区的大部分群众未来得及逃生,被埋其中。据官方统计,此次舟曲泥石流灾害有2万多人受灾,截至28日,已造成1 463人遇难,302人失踪,受伤住院72人,累计门诊治疗2 244人,被解救1 243人。由此可见,舟曲"8·7"泥石流灾害造成的伤亡人数大、灾情重,给人民的生命和财产安全带来了严重损坏和威胁。

三、案例正文

(一)案例一:司马迁的逆境成长

1. 李凌之祸

司马迁出生于一个世代相传的史官家庭,读过万卷书,行过万里路,师从当时的名师,也继承父亲的事业做了一名史官,风华正茂时开始着手写《史记》。正当他专心著述的时候,发生了李凌抗击匈奴、兵败投降的事件。群臣皆声讨李凌的罪过,汉武帝问司马迁对此事的看法,司马迁认为李凌并非真心投降,而是寻求机会报答汉朝。汉武帝听闻大怒,认为司马迁只是为李凌辩护,尤其疑心他在讥讽武帝喜爱的李夫人之兄贰师将军李广利,于是判其"诬上罪"下狱,按律当斩。冷酷的现实给了他三种选择,一是伏法受死,二是用钱赎罪,三是接受宫刑(阉割男性生殖器官)。司马迁因言获罪,深陷于一种生命的绝境之中。他在《报任安书》中痛心疾首道:"家贫,财赂不足以自赎;交游莫救,左右亲近不为一言。身非木石,独与法吏为伍,深幽囹圄之中,谁可告愬者!"但司马迁想到《史记》"草创未就",便只好接受了对肉体和精神都会带来巨大摧残的宫刑。

2. 人生巨变

受刑之后,司马迁虽然保全了性命,重获了自由,但是他的人生也发生了巨变。学者王立群(2012)总结如下:首先是身份的变化,在妻子儿女面前,他变成不是男人的男人,丧失了作为男人的基本尊严;在士大夫中间,他出狱后虽做了中书令,继续在汉武帝身边为官,但实际上变成了不是宦官的宦官;在文化人眼中,他变成了一个异类,一个不再被封建读书人接纳和认可的异类。亚里士多德说过"人类是天生的社会性动物",然而残酷如斯的现实似乎要把司马迁彻底抛弃。其次就是他遭受了前所未有的羞辱,这羞辱的痛楚昼夜啃噬着他的肉体与灵魂,他在《报任安书》中说道:"行莫丑于辱先,而诟莫大于宫刑。"可以想象遭受了十辱之最的宫刑的司马迁,内心的痛苦是无以复加的,是最最不堪忍受的。他向仁安这样诉说:"是以肠一日而九回,居则忽忽若有所亡,出则不知其所往。每念斯耻,汗未尝不发背沾衣也!"

3. 生死挣扎

从犯"诬上罪"下狱到接受宫刑而出狱,司马迁似乎一直在生与死之间徘徊挣扎,面对受死、用钱赎身和受宫刑三种选择时他选择了生,因为他想保全性命,获得自由,完成《史记》,但是面对受刑后的肉体和精神的痛苦折磨,他完全有理由颓废、绝望甚至选择自杀。正如学者程世和(2013)在总结《报任安书》时列出的司马迁可以选择自杀的理由:一是宫刑最苦,而遭此刑的人最为世人所鄙视,自杀是解决痛苦的唯一方式。二是辱没了祖宗应该自杀。三是司马迁认为那些卑贱的奴仆都敢于自杀,何况自己呢?自杀的理由可谓足够充分。但司马迁认为不死的理由更加充分,他在《报任安书》中又坚强地为自己选择忍辱苟活而辩护:一是我的祖先并没有获得封王赐侯的功勋,掌管文史书籍、天文历法,地位接近于掌管占卜和祭祀的官员,原本就是被皇上戏弄并当乐工伶人一样养着,为世俗所轻视的。即便是我伏法就死,那也好像是九头牛的身上去掉一根毛,与杀死一只蝼蚁没有什么本质区别,并不能为家族带来更多的荣耀。二是我之所以忍受着屈辱苟且活下来,身陷污浊的监狱之中却不肯就死,是遗憾我内心的志愿尚未达到,如果就这么平平庸庸地死了,文章就无法留存后世了。三是遵守父亲司马谈的临终托命,著史是我们两代人的生命追求,是我们人生的最高原则,是比我们的生命更为重要的精神本体。经过一场灵魂搏斗后,司马迁深深意识到在《史记》未完成之前,他无权虚掷自己的生命。司马迁这样激励自己:"人固有一死,或重于泰山,或轻于鸿毛,用之所趋异也。……盖文王拘而演《周易》;仲尼厄而作《春秋》;屈原放逐,乃赋《离骚》;左丘失明,厥有《国语》;孙子膑脚,《兵法》修列;不韦迁蜀,世传《吕览》;韩非囚秦,《说难》《孤愤》;《诗》三百篇,大底圣贤发愤之所为作也。"他也要像这些圣贤那样敢于扼住命运的喉咙,在绝望之中走出一条希望之路来。他想用受尽凌辱而保全的生命书写自己的人生新篇章,不负父亲之遗命,不负他所受的苦难,成就自己著

4. 历练成长

司马迁和周文王、孔子、屈原、左丘明、孙膑等人一样,并没有被厄运吓倒,更没有消沉颓废下去,相反,他更加珍惜自己的生命,坚定自己的人生目标,凭借一种对生命的信念,靠着超乎常人的忍耐与毅力,激励自己,通过著述摆脱了屈辱,赢得了生命的尊严与成就。司马迁的生命最终反而因为这些创痛获得了升华,获得了前所未有的成长,甚至精神都振奋起来,以至于他会发出这样的呐喊:"亦欲以究天人之际,通古今之变,成一家之言。"

(二)案例二:关于"9·11"事件的一项调查研究

毫无疑问,"9·11"事件不仅给美国带了巨大的经济损失,而且更重要的是给美国民众造成了极为深远的心理影响,他们对国家经济和政治上的安全感均被严重削弱。但是也有美国学者研究发现,这次巨大的创伤性事件带来的影响并不全是消极的,也存在积极的一面。

著名积极心理学家Peterson和Seligman在2003年发表了一项研究,在"9·11"事件之前,他们曾在全美抽样调查了4 000位居民,请他们在网上填写问卷,以评估自己的性格优势。研究者收集这些数据的本意并不是验证创伤后成长理论,但在"9·11"事件发生之后,研究者很快意识到他们可以对同一批人进行第二次评估,从而了解人的性格优势是否会因灾害事故而发生变化。于是他们在恐怖袭击发生两个月后再次采集了同一批人的性格优势数据,并与之前的数据进行比对。

研究者推断,如果创伤后成长理论真实可靠,那么第二次采集的性格优势总体评分将会大于第一次,后来他们发现结果与假设一模一样:袭击之后,被调查者在感恩、希望、友善、领导力、爱、信念和合作精神方面的评分都大于以往,而且这些变化仍在持续加强——研究者在10个月后又做了同样的评估,这些方面的评分变得更高了。

(三)案例三:对舟曲泥石流灾害受害者的访谈研究

同样,2010年"8·7"舟曲泥石流灾害不仅夺去了许多人的生命,也给许多幸存者留下了心理阴影,但是也有研究者通过走访灾害的幸存者,发现在经历这一重大自然灾害之后,有些幸存者身上也发生了积极的变化。

吴恺君等(2013)将舟曲板房作为调查场所,在舟曲泥石流后10周通过入户访谈方式,对63名幸存者的进行了深入访谈。该研究采用目的性抽样方法,根据课题组前期对舟曲幸存者的问卷调查研究资料,选择了在性别和民族等变量上基本均衡的幸存者作为受访者。所有受访者年龄均大于12岁,为经历过舟曲泥石流灾害的舟曲本地人,具有基本的表达、阅读和书写能力并且自愿参加本研究。由于4名受访者的基本资料缺失,最后纳入结果分析的受访者为59名,平均年龄为34.63±10.67岁,具体见表1。受访者中有84.62%的人目睹或接触过尸体,74.36%的人目睹了房屋损毁,87.18%的人经历了亲属或朋友的死亡,54.41%的人在泥石流中有被困的经历(时间从1小时到48小时不等),71.79%的人受访者的住房完全无法使用,所有受访者均遭受了不同程度的经济损失。

表1 受访者基本情况($n=59$)

		所占比例(%)
性别	男	50.85
	女	49.15
民族	汉族	52.54
	藏族	47.46
婚姻状况	未婚	25.64
	已婚	66.67
	丧偶	7.69
受教育程度	小学	12.62
	初中	23.08
	高中/职高/中专	30.77
	大专	23.08
	大学及以上	10.26

资料来源:吴恺君等(2013)。

此次访谈为半结构式访谈,访谈提纲围绕创伤后成长量表(PTGI)中提出的五个维度展开:①感激和珍惜;②人际关系;③新的可能性;④个体优势;⑤精神信念。访谈地点一般选为受访者家中,访谈时间约为20—30分钟。访谈者按照以上五个维度根据实际情况灵活提问、引导受访者,以保证访谈过程的流畅性。由于访谈可能涉及伦理学问题,因此访谈者应与受访者建立良好关系,获得其信任并做好充分沟通,访谈应以受访者充分理解为前提,双方共同签订知情同意书。此次访谈得到了一些珍贵的原始访谈资料,整理后的内容见表2。

表2 整理后的一些原始访谈资料

编码分类	原始访谈资料中的表述
精神信念	
社会	生活很快都会恢复正常,这个是很不容易的,也是社会的进步
宗教	我对藏传佛教一直都是虔诚的,经过这个事情之后,我还会更虔诚的
个人领悟	别人能做的,咱们要继续做,咱们能做的,就去做嘛,能做得更好就去奋斗呗
人际关系	
互动增多	以前好像工作比较忙,跟老人们的交流好像不太多,现在跟他们交流的时间挺多的
亲密感增加	经历这个事情以后,人与人之间的关系好像更亲密了,以前邻居之间可能会为了路啊、水啊、扔个垃圾啥的互相争执,这件事后,这种事情已经很少了
原谅与共情增加	我现在觉得比以前更会去理解、谅解
珍惜和感激	
珍惜感情	现在就是挺珍惜人与人之间的关系的
珍惜生命和生活	感觉生命真的很可贵
感激	志愿者服务态度好,对我们非常尊重,确实也是一片热心,我们非常感谢
新的可能性	
新的生活目标	家庭团结就是真正的生活目标
新的兴趣	在空闲时间我喜欢打太极拳,可以锻炼身体也可以调整心态
个体优势	
积极的自我感知	成长得特别快,觉得自己成熟了,然后面对很多问题的时候,觉得自己能很好地解决它
利他行为	还是得多做些公益性的事业,比较踏实

资料来源:吴恺君等(2013)。

四、案例使用说明

（一）教学目的和用途

1. 本案例适用于应用心理专业硕士"心理咨询理论与实务"课程,对应的是"创伤后心理""心理咨询""临床治疗"等应用主题。教师可以通过本案例详细介绍创伤后成长的概念、过程及其给个体带来的变化以及在临床方面的价值。

2. 本案例的教学目的是引导学生掌握创伤后成长的相关概念、创伤后成长过程（PTG 模型）理论、创伤后成长给个体带来的变化以及研究创伤后成长的临床价值。创伤后成长的相关理论和案例为心理咨询提供了全新的视角,为学生未来从事心理咨询等相关工作奠定了理论基础。

（二）启发思考问题

1. 创伤后成长的概念是什么?
2. 创伤后成长形成的过程大概是怎样的?
3. 创伤后成长能够给个体带来哪些变化?
4. 个体遭受创伤后可能会产生的结果是什么?
5. 创伤后成长研究的临床意义是什么?

（三）基本概念与理论依据

1. 创伤后成长的概念

早在 20 世纪八九十年代,Tedeschi 等（1996）就对个体能从创伤等负性生活事件中获得成长这一现象进行了研究,并在对这一现象进行测量时正式提出和使用了"创伤后成长"（posttraumatic growth，PTG）一词,还把它具体定义为个体在与具有创伤性的负面生活事件和情境进行抗争过程中所体验到的心理方面的正性变化,创伤后成长不是由创伤事件本身引起的,而是个体在与创伤性事件的抗争中产生的。

2. 创伤后成长的过程

Tedeschi 和 Calhoun（2004）还创立了 PTG 模型,修改后的 PTG 模型对创伤后成长过程进行了详细的描述,具体可见图 1。创伤性事件震撼或毁坏了个体原有的重要目标和世界观,个体面临着形成更高级的目标与信念、新的生活叙事及管理痛苦情绪的挑战。创伤性事件所导致的情绪痛苦引发个体反复的沉思,并促使个体进行减轻痛苦的行为尝试。最初沉思多是自动发生的,表现为常常回到对创伤相关问题的思考。在最初的应对(如痛苦情绪的减轻)之后,沉思转变为更有意地对创伤及其对生活影响的思考。随着有意沉思的进行,个体的认知图式发生了改变,生活叙事得到发展,最终产生创伤后成长。在此过程中,个体进行新情况分析、意义发现和再评估的沉思被认为对创伤后成长起到了关键作用。进行有意义的建设性沉思是创伤后成长的核心过程。

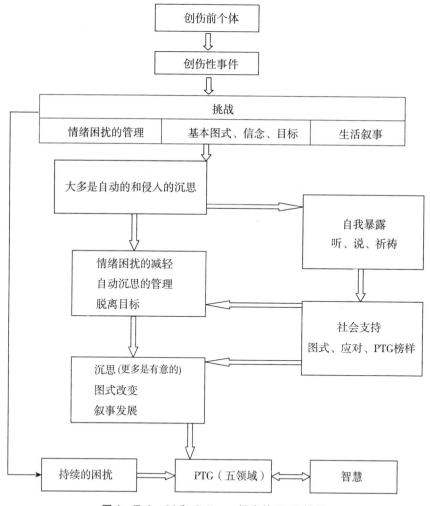

图1 Tedeschi 和 Calhoun 提出的 PTG 模型

资料来源:吴恺君等(2013)。

3. 创伤后成长给个体带来的变化

约瑟夫(2016)认为个人在经历创伤后成长之后会发生诸多的变化,其中有三个方面最为常见:一是个人变化,包括获得新的内在支持的力量、拥有更多智慧以及变得更富有激情;二是观念变化,包括金钱观、处世的观念等都会有变化;三是关系变化,人在经历创伤性事件之后会有一种共同倾向:远比以前更加重视亲情和友情。

(四)其他背景材料

无论是过去还是当下,世界上的人无时无刻不在遭遇创伤性事件,人们面对创伤性事件都有不同的应对方式,不同的反应也会产生不同的结果。O'Leary 和 Ickovics(1995)曾提出创伤挑战后的三种可能结果,具体见图2。

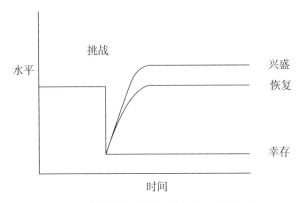

图2 人们遭受创伤后的三种可能结果

"幸存"意味着经历苦难以后,人只是活了下来,但是丧失了爱、工作和娱乐的动力,更不要说幸福了;"恢复"是指人的生活状态一度受到影响,但是最终恢复到原先的水平;而"兴盛"是指人的生活状态不仅恢复了,而且超越了原有水平,也就是创伤后成长。埃科尔(2012)也提到危机或逆境之后人们的心理地图都有三条心理路径:一条路径围绕着你现在的位置打转(即消极事件没有产生任何变化,你在开始的地方结束);另一条心理路径把你引向更消极的结果(即在消极事件之后你变得更糟,这条路径是我们害怕冲突和挑战的原因);还有一条路径可以使你在经历失败或挫折之后变得更强大、更能干。司马迁在下狱和遭受宫刑之后,有过绝望的痛苦,但他并没有消沉下去,而是选择了第三条心理路径,不仅恢复到了原先的水平,而且得到了历练成长,变得更强,最终写下了伟大的史学巨著《史记》。"9·11"之后的幸存者在一些性格优势方面有很大的提升。舟曲泥石流的幸存者也在经历这样惨痛的灾害之后,不但恢复了原先的状态,而且在精神信念、人际关系、珍惜和感激、新的可能性以及个体优势方面都有很大的提升。第三条路径正契合了创伤后成长的概念,是一条更加积极的实现自我成长的路径。

（五）分析思路

教师可以根据自己的教学目标来灵活使用本案例。这里提出本案例的一些分析思路,仅供参考。

1. 分析各种极端自然灾害如地震、泥石流后心理救援的现实意义。

2. 从个体层面,特别是遭遇重大创伤后反而取得巨大成就的历史人物,如司马迁、贝多芬等,证明创伤后成长在个体层面有哪些具体表现。

3. 创伤后成长过程理论探析。

4. 分析创伤后成长在心理咨询特别是在临床中的现实价值。

5. 讨论创伤后成长与积极心理学的关系。

（六）建议的课堂计划

1. 时间安排

本案例可以配合"心理咨询理论与实务"等相关课程中"心理咨询与心理治疗"部分使用,课堂讨论时间1小时左右,但是为了保障课堂讨论的顺畅和高效,要求学生要提前一周准备有关这一主题的理论知识,并对于这一主题的临床运用状况有较好的了解。

2. 讨论形式

小组展示＋课堂讨论。

3. 案例拓展

思考针对个体遭受重大创伤后的一些临床疗法和技术;思考创伤后成长在心理咨询领域临床中的应用。

（七）案例分析及启示

本案例分析研究首先对创伤后成长的概念进行了梳理,详细介绍了创伤后成长的过程理论,并通过该理论分析了司马迁、"9·11"事件以及"舟曲泥石流灾害"事件的幸存者在遭受重大创伤后的成长过程。以司马迁为例,创伤前个体(一名侍奉皇帝左右的太史令,已经开始创作《史记》)、创伤事件(犯罪下狱、受宫刑)、创伤事件带来的挑战(无尽的耻辱感,《史记》被迫暂时停止写作,才命相违,没有尊严,不受士大夫和文化阶层认同等)、对生与死进行了认真的沉思和考量(用创伤后成长的榜样如孔子、韩非、左丘明、孙膑等来激励自己)、进一步深入领悟生命的意义(死或轻于鸿毛或重于泰山)并确立更高的人生目标(完成《史记》:究天人之际,通古今之变,成一家之言)。正如学者程世和(2013)感慨道的:"司马迁通过这一惊心动魄的生死考验,重尝了一次人生深刻的况味。他深深感到:人间的耻辱并不可怕,可怕的是自己死于耻辱,丧失一种创造未来的生命信念,丧失一种弘扬自我的顽强意志。""9·11"事件以及"舟曲泥石流灾害"事件的幸存者也经历了类似的创伤后成长过程。

本案例研究还详细论述了创伤后成长给个体带来的变化:一是个人变化(personal changes)包括获得新的内在支持的力量,拥有更多智慧以及变得更富有激情;二是观念变化(philosophical changes),包括对人、物、金钱的观念发生了重大的转变;三是关系的变化(relationship changes),人在经历创伤事件之后表现出一种共同倾向:远比以前更加重视亲情和友情。

创伤后成长案例分析研究给我们以下几点启示:首先,让我们了解了创伤后成长的运行机制及其带来的变化。让我们认识到了面对创伤人自身所拥有的坚韧性和抵抗挫折的能力。也让我们认识到了创伤后成长的优秀榜样对遭受创伤的人所具有的重要激励作用,启示我们要大力宣传这些榜样的正能量,为创伤者走出创伤提供外部的支持力量。其次,为心理咨询提供了全新的视角,可以从积极心理学的视角去研究创伤问题,做好创伤后的咨询工作,更好地服务于遭受创伤事件的人群。张倩和郑涌(2009)、刘惠军和杜德娇(2014)等人的研究已经揭示了创伤后成长理论在临床应用上的途径及其重要价值。

【参考文献】

Peterson, C., Seligman, M. E. (2003). Character strengths before and after September 11. *Psychological Science*, 14(4), 381—384.

Calhoun, R. G., Tedeschi, L. G. (1996). The posttraumatic growth inventory: Measuring the positive legacy of trauma. *Trauma Stress*, 9(3), 455—471.

Calhoun, R. G., Tedeschi, L. G. (2004). Posttraumatic growth: Conceptual foundations and empirical evident. *Psychological Inquiry*, 15(1), 1—18.

O'Leary, V. E., Ickovics, J. R. (1995). Resilience and thriving in response to challenge: An opportunity for a paradigms shift in women's health. *Women's Health: Research on Gender, Behavior, and Policy*, 1, 121—142.

埃科尔.快乐竞争力[M].师东平译.北京:中国人民大学出版社,2012.

班固.汉书:司马迁传[M].北京:线装书局,2010.

程世和.司马迁精神人格论[M].北京:商务印书馆,2013.

刘惠军,杜德娇."创伤后成长"——理解癌症患者的一个新视角[J].疾病的心理治疗,2014,35(8),79—83.

木心.文学回忆录[M].桂林:广西师范大学出版社,2013.

司马迁.史记[M].长沙:岳麓书社,2011.

涂阳军,陈建文.创伤后成长:概念与测量[J].中国社会医学杂志,2009,26(5),260—262.

王立群.王立群读《史记》[M].郑州:大象出版社,2012.

吴恺君,张雨青,青于兰,等.中国自然灾害幸存者创伤后成长的质性研究——舟曲泥石流后对幸存者的访谈分析[J].中国临床心理学杂志,2013,21(3),474—478.

约瑟夫.创伤后成长心理学[M].青涂译.北京:北京联合出版公司,2016.

张倩,郑涌.创伤后成长:5·12地震创伤的新视角[J].心理科学进展,2009,17(3),623—630.

思维模式干预对高中生应考压力的干预效果

张红川 孙 铃 刘思悦

【摘 要】 高中生处于备战高考的关键时期,社会文化给高考这个"十字路口"赋予了沉重的意义,也给高中生增加了更多的压力,能够面对、适应并调节压力是高中生在学习与生活中必须具备的心理素质。传统的考前心理辅导往往采用集体授课或个别辅导的方式,大多效果不佳。我们从思维模式的干预出发,改编了一套简洁高效的压力干预课程。实证研究发现,这一干预方式能显著改变高中生关于压力的思维模式,提升其压力应对效能感,且干预效果能持续两个月以上。

【关键词】 思维模式 压力 高中生 心理干预

一、案例正文

一家教育科技公司在一项针对高中阶段学业辅导的研究中发现,应考压力是影响高中生学业成绩的重要因素,也可能导致高中生产生各种情绪与适应问题。然而,尽管当前大多数学校已经充分认识到应考压力及其干预的重要性,但是在具体实践中,许多学校还是采取传统的方法:要么就是请一些心理专业的老师来校举办一次讲座,通过"上大课"的办法来帮助学生缓解应考压力;要么就是由本校的心理老师甚至班主任进行小组式或个别的辅导,通过谈心的办法来达到干预的目的。大量实践经验表明,前一种方法虽然简便易行,但是其干预效果往往得不到保证;后一种方法尽管可以收到较好的效果,但是却耗时耗力,很难大规模、成批量地开展,只能变成针对特殊学生的举措。为此,这家教育科技公司邀请了部分心理学家参与,开发一种新式压力干预手段,既可以"短平快"地开展,又能够收到较好的干预成效。

这些心理学家采用了两阶段的工作模式,通过两项研究来解决这个问题。在第一项研究中,他们进行了问卷调查,旨在找到影响压力干预的关键因素。这一研究抽取了某高中二年级共851名学生参与问卷调查,并收集了这些学生参与调查前的考试成绩。问卷主要包括六个变量。①压力水平主观评估。题目为"现在的生活中,让你感觉有压力的事情有多少",要求被试在7点Likert量表上评分,1分为"一点也没有",7分为"非常多"。②压力思维模式量表(stress mindset measure,SMM)。测量一般情况下个体对于压力本质的看法和信念。该量表得分越高,表明个体越倾向于持有"压力有益"思维模式;反之则表明个体倾向于持有"压力有害"的思维模式。③压力应对效能感量表。测量个体对自己平时处理压力的能力的自信水平,得分越高表明个体越有自信能很好地应对压力。④成就目标定向量表。包含成绩回避、掌握回避、成绩趋近和掌握趋近四个分量表。⑤学习倦怠问卷。分为学业疏离、身心耗竭以及低成就感三个分量表。⑥考试焦虑简表。该量表得分越高,表明个体在考试中越容易产生焦虑情绪。研究者通过回归分析发现,上述变量表现出显著的链式中介效应,其路径为"压力思维模式→应对效能感→掌握趋近→学业成绩"。换言之,个体在持有"压力有益"的思维模式时,会增加面对压力时的应对效能感,进一步提升以掌握趋近为主的成就目标定向,再提高其学业成绩。

基于这一结果,这些心理学家在第二项研究中借鉴国外思维模式干预的研究成果,改编了一套压力思维模式短课程。这一课程主要由指导语、问卷、课程视频以及用于巩固新思维模式的练习题构成。

整理后的实验组干预方案第一版分别在公司员工和大学生两类人群当中进行了多次实践,根据主试的意见、被试的反馈及专家的建议进行了多次修改和调整,最终确定了以三个视频和一本符合中学生语境的图文练习册组成的干预材料。实验组课程主要传递"压力有益"的思维模式,对照组课程则传递"压力有害"的观念,对照组课程在结构和形式上与实验组方案相似(见表1)。整个课程耗时不到一个小时,且其干预为"一次性",即在干预之后不再采取任何后续措施。

表1 实验组与对照组课程结构和形式

"和压力做朋友"——实验组	"和压力说再见"——对照组
传递的压力思维模式 ——"压力是有益的"	传递的压力思维模式 ——"压力是有害的"
第一部分 重新认识压力 (视频+习题) 1.压力的有益本质 2.思维模式的力量	第一部分 认识压力 (视频+习题) 1.压力的消极影响 2.调节压力的方法
第二部分 改变压力思维模式三步法 (阅读材料+习题) 第一步 观察压力 第二步 欢迎压力 第三步 利用压力	第二部分 调整压力反应三步法 (阅读材料+习题) 第一步 观察压力(与实验组相同) 第二步 调节压力(包含呼吸放松训练) 第三步 征服压力
第三部分 融入日常生活 ——目的在于巩固思维模式 (阅读材料+习题) 1.设定锚定点 2.设定触发点 3.规律复习	第三部分 融入日常生活 ——目的在于巩固思维模式 (阅读材料+习题) 1.设定锚定点 2.设定触发点 3.规律复习

第二项研究在某高中二年级整群抽取三个班,共169人,平均年龄为16.5岁。三个班级均为理科班,以班级为单位分为实验组(56人)、对照组(54人)及空白组(59人)。实验分为前测、干预操作、后测及追踪测量四个步骤,其中前测、后测和追踪测量分别在干预前、干预后和实验结束后约两个月进行问卷测量。干预后的即时测量表明,与空白组相比,实验组与对照组的被试在压力应对效能感上均得到了明显提高;但是两个月之后的追踪测量结果则显示,实验组被试的应对效能感依然保持在较高水平,而对照组被试的应对效能感已回落到和空白组一致的水平。

这一研究结果说明,基于思维模式的干预的确能改善个体面对压力的应对效能感,且其干预效果持续性较好,耗时却不到一个小时,显示出事半功倍的效果。为此,该教育科技公司决定在上述研究成果基础上,面向高中生开发一套基于压力思维模式干预的线上课程,并进一步将上述课程引入该公司员工的培训中。

二、案例背景介绍

随着生活节奏的不断加快,压力已经成为当今社会各界人士共同关注的话题。一方面,压力越来越成为我们生活中不可或缺的一部分,类似于"压力山大"之类的流行语不断走红,成为耳熟能详的俗语;另一方面,人们纷纷开始关注自身的压力水平,选择各种各样的方式来为自己减压,据估计,与减压有关的产业规模可达数千亿元。但是在这一大背景之下,人们却忽略了如何进行科学的压力管理与应对。由于媒体多将压力描述为有害因素,因此多数人视压力为猛虎,唯恐避之不及,但事实上试图摆脱、逃避压力更会导致新的压力产生。这样的现象在学生群体中尤为严重,他们不但面临长期高密度的紧张学习生活带来的慢性压力,而且也存在重要考试之前短期高强度的考试焦虑,高频率的大考小考不断考验着学生的抗压能力,由于学业压力处理不当而产生问题行为及心理困扰的现象时有发生。

高中生处于身心发展的关键阶段,如果此时能通过心理健康教育的方式,告诉学生怎样更好地面对压力、处理压力反应,从而提升学生的压力应对效能感,使其面对压力时不再恐慌,而是有信心克服困难达成目标,那么学业带来的压力就能转化为进步的动力。从更长远的角度来看,压力将会伴随个体一生,在学校庇护下的学生正处于学习如何更好地应对压力的最佳时期。"压力是一个重要的工具,它帮助成长中的青少年理解青春期发展、理解如何在更广泛的社会环境中促进个人经验的发展。"(Colten 和 Gore,1991)学会更具有适应性的压力应对方式对个体的一生都有深远的积极作用,因此这也应当是学校心理健康教育当中十分重要的一个环节。

然而,目前学校里所采用的考前压力辅导等压力干预形式收效甚微,又因学校能提供的条件有限,工作场所中适用的压力管理方法不能照搬照用,因此,为学校开发一种对环境要求较低、仅需一次较短时长、干预效果却能长时间维持的压力干预手段,无疑是一个迫切的需求。要解决这一问题,就需要跨越一个横亘在心理学基础研究成果与应用实践之间的巨大鸿沟。本案例一方面介绍了运用思维模式干预方法来帮助高中生应对应考压力的过程与结果,另一方面则向学生提出了一个更大的问题:应用心理学应当如何真正做到实处,如何才能将"应用"二字落地。

三、案例使用说明

(一)教学目的与用途

1. 本案例适用于应用心理专业硕士的"健康心理学""心理咨询""员工帮助计划"及其他相关课程,主要以压力及压力干预为突破口,向学生介绍心理学如何可以更好地服务于社会、组织与个人。

2. 本案例的教学目的是引导学生理解压力及压力干预方法,认识到思维模式及思维干预的重要性;同时也可以帮助学生重新理解自身的专业定位,真正理解"应用心理学"的本质,并激发学生由此出发,尝试在别的领域开展类似研究。

(二)启发思考问题

1. 你怎样理解压力?它对个体来说是有益的还是有害的?你一般如何应对压力?这些方法在具体应用中有什么优势和劣势?

2. 能否从你的理解出发,解释一下思维模式干预为什么能够收到事半功倍的效果?你还能想到哪些思维模式干预的例子?

3. 为什么这家教育科技公司要提倡这种压力干预方法?你预估其推出后市场前景如何?你对此还有一些什么建议?

4. 你认为是什么原因导致当前心理学应用领域类似于本案例的研究往往不容易出现?你有什么解决方案?

(三)基本概念与理论依据

1. 压力与压力反应

压力的概念最早由加拿大内分泌学家 Selye 提出,他认为"压力是人体应对环境刺激而产生的非特异性反应"。自此,压力由原本的物理学概念转变为医学、心理学和社会学等学科的研究热点。由于各学科研究的角度各有不同,研究者们对压力的定义也不一致。Reiche等在文献中找出了40多种有关压力的概念。有些研究者将压力作为一个刺激变量看待,把压力定义为引起个体应激反应的刺激,这种刺激可能是环境的、内在需求的或神经特质方面的;有些研究者则认为压力是在个体和环境交互作用之下产生的效应,认为压力是需要以及应对需要之间的关系,强调既要考虑环境的作用,也要考虑个体的特征,持这种观点的研究着重于对环境压力与个体反应之间的中介变量和作用过程进行分析。

压力源是改变了个体身心平衡状态的内部或外部刺激,迫使个体对其做出适应性的反应。处于高中阶段的个体接触到的环境比较单纯,压力源的构成结构也比较明确。陈旭(2004)将中学生压力源分为任务要求压力、竞争压力、挫折压力、他人期望压力与发展压力,并从另一个角度将学业压力的来源分为内源性与外源性两种。其中,内源性学业压力指个体对学习的目标、需要、认识以及期望等,而外源性学业压力指学习活动中发生的引起压力感的外部事件或刺激。楼玮群和齐铱(2000)对近3 000名上海高中生进行了问卷调查以分析高中生压力源的构成,他们将压力源归为六大类:社会人际关系及性发展、学习与学业、父母关系、未来前途、经济状况和健康,其中以学业相关压力源占比最大,许多相关研究结果也支持这一结论。可见,学习作为高中生生活中所占时间最多的内容,已成为他们最大的压力来源。

压力反应是指个体感受到压力时所产生的生理、心理及行为反应。压力情境下人体的生理反应主要受植物神经系统的控制。当人体处于放松状态时,副交感神经系统较为活跃,心率和血压保持在较低水平,此时消化系统会储存更多能量;而当人体感受到压力时,交感神经系统开始活跃,导致心率、血压升高,同时分泌两种压力激素:皮质醇和脱氢表雄酮(DHEA)。皮质醇会有助于糖和脂肪的转化,提高能量转化的能力,使身体和大脑使用能量的水平升高,同时它也会抑制一些生理机能,如消化、生长与再生。DHEA的作用较为积极,它能帮助大脑生长,使大脑在经受压力后变得更强大,此外还能加速伤口愈合、提高免疫力。过高比例的皮质醇会导致免疫功能受损以及抑郁症状,而高水平的DHEA则可以平衡皮质醇的负面影响,能够降低焦虑、抑郁、心脏病、神经元退化等疾病的风险。皮质醇与 DHEA 的比例称为压力反应成长指数,高压力反应成长指数能帮助人们在压力下有更好的表现,而如果皮质醇比例过高则有可能导致一些慢性疾病,如高血压、睡眠障碍等。

除了上述生理反应,压力也会引发心理与行为反应。心理反应主要指情绪方面的反应,包括在感受到有压力时产生的想法、信念和感觉,例如工作满意度下降,沮丧、焦虑、愤怒等情绪增多。陈旭(2004)认为中学阶段学生的压力感受在不同时期有着不同的阶段性特征,初二到高一、高二到高三两个阶段为压力感受的上升期,初一到初二、高一到高二两个阶段为下降期。在行为反应方面,人们普遍会用酗酒、吸烟、暴饮暴食的方式来缓解压力,压力也会带来一些人际沟通方面的不良行为,如易激惹、逃避问题、攻击性增强等,而在学生群体当中则体现为迟到、旷课、口头攻击、自我伤害、打架斗殴等问题行为,同时,无法良好应对压力的学生,其学习成绩会呈现下降趋势。

2. 压力对高中生的影响与压力应对效能感

高中生的压力感受会导致其产生学习倦怠、降低学习投入以及增加考试焦虑等。倦怠(burnout)概念最早产生于服务行业的研究领域,指医务工作者和教师等服务行业从业人员由于需要在工作中投入感情,时间长了之后会形成一种情绪上的疲惫状态。Pines 等(1981)最先将倦怠的概念与学习结合到一起,用于描述学生对学习活动的倦怠情绪。对于学习倦怠通常使用 Maslach 提出的三成分定义,即倦怠包括情绪耗竭、去个性化以及消极自我评价三个过程成分(Maslach 等,2001)。当学生处于学习倦怠的状态时,会感到厌倦、消沉和沮丧,随后这种情绪反映在行为表现上,学生会开始疏远学习活动、贬低学习意义,同时伴随着在学习方面较低的成就感。有研究发现中学生的学业压力对学习倦怠有显著的影响,能够直接预测学习倦怠的水平(朱晓斌和王静丽,2009)。Hui-Jen Yang 对台湾学生的研究也发现学业压力对学习倦怠有直接的作用(Yang,2004;Yang 和 Farn,2005)。

学习投入最初是以学习倦怠的对立面提出的,学习倦怠的三成分对应到学习投入的定义中就变成了精力、卷入和效能感三个正面积极的维度。随着研究的进一步深入,研究者发现投入与倦怠并非简单的对立,只是呈中等程度的负相关关系。Schaufeli 和 Bakker(2004)进一步将学习投入定义为个体充满持久、积极的情绪与动机的满足状态,具体表现为专注、活力与奉献。

考试所带来的压力是更为学生、家长和学校所重视的一种特殊压力。考试焦虑即学生在考试前和考试过程中感受到的焦虑情绪,它是学业压力带来的一种情绪反应。大多数研究证明考试焦虑与考试成绩呈负相关关系,即焦虑水平越高,考试成绩越差。但也有研究结果支持耶克斯-多德森定律,认为轻中度水平的焦虑对考试成绩有一定的促进作用(田宝和郭德俊,2004)。刘惠军和郭德俊(2003)的研究结果表明,高考成绩与考前焦虑呈显著的负相关关系,即考前焦虑水平越高,高考成绩则可能越低。

为了更好地应对压力,当前研究者开始越来越多地关注压力应对中的效能感。自我效能感(self-efficiency)是班杜拉提出的经典理论,是个体对自己能否在一定程度上完成某一活动的判断与主观感受。班杜拉认为自我效能感具有领域关联性,与具体领域中的情境、任务、资源等密切相关。因此,压力应对效能感就是自我效能感在压力领域中的体现,指个体对自己控制威胁性事件的可能性的判断和信念。压力应对效能感高的个体在面对压力时更有信心接受挑战,会采取有效的应对方式,维护自己的身心健康;压力应对效能感低的个体则会信心不足,无法有效缓解各种压力反应。

大量研究证明了压力应对效能感对心理健康的积极作用。Cowen 等(1991)对城市儿童的研究发现,应对效能感能够很好地区分儿童的适应性水平;Sandler 等(2000)对离异家庭儿童的研究表明,离异家庭儿童的积极应对与心理问题之间受到应对效能的调节。李昊和张卫(2011)的研究发现应对效能可以有效地部分阻抗、中介和缓冲压力性生活事件对青少年自杀意念的作用。叶宝娟等(2014)的研究发现,应对效能感与学习成绩呈显著正相关关系。个体的应对效能水平并非先天决定的,而是在后天个体与环境的互动当中发展出来的。它是较为稳定的心理特质,同时又可以通过引导和教育而被改变。

压力应对效能感与成就动机存在密切关系。Atkinson(1953)提出个体的成就动机由两个因素组成:追求成功和避免失败。Dweck 和 Leggett(1998)在这一理论基础之上进一步探索,认为在趋近与回避之外还有另一个维度:成就目标和掌握目标,即个体是更关注他人对自己能力的评价,还是更注重自身能力的提高。一些研究者将这两种理论进行整合,通过逻辑推导和实证研究将两个维度结合起来,形成了四种成就目标定向:掌握趋近目标、掌握回避目标、成绩趋近目标和成绩回避目标。成绩目标是学业成绩较好的预测变量,持有成绩趋近目标预示着更好的学习成绩,成绩回避目标则与较低的成绩相关(Elliot,1999)。

3. 思维模式及思维模式干预

许多传统研究表明,在复杂和矛盾的信息当中,个人往往依靠简化的系统来认识世界,也就是说人们可以通过这种简化系统来理解纷繁复杂的世界。Dweck 在 2008 年提出思维模式(mindset)的概念,它又被译为心向或心态,是个体有选择地组织和编码信息的心理认知框架,它使个体以独特的方式解释经验并指导其反应和行为。

Dweck 对这一概念的定义经历了一个发展阶段。起初,她在研究成就目标理论时想知道为什么人们会形成不同的目标类型,经过思考她提出了内隐理念理论(implicit theories)。她认为,人们的理念在很大程度上是内隐的,难以清晰地表达,行为科学家应该付出系统的努力去确认它们的存在、鉴别它们的作用、解决相关的问题,从而影响并改变人们的生活(Dweck 等,1995)。之后,Dweck 又先后提出了内隐智力理念、内隐自我理念、内隐人性理念、内隐道德理念、内隐世界理念等细分的方面,并在 2006 年出版的《思维模式:新的成功心理学》(*Mindset:The New Psychology of Success*)一书中将内隐理念概念的表述替换为"思维模式"。书中提出僵化型思维模式和成长型思维模式两种类型,主张思维模式创造了人们的整个内心世界,它不仅能影响人们是乐观还是悲观、塑造人们的人生目标、改变人们对工作和人际关系的态度,还能预测人们能否实现潜能(李抗和杨文登,2015)。

大量的实验证明,思维模式是存在于一切认识过程、个性乃至人际关系中的普遍现象。很多研究发现,通过短暂的心理干预可以使个体的心理定式发生改变,可以打破一些心理的恶性递归循环,其改变效果逐渐积累并深刻影响个体的生理、心理和行为(Crum 等,2013)。例如在衰老思维模式领域,Levy 和她的同事发现对衰老持有消极思维模式的个体更不愿意从事一些主动应对衰老的措施,例如健康饮食、身体锻炼和定期体检(Levy 和 Myers,2004)。在体育锻炼思维模式方面,在干预后认同"工作就是锻炼"观念的酒店服务员的体重、BMI 指数及血压都有显著的下降(Crum 和 Langer,2007)。在食品消费思维模式方面,认为自己喝的是高卡路里"放纵奶昔"的个体的胃饥饿素显示出很大幅度的下降,而那些认为自己喝的是低卡路里"健康奶昔"的个体的胃饥饿素只有轻微幅度的下降,然而两组被试喝的其实是同样的奶昔,他们之间对奶昔预期的不同导致了不同的结果(Crum 等,2011)。

许多使用思维模式干预方法的研究都收到了十分有效的成果。Dweck(2008)关于智力思维模式的研究发现,通过为期 8 周的课程来介绍支持"智力可发展观"的事实和研究,可以让个体透彻地理解智力发展观并转化为自己的观念。Paunesku 等(2015)将需要参加数学补习班的所谓"差生"随机分为两组,在刚开学时进行干预。实验组阅读一篇列举科学证据反驳智力实体观的科普文章,文中陈述了一些脑神经科学的研究结果,如"大脑会通过学习和练习而不断成长,从而得到智力的发展";而对照组阅读一篇有关不同脑区功能的科普文章,内容不涉及神经可塑性。阅读任务完成后,要求两组被试总结文中要点,给一名正因自己智商不高而产生困扰的学生写建议信。整个过程耗时约 40 分钟,没有任何后续的跟进措施。在学期结束时,对照组已有 20% 的学生辍学,而实验组仅有 9% 的学生辍学。也有中国学者进行了类似的干预实验,干预措施除了阅读实验材料和写建议信,还增加了成功人士的故事分享、建议信的反馈感谢信以及毕业生的经验交流等环节。结果表明干预有效改变了学生的智力观,也提升了学生的学习意愿和学业认同(高明华,2013)。

Yeager 等(2014)关于人格思维模式的干预研究也采取相似的形式,他们让学生们读一篇短文,短文介绍了以下几个主要观点:"你现在是这样并不代表以后永远这样;人们如何对待你、看待你,不代表你就是那样的,他们的行为和看法也决定不了你未来的样子;随着时间的推移,人格也可以发生有意义的改变。"这些学生还读了高年级学生以第一人称写的文章,内容是描述自己改变的体验。最后学生们被要求写一个关于人们(包括他们自己)随着时间改变的故事。学年结束后,与控制组相比,接受过干预的学生更加乐观,更有韧性,更少有健康问题,更不容易沮丧,平均学习成绩更好。有研究者使用描述人格可塑观的实验材料来诱导被试的人格可塑心理模式,随后考察被试的归因风格。结果表明,诱导组的被试相比对照组对消极特质任务的判断更加客观,减少了特质倾向判断,更多地使用外部环境归因策略,也就是说,经过人格可塑观诱导的被试,在对他人的消极事件进行判断时,更倾向于归因于当时当地的情境因素,而非个体的本质(陈友庆和张岩,2015)。

这些干预实验不仅证明了思维模式是可以改变的,而且其干预方法能在较短的时间达到预期效果,并能在较长的时间内持续有效。这种类型的思维干预通常有三个步骤:学习新观点、练习并鼓励自己采纳和应用新观点、提供与别人分享新观点的机会(Yeager 和 Walton,2011)。新的思维模式一般是用科学研究或讲故事的方式引入的,选择这种方式能更简单有效地让被试接纳新的观点;随后要求被试做一些练习(如回答问题、抄写文章、以新观点为主题进行演讲等)来巩固新思维的学习成果;最后鼓励被试分享学习到的新观点(如用新观点写文章、将新观点复述给其他人等),通过分享行为让被试认同自己已经接纳了的新观点。

4. 压力思维模式的干预

耶克斯和多德森在1908年提出压力与绩效表现为倒U形曲线关系,过高或过低的压力都不利于绩效,中等水平的压力与高水平的绩效表现出了相关性(Yerkes 和 Dodson,1908)。换句话说,压力既可以是阻力,也可以是动力。Blascovich 的一系列研究阐述了这些阶段,并强调压力反应是由感知到的资源(例如知识、技能和外部支持)和感知到的要求之间是否平衡来确定的(Blascovich 等,2003)。简单地说,当个体感觉环境的要求超过了其资源和应对能力时,会将这种情况视为威胁,当个体感觉他们有足够的资源来满足环境要求时,会将这种情况视为是具有挑战性的。最近的研究结果发现,挑战状态能够促进心脏工作效率,调动身体反应接近动机状态,而且个体在挑战状态下的认知表现往往会有更积极的提升;与此相反,威胁状态的特征在于更低的心血管效率和适应不良的激素反应,身体则做出受挫或失败的准备(Mendes 等,2007)。此外,威胁状态也会导致较差的认知能力表现和更多的负面情绪(Kassam 等,2009)。这些研究说明了一个重要的事实,即人们如何认识压力决定了压力会对个体产生什么样的影响,也就是说,改变压力认知就可以改变个体的压力反应。

目前已有研究发现思维模式在塑造压力影响上也发挥了强有力的作用。Crum 等(2013)对一家财富500强企业的员工实施了一个工作压力的思维模式干预方案。其干预过程主要由视频与习题穿插进行:首先向被试介绍压力的实质,即压力存在的意义就是帮助人们充分调动身体能量以应对威胁与挑战;接下来介绍有关思维模式的研究,让被试相信改变思维模式就可以改变压力带来的影响;随后研究者把思维模式的改变分解为可以直接操作的步骤,从而帮助被试更顺利地实施改变。在干预结束之后,通过视频向被试介绍将上述步骤融入生活中的方法。全部干预过程持续一周,员工可以随时选择观看视频,并参与思维模式的干预。干预结束一周后,压力有益组的被试成功获得了压力有益思维模式,并报告有了更好的工作表现和健康状况;而压力有害组的被试则报告这段时间的工作表现或健康状况没有变化。其他研究发现,操纵被试的压力思维模式会影响被试的压力激素分泌水平。获得压力有益思维模式的被试分泌了更多的 DHEA,这种激素能帮助脑神经生长、加速伤口愈合、增强免疫力(Crum 等,2017),也就是说,压力有益的思维模式改变了个体的生理反应,从而改变了压力对个体的影响。

(四) 分析思路

教师可以根据自己的教学目标来灵活使用本案例。这里列举针对本案例的几种分析思路,仅供参考。

1. 压力为什么会成为今天社会的热点?面对这一问题,心理学应该如何作为?

2. 什么是"好的"心理干预?能否列举一下其基本特征并举例说明?

3. 你如何理解应用心理学专业硕士中的"应用"与"专业"两个词语?在你看来,最能代表应用心理学的研究与实践成果是什么?你觉得你如何才能做出这样的成果?

(五) 建议的课堂安排

1. 时间安排

本案例可以配合"健康心理学""心理咨询""员工帮助计划"及其他相关课程使用。课堂讨论时间以 1—2 小时为宜。为保障课堂讨论的顺畅和高效,要求学生提前两周阅读案例及相关材料。

2. 讨论形式

分组讨论 + 集中汇报。

（六）案例分析及启示

本案例通过引入一个现实问题（如何帮助高中生应对应考压力）来引导学生理解如何通过心理学的专业研究方法与思路来解决实际问题，了解思维模式的概念及其在压力干预中的作用与机制，由此深入认识心理学在解决社会、组织与个人问题中的潜力，明确应用心理专业硕士这一学位所代表的意义与价值。

【参考文献】

Atkinson, J. W. (1953). The achievement motive and recall of interrupted and completed tasks. *Journal of Experimental Psychology*, 46(6), 381.

Blascovich, J., Mendes, W. B., Tomaka, J., et al. (2003). The robust nature of the biopsychosocial model challenge and threat: A reply to Wright and Kirby. *Personality and Social Psychology Review*, 7(3), 234—243.

Cowen, E. L., Work, W. C., Hightower, A. D., et al. (1991). Toward the development of a measure of perceived self-efficacy in children. *Journal of Clinical Child and Adolescent Psychology*, 20(2), 169—178.

Crum, A. J., Akinola, M., Martin, A., et al. (2017). The role of stress mindset in shaping cognitive, emotional, and physiological responses to challenging and threatening stress. *Anxiety, Stress, & Coping*, 30(4), 379—395.

Crum, A. J., Corbin, W. R., Brownell, K. D., et al. (2011). Mind over milkshakes: Mindsets, not just nutrients, determine ghrelin response. *Health Psychology*, 30(4), 424.

Crum, A. J., Salovey, P., Achor, S. (2013). Rethinking stress: The role of mindsets in determining the stress response. *Journal of Personality and Social Psychology*, 104(4), 716.

Crum, A. J., Langer, E. J. (2007). Mind-set matters: Exercise and the placebo effect. *Psychological Science*, 18(2), 165—171.

Dweck, C. S. (2008). Can personality be changed? The role of beliefs in personality and change. *Current Directions in Psychological Science*, 17(6), 391—394.

Dweck, C. S., Leggett, E. L. (1988). A social-cognitive approach to motivation and personality. *Psychological Review*, 95(2), 256.

Elliot, A. J. (1999). Approach and avoidance motivation and achievement goals. *Educational Psychologist*, 34(3), 169—189.

Gore, S., Colten, M. E. (1991). Gender, stress, and distress. In *The social context of coping* (pp. 139—163). Boston, MA: Springer.

Kassam, K. S., Koslov, K., Mendes, W. B. (2009). Decisions under distress: Stress profiles influence anchoring and adjustment. *Psychological Science*, 20(11), 1394—1399.

Levy, B. R., Myers, L. M. (2004). Preventive health behaviors influenced by self-perceptions of aging. *Preventive Medicine*, 39(3), 625—629.

Maslach, C., Schaufeli, W. B., Leiter, M. P. (2001). Job burnout. *Annual Review of Psychology*, 52(1), 397—422.

Mendes, W. B., Blascovich, J., Hunter, S. B., et al. (2007). Threatened by the unexpected: Physiological responses during social interactions with expectancy violating partners. *Journal of Personality and Social Psychology*, 92(4), 698.

Paunesku, D., Walton, G. M., Romero, C., et al. (2015). Mind-set interventions are a scalable treatment for academic underachievement. *Psychological Science*, 26(6), 784—793.

Pines, A. M., Aronson, E., Kafry, D. (1981). *Burnout: From tedium to personal growth*. New York: Free Press.

Sandler, I. N., Tein, J. Y., Mehta, P., et al. (2000). Coping efficacy and psychological problems of children of divorce. *Child Development*, 71(4), 1099—1118.

Schaufeli, W. B., Bakker, A. B. (2004). Job demands, job resources, and their relationship with burnout and engagement: A multi-sample study. *Journal of Organizational Behavior*, 25(3), 293—315.

Yang, H. (2004). Factors affecting student burnout and academic achievement in multiple enrollment programs in Taiwan's technical-vocational colleges. *International Journal of Educational Development*, 24(3), 283—301.

Yang, H., Farn, C. (2005). An investigation the factors affecting MIS student burnout in technical vocational college. *Computers in Human Behavior*, 21(6), 917—932.

Yeager, D. S., Johnson, R., Spitzer, B. J., et al. (2014). The far-reaching effects of believing people can change: Implicit theories of personality shape stress, health, and achievement during adolescence. *Journal of Personality and Social Psychology*, 106(6), 867.

Yeager, D. S., Walton, G. M. (2011). Social psychological interventions in education: They're not magic. *Review of Educational Research*, 81(2), 267—301.

陈旭.中学生学业压力、应对策略及应对的心理机制研究[D].西南师范大学,2004.

陈友庆,张岩.个体渐变观的诱导对其心理理论判断的影响[J].江苏第二师范学院学报

(社会科学),2015(4),26—30.

高明华.教育不平等的身心机制及干预策略——以农民工子女为例[J].中国社会科学,2013(04),60—80.

李昊,张卫.青少年压力性生活事件、应对效能与自杀意念的关系[J].中国特殊教育,2011(3),84—88.

李抗,杨文登.从归因疗法到内隐理念:德韦克的心理学理论体系及影响[J].心理科学进展,2015,23(4),621—631.

刘惠军,郭德俊.考前焦虑、成就目标和考试成绩关系的研究[J].心理发展与教育,2003,19(2),64—68.

楼玮群,齐铱.高中生压力源和心理健康的研究[J].心理科学,2000,23(2),156—159.

田宝,郭德俊.考试自我效能感是考试焦虑影响考试成绩的中介变量[J].心理科学,2004,27(2),340—343.

叶宝娟,刘建平,杨强.感觉寻求对工读生病理性网络使用的影响机制[J].心理发展与教育,2014,30(1),96—104.

朱晓斌,王静丽.中学生学习自我效能感、学习压力和学习倦怠关系的结构模型[J].中国临床心理学杂志,2009(5),626—628.

管理与员工心理

绩效提升之路——从员工关爱到高效组织建设

刘 哲 赵 然 张晓宇

【摘　要】大型央企是国民经济领域的中坚力量,是国家经济发展的栋梁,但大型组织往往有着经营多元化、产业集团化、管理复杂化、发展权变化的特点,如何应对大型央企发展面临的挑战,提升整个集团的管理绩效,是大型央企管理者一直孜孜以求的目标。员工帮助计划将以组织中不同层次的管理者和不同工作性质员工的绩效需求为目标,以改善服务对象的健康状况为中心,从企业文化入手,并借助员工关爱的途径,以生态化的方式提供多元服务,满足不同需求。同时,根据服务企业的类型,设计独特的服务方案,采取项目管理的方式,对方案的设计与流程进行详细解读,持续推进方案的实施,并严格对方案进行效果评估,以确保方案的完整性和有效性。

【关键词】员工帮助计划　企业文化　员工关爱　管理绩效

一、引言

　　精神健康的人,总是努力工作及爱人,只要能做到这两件事,其他的事就没有什么困难。

——弗洛伊德

2010年至2012年,面对迅猛推进的业务拓展与组织变革所带来的种种挑战,ZA航空国际集团有限公司在上海和深圳两地公司连续开展了两年的外部员工帮助计划(Employee Assistance Program,EAP)服务。两年中 EAP 项目的平均使用率不足 1.5%,看起来 EAP 这朵小花像是消失在"被人遗忘的尘埃里"。对于这种情况,ZA 航空国际集团所做的决定居然是重新招标,启动系统 EAP 服务。面对两年的低使用率和资源空置,ZA 航空国际集团为什么没有选择放弃 EAP 服务,反而希望通过更换服务供应商的方式来加强 EAP 的推进与深化呢?这就要从 EAP 服务对 ZA 航空国际集团企业文化建设的必要性说开来。

在风云变幻的市场中,ZA 航空国际集团独特的企业文化及对企业文化的积极建设是支撑其快速发展的最重要的法宝。阿里巴巴的创始人马云在中国绿公司年会中提到:"对于任何一个组织,都要问你的使命是什么?你的愿景是什么?你共同的价值观是什么?只有这样才能建立一个了不起的组织。"而 ZA 航空国际集团便是这样一个拥有自己优秀文化的企业——它有"超越金钱,共创未来世界"的使命,"人本、责任、伙伴、创新、知行合一"的核心价值观,以及"打造一流企业集群,成为备受员工热爱、客户推崇、社会尊重的世界级优秀企业"的愿景。因此,作为一个人性化的企业,ZA 航空国际集团关注员工身心健康,积极推进和深化 EAP 项目。

二、案例背景介绍

(一) ZA 航空国际集团简介

ZA 航空国际集团有限公司简称 ZA 航空国际集团,诞生于改革开放之初的 1979 年。今日的 ZA 航空国际集团由其集团公司控股,多家大型投资公司共同持股,在全国各大主要城市均设立了全资或控股子公司,在 50 多个国家和地区设立了 130 多家海外机构,并拥有 9 家上市公司。公司员工超过 8 万人,客户遍及近 200 个国家和地区,公司资产规模逾 3 000 亿元。ZA 航空国际集团依托信息化、财务和金融投资、海外融资和服务三大平台,积极打造国际航空、移动设备、贸易物流、零售与高端消费品、地产与酒店、电子高科技、资源开发七大业务板块,成为大型综合国有企业。

(二) EAP 服务背景

近年来,ZA 航空国际集团进行战略重组,全方位推动"新国企"落地,秉承

"安全、效益、规模、可持续"的经营理念,积极追求效益效率,各二级公司由原来的多元化经营转变为聚焦主业,实现板块化运营。这些战略使公司在完全开放的市场竞争中保持营业收入的强劲增长——从2009年的407亿元跃增为2013年的1 465亿元,然而公司板块重组和快速发展也为企业带来了一系列的组织与员工问题,例如:

(1) 上海和深圳总部的文化融合问题,上海和深圳地域文化的差异使两地员工在工作方式和工作创新方面产生差异;

(2) 投资企业重组带来的文化整合问题,民用航空、转包、工贸等不同业务领域和合作方的国际化差异为企业融合带来困难;

(3) 企业聚焦主业后舍弃原经营业务带来的人员流动问题,如上海公司聚焦船舶业务后对原来的外贸部门产生较大影响;

(4) 在完全开放的市场竞争中,企业为追求营业额和利润收入而给员工带来了工作压力问题,个别员工由于工作压力过大而出现心理和生理疾病,使公司医疗费用和爱心基金支付增加;

(5) 由于企业重组所带来的管理制度和人力资源制度不完善的问题,因公司倾向于向年轻员工提供培养机会和职业生涯规划,导致个别员工尤其是老员工在心理上产生焦虑和抑郁情绪,进而影响绩效;

(6) 因公司加快推进国际化进程,海外业务拓展给外派员工带来了两地分居、子女教育和老人照顾等问题。

面对组织发展中突显出的管理与员工问题,为保证公司业绩的健康可持续增长,贯彻公司"人本"的价值观,努力向"成为备受员工热爱的世界级优秀企业"的愿景前进,ZA航空国际集团的人力资源部门肩负重任,积极寻找科学、先进的解决途径。经过多方寻证与考量,ZA航空国际集团决定采用EAP专业服务,为公司量身打造一套全心全意为员工服务的、系统的、长期的福利与支持项目。通过专业人员对组织的诊断、建议和对员工及其直系亲属提供的专业心理健康教育、培训和咨询,EAP服务旨在帮助解决员工及其家庭成员的各种心理和行为问题,进而提高员工在企业中的工作绩效。此外,在解决员工各种问题的同时,EAP服务带来的心理支持会增进员工对企业的信赖与归属感,增加员工对企业的情感投入。

ZA航空国际集团于2010年在深圳启动了外部EAP项目——"筑心行

动"。项目开展后确实取得了一定的成效，成为解决员工问题的一个必要工具，管理层也深刻体会到 EAP 服务是一个有效的管理工具，能够帮助企业和管理者解决在企业快速发展和转型中的管理难题和员工自身困扰。但是，自项目启动的两年时间内，受制于外部 EAP 供应商的规模、经验以及 EAP 专业人员数量和能力等多个因素，项目也出现了推广宣传工作不到位、员工对项目的理解不足以及提供服务的咨询团队本身能力不足等问题，该项目的使用率不足 1.5%。随着组织的发展与调整，上海与深圳两个总部进一步融合，原来既存的大部分问题更日益凸显。在 ZA 航空国际集团发展进入快车道的时期，企业和员工对于 EAP 的需求变得越来越大，越来越多样化，越来越紧迫。公司管理层充分认识到 EAP 项目在解决员工问题、支持员工、推进管理等方面对于企业文化建设、企业愿景达成所具有的重要价值，因而认为 EAP 服务对于 ZA 航空国际集团确实是非常必要的，而项目使用率低的问题在于服务供应商，于是在与原供应商合同即将到期的契机下，公司寻求到了新的合作方，在企业内部启动了涵盖所有员工的全新 EAP 服务。

三、EAP 服务的目标、方案设计与实施

（一）EAP 服务目标

面对新的 EAP 供应商，ZA 航空国际集团的相关部门详细阐述了其目前在企业发展和公司管理工作中遇到的无法解决的突出问题，并对此次 EAP 项目所能达到的效果提出明确要求。集团既希望通过 EAP 项目解决各业务公司所面对的管理与员工的普遍问题以及不同业务公司遇到的特殊问题，又希望通过 EAP 服务营造公司人本、关爱的组织氛围，实现 ZA 使命和价值观的传递，还希望 EAP 能为企业最终实现"成为备受员工热爱的世界级优秀企业"愿景而服务。ZA 航空国际集团期望通过 EAP 服务实现组织健康、人才健康以及风险管控等具体落地、可实施、能评估的具体目标，同时也期望 EAP 服务有助于实现组织目标和企业愿景。也就是说，集团希望在企业有效运营的同时，组织与个人能够同时得到持续成长与和谐发展，展现企业以人为本的价值理念。

心理学大师弗洛姆在其著作《爱的艺术》一书中指出：爱的必备要素包括关

心、责任、尊重及了解。EAP的产品和服务要站在企业的角度从员工的全然幸福出发，以获得更高的员工满意度、归属感与忠诚度，得到员工更多的认同、情感投入及责任感，以项目对员工的关心换来员工对企业的忠心，从而激发员工对企业的热爱，而这必然会带来企业业务的可持续发展，成为企业文化建设的一个非常重要的环节。

（二）EAP服务方案的设计

ZA航空国际集团是大型综合央企，拥有国际航空、贸易物流、零售与高端消费品等七大业务板块，每个板块都有其相对独立的业务系统及下属的多个位于各地的分公司，共有超过8万名员工。作为如此庞大的企业，ZA航空国际集团有其完善的组织架构与沟通渠道，可以为EAP服务提供良好的资源和支持系统。

在2010年EAP项目启动初期，公司采用的是外部EAP模式。随着EAP服务的深入，管理层发现需要在未来实施全员覆盖的系统EAP项目，因为在ZA航空国际集团这样的组织中，一定需要企业内部的大力配合才能了解企业的需求，从而"生态化"真正解决不同类型企业、不同业务部门、不同岗位员工的管理问题及个人问题。同时，EAP服务的推进需要克服之前EAP服务中存在的宣传推广问题。最终ZA航空国际集团决定采用内外结合的EAP服务模式和全员推广重点项目试点的方法。

（三）EAP服务方案的实施

EAP在中国的心理学界虽然已经不再是一个陌生的领域，但在很多国人眼中，它的主要工作就是教育讲座、培训或心理咨询。为了打破原EAP项目使用率低的瓶颈，解决形态各异的服务需求，取得较原EAP供应商更为显著的成效，新的EAP供应商以ZA航空国际集团上海地区的员工为对象，调查员工所理解、所需要的EAP服务内容。他们发现，在上海地区员工的眼里，EAP更多被理解为是对心理有问题的员工所实施的帮助，同时，因为对EAP服务"病理化"的误解和对保密的担心，员工对EAP项目存在很大的抵触。但事实上EAP是由企业为员工设置的一套系统、长期的福利与支持项目，它通过专业人员对组织的诊断、建议和对员工及家属亲人提供的专业指导、培训和咨询，旨在帮助解决员工及其家庭成员的各种心理和行为问题，进而提高员工在企业中的工作绩效。为了消除这种误解，EPA供应商在服务实施中必须对EAP的理念、原则、政策以及EAP咨询的概念加以宣传普及，使员工能够正确理解。

鉴于使用率低的问题和上海地区员工对EAP的误解，为顺利达成项目目标，EAP供应商在公司内部招募EAP伙伴，以内外结合的模式，从浅到深、循序渐进地推进项目。

1. 项目初期——从培训开始导入，以宣传促进了解

（1）用专题培训开启员工的心门

虽然公司员工对心理咨询持有怀疑和否定态度，但是随着越来越多的员工开始组建自己的家庭并进入子女养育阶段以及中国逐步迈入老年化社会、环境污染和食品安全等问题进一步严峻等内外部因素，员工对子女教养、老人照顾和身体健康等问题越来越重视。EAP供应商以"从员工最关心、感觉最安全的话题切入，注重服务体验，慢慢获得员工的芳心"作为初期服务的重要原则，针对ZA航空国际集团的实际情况，启动以"开启幸福人生"为主题的EAP项目，通过"恋爱与婚姻""环境与健康""育儿与青春期教育"等专题培训，敲开ZA航空国际集团员工的心门，让员工初步了解和认识EAP对其家庭生活带来的影响和帮助，逐渐改变自己心目中对EAP项目的偏见，为EAP项目的宣传与推广奠定基础。期间，EAP供应商通过海报和展板等形式公布7×24小时热线电话号码，以便为培训后有意愿接受EAP服务的员工提供便利。

（2）用广泛宣传赢得员工的信任

当EAP培训开始逐步被员工了解和接受时，公司配合项目实施方广泛开展EAP宣传，通过制作EAP宣传手册、海报、鼠标垫、冰箱贴、杯垫等易得性产品使心理咨询免费电话更加易于获取；通过公司OA、官网和"ZA航空国际集团报"APP客户端等传播平台使EAP项目被更多的员工知晓；通过制作ZA航空国际集团"启动幸福人生"微信公众号，将项目动态和相关的心理健康知识与员工及时分享，从而使EAP项目更加深入人心。

2. 项目中期——深入开展主题活动，持续推进EAP项目深入开展

（1）针对员工层面的培训活动

随着员工对EAP项目的认识越来越深刻，公司逐步开展关于职场、情绪与压力、职业生涯发展等方面的主题培训，并在每次培训后选择适当时机安排驻

场咨询,驻场咨询的时间和地点要严格遵守保密原则,从而保护员工的隐私。驻场咨询可以按地区及行业进行划分,如上海地区大部分都属于管理或销售人员,可以作为一个驻场点;而深圳地区由于有多家不同行业的二级公司,EAP 服务可以根据不同单位提供驻场咨询,比如商场、航运公司、物流公司、物业公司等均可作为不同的驻场点。主题培训可使员工从自己感兴趣的问题开始对 EAP 项目更加关注,这一阶段的专题培训可能会使员工在相关问题上更愿意进行面对面咨询而不是电话咨询,尤其是工厂的一线员工,工作压力、情感冲突等问题更容易引发抑郁和焦虑,而且他们大部分来自深圳之外的城市或农村,在陌生的城市更需要情感交流和关爱。对在面对面咨询中出现问题的员工,咨询团队可以进一步进行转介,从而降低危机发生的风险。

(2) 针对管理者层面的培训活动

作为 EAP 的客户之一,管理层面临着比员工更大的工作和心理压力,他们可能对公司战略重组面临的压力、工作生活平衡等问题进行咨询,也可能对组织面临的灾难和危机事件进行干预咨询,还可能对工作场所的暴力行为进行政策咨询和管理咨询。事实上,ZA 航空国际集团的一些管理者自身存在着诸如领导力缺乏、管理经验不足、沟通技巧欠缺、目标设定标准不统一等问题,EAP 可以帮助这样的管理者,例如针对他们进行专门的管理技巧和领导力方面的培训,向他们提出一些实用的建议,使他们在关注员工工作的同时也同样关注员工的生活等。EAP 还可以对公司新晋升的管理者提供帮助和支持,使他们在自身角色转换时获得相关管理知识和技能的培训,从而帮助他们更快更好地转换新的角色。ZA 航空国际集团的管理者培训可以通过行动学习的方式举办,在行动学习的过程中,管理者在轻松愉悦的氛围下通过案例分析、分组讨论、主题分享等方式提升他们自身的管理水平和道德修养,进而最终带领团队实现成长。

根据帕累托定律,如果一个管理者把 80% 的时间用来处理 20% 的不能胜任员工的问题时,管理者就应该深入分析究竟是什么原因导致了员工工作绩效出现问题。如果管理手段在 3 个月的时间内都不能改善员工的工作表现,管理者就需要考虑转介员工到 EAP 服务中,以帮助其解决绩效问题。管理者由于观察到员工的绩效、出勤率或工作能力下降而对员工做出转介行为,被称为 EAP 管理层转介。管理者在获得相关培训后,会更加了解自身和团队成员,可在实际工作中及时发现问题员工,并通过管理层转介对其进行早期干预,以预防危机事件的发生。

3. 项目深化期——尝试开展特色项目,促进组织与员工健康成长

(1) 危机管理项目

随着公司员工对 EAP 项目有了更加深刻的认识和了解,公司 EAP 使用率和覆盖率得以提升,企业对 EAP 项目的重要性也更加了解,这时可以引入危机管理的内容。在 ZA 航空国际集团,由于战略重组和转型,企业可能发生的危机包括裁员心理危机、内部冲突(人际冲突和部门摩擦)、并购中的文化冲突、航空空难安全事故等。EAP 供应商在 ZA 航空国际集团提供的危机干预服务可以包含以下内容:①危机前干预,成立危机干预组织机构,提供心理培训,进行心理测评,从源头对危机进行控制;②危机中干预,包括制订计划、提供帮助、跟进咨询,消除障碍;③危机后干预,包括强化学习应对技巧,总结经验,不断改进。在危机发生后,大多数经历过创伤性事件或情境的个体会以一种理想的方式来看待和理解这类事件,但是有些个体却很难回到正常的生活状态,并有出现创伤后应激障碍、焦虑障碍、人格障碍或抑郁等的风险,因此在发生创伤性事件后,EAP 公司可以通过危机事件应激管理向公司员工提供相应服务,包括个体减压、复原力提升、危机管理信息通报、群体减压、危机事件群体晤谈、个体咨询、创伤后应激障碍治疗等。由于危机事件的发生常常具有不可预测性,所以员工的入职前测评、EAP 专业的心理咨询等危机前干预都对预防员工出现危机后不适具有重要的作用,而这些工作则需要人力资源部、企业文化部和各部门协同努力方可完成。

(2) 外派员工支持项目

随着 ZA 航空国际集团全球化理念的进一步实施,ZA 航空国际集团目前外派员工达 2 000 人,这些员工或多或少存在环境适应困难、工作压力大、职业生涯发展不连贯、情感与婚姻危机、家庭角色难以履行、职业成功与家庭幸福不同步等各方面的问题。部分员工因工作或环境等原因常驻国外,结束常驻回国后便离开了公司。针对这些员工和他们的各种问题,建议公司利用每年海外工作会的契机,对这些外派回国参会的员工进行职业生涯与心理健康等方面的培训,并对参加培训的海外员工提供 7×24 小时热线咨询和驻场面对面咨询服务,

以解决海外员工的个人和家庭问题,为 ZA 航空国际集团的海外业务拓展清除潜在隐患,使外派员工没有后顾之忧,并以更加积极的状态投入海外工作中。

(四) EAP 服务的设计原则与产品

ZA 航空国际集团的 EAP 服务在面对需求各异、问题特殊与资源有限的诸多困难时,在以常规 EAP 产品解决共性问题的基础上,决定集中一部分资源,以各业务板块典型代表公司为试点,解决实际问题、个性问题,以个性化的关怀展现企业对员工的关心,并在实践基础上打造出可复制的创新 EAP 产品,以便未来在各个不同业务板块展开推广,实现 EAP 服务的纵深化和规模化。

ZA 航空国际集团的 EAP 服务产品在积极服务企业文化的前提下,提出十六字的设计指导原则,即"全面覆盖、创新试点、深入应用、内外结合"。"全面覆盖"是指以 7×24 小时热线、咨询及转介、培训等常规 EAP 服务覆盖北京、上海、广州、深圳、成都、无锡、武汉、杭州及海外等集团所有员工,通过推介会、微信、手机 APP、邮件、海报、ZA 内刊等方式全方位宣传 EAP 项目,在展现 EAP 服务免费、方便的同时,积极传达企业的人本价值观念。

"创新试点"是指通过在四个不同板块的典型业务公司中实践 EAP 创新产品以解决实际问题,并在解决问题的过程中增加员工对于企业的认同与责任感。

"深入应用"是指针对同类型业务公司可能面临的共性问题及不同类型业务公司之间可能面临的类似问题的互通性,在打造的各创新试点产品的可复制性基础上进行深入应用,在大范围推广中使 EAP 服务尽量覆盖到全体员工,并让员工深刻感受到企业为员工福利所做的努力。

"内外结合"是指集团总部及业务公司计划培养一批高素质、具有专业水准的内部 EAP 伙伴开展内部工作,在第三方 EAP 供应商提供外部专业力量支持及督导下,将 EAP 服务真正扎根于企业,发展企业个性化的 EAP 服务,并且成为企业文化建设的一个必要部分。

在十六字设计原则的指导下,EAP 项目组成员经过实地调查、需求访谈与专家会谈,开发出 EAP 项目的产品方案——"1 + 4"产品方案。

1. "1"——常规的 EAP 产品

新的 EAP 项目产品方案既有常规的产品,也有创新的产品,其中常规的产品包括7×24小时热线、宣传推广、驻场咨询、内部EAP伙伴、培训、心理咨询等。

（1）7×24小时热线

服务内容：压力应对、人际关系、情绪调节、亲子教育、婚姻情感、职业规划等生活及工作各个方面的心理咨询，特点是全年全天候无缝值班，危机干预及时响应。

产品意义：员工身边的"健康伞"，即时提供专家支持，方便快速解决员工及家人的心理困扰，改善工作生活平衡，提升自我和谐度和幸福感，有效控制心理危机。

服务范围：包含北上广深等各业务公司所有员工及家属。

（2）内部EAP伙伴

服务内容：短程焦点解决技术培训、EAP相关培训、定期团体督导等。

产品意义：掌握全新的管理工具、福利设计思想与管理理念，给组织注入活力，促进常规EAP服务及试点项目在各业务公司的落地和复制。

服务范围：结合行政职能及个人兴趣爱好，面向集团总部及试点业务公司招募。

（3）驻场咨询

服务内容：主要是心理咨询师定期到企业内部提供便捷的面对面咨询。

产品意义：心理咨询师的主动上门服务更能促进员工的使用动机，增加员工获得服务的易得性和便捷性，同时有效减少员工在工作场所的不理智想法，从而降低冲动行为的风险。

服务范围：集团总部（深圳、上海），人数较多或规模较大的业务公司。

2."4"——四个创新试点的创新性产品设计

针对ZA航空国际集团的特点和需求，EAP供应商设计了有别于常规EAP产品的创新产品，包括服务业试点的"打造最美门店"、地产业试点的"离职率改善"、制造业试点的"关爱留守儿童"以及总部管理人员试点的"心理顾问计划"等共四个服务产品。下面对在服务业试点的"打造最美门店"进行详细介绍。

ZA航空国际集团是一个综合型的集团公司，其中高端零售业是一个重要的业务板块，集团公司非常重视此板块员工的工作满意度和主观幸福感。

产品的目标:指导店长掌握有效的柔性管理和心理激励,打造最美店长;提升营业员投入度,提高服务质量,减少投诉;帮助营业员从"传统服务者"向"情感服务者"转型,从工作中获得愉悦感和成就感的同时,激发其积极与客户情感互动的意愿,打造悦己情绪者。

试点对象:深圳各门店营业员群体及各门店店长。营业员:以门店为单位,一个门店的营业员为一组(每组40人左右);店长:深圳地区所有门店店长为一组。

服务方式:乐活管理最美店长——筑心顾问。该产品针对店长沟通能力和个体情绪管理等方面采取了很多举措,为店长提供凝聚力提升、重燃工作激情、上下级沟通、思维模式和行为模式调整等专业管理建议,如有需要,可对影响店长工作的婚姻家庭、亲子教育等领域提供顾问支持服务。具体采用VIP预约经理主动呼出预约和咨询顾问与店长一对一面谈两种形式。

最美营业员——快乐辅导。一方面是访谈式辅导,采用驻场的方式,结合日常值班表进行安排,咨询师与营业员一对一面谈,咨询师针对营业员的心理压力源与心理需求,使用短程咨询技术帮助其进行情绪疏解。另一方面是凝聚力团体辅导,结合测验和访谈结果,梳理共性需求,设计相关团队凝聚力主题,其中团体带领者都是具备心理咨询、管理、营销背景并且经验丰富的老师,时间一般为2小时,在较短的时间内提高营业员的互动性,提升效率。

项目特色:试点先行,短平快准。以门店为单位,每组实施时间在20天左右(结合实际情况可能有所调整),短周期内完成全套系统的项目服务。

此外,ZA航空国际集团提供的特色EAP产品还包括外派员工支持计划、裁员服务、危机管理等,以供EAP服务在企业中的深化。

四、案例使用说明

(一)教学目的与用途

1. 本案例适用于应用心理专业硕士"员工帮助计划"等课程,对应于"企业文化建设""员工管理""组织转型""EAP方案设计"等应用主题。教师可以通过本案例向学生介绍大型集团企业所面临的管理问题以及EAP方案在其中的应用。

2. 本案例的教学目的是引导学生掌握 EAP 方案设计的要点和方法,对 EAP 项目在明确目标、模式选择以及具体方案实施等方面提供启示和参考,为学生进入 EAP 相关行业并开展具体工作积累理论知识和方法经验。

(二) 启发思考题

1. 在读完 ZA 国际航空 EAP 案例之后,你印象最深刻的是什么?

2. 对于 ZA 这样的大型企业,如果你是 EAP 的项目领导者,你会怎样设计 EAP 服务思路?

3. 对于 ZA 航空国际集团的 EAP"1 + 4"产品方案,你如何评价?

4. 对于更换服务供应商的 EAP 项目,你接手之后首先会做些什么?在之后项目开展的过程中需要注意些什么?

5. 如果你是一名 EAP 咨询师,在"打造最美门店"的服务中,你会以什么样的方式与店长进行咨询辅导?

(三) 基本概念与理论依据

1. EAP 的定义

EAP 是由企业为员工设置的一套系统、长期的福利与支持项目。该项目旨在通过专业人员对组织的诊断、建议和对员工及其直系亲人提供专业的指导、培训和咨询,帮助员工及其家庭成员解决各种心理和行为问题,从而提高员工在企业中的工作绩效。

2. EAP 的作用及优势

第一,企业可以通过 EAP 维持员工的身心健康,从而减少企业医疗保险费用的支出,降低离职缺勤率,节省招聘费用,降低成本。

第二,企业可以通过 EAP 提供健康咨询活动及各种健康服务,培养员工积极健康的生活方式,提高员工满意度和劳动生产率。EAP 不仅重视员工的工作,而且把全面关心员工的身心健康作为目标,不只是把员工看成是管理对象,更重要的是把员工当作伙伴和朋友,强调采用体贴、关怀的方式构筑健康的企业文化,促进和谐社会的构建和发展。

第三,EAP 服务有助于建立"以人为本"积极健康的企业文化。EAP 服务提倡关心人、爱护人、激励人、安慰人,帮助企业为员工创造一个和谐的工作环境,从而满足员工的尊重需要,激发员工的工作积极性,提高组织的工作效率。

3. EAP 的服务模式

内部模式,是指在组织内部设置专门机构或在人力资源部等相关部门新设职能,由内部专职人员负责 EAP 项目的策划和组织实施。

外部模式,是指组织将 EAP 项目外包,由外部具有社会工作、心理咨询辅导等知识经验的专业人员或机构提供 EAP 服务。

联合模式,是指若干组织联合成立一个专门为其员工提供援助的服务机构,该中心配备了专职人员。

混合模式,是指组织内部的 EAP 实施部门与外部的专业机构联合,共同为组织员工提供帮助项目。

4. EAP 开展的一般过程和内容

(1) 实施 EAP 的第一步:EAP 的方案规划

EAP 方案规划的功能众多,主要包括帮助企业进行理性思考、在组织内部起沟通与协调的作用以及为今后的评估提供依据等。

(2) 了解客户需要:EAP 的需求评估

需求评估是 EAP 最重要的临床功能之一,其主要目的就是界定问题,在客户和服务者之间达成共识。通过需求评估可以完成揭露影响当前现状的潜在问题、按重要性和解决方案的可行性重新组织问题以及建立初步的处理或行动方案等目标。

(3) 让 EAP 深入人心:EAP 的宣传推广

为了让员工相信 EAP、使用 EAP,宣传就成为头等大事,只有借助多种形式的推广,让员工更多地了解 EAP 的相关知识,他们才可能主动地使用其提供的服务。

(4) 专业团队的建立:EAP 的培训

培训是开展 EAP 项目的前提和推动力,是 EAP 项目成功的基本保证,同时也是增进员工心理健康的重要手段,有助于提升员工工作绩效,加强企业凝聚力。

(5) 具体问题的解决:EAP 咨询

对于面临心理困扰的员工来说,真正能够起到帮助作用的就是专业的心理咨询。在 EAP 中，作为重要的环节之一，心理咨询的目的是为组织中出现了个人心理问题并影响到工作表现的员工提供适时的帮助，改善其工作和生活状态，保证 EAP 项目的实施能够达到预期的效果，提高组织的生产力。

（6）确定 EAP 的有效性：EAP 的效果评估

评估不仅能让采用 EAP 的企业看到其投资得到了很好的回报、受到人们的关注和喜爱，而且能为 EAP 的严格实施提供保障，评估本身就是 EAP 整体的一部分。

（四）其他背景材料

EAP 的核心内容是通过向一个企业或组织机构内的员工提供关注个人心理和行为健康（在国外通常的说法是精神健康，即 mental health）的各种服务来达到提升他们的个人生活质量和工作绩效的目的，从而使员工个人和组织都受益。

事实上，中国的企业很早就开始关注员工的身心健康，尤其是最近的 20 年来，开始强调用行为科学的方法关注员工管理问题以及思想政治工作科学化等。另外，随着中国心理咨询业的发展，企业员工的心理健康问题也逐渐受到重视，通过 EAP 模式来关注员工职业心理健康和组织发展在最近 5 年先从国内的大型外资企业流行起来。

随着中国改革开放的深入，越来越多的外资企业在中国投资，设立分支机构，同时带来包括 EAP 在内的各种现代管理理念和方法。EAP 在西方国家发展了二三十年后，随着全球经济一体化的步伐，也开始得到其他国家的关注。由于中国这片经济发展的热土受到全世界的青睐，EAP 登陆中国成了一个必然的结果。在这种背景下，诸如惠普、摩托罗拉、思科、阿尔卡特、诺基亚、爱立信、北电网络、可口可乐、杜邦、宝洁和亨斯曼等一大批外商投资企业，尤其是 IT 行业的外商投资企业纷纷开始启动它们在中国境内的 EAP 项目。虽然一些外商投资企业会采用内部 EAP 服务模式，即由公司内部的 EAP 专门人员来提供或协调相关的服务，但是为了绝对保障员工的个人隐私，大多数企业采用的是由外部专业机构来提供 EAP 服务的模式，因此国外的 EAP 服务机构也开始进入中国市场，还有 EAP 服务公司采用诸如电话等远程服务方式直接从国外向在中国境内的员工提供服务。但在中国境内接受 EAP 服务的对象除了少数外籍员工,绝大多数还是中国的本地员工。由于文化背景、观念或意识等方面的差异,面向本地员工的 EAP 服务内容和方式需要进行必要的调整,其中非常重要的一点就是必须由本地的专业人员来向本地员工提供相关服务,因此一些本地的 EAP 服务机构也相继出现,并且一些本地企业也开始使用 EAP 或相关的服务,如联想集团、中国国家开发银行和上海大众集团等。

相信随着本地企业对员工关注的日益加强,以及各类专业服务机构的推动和来自本地高校及研究单位的支持等,中国本地的 EAP 行业会日趋成熟,EAP 也会成为企业向员工提供的一种非常普及的服务。

(五) 分析思路

教师可根据自己的教学目标来灵活使用本案例。这里提出本案例的分析思考,仅供参考。

1. 企业对于 EAP 的认识和需求。
2. 企业在实施旧的 EAP 方案时所面临的困境和阻碍。
3. 新的 EAP 方案所要达到的目标。
4. 如何设计 EAP 方案以满足企业的需求?
5. EAP 应用于企业管理中的经验和教训。

(六) 建议的课堂计划

1. 时间安排

本案例可配合"员工帮助计划"等相关课程中的"企业文化建设""员工管理""组织转型""EAP 方案设计"等部分使用,建议课堂讨论时间为 1—2 小时,需提前让学生掌握相关的理论知识,以保障课堂讨论的顺畅和高效。

2. 讨论形式

课堂讨论 + 小组报告。

3. 案例拓展与实践

在 EAP 服务的企业中,"留守儿童"是员工目前最牵挂和最受困扰的一个问题,你会设计一个什么样的 EAP 服务项目来满足客户的需求?

(七) 案例分析及启示

伴随 ZA 航空国际集团的迅速发展,循序渐进开展的 EAP 相关服务得到了越来越多员工的认可。EAP 服务解决了越来越多的员工问题,使得员工持续从中获益,并促成员工工作绩效与公司组织绩效的提升,同时也营造出以人为本、全方面关心员工的组织氛围,为 ZA 航空国际集团实现使命与价值观贡献了力量。

EAP 服务中各个项目的推行无不体现出企业对员工的支持和关怀,情感的流动是相互的,这种努力定会唤起、增进员工对企业的认可、对企业发展的关心与企业责任感,并会提高员工的满意度、归属感与忠诚度,增加员工对企业的情感投入,进而激发员工对企业的热爱,使得 ZA 航空国际集团"成为备受员工热爱的世界级优秀企业"的愿景逐步实现。这些目标的实现是 ZA 航空国际集团企业文化建设必不可少的一部分,而 EAP 服务在 ZA 航空国际集团中的开展与深化,正是其企业文化成功建设的必要助力!

【参考文献】

张西超.员工帮助计划(第二版)[M].北京:中国人民大学出版社,2015.

赵然.员工帮助计划:EAP 咨询师手册[M].北京:科学出版社,2010.

因为爱,所以爱!
——员工帮助计划助力餐饮企业健康发展

黎柯鼎　赵　然　汤　蔚

【摘　要】员工是一个企业的宝贵财产,员工的心理健康与职业压力问题对企业绩效、发展影响巨大。A 餐饮连锁企业在迅速发展的过程中,不可避免地遇到一系列问题:管理者的管理能力欠缺,员工身心健康水平偏低,工作场所危机预防与干预措施不到位,工作与家庭平衡等,这些问题都亟待解决。在这样的背景下,A 餐饮企业启动员工帮助计划——"向日葵计划",员工帮助计划面对员工,旨在帮助员工及其家人处理和解决个人问题,特别是与绩效、健康和安全生产有关的问题;面对企业,旨在帮助组织提高生产力和促进健康运行,并处理组织的特定需求。本研究以 A 餐饮连锁企业员工帮助计划——向日葵计划为案例进行分析,认为此项目效果显著,并提出更好地实施向日葵计划的相关思考。

【关键词】EAP　向日葵计划　企业管理　员工　案例分析　启发

一、引言

俗话说民以食为天,但随着社会生活水平的提高,人们对食物的要求不再仅仅局限于吃饱,更强调享受:享受可口的饭菜,享受优质的服务,享受舒适的环境等。当下传统餐饮行业的竞争优势逐渐减弱,优质的服务成为人们选择餐厅就餐的一个重要考虑因素,因此提高服务质量成为餐饮企业的重要任务之一。我国餐饮业从业人员具有劳动强度大、劳动时间长、年龄和文化程度普遍偏低等特点,极易发生心理健康出现问题而不自知的情况,从而导致工作效率低、消极怠工、缺勤率和离职率高、人际关系恶化,严重的还会出现抑郁、自杀等。员工是餐饮业中的重要一环,他们出现问题后组织很容易受到影响,例如员工离职率高导致企业人力资源工作压力增大,员工工作效率低导致企业管理、运营成本增加,影响企业长远发展。在餐饮行业有这样一句话,"要想让你的顾客满意,首先要让你的员工满意",所以在人们越来越关注职业健康问题的情况下,不少餐饮企业启动员工帮助计划来帮助员工加强心理健康教育和培训,设置咨询热线疏导员工消极情绪,解决员工职场困惑,给予员工充分的关怀,全面保障员工的身心健康。

员工帮助计划(EAP)是由企业为员工设置的一套系统的、长期的福利与支持项目。企业可以利用有关资源,通过相关技术,预防、识别和解决个人及生产率问题,增强员工和工作场所有的效性。首先,企业可以通过 EAP 降低成本,提高生产率,这是因为 EAP 对于维护员工的身心健康起着重要的作用,由此可以减少员工的医疗保险支出,增加出勤率,节约人力成本,另外为员工的职场生活困扰提供专业的意见和指导可以增加其工作满意度,提高工作效率。其次,企业启动 EAP 有助于建设积极健康的企业文化,EAP 强调以人为本,关爱员工,利于构建和谐的企业氛围,促进员工和企业的共同发展进步。最后,EAP 具有低投资、高回报的特点,早在 20 世纪 80 年代,美国学者就对 EAP 的实施效果进行了成本回报分析,结果显示,美国企业平均为 EAP 投入 1 美元,就可节省 5—16 美元运营成本(孙冬梅,2009);美国通用汽车公司的 EAP 每年为公司节约 3 700 万美元的开支;另外,根据美国员工咨询服务计划的成本效益分析显示,员工咨询服务计划的回报率为 29%(张西超,2003)。

二、背景介绍

A 火锅是一个响当当的连锁餐饮品牌,以极为优质的服务俘获了广大饕餮食客的芳心,据说一个晚上一个台子要翻三次,可见生意极其火爆。近年来,A

火锅迅速扩张,在国内 20 多个城市及国外 5 个城市共开设了 120 家直营连锁餐厅,员工总人数 18 000 人。

2011 年,一本以 A 火锅为原型的管理领域畅销书出版,A 火锅成为知名商学院必谈的炙手可热的案例。"把人当人对待,用双手改变命运"是 A 火锅成功的要诀,这里的"人",既包括了顾客,也包括了其最重要的资源——员工。也是在同年,以心理健康服务为核心内容、覆盖全体员工的"向日葵计划"在 A 火锅启动。"向日葵计划"的主旨是推动组织更科学、高效和系统的管理,促进员工更快乐、健康和持续的成长。

(一)"向日葵计划"服务背景

开展"向日葵计划"是 A 火锅内部发出的真实而迫切的声音,主要来自以下四个方面。

1. 连锁门店

在门店快速发展和复制的过程中,企业员工从 1 万人迅速增加到 1.8 万人,门店经理和领班团队面临管理能力提升、新老员工融合、员工积极性调动、业绩指标完成等方方面面的挑战和困扰。

2. 管理者

中高层管理者多从一线员工成长起来,管理能力欠缺,且长期以来工作时间长、工作责任大,工作生活难以平衡,家庭婚姻问题较多,身心俱疲。

3. 员工

员工多数来自偏远农村,他们的学历水平、年龄结构均较低,心理健康意识和水平也偏低,来到一线或二线城市后,他们更是面临着工作、生活、人际、适应等多方面的压力,经常会有危机及暴力事件的发生。

4. 留守儿童家庭

餐饮行业的管理者和员工多数是远离家乡,在外打工,由于生活条件的限制,使得这些人不得不把孩子留在家乡。像多数进城务工的家庭一样,家庭温暖的缺失、亲子沟通的障碍会影响留守儿童的品德塑造、性格养成和心理成长。

(二)"向日葵计划"服务目标

基于以上四个方面的需求,"向日葵计划"的整体目标被确定为①提升中高层管理者的领导力及员工管理能力,缓解他们在工作、家庭中的压力和矛盾,帮助管理者更好地自我觉察。②帮助一线基层员工解决工作和生活中的心理困扰,提升员工幸福感,从而提升顾客满意度。③预防危机事件的发生并降低其可能带来的负面影响,活跃门店的整体氛围,建设快乐而有活力的门店,实现门店业绩的增长。

三、"向日葵计划"服务内容

考虑到 A 火锅公司的经营现状、组织结构和员工特点,"向日葵计划"采用外部服务模式,内部负责对接的主要部门是工会,人力资源部协同参与。表 1 概括了"向日葵计划"前三年走过的基本历程。

表1　A火锅公司"向日葵计划"年度服务计划表

	第一年	第二年	第三年
关键词	探索	扩展	夯实与融合
组织	群体健康测评 宣传推广(三折页、服务卡) 危机干预	宣传推广(宣介会、海报与视频) 危机管理培训与危机干预 门店走访调研	宣传推广(宣介会、微信及内部期刊文章推送) 门店危机筛查与危机干预
管理者	管理者心理顾问	管理者心理顾问 减压主题培训	管理者心理顾问 管理者转介服务
员工	7×24 小时热线咨询 减压、工作生活平衡主题培训	7×24 小时热线咨询 门店驻场咨询 亲子主题培训 留守儿童关爱服务(训练营+家庭一帮一服务)	7×24 小时热线咨询 门店驻场咨询 婚恋主题培训 留守儿童家庭一帮一服务

(一)管理者心理顾问服务

1. 服务内容

A 火锅创始人张大哥是一位富有传奇色彩的人物,他对人性有着深刻的洞察,他的管理思维也带有中国传统文化的独特色彩。在 A 火锅发展进入"快车道"之前,董事长把公司最关键领导岗位上的管理者送到长江商学院、中欧国际工商学院、清华大学经济与管理学院等院校进行深造,以适应企业从传统餐饮到餐饮、物流、食品供应等集团企业过渡的"核裂变式"快速发展。但是,变化总比计划更快,传统学习的速度跟不上企业发展速度的需求,如何让管理者在实际工作中有效应对管理挑战成为张大哥要急需解决的问题,也许有一位"贴身顾问"在身边能够起到快速反应、及时辅导的效果。由此,"管理者心理顾问"项目诞生了。

管理者心理顾问是当时国内 EAP 服务的创新,也是"向日葵计划"的核心。它采用主动呼出的形式,将管理者个人接受服务的意愿与专业推荐相结合,为中高层管理者匹配在管理、婚恋和亲子教育等领域有丰富经验的顾问,顾问与管理者按预约的时间在环境安静优雅的咖啡厅或茶馆进行面谈,以舒解管理者的压力,提升其管理能力,并促进工作与生活的平衡。尽管这项服务得到了 A 火锅公司最高层的支持,并且在内部会议和邮件中都发出了号召,但由于没有既往经验可循,挑战扑面而来,EAP 服务机构专家和项目组成员只能一边摸索、一边调整、一边前进。

通过逐一回访参与前两轮服务的 39 位管理者,我们根据参与意愿和个人需求将管理者划分为 5 类,并提炼出了影响管理者心理顾问项目服务满意度的影响因素,这些影响因素分别为①管理者有主动接受服务的意愿;②管理者有明确的服务需求;③管理者的问题属于心理顾问的服务范围;④心理顾问的擅长领域与管理者需求匹配。显然,管理者心理顾问项目覆盖的服务对象是应公司快速变革的需求而产生的,也是公司根据工作需要由人力资源部和公司总裁及副总裁推荐划定的,参与管理者心理顾问项目的管理者并非完全自愿。由此,服务对象非自愿的特点对服务提出了更高的要求,这提醒我们要更加慎重地选择心理顾问,并随时与顾问保持交流,加强对服务过程的探索和引导。

管理者心理顾问项目的设计要点包括以下几方面。

(1)人口学资料。项目组与 A 公司人力资源部紧密合作,设定服务范围,推荐参与项目人员名单,并获得参与项目管理者的人口学资料,便于心理顾问了解服务对象,以提供"精准的"心理咨询服务。

(2)专属热线。为了让管理者感觉到服务的及时性和易得性,设立心理顾问专门项目经理和"绿色顾问热线"。项目拥有自己的项目经理、专门的热线号码以及接线咨询师。

(3) 精准匹配,多种选择。根据管理者所需求的服务内容,给管理者推荐2—4个心理顾问,提供顾问的专业简历、擅长领域、服务年限等,由管理者挑选自己的心理顾问。另外,在1年的服务时间内,管理者可以根据自己的需求向项目经理申请与不同的心理顾问一起工作,也可以同时与不同领域的顾问一起工作。

(4) 舒适的服务环境。管理者心理顾问项目的一个重要理念是管理者可以通过心理顾问服务达成"更高、更快、更强"的目标,由此,"去病理化、去标签化"是EAP服务非常重要的原则。顾问与管理者一起面谈的地点不是咨询室,也不是公司办公室,而是在管理者选定的咖啡馆或茶馆等环境优美、让人情绪放松、心情愉悦的地方。每一次面谈结束,都是由EAP机构付费。仅仅为了满足这一点,EAP项目组就付出了巨大的心血、做出了细致的安排,精心为管理者选择交通便捷、出入方便、环境优美的地方。

(5) 高效的宣介工作。管理者时间紧、任务重、责任大,而且也非常忌讳被别人误解为自己存在心理问题,为了让参与项目服务的管理者打消顾虑,更好地了解EAP服务的目标、方式、特点、效果以及为管理者提供服务的专家背景等,项目组专门设计了特别的宣传和推介活动。例如,邀请国内知名的EAP专家开展"高效工作、快乐生活"讲座,并在讲座过程中由项目人员插入半小时的宣介,现场发放介绍服务的纸质小卡片等,同时邀请几位参与过EAP服务并颇有收获的管理者现身说法,分享自己的体会与感悟,事实证明"同伴教育"的效果非常好!

2. 服务结果

截止到管理者心理顾问服务的第三年年底,共有268人次参与了管理者心理顾问服务,服务总小时数超过464小时。其中大多数管理者的面谈次数在3次以内,也有部分管理者面谈次数多达12次及以上。在管理者所关注的面谈议题中,管理类(包括团队凝聚力、危机应对、绩效提升和管理风格等)排在第一位,所占比例为30%,其次为亲子关系和工作压力应对,分别占比20%和16%。通过心理顾问服务,管理者不仅舒缓了工作压力,表现出更加积极和稳定的情绪,而且改善了管理技能,提升了自我效能感和家庭幸福感。部分管理者将心理顾问服务看作管理资源和工具,并尝试把心理顾问服务推荐给下属或其他管理者。

3. 管理者反馈

(1) 物流部经理:对自己的管理思路有帮助。

(2) 职能部门经理:增加了自我认知,在情绪和日常工作方面都有改善,看待问题的方式更加成熟。

(3) 门店经理:挺顺畅的,有收获,心态上对自己行为背后的原因更理解了,更接纳自己了。

(4) 餐饮片区工会主席:很有收获,对孩子的教育问题有了清晰的了解,感觉和丈夫的关系以及和孩子的沟通都需要改善。

(5) 门店经理的家属:咨询后的几天不纠结了,老师给了一些建议来缓解情绪,心态放松了些。看到一些家庭问题的模式,发现老公有些变化。

4. 典型案例

(1) C是门店经理,最大的困扰就是孩子的教育问题,因为孩子拒绝去学校,辍学在家,这对C来说是极大的困扰,想帮助孩子却无能为力,心急如焚。X老师是国内首屈一指的亲子教育方面的专家,在X老师的帮助下,C辍学在家的儿子主动去理发、把自己收拾干净,并重返学校。心理顾问的服务解决了C的后顾之忧,让她能够更专注地投入本职工作。

(2) 这是Y第一次接触心理顾问服务,从一开始的不了解并将其视为行政任务,到慢慢体会到服务的价值并期待每一次的面谈。在十几次的管理者心理顾问服务中,G老师循序渐进的引导与帮助使Y在工作、个人成长等方面有了很大的提升。是心理顾问真真切切的服务帮助她工作和生活的抉择与提升,她自己也从一名心理顾问服务的受益者转变为传播者并将其推荐给身边的同事。

(3) 有一天管理者心理顾问项目经理突然收到管理者Z发来的一条短信,希望在第二天就安排一次面谈。心理顾问F老师在听到这一需求后,立即敏锐地察觉到他迫切的需求,将手头的工作推掉,专程赶往A火锅公司总部。这是一次成功的面谈,这次面谈帮助Z做了一个重要的抉择,而他也毫不吝啬地给心理顾问老师打了满分10分。

(二) 员工心理咨询服务

1. 7×24小时热线咨询

如果说管理者心理顾问是开国内EAP服务界之先河的创新服务,那么7×24

小时热线咨询就是国际 EAP 服务界的传统经典服务了。A 火锅公司热线有一支经过严格专业训练的 5 人热线初诊咨询师团队,24 小时轮班,一年 365 天无休接听电话,而提供咨询服务的全职和兼职咨询师覆盖全国近 20 个省市,人数接近 200 人,保证了服务的及时性和灵活性。员工们都亲切地把咨询师称作"向日葵哥哥"和"向日葵姐姐"。

在员工所咨询的问题类型中,职场问题、恋爱婚姻、心理情绪与职业发展排在前列。职场问题主要表现为工作压力、人际关系、工作适应和上下级沟通等。恋爱婚姻问题主要包括建立和维持恋爱关系、从失恋中恢复、改善婚姻中的沟通等。心理情绪问题主要为焦虑、愤怒、抑郁情绪调节以及自信心提升。职场发展问题主要包括一线员工成长与晋升,工作绩效提升,管理者领导力、危机应对能力、管理能力的培训与开发。咨询师陪伴和鼓励前来求助的员工,与他们共同探讨应对困扰的策略与方法,必要时提供专业的指导。

EAP 服务的三年数据统计结果显示,A 火锅企业热线使用率为 23.9%,咨询使用率为 15.9%,个案平均咨询时长为 1.4 小时。在该 EAP 服务提供商的全部客户(约 20 个)中,A 火锅的电话量和咨询预约数量占到 50% 以上,远高于其他企业,这可能与 A 火锅内部对"向日葵计划"的宣传、驻场咨询的大力推广以及员工对 EAP 服务的认可有关。在所有成功回访的参与咨询的员工中,对咨询师的满意程度达到 89.1%,对咨询帮助程度的满意度达到 74.3%,对热线及初诊咨询师的满意程度达到 98.1%。这些数据也许可以成为 EAP 服务在餐饮行业的一个基线数据供广大 EAP 服务机构和从业人员参考。

在劳动密集型行业,员工的离职率是困扰企业的重要议题。A 火锅在咨询中发现,职业发展议题常常伴随着员工的离职倾向,工作遇到困难、晋升不利、与同龄人比较的差距、期待与现实的差距、对未来发展的迷茫等都可能让员工萌生退意,这时候需要有一个人站在客观中立的角度,与员工一起探索并看清自己内心真正的需求,去面对眼前的困惑与挑战,最终做出负责任的决定。在一个服务年度的咨询记录回顾中,我们发现因接受心理咨询而放弃离职意愿的员工达到了 67 位,咨询成功地帮助他们面对了评级失败及人际适应不良带来的挑战。国内餐饮行业的员工流动率高达 20%—30%,而 A 火锅一直保持在 10% 左右,不得不说是一个奇迹。我们欣喜地看到 EAP 服务能为 A 火锅的员工保留做出一份贡献。

2. 门店驻场咨询

为了让"向日葵哥哥"和"向日葵姐姐"更贴近员工,倾听员工的心声,为员工提供更便利的服务,从实施"向日葵计划"的第二年起,A 火锅尝试在北京、上海、沈阳、南京、大连、深圳等多个城市的重点门店开展驻场咨询服务。在驻场开始前一周,EAP 服务提供商和 A 火锅的内部 EAP 人员一起准备丰富的材料,并由各门店的工会组长通过微信、例会和海报等形式告知员工相关信息。驻场咨询当日,项目人员先面向全体门店员工展开一个小型活泼的培训,介绍咨询服务和压力管理小常识,呼吁大家不要错过这样的好机会。随后,几位咨询师分别在不同的包间与报名的员工面谈,每人面谈的时间为 1 小时,如果员工还有进一步咨询的意愿,可以拨打热线电话预约。

驻场咨询受到员工们的高度关注。两年来,在 A 火锅全国各地的门店,共进行了 20 场驻场宣介与咨询,使心理咨询服务很好地融入了员工们的工作与生活。

除了员工主动参与的热线电话和驻场咨询,EAP 小组积极与各地工会主席分享"向日葵计划"的相关信息和效用,争取到了他们更多的支持。工会主席和小组长越了解"向日葵计划",就越能抓住各种机会向员工推荐 EAP 服务。

(1) **员工反馈**:① 很有收获,咨询师很多地方都说到点子上了,自己都记在了本子上。② 情绪有所缓解,看到了自己常常回避的东西。③ 收获很大,在咨询中找到了一个突破点,想向咨询师表示感谢。④ 看到了自己的盲点,准备好好在现有岗位上做好本职工作。⑤ 认识到是由于自己不会拒绝而揽了一大堆工作,造成了上下级同事对自己的不满。准备从学会拒绝入手,解决自己遇到的问题。

(2) **典型案例**:① 小星来 A 火锅快一年了,工作上从最初的什么都不会到现在基本技能都掌握了,还算顺利,但她发现自己好像需要在性格方面改善一下。小星性格偏内向,之前的工作一直很努力,不过较少跟人沟通,对别人说的话也很在意和小心。现在的工作则需要更多地与客人沟通,但她每次沟通时都很紧张,所以想知道怎样让自己变得自信,从而能与别人进行更好的沟通。咨询师仔细询问小星的成长史,找到她小时候的缺失,给予肯定和滋养,同时还详细了解她的人际沟通模式,教给她更有建设性的表达方式。咨询结束后,小星一点点变得自信起来,不再像以前一样患得患失,与他人的沟通也好了很多,大家都很喜欢她。② 在 A 火锅工作的小军喜欢一个女孩子,可不知道该怎么做,不知道她喜欢什么,怎样才能接近她,怕她不喜欢自己,可是又觉得自己确实很喜欢她。在这样的纠结中,小军打电话找了"向日葵姐姐"。小军一点点地叙述,"向日葵姐姐"静静地听,帮他理清心理的纠结,使自己内心的感觉清晰起来,确定喜欢这个女孩,再一起探讨小军尝试过的和可能有用的方法,并且讨论如果要做,在过程中需要注意的地方等。在"向日葵姐姐"的鼓励下,小军向女孩表白了,幸运的是这个女孩也喜欢小军,他们开始了恋爱。恋爱是一个过程,他们有快乐也有烦恼,但小军不担心,他知道"向日葵姐姐"和"向日葵哥哥"一直会支持他。

(三) 危机管理案例

临床统计表明,在每 1 000 人的人群中,危机事件发生的概率为千分之二到三,所以在 A 火锅这样一个超过万人的企业中,危机事件很可能无法避免。危机是指当一个人面临困难情境,而先前的危机处理方式、惯常的支持系统等不足以应对眼前的处境时,这个人出现的暂时的心理困扰及心理失衡的状态。

A 火锅的危机事件可分为四种:一是顾客在门店吃饭消费过程中发生的暴力冲突或意外死亡;二是员工在外出期间遭遇意外不测;三是媒体公关危机带来的人心浮动;四是由于员工个人情感或情绪因素引致的自杀倾向、计划或行动。其中,由于企业的行业特点和员工的年龄特点,第四种危机事件是 A 火锅最为普遍、发生率最高的类型,数据统计显示,在服务 A 火锅的三年中,EAP 介入的此类危机事件多达 12 起。

A 火锅大多数员工的生活背景有很大的相似之处——他们往往来自经济不发达的偏远农村,年轻,受教育程度低,单纯质朴,缺乏社会支持系统。这些二十来岁的年轻人正处在性格不够稳定的阶段,各种工作和生活事件常常让一个人的情感起伏非常大,加上酒精的作用,他们容易出现冲动行为,危及生命。另一部分有自杀倾向及行为的员工在危机发生前就已经处于较长时间的抑郁状态,但通过自己的努力无法好转,加之当前工作与生活中的一些挫折,也非常容易走向自杀的边缘。

热线电话咨询在一定程度上起到了危机预防的作用,EAP 项目的初诊咨询师全部接受过自杀干预的训练,他们会在员工打来电话的第一时间视员工情绪的激烈程度迅速做出决定,紧急状况时会及时提供情绪疏解与安抚,非紧急状况时则给他们预约其他咨询师,同时还有两位在线的督导为初诊咨询师提供后续支持。

如果危机事件已经发生,EAP 项目会第一时间与 A 火锅的人力部门、当地的工会组织、当地的咨询师一起召开紧急会议,商量整体应对方式,确定下一步行动策略。接下来,当地的咨询师会在 24 小时内赶往门店,对当事人及相关人员(当事人家属、同事、领导等)进行分层分级的干预,形式有个体一对一干预和团体辅导两种。即使危机事件的当事人因各种原因离职,咨询师仍会与项目人员、咨询督导、A 火锅工会保持密切的联系,追踪当事人的情况。干预结束后,项目组会向 A 火锅提供一份关于危机事件全过程的报告及事件分析,并给予相应的组织建议。

为了提升门店经理的危机管理意识,EAP 项目尝试以案例教学的方式在北京片区开展"自杀危机预防与应对"的培训,同时也尝试为 A 火锅设计危机筛查的题目,以应用于新员工的招聘中。虽然危机事件不可能被完全预知与杜绝,但 EAP 服务和 A 火锅一起,编织了三级危机预防与干预的大网,最大限度地降低了危机事件发生的概率和不良影响。

(四) A 火锅的特色主题培训

A 火锅的员工都喜欢什么主题的培训?有哪些迫切的需求?A 火锅的主题培训以"从容跨越——与工作压力共舞"和"赢在平衡——建立健康的工作与生活模式"这样两场通用主题培训拉开序幕,之后每年都会安排几场主题培训。通过分析电话咨询的数据,辅以 A 火锅管理者对员工的观察,婚恋和亲子主题的培训成为 A 火锅推行的重点。

A 火锅对培训的要求是激情、活泼、形式丰富、去理论、接地气、生活化,最好能融入 A 火锅企业文化,这对于曾被邀请参与新员工三天入职培训的 EAP 项目组专家来说,印象深刻。遵循 EAP 服务"生态化"的原则,EAP 项目组在 A 火锅的培训一定做到 PPT 字要少,图片要多,讲师说话要通俗易懂,开放活泼,要会讲故事(最好是 A 火锅自己的故事),要善用各种活动形式(比如角色扮演、情景剧、小游戏等)激发全场互动,带动全场氛围。

在咨询师张老师带领的亲子工作坊中,身为父母的员工围坐成一个圆圈,当听到有员工讲述自己给孩子打电话,孩子除了要钱,拒绝跟自己交流的场景时,很多人在现场流下了眼泪。于是张老师请员工扮演孩子,自己扮演家长,现场模拟,尝试为大家呈现不一样的交流方式,融化父母与孩子之间的坚冰。

在 EAP 培训服务中,咨询师教授知识是容易的,但如果咨询师能够在不长的时间内帮助员工培养技能,那么他就会受到员工的欢迎和赞赏。张老师这场培训效果奇佳,后续反应十分热烈,不仅赢得了员工们的共鸣,还增进了这些远离孩子的家长们对孩子心理的理解,并现场学习了专业的心理学沟通策略和方法。

(五) 留守儿童关爱服务

留守儿童关爱服务是"向日葵计划"中非常有特色的部分,它充分考虑了 A 火锅员工的家庭状况,作为员工家属,共有 1 000 多个留守儿童分布在全国十几个省市。大部分 A 火锅员工离开从小生活的熟悉的地方,离开亲人,来到城市,他们相信"双手改变命运",宁愿苦了自己这一代,也要造福下一代。他们一方面勤勤恳恳兢兢业业地工作,保证了家庭生活的基本开支,也给孩子创造了更好的物质生活条件;另一方面,距离的遥远和沟通的不畅让孩子与他们之间产生了情感的隔阂,而缺乏引导和管教的孩子们也在学业、人际交往、社会适应等方面出现不良的心理状态和偏差行为,令他们备受困扰,十分心酸。

1. 典型案例

位于四川简阳的通才学校是 A 火锅人性化文化的一个体现,这所学校的学生中有 70%来自 A 火锅员工家庭,留守儿童关爱服务就从孩子们聚集的通才学校开始了。在"向日葵计划"推行第二年的暑假,EAP 项目组精心选择了一位在四川当地从事亲子教育工作多年的专家 H,与通才学校的老师、孩子家长及监护人以及孩子们一起,共同度过了两天的时间。在这两天的训练营中,专家 H 对孩子们进行了群体访谈,了解他们的心声,随后对老师和家长及监护人开展了亲子教育的主题培训,并组织多方一起参与亲子活动。这次仅两天的训练营收到了良好的效果。

留守儿童群体访谈:孩子们在相互分享的过程中感受到爱、关注和支持,也增进了对父母的理解。通过访谈,项目组发现了两三位情绪、行为有异常的孩子,这些孩子在后续的培训及活动中被给予了更多的关注和引导。

通才学校老师培训:培训将理论和案例讲解、现场演练相结合,其中体验式、案例式的萨提亚一致性沟通模式很受老师们的欢迎;培训后,整理形成《留守儿童情绪和心理问题识别和应对技巧》,供老师们持续学习参考。

监护人培训:通过现场亲子互动帮助监护人有效掌握亲子沟通技巧,增进亲子感情。

家庭亲子活动:该活动内容丰富,家长和孩子们的参与度都非常高,活动中孩子们有机会表达自己对父母浓浓的爱和理解,现场很温馨,非常令人感动。

"家庭一帮一计划"是留守儿童关爱服务的深化和拓展,它以家庭为基本单元,咨询师不仅分别与家长和孩子一对一电话交流,还适时邀请家庭加入集体面谈,甚至安排家访,观察整个家庭的互动,以便后续提供有针对性的干预。由于参与服务的家庭地处偏远又分散,咨询师开展工作的难度有所增加,尤其是家访,往往让咨询师舟车劳顿,但他们怀着一颗公益奉献的心,毫无怨言。

2. 成员反馈

两年来,共有10个家庭参与该计划,满意度接近100%。以下是来自家长跟孩子的一些反馈。

一位门店员工家长说:"感觉非常满意,跟孩子电话交流的时候,感觉孩子更自信了,也更爱表达了,非常开心,自己也了解了孩子目前的成长阶段,知道该如何跟孩子沟通。"

一个通才学校的孩子说:"和同学的关系有很大改善,自己在和别人相处时会考虑对方的感受,所以关系就好了,还了解了新的学习方法,上课的时候会尝试采用这些方法,很有帮助。"

(六)"量身定做"宣传推广

EAP服务宣传推广的好坏与EAP服务使用率及效果显著相关。A火锅餐饮集团的员工分布在国外5个城市,国内20余个城市,地域分布广且人数众多,给EAP宣传推广工作带来了一定的挑战。

EAP项目组为项目想了一个非常温馨的名称——"向日葵计划","向日葵哥哥"和"向日葵姐姐"也有两个温馨可爱的卡通Logo,拉近了与大家的距离。EAP项目组利用丰富多彩的宣传手段和方法,针对不同的人群,在合适的时间和地点向管理者及员工传递"向日葵计划"的服务对象、时间、范围及特点等方面的信息,提升了"向日葵计划"的知晓度。例如,EAP项目介绍三折页和服务卡人手一份;海报张贴在员工宿舍和培训教室;每逢门店宣介会或新员工入职培训都会播放宣传视频;配有鲜活案例的软文刊登在内部期刊和微信平台上;致管理者、员工及家属的公开信通过邮件、内部会议现场宣读的形式传达给管理者和员工。其中EAP宣传视频独具特色,场景原生态,内容生动感人。该视频由EAP项目组与A火锅人力资源部共同策划、撰写脚本,A火锅完成后续的拍摄与剪辑,全长7分钟。视频讲述了一位遭遇工作困难、心情低落的A火锅女员工在给"向日葵姐姐"打电话求助后,以崭新的精神面貌、建设性的方式来应对工作与生活中的困难的故事。故事的开头和结尾都有卡通小人以可爱的声音向观者传递"向日葵计划"的相关信息,内容和画面每每都能引起员工会心的微笑。并且视频不断把EAP咨询热线电话呈现给观众,高频度的信息刺激使员工在需要寻求帮助时可以第一时间找到相关信息。

四、案例使用说明

(一)教学的目的与用途

1. 本案例适用于应用心理专业硕士"组织行为学""员工帮助计划"等课程,对应于"人力资源""员工健康与福利""压力管理""危机干预"等应用主题。

2. 教师可以通过本案例向学生介绍EAP相关理论知识,并介绍如何分析和诊断问题企业的症结所在,寻找企业出现问题的根源,此外还应引导学生思考切实可行的能改善员工健康和福利的方法,以及如何进行压力管理和危机干预,激发学生的创新思维,最后介绍如何制订完整的EAP方案,以提高员工的身心健康、工作满意度和工作效率,从而进一步推动组织高效管理,降低企业运营成本。

(二)启发思考题

1. 在读完A火锅餐饮连锁企业的"向日葵计划"案例后,你印象最深的内容是什么?

2. 对于 A 火锅这样以"服务至上"为核心理念的著名民营企业,你会如何设计 EAP 服务方案?

3. 如果说 A 火锅是你的 EAP 项目最重要的资源和支持系统,你将如何与该企业联手合作?

4. 如果请你给这里的 EAP 服务提出几个建议的话,你会提供什么样的建议呢?

5. 你是如何解读与 A 火锅类似的餐饮连锁服务行业的 EAP 服务需求的?它们的共有特点是什么?在服务中需要注意的事项是什么?

(三)基本概念与理论依据

1. EAP 的定义

员工帮助计划起源于美国,最初用于解决员工酗酒、吸毒和不良药物影响带来的心理障碍(赵然,2010)。在发展过程中,学者们对 EAP 概念的内涵并未形成一致的共识,因此综合多方学者提出的 EAP 定义,我们可以将其定义为由企业为员工设置的一套系统、长期的福利与支持项目,通过专业人员对组织的诊断、建议和对员工及其直属亲人提供的专业指导、培训和咨询,帮助改善组织的环境和气候,解决员工及其家庭成员的各种心理和行为问题,使员工的心理资本得以开发和增值,从而提高其工作绩效和幸福感。

EAP 咨询中的常见问题有职场问题、心理问题、恋爱婚姻问题、亲子教育问题、家庭问题、职业生涯发展问题和成瘾问题等。针对以上不同类型的问题,EAP 主要是利用短程心理咨询、动机面询、焦点解决短期疗法、认知行为治疗、家庭疗法、现实疗法和积极心理疗法来对症下药。EAP 还是企业有效管理的工具,一是可以负责组织咨询,解决工作团队压力和冲突、员工离职、裁员、并购、工作场所沟通等问题;二是负责管理咨询,常见于人事劳动管理、人力资源风险管理、行为风险管理、减少工作场所暴力等管理工作中。与此同时,EAP 还兼具心理健康培训和危机干预的重任。

2. 一般的心理咨询与 EAP 中的咨询

一般的心理咨询与 EAP 中的咨询的异同如表 2 所示。

表 2　一般的心理咨询与 EAP 咨询的异同

	一般的心理咨询	EAP 中的咨询
相同点	EAP 中的咨询包括一般的心理咨询	
不同点		
咨询对象	有心理问题的人	企业和员工及其家人
咨询目标	助人自助	企业与个人双赢
咨询时间	短程和长程	短程
咨询内容	来访者的需求	职场困扰等
咨询费用	来访者自己承担	企业承担
咨询师职能	心理咨询	心理咨询、心理健康宣传与教育、组织管理咨询等

3. EAP 计划制订实施步骤

（1）目标企业现状调查分析。对目标公司现存问题和原因进行深入调查，同时分析 EAP 的可行性与必要性。可以采用观察法、问卷法、访谈法等研究方法搜集相关资料信息。调查应聚焦工作场所，目的在于改善员工在工作场所的工作表现和心理状况，以提高员工工作绩效，促进企业发展。根据企业当前情况，客观分析实行 EAP 的项目技术难度、组织难度、时间难度、经费难度，找到切实可行的解决办法。

（2）EAP 项目目标设置。EAP 是由企业为员工设置的一套系统、长期的福利与支持项目，因此有必要设置一个总体目标，为 EAP 的实施指明方向，即明确目标企业可以通过此 EAP 项目促进员工的身心健康，提高员工的工作效率，减少离职率，从而改善企业的工作氛围，形成轻松的工作环境，实现企业绩效的增加和运营成本的降低。

（3）EAP 项目的分阶段目标。根据 EAP 项目的时间长短和任务的难易程度，可以将 EAP 项目分成具体可实施的几个阶段，并确定每个阶段的目标。一般来说，EAP 项目遵循三步走战略：探索—扩展—夯实与融合，在三年内依次完成。为了有效地推进项目，还需要进一步细化分阶段目标，具体到每个阶段的组织目标、管理者目标和员工目标，让项目的每一步都走得有据可依。

（4）EAP 项目规划书的制定。首先遵循项目管理过程，制订项目计划，构建项目模型，搭建项目团队；然后确定项目范围，对项目任务进行分解，制订项目导入期的详细进度计划和成本控制方案,分析项目资源需求,构成一个完整的规划过程,也为下一步的项目实施打下基础(鞠芳,2015)。

(5) EAP宣传推广。只有选择适合的宣传推广方式才能吸引员工的注意,引起大家的重视,激发他们使用EAP的热情。而不适当的宣传方式会造成EAP服务的低使用率,导致企业资源无法得到充分利用,出现资源浪费的情况。

(6) EAP项目实施。根据目标企业员工的需求,具体开展培训、咨询、主题活动、危机干预等。针对不同企业的问题和文化,可对项目活动进行创新,例如A餐饮公司的管理者心理顾问既是对EAP的理念、内涵的创新,又满足了员工需求,取得了良好的效果(孙冬梅,2009)。

(7) EAP项目效果评估。EAP的效果评估是企业最关注的问题,其评价指标可以分为三个部分,一是满意度,可以使用工作满意度问卷进行调查;二是使用率,该指标是判断EAP资源有没有被浪费的重要指标之一;三是绩效指标,员工在出勤率、病事假、离职率等绩效指标上的变化情况也是评估EAP效果的重要方面。

(四) 其他背景材料

酗酒者匿名团体(alcoholics anonymous,AA)是EAP的前身。酒精依赖在西方国家极为普遍,在工作场所酗酒不仅损害员工自身的利益,更危及企业的利益,因此戒酒成为人们共同的愿望。在这种情况下,AA诞生,团体成员对外保持匿名,事实证明他们不仅自己成功戒酒,而且分享经验帮助其他人成功戒酒。

职业戒酒方案(occupational alcoholism program,OAP)是EAP的雏形。随着AA越来越多,一些企业内部便成立了OAP以帮助员工戒酒。但OAP只关注员工酗酒问题本身,缺乏对酗酒问题背后深层次原因的思考(赵然,2010),并且随着社会的发展,出现了酗酒以外的其他工作场所问题、人际沟通问题,扩大了人们对OAP服务的需求,此时EAP逐渐出现以解决与绩效相关的企业员工问题。

员工增强计划(employee enhancement program,EEP)是EAP的发展,它强调压力管理、全面健康生活形态、工作生活质量、人际管理管理等问题,致力于改善员工目前工作中和未来工作中可能引发健康问题的行为(赵然,2010)。

EAP 在美国企业中已经得到了相当的普及,规模在 251—1 000 人的美国企业中,有 75%购买了 EAP 服务;1 001—5 000 人的美国企业中,有 80%购买了 EAP 服务;而规模 5 000 人以上的企业则全部购买了 EAP 服务。现在包括政府在内的其他组织也对 EAP 形成了积极的态度,在政府、军队中都有所运用。而在中国,首先是在香港和台湾地区先后成立了 EAP 公司,之后较晚才进入内地,但 EAP 服务实施的范围在逐渐扩大,内容在不断完善,逐渐走向专业化的道路。

(五)分析思路

教师可以根据自己的教学目标来灵活使用本案例,这里提出的分析思路仅供参考。

1. A 火锅餐饮连锁企业存在哪些现实问题?

2. A 火锅餐饮连锁企业实施 EAP 可能遇到哪些障碍?

3. 有哪些方法可以用来改善 A 火锅餐饮连锁企业管理者心理管理能力、解决员工的心理困扰以及做好危机预防和干预呢?

4. A 火锅餐饮连锁企业的 EAP 项目能给其他餐饮行业使用 EAP 提供哪些经验?

5. A 火锅餐饮连锁企业的 EAP 项目有哪些创新之处?

(六)建议课堂计划

1. 时间安排

一个课时(100 分钟)。

2. 课堂安排

小组讨论 + 课堂报告。

3. 案例拓展

讨论不同企业的 EAP 项目有什么异同以及 EAP 的应用可能会向什么方向发展。

(七)案例分析及启示

1. 案例分析

通过对 A 火锅进行内部调查明确了该公司四个方面的需求:一是门店发展

迅速,以致员工面临心理挑战和困扰;二是管理者缺乏管理能力,难以平衡工作和生活;三是员工学历和心理健康水平偏低,容易产生心理危机;四是留守儿童家庭问题。基于A火锅的实际需求,确定"向日葵计划"的整体目标分为三个部分,一是提升管理层的领导力,缓解其工作与家庭之间的冲突;二是解决基层员工的心理困扰;三是危机干预。A火锅采用外部服务的EAP模式,由工会和人力资源部协调,在公司内部提供管理者心理顾问服务、员工心理咨询服务(7×24小时热线及咨询、门店驻场咨询)、危机管理、A火锅的特色主题培训、留守儿童关爱服务以及"量身定做"宣传推广六大项服务。"向日葵计划"使得A火锅公司从管理者到员工再到企业危机干预的需求均得到了满足,管理者的工作压力得到缓解,管理技能得到提升,家庭幸福感增加;员工面对的职场、婚恋、情绪等问题得到了专业的帮助和指导;三级危机预防与干预既是员工健康的保障,也使得公司内部趋于稳定;具有A火锅企业文化特色的主题培训激发了员工参与的积极性,取得了良好的效果;针对员工家庭的留守儿童关爱服务增进了亲子沟通。从EAP效果评估的三个指标来看,"向日葵计划"中各个服务项目的满意度均处于一个较高的水平,咨询师满意度为89.1%,咨询有效满意度为74.3%,热线咨询满意度为98.1%,特别是留守儿童关爱服务项目的员工满意度为100%;热线使用率为23.9%,咨询使用率为15.9%,远高于其他企业;从绩效指标来看,引入EAP服务后,A火锅离职率一直保持在10%左右,远低于同行业的20%—30%。因此可以说A火锅的EAP"向日葵计划"效果显著。

2. 关于"向日葵计划"的相关思考

为了更好地服务于A餐饮连锁企业,我们必须认识到以下几点。首先,不同于国内绝大多数"高大上"的外资和国有企业客户,A火锅更体现了"草根逆袭"的精神,其相当一部分管理者和员工都只是小学和初中毕业,成长于社会大学的熔炉,这给提供现场服务的咨询师和培训师带来了挑战。咨询师必须避免过于文绉绉和专业化的语言,有时甚至需要会一两种地方方言才能让管理者和员工感觉沟通起来是舒服的、被理解的。其次,想顾客之所想、急顾客之所急、一切以顾客和服务至上的A火锅,对自身的服务质量要求严苛、近乎完美,这也决定了A火锅EAP的服务供应商必须从高起点出发,后续还要在实践中不断完善服务。为了更真切地感受A火锅的企业文化、更贴近其员工生活,到门店和员工宿舍走访调研是必要的。最后，A火锅近年来一直处在激烈的变革中，组织架构调整、管理者更替较为频繁，相应的，EAP项目工作的思路也得随时调整，保持灵活性，以更好地满足组织客户的服务需求。

"向日葵计划"作为A火锅餐饮连锁企业为员工提供的系统的、长期的福利计划，在未来可以从以下几个方面入手进行丰富和完善。第一，来自世界卫生组织2014年的相关数据显示，我国的自杀率为8.7人/10万，A火锅员工人数近2万人，建立在人口基数上的危机事件发生率是不容忽视的，心理危机干预体系需进一步完善和落实。第二，编制A火锅餐饮连锁企业专属的《亲子教育手册》，制订并跟踪每月亲子沟通计划，开设亲子微信专刊和手机报，为企业为数众多的留守儿童提供更多关爱。第三，为中高层管理者提供心理教练服务，进一步提升其领导力和管理能力。第四，为高管及其家庭成员提供健康医疗服务，包括定期体检、建立健康档案、开通就诊"绿色通道"、制订个性化专家治疗方案等。

【参考文献】

鞠芳.航天A所员工帮助计划项目方案设计及实施研究[D].哈尔滨工业大学,2015.

孙冬梅.国内外员工帮助计划(eap)的研究综述[J].北京建筑工程学院学报,2009,25(3),55—59.

张西超.员工帮助计划(eap):提高企业绩效的有效途径[J].经济界,2003,3,57—59.

赵然.员工帮助计划:EAP咨询师手册[M].北京:科学出版社,2010.

聚焦用户体验,探索身心整合的健康服务之道

杨枫瑞　赵　然　陈天润

【摘　要】 所谓"H-EAP",即 Health care + EAP,指的是健康管理+员工帮助计划服务。本案例系统分析了某大型高科技企业引进 H-EAP 服务项目的经历,包括项目的设计、宣传推广以及项目评估的过程,阐述了注重用户体验的 H-EAP 项目的咨询、培训和宣传推广的探索过程以及项目的执行方针:注重用户体验,从产品经理的思维"五层论",即战略层、范围层、结构层、框架层、表现层,来层层递进分析如何更好地提高 H-EAP 项目的用户体验,最后对该项目做出了评估。从本案例可以看出,H-EAP 项目在该企业取得了巨大成功,并为企业和 EAP 服务供应商的良好合作提供了一个很好的模板。

【关键词】 EAP 服务　EAP 项目设计　EAP 项目评估

一、引　言

G 企业是一家年轻而著名的高科技企业,它秉承"一切以用户价值为依归"的经营理念,为数以亿计的海量用户提供稳定优质的服务,旨在将其产品转化为客户的生活方式。G 企业始终处于稳健发展的状态,短短十数年间,它就成长为国内排名前 10、世界排名前 100 的明星企业,并且还在不断发展前进。

G企业的这些卓越成绩离不开所有敬业的员工做出的巨大贡献。以高品质人才为核心生产力的G企业视员工为第一财富,而健康又是每一位员工的第一财富。在福利项目已经近乎完善的情况下,G企业希望更加关注员工的身心整合健康和全然幸福,所有这一切都依托于已经在G企业持续进行超过5年的H-EAP服务项目。

二、项目背景介绍

2010年,富士康跳楼事件让很多企业的心也绷得紧紧的,年轻员工抗压能力差的内部心理环境,遇到了密集型企业里那种机械、单调、统一管理、缺乏个人生活空间的外部企业氛围和工作环境,加上少有心理支持系统、缺乏亲情关爱和自我救助条件等,几大诱因将自杀事件升级成群体性危机事件。在G企业这样一个富有活力、年轻开放的企业文化氛围下,一些纯属员工个人生活事件导致的"过激"行为也着实让人力资源部门的人员放松不下来,如若员工发生像富士康那样的危机事件,更是企业不愿意看到的事情。

自2011年开始,G企业引入了EAP服务。这项服务获得了企业高层的支持,并把健康也纳入企业战略规划中来。G企业本身就有健康关怀顾问,其中一位原来是一名经验丰富的临床大夫,退休后被聘为G企业的健康顾问,除了解决员工平时的一些头疼脑热的小毛病,她还承担起知心大姐的角色。这时,以综合健康管理为经营理念的EAP服务机构开始提供身心整合式健康管理,把EAP服务升级换代为H-EAP(health care + EAP)项目,并以"心理+生理=身心整合EAP服务"方案打动了G企业的芳心。

由于现代心理学在中国发展起步较晚,大多数人对心理咨询的接受程度较低,让全员直接接受EAP服务可能比较困难。而且经过调查发现,其实很多心理问题会有躯体上的表现,比如过度的紧张和焦虑可能会导致肠胃不适,人们会出现与实际检查和体征不一致的疼痛和难受等。相关医院调查数据显示:在因为躯体疾病而前来就医的内科病人中,有近50%的人实际是情绪问题或心理问题,这些所谓的躯体疾病是由消极情绪引起的"身心疾病",如果情绪问题解决了,这些疾病就很容易治愈甚至可以不药而愈。在患有顽固慢性病的人中,有情绪问题或心理问题的比例还会更大。因此,H-EAP项目希望在传统的

EAP 服务中加入健康管理,把生理和心理结合在一起,一条热线同时解决整个健康问题。同时,供应商本身拥有的丰富的医疗资源以及生理心理专业兼顾的专家,可以实现在咨询生理健康问题的同时进行心理疏导或转介专业心理咨询师及精神医师。H-EAP 在服务员工时既补充了专业生理健康咨询,又降低了心理咨询的门槛,使整体的项目使用率更高。鉴于此,企业决定开展身心整合式的 H-EAP 健康管理项目。

三、H-EAP 项目方案

项目启动之初,G 企业人力资源部门人员(HR)和 EAP 专家一起筹划拍摄了项目宣传片,公司两位副总裁级别的高层管理者闪亮出镜,呼吁大家关注健康,积极使用 EAP 服务,为自己和家人的健康保驾护航。除此之外,项目组在项目启动前期重锤出击,发起了 H-EAP 征名活动,该活动在员工中反响热烈,大家纷纷报名参与评比活动,火热的活动最终选出了此次 H-EAP 项目的名称和品牌 Logo。由此,H-EAP 在项目之初就自然而然地通过推广活动与员工建立了内在联系。

在 G 企业 HR 的心目中,员工的产品使用感受被摆在首要位置,他们让大家思考的第一个问题就是如何让员工知晓并使用 H-EAP 服务。"如何让员工无负担地接受?""信息爆炸时代,如何将 EAP 项目信息更好地传达给员工?""如何让 H-EAP 项目帮助部门解决问题?""如何不断创新?"……这些问题不断涌入 HR 的脑海中。

HR 对于企业员工的特点与爱好有着极为清晰的了解和深刻的洞察。G 企业员工的平均年龄只有 25 岁,这些高智商、高学历且以研发为主要工作的核心员工的口头禅经常是"好无聊""没意思""关我什么事""你有病啊""这能有什么用",因此如何消除 EAP 服务与员工之间的"鸿沟",让员工直观地了解到 H-EAP 服务的好处,一直是萦绕在 HR 心头的问题。这家以关注并深刻理解用户需求、不断以卓越的产品和服务满足用户需求,同时重视与用户的情感沟通、尊重用户感受、与用户共成长为经营理念的企业,也要求 HR 用产品经理的思维开展 H-EAP 的推广工作。

在明确了"以员工为客户,用 H-EAP 服务于员工"的理念后,G 企业 HR 对

EAP供应商的选择更加挑剔。他们希望的供应商不仅要有专业性,而且要了解客户,懂客户所想,此外还要有能力将服务内容具体落地。几经波折,项目最终花落H-EAP供应商V公司。之所以选择V公司,不仅是因为V公司是国内最早提供标准整合式健康管理H-EAP服务的供应商,而且在一直以来的沟通中,V公司将专业知识深入浅出地转化为企业内部语言的能力赢得了HR的信任,因为企业HR了解自己的员工,供应商了解专业的EAP项目,虽然这两者并非对立面,但是如何能够说"彼此都听得懂的语言"却也是个不小的难题。

(一)"一波三折",H-EAP项目发展历程

1. H-EAP咨询的探索

从项目开始的第一年起,针对咨询方式,双方就一直在权衡是否可以使用网络咨询,也就是即时通信软件或邮件等形式。对于G企业来说,员工的工作特性及年龄等原因让大家更想拥有可以随时使用、便捷及时的通信工具来解决自己的身心辅导需求。对于供应商V公司来说,则必须要考虑方案具体实施的可行性,包括是否专业、是否会带来风险等。经过几轮讨论,G企业理解了网络咨询在语言表述、沟通渠道的顺畅性、咨访关系建立等方面有一定的局限性,咨询师们在网络咨询中更难捕捉员工的神情姿态甚至语气语调等,有可能影响咨询的效果。同时,若员工擅自停止咨询,咨询师也无法进行干预及追踪。在企业理解了心理咨询的特性及专业要求之后,也尊重了供应商的决定。之后为了让员工更好地体验服务,双方协商了驻场咨询的特殊需求。最终考虑到员工的工作性质、人口学变量等特点后,双方同时开放了驻场咨询的报名。不同于传统的驻场咨询,G企业要求供应商以产品经理的思维、注重用户体验的态度提供专业服务。V公司最终形成了一种新的服务模式。在专门的报名链接中有相关主题的引导,员工们可根据专题展示的资料选择自己喜欢的咨询师进行预约。供应商在接到报名后的24小时之内做好咨询安排,减少员工报名后的等待时间。同时,为了有效收集反馈信息,供应商重新制作了满意度调查表,并采用扫码填问卷的形式,减少了当面填写的尴尬,也增加了填写的便捷性。生理咨询也是如此,供应商不断地追踪员工的感受,让咨询过程简单高效,使员工享受服务越来越便利。经过不断的调试和流程优化,现在咨询服务已经成为最受欢迎的服务之一。

2. H-EAP 培训的探索

项目服务初期,丰富的健康类讲座和培训使 G 企业员工迅速受益。但如果同一家企业在几年内几乎把自己想要上的课程或实施的培训全部都尝试了一遍,那么无论多么丰富的师资和多么有趣的课程,在经过多遍的重复后,都会显得乏味。"不就是情绪压力管理吗,我们已经听四位老师讲过了,都是那些内容啊。""人际沟通?上过了啊,后面细化的上下级沟通我们也培训过了啊,新的课程提纲感觉也不新,讲的还是那些理论。""我觉得这些都属于说教型的,上了就是听听,对我们实际工作并没有帮助。""也不能说这就没用吧,但就是大家乐呵,听了也觉得是个理儿。""现在知识获取都很容易,上网搜一搜,还能有什么不明白的,我觉得老师讲给大家的这些其实自己看看相关微博或者上上知乎就都知道了。"这些声音的出现并不是没有道理,那么 HR 和供应商就不得不思考:如何让培训更有趣并且更有效?如何让理论指导实际?专业的师资如何服务不断进步的企业和员工?由于 G 企业员工需求的不断更新和变化,一条"定制化"培训的旅程由此开启。"没有调查就没有发言权",想要解决问题就要先知道问题是什么。根据员工或管理层的实际需求,运用专业知识定制相关的课程成为项目组的第一个目标。在 H-EAP 项目运营到第三年和第四年时,已经很少有只看介绍就能确定内容的课程了,几乎所有的课程内容都会经由前期讨论来确定,这样即使同一个主题,在不同的部门讲的内容也是完全不同的。此外,除了专家讲理论,不如让大家一起来体验,所以工作坊是员工更为感兴趣的服务。员工在工作坊中通过实验和练习切实感受到了改变的力量,得到了更实际的收获。

3. H-EAP 宣传推广的探索

像咨询和培训从需求探索到定制化服务的磨合一样,H-EAP 项目的宣传推广等工作也需要 G 企业与供应商 V 公司的合作。"说员工听得懂的语言"是 H-EAP 服务成功的关键要素之一。专家顾问拥有的都是专业的知识,把专业讲得通俗易懂却也不是那么容易。G 企业向供应商提供了自己的内刊,V 公司可以去相关板块了解员工的想法,习惯员工的沟通方式,尽量把专业做得有趣。但这一切并非想象得那么顺利。内刊文章怎么读都觉得乏味,V 公司不得不想办法把专业知识按 G 企业的风格包装得更有趣,而后返回 G 企业 HR 那里重新评估。供应商在不断回顾企业需求、评估专业性的同时也引导并超越用户需求,让专业知识和技能得到更有效的发挥。就这样,每一个服务模块都不断优化,在平衡专业性及用户的体验中,企业 HR 和供应商都不断成长,员工对项目的接受程度及满意度也越来越高。

经过项目组 6 年来对员工服务需求偏好的探索、对项目运营的观察和评估以及对服务产品的不断打磨,H-EAP 项目不仅得到了很好的发展,也带给项目方案设计和运营一些更深入的思考。

(二)产品经理思维就是要注重用户体验

经过几年的沉淀,H-EAP 项目组不断反思总结,最终制定了项目的执行方针,那就是用产品经理的思维注重用户体验。首先确定的是产品经理思维"五层论",即战略层、范围层、结构层、框架层和表现层,如图 1 所示。战略层解答做这个项目到底要达到什么样的目的这个问题;范围层解决项目的细分用户有哪些以及服务需要覆盖哪些用户的问题;结构层要做平衡用户和服务之间的加减法,解决如何将用户与服务对接的问题;框架层要把用户当"傻瓜",解答如何设计服务流程及优化服务体验的问题;表现层希望通过视觉设计让用户一目了然,通过"穿马甲"减轻用户的心理负担。这也是一个逐渐说"人话"的过程,从抽象到具体,将战略不断情感化,通过组合拳让项目接地气。

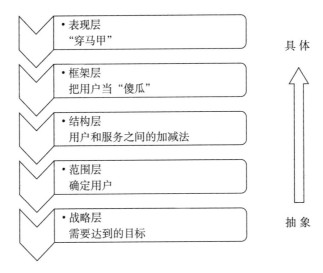

图 1　产品经理思维五层论

如何用产品经理思维玩转项目？一个项目的优质性不光体现在设计思路上，能将思想贯穿到整个实施层面才是保证项目质量的关键。

1. 战略层：做项目要达到什么样的目标？

人才是企业的第一财富，所以服务必须以人为中心。这里的人就是企业的员工、项目的用户。确定用户需求才能确定项目目标，即产品目标。根据G企业HR的观察，在H-EAP的生理服务保障了员工的身体健康之后，员工的心理需求主要集中在渴望获得舒缓压力的渠道、减轻后顾之忧、平衡工作与生活、拥有悦纳自己的正能量等方面。针对这些需求，项目最终确定了产品目标，即在丰富员工福利及保障其生理健康之余，了解员工的心理需求，解决员工的心理需求，继而提升员工满意度，留住人才，最终达到提升组织效率、助力业务发展的目标。此外，将健康战略纳入企业文化的理念获得了高层支持，使得项目得到了有效的环境和资源保障。

2. 范围层：项目服务的用户都有谁？有什么特性？服务范围有多大？

G企业针对自己的员工进行了深入的观察。作为一家年轻的高科技企业，G企业的员工年龄偏小，主要以"80后""90后"为主，并且绝大多数都是单身。因为研发是企业的主营业务，所以IT技术人员较多，他们学历较高且男生占比较大。在多元开放的企业文化氛围下，G企业里有着严谨缜密的程序员、要求完美的产品经理、天马行空的设计师等。并且由于G企业总部建立在深圳，对于绝大多数员工来说，父母不在身边，大部分时间都要在公司度过，缺乏相应的支持。

在H-EAP项目组确定服务范围的时候，他们考虑到不仅要关注员工本人，还要关注员工的生态圈。在中国现在的社会背景下，虽然相当大一部分员工是独生子女，但是他们也有自己的家人、爱人，对于占比较大的还没有成家的员工来说，朋友、同学、家人也都是他们支持的来源和关心的对象。员工们平时不仅关注着工作和生活的话题，也承担着生态圈带来的压力。将H-EAP的项目范围适当扩大或许能起到事半功倍的效果。

3. 结构层：用户和服务之间的加减法——打组合拳？

G企业认为只有选择专业的供应商合作伙伴并依靠供应商的专业能力才能有效实施整个项目。他们希望专业供应商提供的服务可以帮助企业建立与员工的情感联系,提高员工的忠诚度和敬业度,为企业留住核心人才。项目所服务的用户不仅仅是员工本人,还有员工家属、企业管理者,甚至企业所处行业的相关人士。整体项目就需要在文化营造、危机预防以及及时应对方面,组合不同的项目产品,用不同子模块服务对接这三个层次。

在文化营造方面,项目可以通过健康宣传类的文章及提示、年终的企业健康白皮书、心理调研及测试等来满足这一层次的需求。在危机预防方面,可以通过培训讲堂解决一般问题,通过热线发现个体问题,并由专业人员来强化咨询和预防机制,在这样全面的组合之下,这个层面得到了一定的保障。对于预防不到的情况,项目组需要做好及时应对的准备。

4. 框架层:设计服务流程,优化服务体验——把员工用户当"傻瓜"?

作为项目用户的员工很多时候可能对自己的需求也并不那么清晰,这就要求项目组要不断倾听用户需求和反馈,升级优化服务,提升用户的服务体验。

如果把用户当"傻瓜",就需要把一切服务流程进行高度简化和优化。首先,需要为项目产品订立优先级和先后次序,比如热线咨询优先于驻场咨询,驻场咨询优先于培训讲座,培训讲座优先于健康提示。这是因为热线响应的及时性是其他服务无法企及的,而驻场咨询的深入性也是其他服务无法满足的,同时培训一次性覆盖的范围是其他服务不可比拟的。其次,是保证服务获得的便捷性及服务内容的及时更新。作为项目服务,也就是一种产品,H-EAP 也需要更新换代、快速实现、快速响应,比如结合时事的提示、讲座等。在这里一定要关注员工关注的信息,了解员工获得信息的渠道,快速追踪热点并提供及时的服务支持已成为服务实现的先决条件。

注重用户体验的产品经理第一要关注的产品硬指标就是服务界面,服务界面的设计必须赏心悦目,让人产生亲近感,然后还需在具体的服务过程中不断地收集反馈,不断优化。服务的技术核心能力要强,尽量做到不可复制,让极致核心能力产生口碑。同时,在局部、细微之处的创新要永不满足,项目组从不满足于项目现阶段的成果,想要让项目更有效就需要做最挑剔的用户、"最笨"的用户,不断改进产品和服务。

5. 表现层:如何让用户一目了然?如何做到减轻用户的心理负担?

对于 G 企业这样一家年轻而富有活力的企业来说,HR 只有去了解员工才能知道怎么服务员工才更有效。对于自家企业的"80后""90后"员工来说,HR了解那些鸡汤类的文章是最不招员工喜欢的,所以要求供应商给出的文章必须犀利、专业、有痛点,让员工有点击的冲动。而且"接地气",说员工能听得懂的话才能让员工更容易理解和接受项目服务产品。项目组首先想到的就是风格大于一切。健康宣导类的提示在几经易版之后,彻底贯彻了把一件事说清楚的特色。就这样在维持专业性的基础上产生了《男人为什么总是想"静静"》《男女之间真的有纯友谊吗?》这些受到员工关注的文章。

针对中国的国情,必须要考虑到一些员工对于心理咨询的接受程度。如果直接让员工进行心理咨询,可能会产生"你才有病"这类的反馈。身心整合健康管理把生理和心理做了结合,让希望解决心理问题的员工在拨打热线时不再敏感,同时,也可以更有效地捕捉到出现的心理问题的躯体化反应。同时,驻场咨询项目组也进行了包装,他们不光给服务起了平易近人又有趣的名字,而且每期开放一个主题让大家报名,比如"如何走进我的TA?"引导大家思考关于两性方面的问题,"成为BETTER ME"则是引导员工在自我成长方面进行反思并通过寻求咨询来获得支持。

对于使用服务的方式,一定要做到随时可了解、随时可使用,同时还要让用户体验形成闭环。在实际的项目运营过程中,项目组在推送宣传文章的时候不仅是多平台发送,而且会提出一些开放性的问题,例如:"我们对亲近的人是否太疏忽?""我们是否也曾问过自己,为什么经常对亲近的人传递负面情绪?"同时在推送的尾端标注"如有相关疑问可拨打热线或在驻场咨询里约咨询师聊聊",并给出相关的热线号码及驻场报名链接。这样就一站式提供了相关的文章,并提出了问题,同时又给出了相应的解决具体问题的咨询渠道,把所有服务串联起来,让员工更便捷地使用自己所需要的服务种类。形成闭环的用户体验在培训及讲座这个服务内容方面得到了充分的体现。

(三)H-EAP项目评估:用数字和反馈来说话

H-EAP项目整体逐渐规范,品牌逐渐树立,服务越来越细致,产品越来越丰富。现在H-EAP已经成了G企业员工无人不知无人不晓的项目,项目服务覆盖到员工及家属近4万人,心理咨询的使用率已经远超国际平均水平,而且心理咨询数量逐步超越了生理咨询。整体心理咨询满意度超过98%,绝大多数员工表示非常满意。驻场咨询的满意度接近满分,超过92%的员工表示会再次使用驻场咨询服务,超过85%的员工表示会推荐身边的同事使用驻场咨询服务。培训总体满意度达到优秀,并有使用体验好的事业群向其他事业群推荐。进行危机干预几十例,帮助企业规避了相关风险,而且经过干预,G企业未出现任何恶性事件,把风险降到最低。在企业进行组织变革及经历自然灾害等事件时,项目组给予了管理者及员工相应的心理支持,并长期跟踪受影响较大的人群,使得员工在变革和危机中未出现任何相关心理障碍。

在H-EAP项目进行的过程中,项目组也收到了来自管理层的很多反馈。某部门主管反映,在进行系列培训后,一个工作组开始了不加班行动,真正做到了高效工作,平衡了工作与家庭,让培训不只是听听而已。H-EAP更多的时候不仅仅是一种关爱、一种福利,而且也是管理者的工具,它可以帮助新晋管理者提升管理技能,提高团队凝聚力。"负责处理上千人关系的任务很艰巨,但幸亏不是一个人在奋斗",这是企业部门管理者最直接的反馈。H-EAP项目评估也非常注重员工的咨询反馈,项目组还收获了以下声音:

> 挺好的,会介绍更多同事来。
> 非常好,希望多搞这样的活动!
> 很不错,谢谢,希望下次继续!
> 单次时间短,希望可以面谈更长时间。
> 棒极了,老师完美地解决了我的问题。
> 非常感谢老师,帮了我很大的忙。感动!
> 非常好的员工心理咨询平台,很感谢!
> 有效果,受益匪浅,非常感谢老师的引导。
> 我觉得非常有帮助,以后有问题还会向老师咨询的,谢谢老师!

四、案例使用说明

(一)教学目的与用途

1. 本案例适用于应用心理专业硕士"人力资源管理""员工帮助计划""组织行为学"等课程,对应于"EAP组织服务"等应用主题。教师可以通过本案例介绍 EAP 项目的设计和宣传推广、项目评估等方面的内容。

2. 本案例的教学目的是引导学生了解 EAP 服务项目的设计、运营推广及项目评估的过程和方法，为学生未来从事 EAP 服务等相关工作积累理论和方法基础。

（二）启发思考题

1. G 企业使用 H-EAP 服务的初衷是什么？
2. G 企业想要通过 H-EAP 服务达到什么样的效果？
3. 如何才能使 H-EAP 服务达到 G 企业想要的效果？
4. 什么是适合 G 企业的 H-EAP 服务？

（三）基本概念与理论依据

国际员工帮助计划协会（Employee Assistance Professional Association，EAPA）将员工帮助定义为企业可以利用的资源，它通过核心技术，预防、识别和解决个人及生产率问题，增强员工和工作场所的有效性。建立一个 EAP 必须有四个基本内容：政策和程序、对员工的教育、对管理者的培训、咨询和临床治疗。John 等（1994）认为，尽管没有标准的 EAP，但大多数 EAP 都有一些共同的内容：①鉴别被削弱的工作绩效；②建设性的面谈；③与个人系统的、有计划的接触；④咨询援助；⑤与组织长期的、系统的接触；⑥提高工作绩效。经过几十年的发展，EAP 的服务模式和内容包括工作压力缓解、心理健康、灾难事件、职业生涯困扰、婚姻家庭问题、健康生活方式、法律纠纷、理财问题、减肥和饮食紊乱等，旨在全方位帮助员工解决个人问题。

（四）其他背景资料

一项研究表明，企业为 EAP 投入 1 美元，可节省运营成本 5—16 美元。在财富 500 强企业中，有 80% 以上的企业为员工提供了 EAP 服务，同时，EAP 计划也开始大踏步地进入中国企业。

EAP 已被公认为是一个非常好的概念，它既可以帮助员工及其家属更好地面对在个人生活和工作方面的种种困惑或问题，同时也能够因此而帮助组织机构更好地实现其目标。EAP 能够很好地体现人文管理的精神：关注人、尊重人、注重人的价值、帮助人面对困难、开发潜能，以及保持人的心理健康和成熟等。但是，和任何其他新生事物一样，EAP 作为一种起源于西方社会的服务模式在中国也将经历一个适应当地文化和人群的过程,其中也会出现一些问题,甚至面临相当的挑战。

比如在 EAP 的推广方面会碰到来自许多方面的困难。EAP 服务机构通常是把它作为一种有偿服务推广给一个企业或组织的,然后由企业或组织再作为一项福利项目免费提供给员工。在这个过程中,企业会特别关注它的成本效益或投资回报,但要在短时间内来评价一个 EAP 项目成功与否是十分具有挑战性的。事实上,一个企业或组织是否接受 EAP 与其决策者对人的观念和意识是非常相关的,同时也取决于他们对企业员工的心理和行为问题及其对工作结果的影响等方面的敏感性,所以,靠专业 EAP 服务公司单枪匹马地作战成效不会很显著。也许政府部门某种形式上的支持、政策上的倾斜,以及对员工心理健康保护的宣传等能够在某种程度上减轻 EAP 服务机构的压力和企业用户的负担,增大 EAP 的推广力度。当然,来自咨询公司的宣传、市场培育等也能在一定程度上提高决策者的意识,推动 EAP 的推广。

EAP 是一项必须非常关注个人隐私的服务,但这样一个特点会对其在中国的推广和实施带来很大的问题或挑战,因为这种隐私性要求一个 EAP 项目必须建立在服务公司、企业或组织以及员工三方之间非常信任的基础上。但在现实中,服务公司往往会受到来自员工的质疑,员工会担心服务公司是否能够真正做到中立,确实保障自己的隐私,尤其是不受项目费用支付方的任何制约。一旦员工有任何怀疑,就会极大地影响其使用这类服务的意愿,最终导致项目的失败。所以,先期的推广说明,特别是使员工确信他们的隐私权会得到充分的保护等是运作一个 EAP 项目成功的关键。

把 EAP 这样一个好的概念应用到某个组织以一系列具体形式去实现的时候,实际上对 EAP 服务公司来说也是一个相当大的挑战。首先,EAP 服务公司需要通过一系列途径来深入了解这个特定的组织及其人员的需求,比如在组织层面的调查和在员工层面的相关调查等;然后,EAP 服务公司需要在这些调查结果的基础上来设计符合该组织需求的 EAP 项目计划;之后在实施过程中,最大的挑战则是需要持续不断地向员工进行 EAP 的普及和教育工作。由于不同组织在所有制性质、行业、规模、所在区域以及人员构成等方面存在很大差异,所有以上提到的 EAP 项目前期调查工作、实施中的教育推广以及项目的具体服务形式都会有所不同。

（五）分析思路

教师可以根据自己的教学目标来灵活使用本案例，这里提出本案例的分析思路，仅供参考。

1. EAP 服务项目的设计流程包括哪些部分？
2. EAP 服务项目的设计方针应该有哪些要点？
3. EAP 服务项目的宣传推广应如何展开？
4. EAP 服务项目应如何进行评估？

（六）建议的课堂计划

1. 时间安排

本案例可以配合"员工帮助计划"等相关课程中的"EAP 服务项目设计与评估"部分使用。课堂讨论时间 1—2 小时，但为保障课堂讨论的顺畅和高效，要求学生提前两周准备有关这一主题的理论知识，并对相关实践状况有较好的了解。

2. 讨论形式

小组报告 + 课堂讨论。

（七）案例分析及启示

本案例系统地介绍了某大型高科技企业引进 H-EAP 项目的经历，包括项目的设计、宣传推广以及项目评估的过程，阐述了注重用户体验的执行方针，从产品经理思维"五层论"，即战略层、范围层、结构层、框架层、表现层来层层递进分析如何更好地提高 H-EAP 项目的用户体验，并在最后做出了对该项目的评估。从该案例可以看出，H-EAP 项目取得了巨大成功，为企业和 EAP 服务供应商的良好合作提供了一个很好的模板。

【参考文献】

赵然.员工帮助计划——高级运营手册[M].北京:科学出版社，2017.

赵然.员工帮助计划——咨询师手册(修订版)[M].北京:科学出版社,2015.

赵然,史厚今.员工帮助计划—经典案例集[M].北京:科学出版社,2017.

王京生,宋国萍,赵然译.员工帮助计划[M].北京:中国轻工业出版社,2013.

"张大哥"还是"张老板"
——海底捞的管理启示

张红川

【摘　要】 张勇是负有盛名的海底捞公司董事长,但是他一直焦虑于自己的两个身份:"张大哥"与"张老板"。一方面,管理学家纷纷将海底捞的管理经验树立为标杆,强调其"家文化"色彩;另一方面,海底捞却又不得不走上更没有人情味的计件工资制度之路。海底捞公司在十字路口究竟该何去何从?领导者应该如何理解自身的工作?"张大哥"与"张老板"这两个称谓意味着多么沉重的负担?这些问题显然不只是张勇应该思考的,其背后蕴藏着丰富的心理学意味与内涵。

【关键词】 海底捞　领导风格　组织变革　员工激励

一、案例正文

这四年来张勇一直都很焦虑。2014 年,他做过一个与压力有关的测试,呈现出的结果是,他的工作压力极大,精力严重消耗,特别容易疲劳。但是从表面看,人们感觉不到他的压力。在商学院,同学们只觉得他风趣、朴实又低调,是很真实的一个人,谁都想跟他聊聊天,因为他嘻嘻哈哈,妙语连珠,往往惹得大家捧腹大笑。

他的焦虑由来已久。在外界一片赞誉之声环绕的2011年,张勇曾在自己的微博上写道"盛名之下其实难副,这就是海底捞的现状。"很多人在下面评论说张总太谦虚。张勇试图再次说服对方:"我自己哪个脚趾头痛,我自己知道。"一本畅销书《海底捞你学不会》让他俨然成为"一代宗师",但张勇说自己是稀里糊涂被架到了这个位置上。"我觉得很困扰,我也没想到做这么大,走到现在也不知道往下该怎么走。"

对于"海底捞你到底学不学得会"这个问题,张勇从来就没想过。他的难题在于,如果海底捞要再向前走,就需要摘下无意中形成且已经被过分神化的"海氏大家庭"桂冠,但张勇又不希望让公司失去独特的味道,背离自己骨子里的"底层情结"。张勇心里藏着两个自己,一个是"张大哥",一个是"张老板",这两个人时常较劲。

(一)从来不是家文化

那天倒春寒,在海底捞北京大兴物流中心,张勇看到在门口站岗的两个保安在寒风中瑟瑟发抖地向他敬礼。他走进会议室的第一件事就是把主管叫过来质问:"这么冷的天,为什么让人家挨冻,敬这没有意义的礼?让他们进屋里去待着,再装两个暖气,花不了多少钱嘛。"

听着张勇训下属会让人有点尴尬,不过这也符合外界对他的想象:海底捞创始人张勇,不就应该是一个待最基层员工如兄弟的人吗?如果说张勇是故意表演给外人看,又不像,他说:"他们把我想象得太好了,其实我不是那样,我就是个资本家!"

2017年11月,"85后"年轻人小桑决定到海底捞打工,他想来取经,以后自己开餐馆。经过简单的面试,他被海底捞当场录取,接着就是培训、上岗,从后堂传菜员做起。其实海底捞"卧底"很多,公司对此也习以为常,例如培训期间小桑就结识了一位内蒙古的大哥,三十来岁,下班由开着凯迪拉克的司机接他回集体宿舍,小桑也有幸坐过一回。这位大哥在内蒙古开过两家火锅店,但都以倒闭收场,他就是不服输,才决定偷师海底捞。

在海底捞的头一个月,小桑非常兴奋,他觉得海底捞让每一位顾客满意的企业文化很好,而且店里效率很高,分工明确又细致,每个岗位上都有专人,在配料房、锅上得快、备菜也快,标准化流程没得说,他甚至萌生了索性在这里干下去的想法。可两个月后,已经拿到中级资格证的小桑却辞职了。直到走的时候,他的手指缝间还因为总要拌荤菜腌料而红肿开裂着,由于一天14个小时的高强度劳动,他的脚上也带着伤。

事实上,最初与小桑一起被分配到这家店的一共有五个人,包括那位内蒙古的大哥。只两个月,他们就相继离开了海底捞,小桑是最后一个走的。不仅如此,2017年年末,他所在店的上菜房员工一下子就走了2/3。目前在海底捞入职三个月内的新员工流失率几乎达到了70%。

"就是觉得不公平,付出回报不成正比",宿舍里大家交流着,小桑并不是唯一有这种想法的人。在他们这些海底捞"菜鸟"的观察里,那些海底捞的老员工总捡轻松的活儿干,还变着法地把是自己分内的却不愿意干的活扔给新员工。小桑对给自己指定的"传帮带"师傅也很失望。这位师傅只是大概给他讲了讲规则制度和操作流程,并没有什么言传身教,于是新人只能有样学样。即便如此,小桑工作头十天的绩效奖还是要给师傅。

小桑对这些颇有怨气,他问道:"海底捞不是家文化吗?为什么我感受不到温暖,只看见山头林立,新人没有上升空间还要被压榨?"

(二)计件工资之争

《海底捞你学不会》一书将海底捞文化的精髓总结为"把人当人看",但是这有一个前提,就是员工得自己先看得起自己,要用双手改变自己的命运,如果谁不愿意改变,那么现在张勇就要逼着他变,计件工资就是他自认为会对整个中国餐饮业有所贡献的创建。举例而言,在试点门店,员工每传一个菜就能拿到一个小圆塑料片,计一件的收入,其中肉菜一盘计2毛,素菜一盘计4毛,而前台服务员则每接待一个客人就能挣到3.3元。简单来说,就是多劳多得。张勇希望在总工资支出不变的情况下,通过计件工资来提升员工效率,提高店面整体效益。

计件工资是张勇考察了国内外同行的不同做法后采取的一条折中之路。3年前,张勇和高管们去美国游历,他们发现在那些经营状况比较好的餐厅中,服务员都是帅哥美女,而且干活动作极其敏捷,根本不需要监督。张勇说:"为什么这么帅这么靓的人愿意来干这个行业?很简单,我给你服务,你给我小费,小费是我收入最主要的一部分。"但推行小费制在中国不现实,所以中国的餐饮业只能引入关键绩效指标(KPI)管理体系。"但这种管理体系有一个最大的问题,就是指标越多,员工越烦,而且这些指标谁来整也整不到最精准,就算你整到精准又会出现一个悖论:我给你服务,到我老板那儿去拿钱,人为加了一层",张勇如是反思。

到2015年1月,海底捞试点门店中有1/3的普通员工拿到了6 000元左右的工资,高的有拿到8 000元的,领班有拿到10 000元以上的。张勇认为,如果在海底捞有更多的人能拿到这样的收入,即便不是人人都能当上店长,这样的工资也能给予海底捞员工足够的尊严,让他们能有安身立命之处。

但是这一年来,计件工资的推行遭遇了极大阻力。老员工自费跑到北京,想去堵张勇办公室的门,不过张勇竟从来没有设过办公室。某天一群员工说要集体辞职,张勇说下午四点前不到岗视同辞职,结果大部分人还是老老实实回来上岗了。硬抵制之外还有软抵制。有的老员工总是站在出菜口只捡贵的菜传。更有甚者,有分店因为要发的工资超出预算,便决定优先保证老员工的权益,新员工则被以各种原因扣掉了计件工资部分,只能拿保底工资,这导致有的新员工索性离职。

计件工资调整的动荡持续了一年多,一时间军心摇动,至今余波仍未散尽,支持者认为这样的薪酬办法鼓励竞争,但反对者认为,这样的制度在某种程度上也伤害了海底捞曾引以为傲的员工间的互相关怀与协同。

二、案例背景介绍

四川海底捞餐饮股份有限公司成立于1994年,是一家以经营川味火锅为主、融各地火锅特色于一体的大型跨省直营餐饮品牌火锅店。公司前名是地上种,初期为一家经营麻辣烫的小店。1999年,海底捞西安雁塔店开始营业。2012年年底海底捞新加坡分店开设,成为其在海外开设的第一家分店。2015年,海底捞在台北开设了台湾一号店。2017年,海底捞以月租约55万元预租香港油麻地九龙行3层,开设首间旗舰店,暂定24小时营业。目前,海底捞在北京、上海、沈阳、天津、武汉、石家庄、西安、郑州、南京、广州、杭州、深圳、成都等城市和韩国、日本、新加坡、美国等国家有百余家直营连锁餐厅。海底捞火锅定位为中高档火锅店,人均消费150—200元。该企业以其周到的顾客服务著称,如店内提供围裙、橡皮筋、发夹等物品,并提供托儿服务,等位顾客则可享受免费擦鞋、美甲服务。服务员还会替客人剥虾壳,表演拉面、唱歌,甚至还主动制造惊喜,例如发现有客人过生日就会热情地送上蛋糕。

2009年黄铁鹰主笔的"海底捞的管理智慧"成为《哈佛商业评论》(中文版)进入中国八年来影响最大的案例。2011年,黄铁鹰出版了《海底捞你学不会》一书,指出海底捞的成功要诀就在于"把人当人对待"。黄铁鹰在书中写道,海底捞员工与富士康员工来自同一群体,主体是"80后"和"90后",他们大多在农村长大,家境不好、读书不多、见识不广、背井离乡、受人歧视、心理自卑,而且与富士康的环境相比,在海底捞工作的员工地位更低、待遇更低、劳动强度更大,但与富士康形成鲜明对比的是,海底捞员工没有跳楼,还能主动、愉悦地为客人服务。

中国近代商业文明最好的传统之一就是较为注重"家庭感",管理制度也会朝这个方向设计。可近三十年来,我国经济高速发展,商业机会喷涌而出,这一传统不知不觉中产生了断裂。海底捞创始人张勇无意中接续了这个断层,他不懂平衡计分卡,不懂KPI,甚至不采用利润考核,但却创造出让管理专家们叫绝的家庭式管理制度。

可这些看似简单、传统的东西,别人学不会,连张勇自己都难以持续复制。首先,张勇不是神,性格中也有"暴虐"、自大的一面,也会犯错误、有缺失。在小范围内,他的搭档与下属可以谅解与包容他的缺点和过失,但随着海底捞的名声越来越响、规模越来越大,管理半径已经渐渐超出了张勇自身所能及,张勇与海底捞擅长的言传身教面临着边际效应一定会递减的问题,而其毛病与缺陷却有可能被放大。其次,如果没有成形、定量的管理工具与模型来辅助和支撑海底捞的管理,张勇靠基于对人性直觉理解打造的理想国,随着海底捞管理疆界越来越广阔、复杂立体,难以不受浮躁世界的侵扰。

三、案例使用说明

(一)教学目的与用途

1. 本案例适用于应用心理专业硕士"工业与组织心理学""员工帮助计划"

及"领导力及其开发"等课程,对应于"领导风格""组织变革""员工激励"等章节的应用主题,可以作为领导力理论的起步案例。

2. 本案例的教学目的是引导学生理解领导力的不同风格与类型,并鼓励学生从心理学的角度提出自己的理解,了解领导力的表现形式及其开发方式,进而能够在未来相关行业的工作中付诸实践与应用。

(二)启发思考题

1. 张勇为什么会感到焦虑?
2. "张老板"指的是什么?"张大哥"指的又是什么?
3. 如果海底捞要进一步发展,究竟更需要"张大哥"还是"张老板"?
4. 一个人有没有可能既当好"张大哥"又当好"张老板"?

(三)基本概念与理论依据

1. 领导风格

领导风格是指领导者的行为模式。不同领导者在影响别人时会采用不同的行为模式达到目的,领导风格就是领导习惯化的行为方式所表现出的种种特点。在领导风格理论中,最为基本的两种是X理论与Y理论。这两种理论反映了领导者对于员工工作原动力所持有的不同假设,这一区分是由美国心理学家道格拉斯·麦格雷戈(Douglas McGregor)1960年在其所著的《企业中人的方面》一书中提出来的。X理论与Y理论是一对基于两种完全相反假设的理论,X理论认为人们有消极的工作原动力,而Y理论则认为人们有积极的工作原动力。

在X理论中,麦格雷戈把人的工作动机视为获得经济报酬,即"实利人"假设,其主要观点是人类本性懒惰,厌恶工作,尽可能逃避劳动;绝大多数人没有雄心壮志,怕负责任,他们宁可被领导罢;为了使大多数人为达到组织目标而努力,必须对他们采取强制办法乃至惩罚、威胁;激励只在生理和安全需求层次上起作用;绝大多数人只有极少的创造力。因此,企业管理的唯一激励办法就是以经济报酬来激励生产,只要增加金钱奖励,便能取得更高的产量。而且这种理论在特别重视满足职工生理及安全需求的同时也很重视惩罚,认为惩罚是最有效的管理工具。麦格雷戈是以批评的态度对待X理论的,他认为传统的管理理论脱离现代化的政治、社会与经济背景来看人,是极为片面的,这种软硬兼施的管理办法最终只能导致职工的敌视与反抗。

麦格雷戈针对 X 理论的错误假设提出了相反的 Y 理论。Y 理论认为人是"自动人",将个人目标与组织目标融合起来,与 X 理论相对立。Y 理论的主要观点是一般人本质上并不厌恶工作,如果给予适当机会,人们会喜欢工作,并渴望发挥其才能;多数人愿意对工作负责,寻求发挥能力的机会;能力的限制和惩罚不是使人去为组织目标而努力的唯一办法;激励在需求的各个层次上都起作用;想象力和创造力是人类广泛具有的。因此,激励的办法包括扩大员工工作范围;尽可能把员工工作安排得富有意义,并具挑战性;工作之后要尽量引起员工的自豪感,满足其自尊和自我实现的需求,使员工达到自己激励。总之,Y 理论认为只要启发员工内因,使其实行自我控制和自我指导,那么在条件适合的情况下就能实现组织目标与个人需求统一起来的理想状态。

目前并无证据证实哪一种假设更为有效,也无证据表明采用 Y 理论并相应改变个体行为的做法更有效地调动了员工的积极性。现实生活中,确实也有采用 X 理论而卓有成效的管理者案例。例如,丰田公司美国市场运营部副总裁鲍勃·麦格克雷(Bob Mccurry)就是 X 理论的追随者,他激励员工拼命工作,并实施"鞭策式"体制,但事实证明,在竞争激烈的市场中,这种做法使丰田产品的市场份额得到了大幅度的提高。不过在近几十年中,Y 理论越来越受到管理者的重视和应用。在日本广泛推行的美国学者戴明提出的全面质量管理方法就是建立在 Y 理论基础之上的。从表面上看,Y 理论和 X 理论是相互对立的,但实际上它们是同一个问题的两个侧面,而不是互不兼容的必选其一,一味地强调某一方面显然是片面的。

莫尔斯和洛施在亚克龙工厂和卡默研究所同时进行 X 理论实验,他们用严格监督和控制的办法对工人进行管理,向他们施加精神的、心理的和物质的压力,期望激发职工的工作热情。结果显示工厂的生产效率提高了,而研究所的效率则下降了。他们又在史脱克领研究所和哈特福工厂同时进行了 Y 理论实验,他们为职工创造一切条件,排除一切前进障碍,并满足他们的各种需求,以此来激励职工的积极性。该实验结果正好与 X 理论的实验结果相反,研究所工作效率提高了,而工厂的效率下降了。根据以上两个实验的结果,莫尔斯和洛施提出了超 Y 理论:应把工作或生产效率同管理形式和职工胜任感三者有机结合起来,这样才能更有效地提高工作效率。

日本学者威廉·大内在比较了日本企业和美国企业的不同管理特点后,参照 X 理论和 Y 理论,将日本的企业文化管理加以归纳,提出了所谓的 Z 理论。Z 理论强调管理中的文化特性,主要由信任、微妙性和亲密性所组成。根据这种理论,管理者要对员工表示信任,而信任可以激励员工以真诚的态度对待企业和同事,为企业忠心耿耿地工作。微妙性是指企业要对员工的不同个性有所了解,以便根据他们各自的个性和特长组成最佳搭档或团队,提高工作效率。而亲密性强调个人感情的作用,提倡在员工之间应建立一种亲密和谐的伙伴关系,使他们为了企业的目标而共同努力。

X 理论和 Y 理论回答了员工管理的基本原则问题,Z 理论则将东方国度中的人文情感揉进了管理理论。我们可以将 Z 理论看作是对 X 理论和 Y 理论的一种补充和完善,企业在员工管理中应根据实际状况灵活掌握制度与人性、管制与自觉之间的关系,因地制宜地实施最符合企业利益和员工利益的管理方法。

2. 组织承诺与新生代农民工

组织承诺是个人对所属组织的目标和价值观的认同和信任,以及由此带来的积极情感体验。组织承诺是一种重要的员工态度变量,会对工作绩效产生重要的影响。这一概念由美国社会学家贝克尔于 1960 年首先提出;梅耶和阿伦于 1991 年提出了组织承诺的三成分模型,将其分为情感承诺、持续承诺和规范承诺。情感承诺表现为对组织目标和价值观的认同和接受,对工作绩效产生正面的影响;持续承诺表现为个体随着对组织的投入增加而意识到沉没成本,从而愿意留在组织中;规范承诺表现为员工认同对待工作的一般道德标准,感到有责任留在组织中。

传统雇佣关系研究大都建立在经济交换范式基础上,最近学术界越来越关注心理契约在理解雇佣关系和员工行为中的独特作用。"心理契约"概念在 20 世纪 60 年代被引入管理领域,用于强调在员工与组织的相互关系中,除了正式雇佣契约规定的内容,还存在隐含的相互期望和相互理解,他们也是决定员工行为的重要因素。心理契约研究表明,组织承诺是理解员工心理态度和行为选择的重要前因变量,与积极情绪、工作满意、组织公民行为和卓越绩效之间存在显著的正相关关系;也有利于缓解工作压力与情感枯竭,降低雇员离职率等。此外,组织支持理论强调,当员工感受到组织支持,确信组织愿意为自己的努力做出回报时,其组织承诺将大大增强。

　　海底捞雇用的员工主要以从农村来到城市的流动人口为主,即所谓的农民工。农民工是我国工业化和城镇化进程中出现的、具有鲜明中国特色的新事物。我国每年都有约1.2亿农民工"背土离乡"进城打工,这既为经济增长和工业化进程提供了强大的人力资源保障,也为社会治理与企业管理提出了新的课题。当前进城务工的农民工大都出生于1980年之后,是在改革开放春风里成长起来的年轻一代。他们受教育程度比父辈高,拥有更高的职业发展期望,渴望融入城市生活,更加关注身份平等、他人尊重与社会认同等。然而,由于知识技能相对缺乏、城乡二元制度差异等原因,在融入城市过程中面临诸多现实困难,依然遭受身份歧视、制度排斥、隐性隔离等不公平待遇,由此导致与所在城市和组织之间情感纽带脆弱、工作变换频繁、身份认同迷失等消极后果。

　　与父辈"工农兼职"的"候鸟式"就业不同,新生代农民工几乎没有务农经历,土地情结淡化,思想观念和行为方式也日趋城市化,基本实了从现"农民"到"工人"的临时身份转变。提供就业机会的企业无疑是帮助他们实现身份转变的载体。因此若想帮助新生代农民工更进一步实现"市民化",真正融入城市生活,必然更加依赖企业平台,更加依赖雇佣关系的长期稳定化。

　　徐细雄和淦未宇(2011)针对海底捞的案例研究发现:第一,不同于知识型员工组织支持与组织承诺的同步演进,新生代农民工雇佣关系呈现鲜明的"组织支持在先、组织承诺在后"的非对称特性;第二,组织支持契合对雇员组织支持感和企业组织支持效率都产生重要影响,当前我国新生代农民工组织支持诉求主要包含四个维度,即家庭网络支持、社会认同支持、组织公平支持和都市融合支持;第三,组织支持契合通过调整雇员心理授权结构这一中介桥梁影响组织承诺。在这个意义上,海底捞成功的核心在"人",而制约其快速扩张的瓶颈也正是"人"。海底捞的核心竞争力源自员工对企业的认同和心理共鸣,而人的思想成长和转变都需要环境和时间。虽然海底捞员工在入职前也要经过严格的培训,也有要员工死记硬背的详细的服务流程和手册,但是海底捞人还必须从心里相信双手能改变命运、大脑能像管理者那样做判断,而这不是经过简单的入职培训和流程标准化就能快速达成的,只有置身于海底捞的企业文化,经过长期的潜移默化、身体力行才能实现。所谓"成也萧何,败也萧何",海底捞模式在成就当前成功的同时,也在客观上制约着海底捞进一步的快速扩张。

3. 员工敬业度

如何调动员工的积极性一直是人力资源管理的核心问题。敬业度可用来衡量员工在情感和行为方面对组织的投入程度,对组织绩效、利润、顾客满意度等产出变量有积极的预测作用,得到了美国《劳动力杂志》《哈佛商业评论》等刊物以及盖洛普、韬睿、翰威特等咨询公司的持续关注。盖洛普公司从概念构成角度认为员工敬业包括自信、忠诚、自豪和激情四个维度。根据敬业度不同的作用基础,韬睿公司将员工敬业度分为理性敬业和感性敬业两个维度。Kahn(1987,1990)则将员工敬业分为认知、情感和体力三个维度:认知敬业是指员工认识到工作角色的使命,并感到自己掌握了完成工作所需的机遇和资源;情感敬业是指员工对同事产生信任感,对工作和职业发展产生意义感;体力敬业是指员工主动为工作奉献时间和精力。

敬业度与工作卷入是不同的概念。工作卷入是指个体在心理上投入工作的程度,是个体在心理上认同自己工作的一种认知或信念状态。工作卷入的产生依赖于工作对个体需求的满足程度,反映了个体对这种满足程度的主观判断,而敬业度强调的是员工自我与工作角色的结合程度。工作卷入仅仅包含认知成分,而敬业除了包括认知成分,还包括情感和行为成分,较工作卷入这一概念更为复合。敬业引起员工对工作的认同,所以敬业度是工作卷入的前因变量。

敬业度与工作满意度也不同。工作满意度是指员工因感觉到工作本身可以满足或者有助于满足自己的工作价值观需要而产生愉悦感的程度,是员工对于工作是否满足自己期望的整体感受,是经过比较而产生的,具有相对性。而敬业度则体现为员工面对工作的态度和表现,具有绝对性。在实证研究中,敬业度和工作满意度都对工作结果变量有积极的预测作用,而敬业度往往是工作满意度的前因变量。

敬业度与组织承诺也相互区别。组织承诺是指员工强烈信任和认同组织的目标和价值观,愿意为组织付出大量努力,并积极维持组织中的成员关系。从这一定义可见,组织承诺与敬业的指向和作用对象不同,前者指向组织和组织中的成员,而后者则明确指向工作本身。另外,组织承诺体现了员工对组织的情感倾向和对组织应负的道德责任,是态度变量;而敬业度则包含员工对工作的情感、认知及行为。

Harter 等(2002)采用盖洛普 Q12 对业务单元层面的员工敬业度进行了研究,发现敬业度与顾客满意度、员工工作安全感有较强的正相关关系,与员工离职倾向呈较强的负相关关系,对组织利润和生产力有积极的预测作用。Saks(2006)的研究结果表明,敬业度与工作满意度、组织承诺、组织公民行为都呈显著正相关关系,而与员工离职倾向呈显著负相关关系,相关系数在 0.20 左右。Salanova 和 Schaufeli(2008)选择了工作中的角色外行为和积极主动行为作为敬业度的结果变量,其研究结果显示,敬业度的活力和奉献维度对上述行为有积极的预测作用。

4. 组织变革与个体特质

组织变革是指组织根据内外环境变化,及时对组织中的要素(如组织的管理理念、工作方式、组织结构、人员配备、组织文化等)进行调整、改进和革新的过程。企业的发展离不开组织变革,内外部环境的变化以及企业资源的不断整合与变动都给企业带来了机遇与挑战,这就要求企业关注组织变革。

大多数组织变革理论主要由四种研究范式推演而来,即组织发展、策略选择、资源依赖理论以及人口生态学。这四种范式的共同之处在于,它们都认为组织结构的变化是解释组织变革结果的主要原因,因而这四种范式主要是从组织结构的角度,也就是从宏观和系统的视点出发研究组织变革。但是仍有少数研究者主张采用微观的个人取向的观点来研究组织变革中出现的重要问题,如个人对于组织变革的应付是否成功,应付与个人心理特质的关系等。研究表明,在组织变革中,当管理者采取以问题为中心的应付策略,即直接应对应激源时,其心理操作和外显行为更为有效;相反,如果采用以情绪为中心的应付策略,即着眼于应激源所引发的情绪变化,其效果则不那么有效。

与应付组织变革有关的人格变量大致包括七种。第一种是控制源,即个体对自己控制环境能力的知觉。内控型的人认为他们能够控制环境,并能取得事业上的成功;而外控型的人则认为自己的生活为外部因素,如机遇或其他权威人物所控制。一些研究显示,内控型雇员较外控型雇员对组织变革表现出更为积极的态度,对工作团体内部变革的适应较好。第二种是自我效能,即人们对自己是否有能力组织并采取行动,以产生某种特定结果的一种信念。自我效能可用以判断组织成员能否以积极态度应付职业生涯中的关键事件，如重大的工作和组织变化。需要注意的是，自我效能感与控制源是不同的概念，前者是个体对自己是否有能力采取某种行动，以实现某种目的的知觉；而后者是对个人采取某种行动产生的结果是否在个人的控制之下的知觉。第三种是自尊。许多研究结果发现，自尊对雇员有效地适应组织变化有直接影响；企业代理人的自尊则与他们的应激焦虑和抑郁水平有明显的负相关关系。第四种是积极情感。积极情感代表着一种内在的人格倾向，通常表现为健康、自信、精力充沛、合群性及归属感等特征。有研究发现，自信和随和的处世方式与人能有效地应付生活事件相关联。由于自信和镇静构成了积极情感概念的主要内容，所以可以预期具有高积极情感的管理者在面对组织变革时能够表现出更为积极的应付策略。第五种是开放性。一些研究显示，在处理生活中的应激事件时，开放性的人能有效地运用多种应付策略，而这些策略的运用又会对总体的生活满意感产生积极影响。第六种是对不确定性的容忍力。研究表明，不确定性容忍力较低的中层管理人员表现出角色不明与心理紧张；而政府工作人员对变革的应付能力与其对不确定性的容忍力相关联。第七种是风险厌恶。研究显示，厌恶风险的人易在充满风险的情境中感到不安，常常不能成功地应付变革。

Judge 等（1997）对上述七种人格特质进行了因素分析，得到两个主因素：因素一包括控制源、自我效能、自尊和积极情感四个特质；因素二则包括开放性、对不确定性的容忍力和风险厌恶三个特质，两个因素共解释人格概念76%的方差。Judge 等认为，个人事业的成功大部分是由因素一中所包含的四种特质所决定的，故因素一可称为积极的自我概念；而因素二中所包含的各主要人格特质与个体处理不确定性的新奇情境和风险有关，所以被称为风险容忍力。

（四）分析思路

教师可以根据自己的教学目标来灵活使用本案例，这里列举针对本案例的几种分析方式，仅供参考。

1. 张勇为何会产生"张老板"与"张大哥"两种身份冲突，这说明了什么？
2. 海底捞到底是不是"家文化"？在企业管理中到底需不需要"家文化"？
3. 在推出计件工资制度的时候，张勇还应该做些什么才能让这一制度实行下去？

4. 我们应该用什么办法来更好地平衡"张大哥"与"张老板"两种身份?

(五) 建议的课堂安排

1. 时间安排

本案例可以配合"工业与组织心理学""员工帮助计划"和"领导力及其开发"等相关课程使用。课堂讨论时间以1—2小时为宜。为保障课堂讨论的顺畅和高效,要求学生提前两周阅读案例及相关材料。

2. 讨论形式

分组讨论 + 集中汇报。

(六) 案例分析及启示

本案例着重分析领导风格的X理论与Y理论,并引导学生认识两种理论并非不可调和,由此更深入地理解组织变革、员工激励与领导力开发等一系列问题。

【参考文献】

Becker, H. S. (1960). Notes on the concept of commitment. *American Journal of Sociology*, 66(1), 32—40.

Harter, J. K., Schmidt, F. L., Hayes, T. L. (2002). Business-unit level relationship between employee satisfaction, employee engagement, and business outcomes: a meta-analysis. *Journal of Applied Psychology*, 87(2), 268.

Judge, T. A., Locke, E. A., Durham, C. C. (1997). The dispositional causes of satisfaction: A core evaluations approach. *Research in Organizational Behavior*, 19: 151—188.

Kahn, W. A. (1990). Psychological conditions of personal engagement and disengagement at work. *Academy of Management Journal*, 33(4), 692—724.

MacGregor, D. (1960). *The human side of enterprise* (Vol. 21, No. 166—171). New York: McGraw Hill.

Meyer, J. P., Allen, N. J. (1991). A three-component conceptualization of organizational commitment. *Human Resource Management Review*, 1(1), 61—89.

Morse, J., Lorsch, J. (1970). Beyond theory Y. *Harvard Business Review*, 48(3), 61—68.

Ouchi, W. (1981). *Theory Z*. New York: Avon Books.

Saks, A. M. (2006). Antecedents and consequences of employee engagement. *Journal of*

Managerial Psychology, 21(7), 600—619.

Salanova, M., Schaufeli, W. B. (2008). A cross-national study of work engagement as a mediator between job resources and proactive behaviour. *The International Journal of Human Resource Management*, 19(1), 116—131.

关雪菁,史小兵.海底捞踢翻老锅底——你还学不学[J].中国企业家,2015(8),43—45.

徐细雄,淦未宇.组织支持契合、心理授权与雇员组织承诺:一个新生代农民工雇佣关系管理的理论框架——基于海底捞的案例研究[J].管理世界,2011,12,131—147.